建筑施工工程师技术丛书

建筑工程质量事故分析与防治

(第三版)

王 赫 主编

中国建筑工业出版社

图书在版编目（CIP）数据

建筑工程质量事故分析与防治/王赫主编．—3版．—北京：中国建筑工业出版社，2008
（建筑施工工程师技术丛书）
ISBN 978-7-112-09772-2

Ⅰ．建… Ⅱ．王… Ⅲ．①建筑工程—工程质量事故—事故分析②建筑工程—工程质量事故—防治 Ⅳ．TU712

中国版本图书馆 CIP 数据核字（2007）第 188895 号

建筑施工工程师技术丛书
建筑工程质量事故分析与防治
（第三版）
王　赫　主编
*
中国建筑工业出版社出版、发行（北京西郊百万庄）
各地新华书店、建筑书店经销
北京千辰公司制版
廊坊市海涛印刷有限公司印刷
*

开本：850×1168毫米　1/32　印张：15 5/8　字数：418千字
2008年4月第三版　　2015年9月第十九次印刷
定价：**30.00**元
ISBN 978-7-112-09772-2
（16436）

版权所有　翻印必究
如有印装质量问题，可寄本社退换
（邮政编码100037）

本书介绍了建筑工程质量事故分析与防治的基本方法，重点是地基基础和主体结构工程质量事故的分析，以及常用处理合法和选择的建议。书中引用了国内外重大或典型事故数百例，并对一些有代表性的实例作了较详尽的计算分析。为全面认识质量事故原因，并在工程施工中加以预防，书中第8章专门从设计、施工、材料和管理等多方面，对引发事故的原因作出综合的评述。

本书适合于从事建筑工程设计、施工与管理人员学习，可作为建设干部继续教育的培训教材，建筑工程专业选修课教材，也可供土木建筑类各专业师生参考。

* * *

责任编辑：郦锁林
责任设计：赵明霞
责任校对：兰曼利　陈晶晶

第三版出版说明

《建筑施工工程师技术丛书》(第二版)自1994年出版至今已经10年。在这10年期间,《中华人民共和国建筑法》、《中华人民共和国招标投标法》、《建设工程质量管理条例》、《建设工程安全生产管理条例》等相继出台;2001年以来,由建设部负责编制的《建筑工程施工质量验收统一标准》GB 50300—2001和相关的14个专业施工质量验收规范也已全部颁布,全面调整了建筑工程质量管理和验收方面的要求。

为了适应这一新的建筑业发展形势,我社对原丛书第二版的结构体系进行部分调整,同时根据这10年来国家新颁布的建筑法规和标准、规范,以及施工管理技术的新动向,对第二版的内容进行认真的修改和补充,以更好地满足广大读者的要求,并对第二版中存在的问题,尽可能一一作了订正。

我们希望本套丛书的第三版,能够继续对现场施工工程师更新知识结构,掌握最新的建筑工程施工技术和管理方法,有所帮助,同时对在职科技人员的继续教育,起到积极的推动作用。

中国建筑工业出版社
2007年10月

第二版出版说明

建筑施工工程师技术丛书自1986年初版发行以来，深受在施工生产第一线的建筑施工工程师的欢迎。这些工程技术人员常年担负着繁忙而复杂的工程任务，无暇博览群书。这套丛书帮助他们用有限的时间，学习建筑工程的新技术，更新自己的知识结构，更好地适应现代化建筑施工技术的要求。因此，这套丛书对于在职科技人员的继续教育，起了积极地作用。同时，这套丛书也成为大专院校工民建专业学生的选修教材。

但是，丛书第一版出版至今已经八年。这八年的时间，在改革开放大潮的推动下，我国的建筑事业蓬勃发展，兴建了许多高新建筑，促使新材料、新工艺、新技术不断涌现，并形成了许多新的成套技术。在此期间，国家颁发了新的设计、施工标准规范。这些新的变化，使本套丛书第一版的内容已显得陈旧，不能满足建筑工程技术人员学习、更新知识的欲望。为此，我们组织了本套丛书第二版的修订。

本套丛书第二版着重补充近几年我国建筑工程施工技术与管理方法的最新成果和成熟的施工经验，以及高新技术在建筑工程中的应用，适当介绍国外的最新技术，并按新颁国家标准、规范的要求进行修订。对第一版中存在的问题，本次修订时也尽可能一一作了订正。

我们希望本套丛书第二版，继续对现场施工工程师们学习新技术有所裨益。同时，我们也欢迎广大读者对本套丛书的内容提出宝贵意见，以便我们改进。谢谢！

1999 年 2 月

第一版出版说明

当前，新技术革命浪潮冲击着一切经济部门，建筑业也不例外。许多现代化的科学技术方法和管理手段正逐步地应用在建筑业中，取得了越来越大的经济效益。党的十一届三中全会以来，我国的建筑事业得到了蓬勃发展，各种现代化的建筑如雨后春笋，逐年增多。常年奔波在施工生产第一线的建筑施工工程师们，担负着繁重而复杂的施工任务。他们渴望学习新技术，提高业务水平；渴望更新自己的知识以适应现代化的要求。从科学技术的发展和四化建设的需要考虑，对在职科技人员进行继续教育的重要性和迫切性也日益突出。为此，我们组织出版了这套丛书，希望这套书能对他们有所裨益，并在工程实践中广泛应用新技术，建造出更多优良的工程，取得更佳的经济效益。

城乡建设环境保护部曾委托同济大学、重庆建筑工程学院、哈尔滨建筑工程学院从1981年开始举办建筑施工工程师进修班。这套丛书就是根据这些班的教学内容，结合当前施工技术的发展，将施工新技术、新材料、新结构的课题适当加多，以同济大学的老师为主组织编写的。可作为工程师进修班的教材，也可作为建筑施工工程师和有关人员自学丛书。计划列题十余种，三年左右出齐。成书时尽量做到内容完整系统，文字叙述深入浅出，以便于现场施工工程师和技术员自学。当然，书中的内容选材是否适当，能否满足读者的要求，还希望广大读者提出意见，以便我们改进。谢谢！

1986年6月

第三版前言

《建筑工程质量事故分析》面世已 15 年多，先后重印 6 次，印数超过 3 万多册，说明本书广受施工同行的认可和欢迎。为修编这套技术丛书，中国建筑工业出版社组织召集了一次专题会议，对本书的修编工作提出了指导意见。本书根据这次会议的要求进行修编，主要修改的内容有以下几方面：

1. 将书名改为《建筑工程质量事故分析与防治》，并加强了事故处理方面内容的阐述。读者通过本书可以掌握建筑工程质量事故常用的分析与处理方法，为解决这类问题提供了简捷的途径。

2. 按最新的设计、施工规范规定，对有关内容进行修改和补充。

3. 增加一些事故分析与处理的新内容，重点是增加第二章地基基础工程事故的分析与处理。

4. 对建筑工程质量事故原因综合分析中的一些重点内容，作了加深与加宽，诸如：施工顺序、施工强度、施工稳定、施工结构理论等，为事故预防提供更多的理论知识与实践经验。

5. 删除了一些比较简单的内容与事故实例。

本书由王赫主编，参加编写或提供事故实例的有顾建生、贺玉仙、张庆云、熊爱华、杨放、施海彬、赵斌、夏永锋、朱时遗等。限于笔者水平，不足或不当处，恳请批评指正。

2007 年 10 月

第二版前言

《建筑工程质量事故分析》(第一版)已发行6年了,先后印刷了6次。已成为许多工程技术人员主要技术参考书之一,并有多所高等学校以本书作教材,开设"事故分析"选修课,受到广泛的欢迎。

1998年3月起《中华人民共和国建筑法》实施,对建筑工程质量提出了更明确的和更高的要求。尽管在广大建筑职工的努力下,工程质量治差已取得了一定的成效,但是工程质量仍然成为新的投诉热点。尤其严重的是近几年的多起房屋整体倒塌事故,再次引起全社会的广泛关注。为了杜绝房屋再次倒塌,确保工程质量,必须对出现的质量问题进行及时分析与处理,已成为全行业的共识。

为了适应这一新形势的要求,作者收集、整理了大量的、最新的工程实例,经过分析、归纳、提炼后,充实到本书的第二版中,同时删除了第一版中那些过于陈旧的和不适当的内容,使新版书更加丰富和适用。

第二版编写时,重点加强了土方与地基基础工程事故分析的内容,主要有:测量错误,土方挖、填,深基坑支护和桩基础事故等。钢结构工程应用日益广泛,新版编写时也充实了不少内容。

第二版仍由王赫主编,参加编写的有:贺玉仙、陈晓荣、张正威、朱时遣、王春明等。原由全玉琬编写的第一章的部分内容也收编入第二章内。编写时,还参阅了一些施工经验总结和参考资料,特此向提供这些素材的单位和作者致谢。

在新版本编写后,更感到事故分析这项课题的复杂性,限于作者水平，不足和不当之处难免，恳切希望读者批评和指正。

1998 年 10 月

第一版前言

对工程质量事故的分析与处理是每个建筑工程技术人员都可能遇到的问题。设计人员应该具备这方面的能力,因为设计质量是决定工程质量优劣的首要因素,只有杜绝设计中的错误,才可能建造优质工程;同时也只有正确分析和解决建设中所发生的问题,才能确保工程质量。施工技术人员更应该掌握这门技术,这是因为大多数质量事故都发生在施工阶段,正确分析与处理事故,不仅为了确保质量,而且为施工顺利进行创造条件,避免造成不必要的损失。管理技术人员也应了解这方面的知识,因为不少质量事故的发生与发展,都与管理不善或使用不当有关。

笔者长期从事建筑工程的设计、施工与教学工作,接触过不少工程质量事故。最近几年在分析、总结归纳大量事故实例后,发现有些事故之所以一再重复发生,其重要原因之一是对事故分析不清,不能从中得到教益;有些事故之所以处理不当,或留下隐患,或使事故进一步恶化,甚至导致建筑物倒塌,有一个重要原因就是对事故的性质、原因、危害等分析不清,甚至错误,导致处理不当,因而造成了不应有的损失。如果有一本事故分析方面的专著,既可用以指导正确分析事故,为事故处理与结论提供依据,确保建筑物的安全使用;又可作前车之鉴,以尽量减少建筑物倒塌等重大事故,并改变过去那种同类型事故一再重复发生的局面;同时还对改进设计与施工工作,提高技术人员的业务水平等方面起积极作用,这就是编写本书的目的。

工程质量事故种类很多,本书主要分析地基基础与主体结构工程方面的事故,重点是危及结构安全的有关问题。对同一表现形态的事故(如裂缝),因性质、原因、危害与处理有很大差别,所以本书着重进行分析。从历年来统计资料分析,我国建筑物倒塌中的大多数都是无证设计、盲目施工而造成,为避免篇幅太大,这类原因简单的事故,本书不再编入。

本书编写期间设计规范正在修订,考虑到书中事故实例均系按原规范设计,对这些事故的评价只能以当时的规范为准,因此材料强度与安全度等指标均用原规范的规定值,对混凝土强度用括号注明新规范相应的强度等级。本书出版后,原规范可能已经废止,为了方便阅读和使用,对一些典型的实例附有用新设计规范验算分析,并在附录中编写了设计强度等级与标号的换算关系表等供参考。

本书由王赫主编,全玉琬编写第一章,贺玉仙编写部分事故实例,并对全书进行校对。编写过程中,得到全国许多设计、施工单位和政府有关部门的支持,为本书提供了大量的事故实例,编写时还适当引用了许多书刊和情报中的资料,全书完成后,又承赵志缙审校,提出了不少宝贵意见,特此一并致谢。

由于工程质量事故种类繁多,涉及技术领域广泛,因此编写很困难,更由于笔者的实际经验与理论水平有限,书中缺点错误难免,敬请读者批评指正。

目 录

第一章 绪论 ... 1
- 第一节 工程质量事故的界定和技术特点 ... 1
- 第二节 工程质量事故分析的目的与任务 ... 5
- 第三节 事故分析与处理的一般方法与注意事项 ... 6

第二章 地基基础工程 ... 19
- 第一节 桩基础工程 ... 20
- 第二节 深基坑支护工程 ... 64
- 第三节 混凝土基础工程 ... 81
- 第四节 大体积混凝土工程 ... 96
- 第五节 地基工程 ... 110

第三章 混凝土结构工程 ... 130
- 第一节 钢筋工程 ... 130
- 第二节 混凝土强度不足 ... 148
- 第三节 混凝土裂缝 ... 172
- 第四节 错位偏差过大 ... 216
- 第五节 结构或构件垮塌 ... 226

第四章 预应力混凝土结构工程 ... 246
- 第一节 预应力筋与锚具质量事故 ... 246
- 第二节 构件制作不良 ... 249
- 第三节 张拉、放张事故 ... 262
- 第四节 构件裂缝变形事故 ... 272
- 第五节 结构或构件毁坏和倒塌 ... 279

第五章 砌体结构工程 ... 289
- 第一节 砌体裂缝 ... 289

第二节　砌体结构物理力学性能不良 …………………… 356
   第三节　砌体局部倒塌 ………………………………………… 361
第六章　钢结构工程 ………………………………………………… 373
   第一节　概述 …………………………………………………… 373
   第二节　钢材质量 ……………………………………………… 378
   第三节　钢结构连接 …………………………………………… 381
   第四节　钢结构裂缝 …………………………………………… 387
   第五节　钢结构构件变形或尺寸偏差过大 …………………… 391
   第六节　钢结构倒塌 …………………………………………… 395
第七章　特种结构工程 ……………………………………………… 412
   第一节　烟囱 …………………………………………………… 412
   第二节　水池 …………………………………………………… 420
   第三节　贮仓、贮罐 …………………………………………… 425
   第四节　水塔 …………………………………………………… 436
   第五节　深井、沉井 …………………………………………… 439
第八章　建筑工程质量事故原因综合分析 ………………………… 446
   第一节　事故原因概论 ………………………………………… 446
   第二节　勘察设计问题 ………………………………………… 452
   第三节　施工顺序错误 ………………………………………… 458
   第四节　施工结构理论问题 …………………………………… 462
   第五节　施工技术管理问题 …………………………………… 473
   第六节　使用不当及其他 ……………………………………… 480
参考资料 ……………………………………………………………… 483

第一章 绪 论

中华人民共和国《建筑法》是确保建筑工程质量和安全的国家法律。《建筑法》规定:"建筑工程勘察、设计、施工的质量必须符合国家有关建筑工程安全标准的要求;""建筑物在合理使用寿命内,必须确保地基基础和主体结构的质量;""交付竣工验收的建筑工程,必须符合规定的建筑工程质量标准。"

建筑工程的分项分部工程和单位工程,凡是不符合规定的建筑工程质量标准者,均应视为存在质量问题。这些质量问题在《建筑法》中划分成两类,即质量事故和质量缺陷。任何单位和个人都有权对质量事故、质量缺陷进行检举、控告、投诉。

第一节 工程质量事故的界定和技术特点

一、工程质量事故的界定

建设部规定:凡工程质量达不到合格标准的工程,必须进行返修、加固或报废,由此而造成的直接经济损失在10万元以上的称为重大质量事故;直接经济损失在10万元以下,5千元(含5千元)以上的为一般工程质量事故;经济损失不足5千元的列为质量问题。

在实际工程中,不少事故开始往往只表现为一般的质量缺陷,容易被忽视,随着时间的推移而逐步发展,待认识到问题的严重性时,则处理常很困难,或无法补救,甚至导致建筑物倒塌。因此,除了明显地不会有严重后果的缺陷外,对其他的质量问题均应认真分析,作必要的处置,并应作出明确的结论。

基于上述观点，本书所指的质量事故是指建筑工程不按国家有关法规、技术标准要求进行勘察、设计和施工，或者设计存在严重的错误；或者施工的工程（分项工程、分部工程和单位工程），按照《建筑工程施工质量验收统一标准》进行检验，评为不合格的工程，在本书中泛称为质量事故。因此，书中所述的质量事故与建设部规定的重大质量事故或一般质量事故的涵义是不同的。

《建筑法》规定："应当确保建筑工程质量和安全"，还规定"质量缺陷应当修正"等条文。从认真分析处置一切质量问题的角度来看，本书的观点也是符合《建筑法》的。

二、工程质量事故的类别

质量事故的分类方法很多，下面介绍两种分类方法。

1. 按事故发生时间分类

（1）施工期；

（2）使用期。

从国内外大量的统计资料分析，绝大多数事故都发生在施工阶段到交工验收前这段时间内。

2. 按事故性质分类

（1）倒塌事故：建筑物整体或局部倒塌；

（2）开裂事故：承重结构或围护结构等出现裂缝；

（3）地基基础工程事故：地基承载力不足；桩基工程事故；基坑支护事故等。

（4）错位偏差事故：平面尺寸错位，建筑物上浮、下沉，地基尺寸形状错误等；

（5）变形事故：建筑物倾斜、扭曲，地基变形太大等；

（6）材料、半成品、构件不合格事故：水泥强度不足、安定性不合格，钢筋强度低、塑性差，混凝土强度低于设计要求等；

（7）结构构件承载能力不足事故：钢筋混凝土结构漏筋，

钢筋严重错位，混凝土有孔洞，地基承载力不足等；

（8）建筑功能事故：房屋漏雨、渗水、隔热、隔声功能不良等；

（9）其他事故：塌方、滑坡、火灾、天灾等事故。

三、工程质量事故的技术特点

1. 复杂性

为了满足各种特定的使用功能的要求，适应自然环境的需要，建筑工程的产品种类繁多；同类型的建筑，由于地区不同，施工条件不同，可形成诸多复杂的技术问题。尤其需要注意的是，造成质量事故的原因错综复杂，同一形态的事故，其原因有时截然不同，因此处理的原则和方法也不相同。此外，建筑物在使用中也存在各种问题，所有这些复杂的因素，必然导致工程质量事故的性质、危害和处理都很复杂。例如建筑物的开裂，原因是很多的，可能是设计构造不良，或计算错误，或地基沉降差过大，或是温度变形或干缩过大，也可能是建筑材料制品的质量问题，或施工质量低劣，以及周围环境变化或使用不当等诸多原因中的一个或几个造成的。至于裂缝的危害性，其差异甚大，大多数裂缝不会影响建筑物的正常使用，不会危及结构安全；但是也有一些裂缝因为渗漏、或影响观瞻、或给人不安全感而需要处理；更应当注意的是有的裂缝虽然不大，数量也不多，但可能是建筑结构破坏的先兆，不仅必须处理，而且要及时处理，有的还应采取必要的防护措施。关于裂缝的处理，也是一个较复杂的问题，首先是处理的必要性，因为不少建筑物裂缝无需专门处理，对于需要处理的裂缝，先要确定其性质，再选择适当的处理方法和适当的处理时间，如选择不当，有可能导至多次反复处理而效果不佳。其次裂缝的处理方法种类繁多、手段各异，只有经过技术经济分析比较，才可能选择到一种技术安全可靠、经济合理、施工简便的处理方法。仅建筑物裂缝一例，足见建筑工程质量事故的复杂性。

2. 严重性

不少媒体报导，近几年全国因建筑物倒塌事故造成的损失在1000亿左右。振动全世界的韩国两次重大工程质量事故（指1994和1995年两次事故，死亡数百人）发生后，国内不少专家提出了下述观点：造成韩国这两起事故的原因和隐患，目前国内都存在，而且在一些方面还有过之而无不及。建设部领导也一再强调：对全国工程建设质量问题的严重性、危害性和复杂性，要有足够的认识。建设部曾经组织全国对1994~1995年竣工工程进行结构质量检查，共检查了38039个施工企业和11866个房地产开发企业，检查房屋共188532栋，查出存有结构隐患的有1245栋，其中617栋隐患比较严重，需要加固补强，有210栋隐患严重，需要局部或全部拆除。建设部的一位总工程师曾撰写一篇题为《工程结构隐患仍令人担忧》的论文，发表在核心期刊上，向全国建设工作者发出警告。

对某一项工程而言，一旦发生质量事故，有的会影响施工顺利地进行，有的会给工程留下隐患或缩短建筑物的使用年限，有的会使建筑物成为危房，影响安全使用甚至不能使用，最为严重的是使建筑物倒塌，造成人员伤亡和巨大的经济损失。所以对已发现的工程质量问题决不能掉以轻心，务必及时进行分析，作出正确的结论，提出恰当的处理措施，以确保安全。

3. 可变性

工程中的质量问题多数是随时间、环境、施工情况等而发展变化的。例如钢筋混凝土大梁上出现的裂缝，其数量、宽度和长度都随着周围环境温、湿度的变化而变化，或随着荷载大小和持荷时间而变化。甚至有的细微裂缝也可能逐步发展成构件的断裂，以致造成工程的倒塌。因此一旦发现工程的质量问题，就应及时调查、分析，作出判断，对那些不断变化，而可能发展成断裂倒塌性质的事故，要及时采用应急补救措施；对那些表面的质量问题，要进一步查清内部情况，确定问题性质是否会转化；对那些随着时间和温、湿度条件变化的变形、裂缝，要认真观测记录，寻找事故变化的特征与规律，供分析与处理参考，如发现事故恶化，还应及时采取相应的措施。

4. 多发性

事故多发性有两层意思，一是有些事故像"常见病"、"多发病"一样经常发生，而成为质量通病。例如混凝土、砂浆强度不足，预制构件裂缝等；二是有些同类型事故一再重复发生。例如悬挑结构断塌事故，近几年在江苏、湖南、贵州、云南、江西、湖北、甘肃、广西、上海、浙江等地先后发生了数十次，一再重复出现。

第二节 工程质量事故分析的目的与任务

一、分析工程质量事故的基本要求

分析工程质量事故的基本要求可用 12 个字概括，即"及时、客观、准确、全面、标准、统一。""及时"是指事故发生后，应尽早调查分析；"客观"是指分析应以各项实际资料数据为基础；"准确"是指事故的性质和原因都要十分明确，不可含糊其词；"全面"是指事故范围、情况、原因和有关责任者都不能遗漏；"标准"是指事故分析应以当时所用的标准规范为根据；"统一"是指事故分析中的有关内容，各方面应取得一致的或基本一致的认识。

二、工程质量事故分析的目的与任务

1. 防止事故恶化

例如施工中发现现浇结构的混凝土强度不足，就应引起重视，如尚未拆模，则应考虑何时可拆模，拆模时应采取何种补救措施和安全措施，以防止发生结构倒塌。如已拆模，则应考虑控制施工荷载量，或加支撑，防止结构严重开裂或倒塌，同时及早采取适当的补救措施。

2. 创造正常的施工条件

例如发现预埋件等偏位较大，影响了后续工程的施工，必须及时分析与处理后，方可继续施工，以保证结构的安全。

3. 排除隐患

例如砌体工程中，砂浆强度不足，砂浆饱满度很差，组砌方法不当等都将降低砌体的承载能力，给结构留下隐患，发现这些问题后，应从设计、施工等方面进行周密的分析和必要的计算，并采取适当的措施，以及时排除这些隐患。

4. 总结经验教训，预防事故再次发生

例如承重砖柱毁坏、悬挑结构倒塌等类事故，在许多地区连年不断，因此应及时总结经验教训，进行质量教育，或作适当交流，将有助于杜绝这类事故的发生。

5. 减少损失

对质量事故进行及时地分析，可以防止事故恶化，及时地创造正常的施工条件，并排除隐患，可以取得明显的经济与社会效益。此外，正确分析事故，找准发生事故的原因，可为合理地处理事故提供依据，达到尽量减少事故损失的目的。

6. 有利于工程交工验收

施工中发生的质量问题，若能正确分析其原因和危害，找出正确的解决方法，使有关各方认识一致，可避免到交工验收时，发生不必要的争议，而延误工程的验收和使用。

7. 为制订和修改标准规范提供依据

例如通过对砖墙裂缝的分析，可为标准规范在制定变形缝的设置和防止墙体的开裂方面提供依据。

第三节　事故分析与处理的一般方法与注意事项

一、事故分析的一般步骤

通常用框图表示，见图1-1。

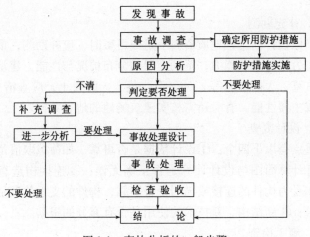

图 1-1 事故分析的一般步骤

二、事故调查

主要是调查事故的内容、范围、性质，同时还要调查为进行事故原因的分析和确定处理方法所必须的资料。调查一般分为基本调查与补充调查两类。

基本调查是指对建筑物现状和已有资料的调查，主要内容有：事故发生的时间和经过，事故发展变化的情况，设计图纸资料的复查与验算，施工情况调查与技术资料检查。如果建筑物已经使用，还应调查使用情况与荷载等资料。调查中应重点查清该事故的严重性与迫切性，前者是指事故对结构安全的影响程度，后者是指若不及时处理，是否会导致事故恶化而产生严重后果。

补充调查的主要内容有：补充勘测地基情况，测定建筑物中所用材料的实际强度与有关性能，鉴定结构或构件的受力性能，以及对建造物的裂缝和变形进行较长时间的观测检查等。

由于补充调查往往费钱、费事，有的还需要较长时间，因此只有在基本调查后，还不能正确分析事故时，才做补充调查。对地基基础和主体结构发生的质量事故，调查中应重点做好以下几

7

项工作：

1. 补充勘测

当原设计的工程地质资料不足或可疑时，应补勘测，重点要查清持力层的承载能力，不同土层的分布情况与性能，建筑物下有无古墓、大的空洞等。对湿陷性黄土、膨胀土，应查清类别、等级或主要性能。有时还需核实建筑场地的地震数据。

2. 设计复查

重点有以下四个：①设计依据是否可靠，如荷载取值是否准确；②计算简图与设计计算是否正确无误；③连接构造有无问题，如受力构件的连接或锚固是否牢靠，构件的支承长度是否满足要求；④新结构、新技术的使用是否有充分的根据。

3. 施工检查

首先应检查是否按图施工，有关工种工程的施工工艺是否符合施工规范的要求；此外并应查清地基实际情况，材料、半成品、构件的质量，施工顺序与进度，施工荷载，施工日志，隐蔽工程验收记录，质量检查验收有关数据资料，沉降观测记录，以及环境条件等。

4. 基础或结构构件（以下简称结构）实际承载能力的鉴定

在事故调查中，鉴定结构承载能力的方法一般有以下三种：①分析计算法。首先对事故有关部分进行检查与测量，然后用这些实际数据，按相应的设计规范作分析计算，根据其结果作出鉴定。②荷载试验法。首先对结构进行检查，对承载能力作出粗略的估计，然后制定试验方案，并进行试验，根据实测数据资料，经过计算分析后，作出鉴定。③实物调查比较法。利用施工或使用的实际荷载情况，有时可能与荷载试验相似，只要认真观测这个结构的实际工作性能，也可对应调查的结构作出恰当的评定。考虑到荷载试验与实际情况有时会有一定的差异，具体应用时，往往用以上方法的二或三种结合起来使用，由此作出的鉴定更可靠。

5. 使用调查

若事故发生在使用阶段，则应调查建筑物用途有无改变，荷载是否增大，已有建筑物附近是否有新建工程，地基状况是否变坏。对生产性建筑物还应调查生产工艺有无重大变更，是否增设了振动大或温度高的机械设备，是否在构件上附设了重物、缆绳等。此外，还应调查建筑物沉降、变形、裂缝情况，以及结构连接部位的实际工作状况等。

需要指出：并非所有事故都要对上述各项内容进行全面的调查，应该根据工程特点与事故性质，选择必要的项目进行调查。调查中一定要抓住重点和关键问题，防止把一些关系不大的项目列入调查内容，浪费人力、物力，延误了事故的分析与结论，甚至还可能使事故人为的复杂化，造成不应有的损失。

三、原因分析

事故原因的分析应当建立在调查的基础上，其主要目的是分清事故的性质、类别及其危害程度，并为事故处理提供必要的依据。因此，原因分析是事故分析与处理中的一项最重要的工作。在分析大量事故实例后，不难发现不少事故的原因错综复杂，只有经过周详的分析，去伪存真，才能找到事故的主要原因。常见的事故原因有以下几类：

（1）违反基本建设程序，无证设计，违章施工；
（2）地基承载能力不足或地基变形太大；
（3）材料性能不良，构件制品质量不合格；
（4）设计构造不当，结构计算错误；
（5）不按图施工，乱改设计；
（6）不按规范要求施工，操作质量低劣；
（7）施工管理混乱，施工顺序错误；
（8）施工或使用荷载超过设计规定，地面堆载太大；
（9）温、湿度等环境影响，酸、碱、盐等化学腐蚀；
（10）其他外因作用：如大风、爆炸、地震等。

四、事故处理

对事故进行调查并分析了产生的原因后,才能确定事故是否需要处理和怎样进行处理。其目的是消除缺陷或隐患,以保证建筑物正常、安全使用,或创造必要的施工条件。对事故进行处理时,不能无根据地蛮干,以免给工程留下隐患,或使事故恶化;但也不要过于谨小慎微,把问题搞得很复杂,以致造成不必要的损失。

(一)事故核查与评价

事故处理的前提是对事故的情况、性质和原因都已调查分析清楚,满足以下各点要求:

1. 事故情况

一般应包括出现事故的时间、事故总的描述,并附有必要的图纸说明、事故的观测记录、事故的发展变化规律和事故是否已经稳定等。

2. 事故性质

主要指区分以下三个问题:

(1)区分属于结构性问题还是一般性的缺陷。如结构裂缝,是因地基或结构构件承载能力不足而产生,还是由于一般温度、收缩而产生;又如变形或挠度,是施工缺陷还是结构刚度不够(例如钢筋混凝土梁下垂过大,可能是模板支架下沉而造成,也可能是结构刚度不足而造成)等。

(2)区分是表面性的还是实质性的。如钢筋混凝土表面出现蜂窝麻面,就需要查清内部有无空洞;又如裂缝仅是浅表裂缝还是贯穿裂缝等。

(3)区分事故处理的迫切程度。如是否需要采取保护性措施,防止事故进一步扩大恶化;又如事故如不及时处理,会不会造成倒塌等。

3. 事故原因

除上述内容外,还应包括以下内容:因结构承载能力不足而造成的事故，应该查清是地基问题还是基础问题，是柱、梁，还是板有问题，结构出现较严重的裂缝时，需要查清是结构上的荷载过大，还是地面堆载太大，或是因为临时荷载太大而在施工阶段产生过大的变形或裂缝等。

4. 事故评价

对出现事故部分的建筑结构作出评价，主要是指事故对建筑功能、使用要求、结构受力性能，以及施工安全的影响作出评价。常用的方法是以工程实际情况为基础，对建筑结构的使用阶段和施工阶段进行必要的验算、构件或结构荷载试验等。

（二）事故处理的一般原则和所需要的资料

1. 事故处理的一般原则

（1）安全可靠，不留隐患；

（2）满足使用要求，如净空尺寸等；

（3）经济合理；

（4）条件可能，包括设备、材料供应，施工的技术力量等；

（5）施工方便、安全。

2. 事故处理必备的资料

一般事故处理时，必须具备以下资料：

（1）与事故有关的施工图；

（2）施工中有关的资料，如建筑材料试验报告、各种施工记录、试块强度试验报告等；

（3）事故调查分析情况报告；

（4）设计、施工、使用等单位对事故的意见和要求等。事故处理前，一般均应统一各方面的意见，重大的事故处理还必须有协商一致的书面文件。

（三）常用的若干处理方法

事故处理常用方法有：建筑修补、封闭保护、复位纠偏、地基加固、结构卸荷、改变结构构造、结构补强及拆除重建等。

1. 建筑修补和封闭保护

（1）表面缺陷修补：数量不多的小蜂窝或露石的混凝土表

面，可用 1:2~1:2.5 的水泥砂浆抹灰。在抹砂浆之前。须用钢丝刷或加压力的水清洗。

蜂窝和露筋应按其全部深度凿去薄弱的混凝土层和个别突出的骨料颗粒，然后用钢丝刷或加压力的水清洗，再用细骨料拌制的混凝土（比原设计强度等级提高一级的混凝土）填塞，并仔细捣实。处理时必须注意，凡影响结构性能的缺陷，必须会同有关单位研究处理。

（2）裂缝修补：修补裂缝前，应充分掌握裂缝的变化规律及现状，以便选择最佳的修补时间和方法。一般修补方法有以下五种：

1）表面处理法：一般用于裂缝宽度小于 0.2mm 时，常用环氧类树脂浸渍玻璃丝布，沿裂缝铺贴在结构表面。

2）充填法：用于裂缝较宽，或用表面处理不能满足耐磨及防腐要求时。比较常用的修补方法是沿着裂缝将混凝土表面凿成 V 或 U 形槽，然后充填树脂砂浆或水泥砂浆、沥青等（图1）。

3）注入法：是一种不仅可修补表面，而且能注入内部的修补方法。用于修补裂缝宽度大于 0.2mm 的缺陷部位。使用这种方法时，需先沿裂缝埋设注入用管，间距 10~50cm，裂缝表面用上述1）、2）方法封闭，然后用泵将树脂注入。

4）钢锚栓及预应力法：钢锚栓法是将骑马钉（锚栓）锚于裂缝两边，类似于缝合裂缝的方法。锚栓孔用凿岩机打成，并用水泥砂浆、树脂砂浆等锚固。预应力法是用钻机在构件上打洞，然后穿入钢筋，施加预应力，使裂缝减小或闭合。

5）其他方法：如凿开开裂部分的混凝土，配筋再重新浇筑混凝土的方法；又如用树脂胶粘剂粘贴钢板的方法等。

不论采用何种方法修补裂缝，都应注意以下两点：

（1）为使修补材料与构件粘结牢固，必须将构件表面的杂质（油污、灰尘等）及松动部分彻底清除，然后凿毛、开槽、清扫，修补效果取决于这些工作的认真程度。

（2）认真做好检查验收工作：包括修补前对基底情况、修补材料，表面装修的检查。修补完成后，检查裂缝危害是否已排除，是否达到了预期的要求。

2. 复位纠偏

常用的纠偏方法如下：

（1）基础错位一般常用两种纠偏方法：一是用机械设备将基础顶推移动或吊起移位使基础落到正确的位置上；二是扩大基础，使上部结构仍能按原设计的要求与基础联接。在扩大基础时，应注意与地下的其他设施会不会发生矛盾。

（2）结构构件错位：在现浇结构已施工部分产生了偏差，上部结构施工有可能恢复到正确位置，且不影响建筑结构使用和安全时，可在上部结构施工中缓慢地纠偏，到一定部位时，按原设计位置放线施工。在预制结构中，如因预制柱造成的偏差，可在安装中调整柱的中心线，以达到消除或减少偏差的目的。除了可能纠正错位的情况外，还有两种情况：

1）构件错位影响结构强度、刚度和稳定性。此时，有的可以采取增设支撑来处理；有的则需按实际偏差情况进行验算。必要时，则需加固处理。

2）构件错位后影响上部结构安装：一般可以增加一些连接件将错位的构件与上部构件相连接，还可将原来上部的预制构件改成现浇结构。

（3）整个建筑结构偏位：当建筑结构整体的强度、刚度较好时，可采取机械强力顶拉使之复位。

3. 地基加固

对已建的建筑如因地基承载能力不足而造成的事故，可以采用地基加固，国内常用的有：

（1）硅化加固法：利用硅酸钠溶液（水玻璃）加固地基，来增加地基承载力和不透水性。

（2）桩基础加固法：一种是利用桩基础代替或分担原有基础，另一种是用砂桩、灰土桩、木桩起挤密作用，加固黏土和杂填土。

(3) 压力灌浆：在岩石类或碎石土中钻孔，并用压力灌入水泥浆、沥青、黏土浆等来加强地基。

建筑物的上部结构和地基是共同工作又互相影响的。因此，当地基承载力不足而造成事故时，不要只限于加固地基，上部结构也应采用适当的加固措施，有时，加大上部结构刚度比单纯加固地基效果好。

4. 结构卸荷

（1）减少结构荷载：

1）减轻建筑结构自重，如砖墙改为轻质墙，钢筋混凝土平屋顶改为轻钢屋盖，改用高效轻质的保温隔热材料等。

2）改善建筑使用条件，以减少结构荷载，如防积水、积灰等。

3）改变建筑用途，对有缺陷的个别房间限制其使用荷载。

（2）合理使用有缺陷的构件：

1）在各建筑物之间调整使用。如将有缺陷的但尚可使用的构件降低等级，使用在荷载较小的其他建筑中。

2）在建筑物内合理调整使用。一般建筑端部和伸缩缝处的柱、梁、屋架的荷载较小，可以将有缺陷、但可以用的构件布置在这些部位。

5. 改变结构计算图形，减小结构内力

（1）梁、板等受弯构件增设新的支柱（支座）后，减小了计算跨度，结构内力及变形可明显减小。以均布荷载的简支梁和悬臂梁为例，在增设支柱（支座）后，结构由静定结构变为超静定结构。支柱（支座）参与结构共同工作的程度，可由其反力 N 的大小来反映，而 N 值大小取决于加入支座时的初始应力、受弯构件的刚度、塑性变形等。支座参与共同工作的程度不同，结构内力变化的情况也不同。

采用这种方法处理钢筋混凝土结构中的事故时，应注意受弯构件中的配筋在弯矩方向变化后会不会发生问题。

（2）柱、墙等竖向构件，采用增设新的斜支柱、支撑、支点或改善支承嵌固状态等方法，可减少计算高度，增大压曲系数，从而增大承载能力和结构稳定性。

（3）增设新的支柱、横梁、框架参与承载。如楼板、屋面板损坏时，可在楼板下或保温层中增设工字钢等参与承载；梁的承载能力不足造成严重开裂和产生过大挠度时，可增设柱、托梁或框架；墙柱承载力不足时可增设新的支柱参与受力等。

（4）增设预应力补强结构。此法不用将原来梁柱表面的混凝土全部凿掉来补焊钢筋，而是用预制补强钢筋从构件外部补强。施工时只在其接头处凿出孔槽，将补强钢筋锚固即可。这种方法施工简便，取材容易，可在不影响使用条件下进行结构补强。一般可用以下三种形式：

1）预应力水平补强拉杆结构。这种补强形式最方便简单，被补强的构件在设置水平拉杆后就变为复合体系，结构的计算图形因而改变，此时，原来的受弯构件变为偏心受压构件，在支点处产生附加弯矩，同时也减少了跨中弯矩。因此可以提高原构件的承载力。

2）预应力下撑式补强拉杆结构。把原来的受弯构件变成偏心受压构件；在下撑式拉杆承托住构件处产生卸荷力，采用这种方法可大量增加构件承载力，有时甚至能使承载力提高一倍。

3）预应力组合式补强拉杆结构：这种补强方法系由水平拉杆和下撑式拉杆组合而成。

除了上述四种方法可改变结构计算图形，取得补强效果外，还可用适当增设支撑等方法取得类似的效果。

6. 结构补强

这种方法系指不改变原有结构受力图形的补强加固方法，常用的有：

（1）加大结构断面，提高构件的强度、刚度、稳定性和抗裂性能。加大部分所用的材料，可与原结构相同，也可用强度更高的材料加大断面，做成组合结构。如砖柱外单侧或几个侧面增加钢筋混凝土；又如砖或钢筋混凝土构件外包型钢、工程结构外粘 FRP 加固技术等。

断面加大部分的尺寸、形状应通过强度、刚度、稳定等计算确定。为保证后加部分结构与原有结构共同工作，需认真处理两者之间的联结问题。

此外，还应考虑上部结构自重增加后对支承结构的影响。必要时还应加大支承结构或基础的尺寸。

（2）压浆法补强：混凝土中产生严重的蜂窝、空洞时，常用水泥压力灌浆加固补强。补强前先对有缺陷的结构进行检查，确定补强的范围，常用的检查方法有：小铁锤敲击，听其声音；较厚构件可进行灌水或压水检查；大体积混凝土可采用钻孔检查等。对结构表面的缺陷还应进行清理和修补。埋管间距视灌浆压力、结构尺寸、事故情况、水灰比等因素确定，一般采用 50cm。每一灌浆处埋 2 根管，1 根灌浆，1 根排气或水，上述各项工作完成后养护 3 天，即可开始灌浆。

灌浆的水灰比宜用 0.7~1，水泥浆应充分搅拌均匀，必要时可掺加微膨胀剂。灌浆采用灰浆泵，压力为 0.6~0.8MPa，最小应不少于 0.4MPa。一般需要进行两次灌浆，在第一次压浆初凝后，再由原管进行第二次压浆。

7. 其他

修改设计或部分拆除重建。

实际工程中，有的事故在分析了产生的原因，并估计其可能造成的后果后，往往不需要作专门的处理。但是这样做必须建立在可靠的分析与必要的论证的基础上，切不可草率从事。

（四）事故处理应注意事项

1. 正确确定处理范围

除了事故直接发生部位（如局部倒塌区）外，还应检查事故部位对相邻建筑结构的影响，正确确定处理的范围。

2. 注意综合治理

首先要防止原有事故的处理引发新的质量问题；其次注意处理方法的综合应用，以利取得最佳效果。如构件承载力不足，不仅可选择补强加固，还可考虑结构卸荷、增设支撑、改变结构方案等多种方案的综合应用。

3. 注意消除事故的根源

这不仅是一种处理方向和方法，而且还是消除事故再次发生的重要措施。例如超载引起的事故，应严格控制施工或使用荷载；地基浸水引起的墙体倾斜、裂缝，应消除浸水原因等。

4. 注意事故处理期的安全

（1）不少事故严重时岌岌可危，随时可能发生倒塌，只有在得到可靠支护后，方准许进行事故处理，以防发生人员伤亡。

（2）对需要拆除的结构部分，应按规定制订安全措施并交底后，方可开始拆除工作。

（3）凡涉及结构安全的，都应对处理阶段的结构强度和稳定性进行验算，提出可靠的安全措施，并在处理中严密监视结构的稳定性。

（4）重视处理中所产生的附加内力，以及由此引起的不安全因素。

（5）在不卸荷条件下进行结构加固时，要注意加固方法对结构承载力的影响。

5. 选用最合理的处理方案

某一种事故的处理往往可有多种方案可供选择，此时务必作技术经济分析比较，结合工程现有条件选用既安全可靠，又经济合理，并且施工简便可行的处理方案。

6. 选择好处理的时间

对质量事故一般应及时处理，但是并非所有的事故都是处理越早越好，相反有些事故，因为匆忙处理，而不能取得预期的效果，甚至造成事故的反复处理。例如地基不均匀沉降造成的事故，只要不会发生倒塌等恶性事故，就可选用观察一段时间，待沉降相对稳定后再处理。

7. 加强事故处理的检查验收工作

为确保事故处理的工程质量，必须从准备阶段开始，进行严格的质量检查验收。处理工作完成后如有必要,还应对处理工程的质量进行全面检验,确认处理效果。

需要指出:我国政策历来规定,发生质量事故,要按规定逐级上报。重大质量事故,如房屋倒塌、桥梁断裂、设备爆炸、大面积滑坡等,以及因质量事故造成人员伤亡的,必须在 24 小时内上报当地城建部门、主管上级和国家城建部门。原城乡建设环境保护部《(87)城建字第 52 号》文件规定:"造成 5 万元以上直接损失,或造成死亡一人或一人以上,或重伤三人或三人以上者,按最高人民检察院《(86)高检会(二)字第 6 号》文件规定,应报送人民检察院立案处理。上述设计施工单位的负责人和直接责任者,应给予行政记过以上处分,直至追究法律责任"。《建筑法》规定:施工中发生事故时,建筑施工企业应当采取紧急措施减少人员伤亡和事故损失,并按照国家有关规定及时向有关部门报告。

第二章 地基基础工程

地基基础工程事故种类繁多，常见的有测量放线错误造成的事故；桩基础工程事故；基坑、槽开挖与深基坑支护事故；大型基础和设备基础事故；大体积混凝土工程事故；地基基础不均匀沉降事故以及因地基基础承载力不足而导致建筑物倒塌的事故等。针对本书的特点，对一般性较简单的地基基础工程事故将从略，重点介绍桩基础工程、大型基础和设备基础工程、深基坑支护工程和因地基基础问题造成的倒塌事故等。对地基不均匀沉降事故仅作概要的介绍。

地基基础工程的事故造成的后果往往比较严重，主要反映在以下三方面：一是可能影响建筑物正常使用，甚至危及使用安全；二是除了对事故工程造成不良后果外，还可能影响邻近建筑物的安全，更严重的是有的工程事故造成城市公用设施破坏，如煤气管道断裂、煤气泄漏，供水干管及附属设施损坏，造成大面积停水等等；三是地基基础工程事故一般损失均较大，不少这类事故还严重拖延建造工期。

地基基础工程事故处理比较困难，这是因为大多数地基基础工程事故都出现在上部结构已部分完成，甚至出现在建筑物竣工和使用后，为了保证已有部分的安全，对事故处理常提出一些严格的要求或限制条件。其次是许多地基基础工程是在地下隐蔽的条件下处理，看不见，摸不着，不确定甚至不安全因素较多。第三是地基处理的技术本身就有很多复杂疑难问题，处理方法又很多，可参见本系列丛书之一的《地基处理》。第四是地基基础工程事故处理质量的检查和验收方法比较复杂，对处理效果的确认常存在难点。

综上所述，对地基基础工程事故的分析处理必须十分谨慎认真，防止事故扩大、恶化和多次反复处理。

第一节 桩基础工程

一、概述

（一）桩基事故类别

桩基础事故按其性质分为以下八类：

（1）测量放线错误，导致桩位偏差过大，或造成整个建筑物错位；

（2）单桩承载力达不到设计值；

（3）成桩中断事故。如钻孔灌注桩塌孔、卡钻；又如水下浇灌混凝土出现堵管停浇事故；

（4）灌注桩或桩质量差。包括沉碴超厚，混凝土离析，桩身夹泥，混凝土强度达不到设计值，钢筋错位变形严重等；

（5）断桩。预制桩和灌注桩均可能发生断桩。其中预制桩断裂又可分为桩身断裂和接头断裂两种；

（6）桩基验收时出现的桩位偏差过大；

（7）桩顶标高不足。在预制桩中较少见。灌注桩桩顶标高不足主要有两种：一是施工控制不当，在未达设计标高时，停浇混凝土；二是桩顶标高虽达到设计值，但因桩顶混凝土疏松、强度底，需要凿除而出现桩顶标高不足；

（8）桩倾斜过大。

（二）桩基事故分析处理的一般工作程序（图2-1）

（三）桩基事故分析的主要内容与注意事项

1. 事故调查

重点注意以下三方面：

（1）事故范围。对一个工程而言，涉及到多少桩；对一根桩而言，明确需要处理的部位、深度及程度等；

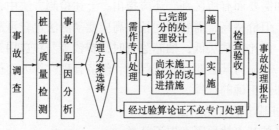

图 2-1 桩基事故分析处理工作程序

(2) 事故性质。主要确定对结构安全和后续工程施工的影响；

(3) 调查方法。既要对地质报告和桩基原始施工记录进行调查，更应重视桩基施工的实际情况核查，防止遗漏原始记录未反映出来的问题。

2. 桩基实际质量检测

桩基事故分析与处理的前提之一，是正确评价事故桩的实际质量。因此，对桩基质量检测技术及其应用，必须有一些粗浅的知识，下面简要介绍较常用的 7 种检测技术。

(1) 普通测量方法。主要用于测量桩位和标高的偏差。

(2) 静载试验法。主要用来测定单桩承载力与变形。

(3) 高应变动测法。主要用来测定单桩承载力、变形、桩侧和桩端阻力以及桩身质量。

(4) 低应变检测法。主要检测桩身缺陷。

(5) 抽芯检查。用于检验桩身混凝土质量、桩底沉碴厚度、桩端持力层情况。

(6) 补做地质钻探。用来鉴定桩端岩土的实际状况和设计持力层的埋置深度。

(7) 其他。如锤击复打检查下沉量；开挖检查等。

上述各项检验技术在许多书籍或资料中都能找到详尽的规定和检测指南，本书限于篇幅不作详细介绍。

需要指出：并非所有事故都需要作此项工作，如成桩前出现的事故就无需检测。在选用检测方法时，务必注意针对桩基事故的性质和需要而有所区别。还应指出，上述检测方法中，静载法虽可靠，但价格高，需要时间长；高应变动测法也较可靠，价格也较高，但比静载法低；抽芯法费时、费钱等。在选用某种检测方法前，均应对其必要性、可行性、经济合理性等方面作分析比较后，作出正确的选择。

3. 桩基事故常见原因

常见桩基事故原因有以下几类：

（1）勘察报告不准或深度不足；

（2）设计选用的质量指标过高　如单桩承载力设计值过高，打桩锤过重和最终贯入度太小；灌注桩沉碴厚度为零等；

（3）施工单位无承担该工程的资质；

（4）材料、构件质量问题　如预制桩不合格；水泥实际活性低；石子粒径过大；混凝土配合比不当，和易性差，坍落度过大或过小；

（5）未经试成桩，仓促施工，或做试桩单位不是桩基施工单位；

（6）施工顺序、施工工艺不当；

（7）不按有关规范、规程的要求施工；

（8）不按施工图和设计要求施工；

（9）不按规定进行质量检查验收。

（四）桩基事故处理的一般原则

1. 处理前应具备的条件

（1）事故性质和范围清楚；

（2）事故处理目的要求明确，处理方案已初步选定；

（3）参加建设的各单位意见基本一致。

2. 事故处理应满足的基本要求

（1）对事故部分的处理要求：安全可靠，经济合理，处理工期较短，处理技术可行。

（2）对未施工部分应提出预防和改进措施，防止事故再次发生。

3. 事故应及早处理，防止留下隐患

（1）每 1 根桩完成后，都应全面检查设计提出的各项指标，只要有一项未达到要求，就应及时分析，取得所有各方代表意见一致认可，尤其是设计代表同意后，才可移走机械设备，防止以后再提出复打等要求而无法实施。

（2）基坑开挖前必须全面检查成桩记录和有关资料，发现质量上有争议的问题，必须协商一致作出必要处理后，方可挖土，防止基坑开挖后再处理造成不必要的麻烦。

4. 应考虑事故处理对已完工程质量和后续工程施工的影响。例如在灌注桩事故处理中采取补桩法处理时，会不会损坏混凝土强度还较低的邻近桩；又如在打桩工程中，补桩带来桩距变小，可能造成后续工程的沉桩困难。

5. 选用最佳处理方案。桩基事故处理方法较多，必须对可采用的多种方案进行技术经济比较，选用安全可靠、经济合理和施工方便的处理方案。

（五）桩基事故的常用处理方法简介

常用方法有补桩、接桩、复打、补强、纠偏、扩大承台、复合地基等 14 种。下面结合事故发生的原因分别介绍各种方法的应用情况。

1. 成孔事故处理方法

发生成孔事故应尽力挽救，避免轻易报废，常用处理方法有：

（1）掉钻、埋钻事故处理

钻孔灌注桩成孔时，遇到淤泥质粉土、细砂、粉砂等不稳定土层时，常易发生塌孔埋钻事故；在钻进砾石层时，常发生掉钻事故。这类事故一般采用以下三种方法处理。

1）钢丝绳套法打捞钻头。当出现掉钻事故后，可用端部套有钢丝绳圈的钻杆下入孔内，待导管套住钻头法兰后，窜动导管和钢丝绳，使绳套下落到钻头上，再用升降机拉紧钢丝绳套栓牢钻头，提升出孔口。

2）卡瓦打捞钻杆。利用钻杆顶部的法兰盘，制作钟罩式卡瓦打捞器，罩内设置三个卡瓦，并用制动弹簧使卡瓦保持水平位置，卡瓦围绕转轴活动，当钻杆法兰进入打捞器后，可推开卡瓦，提升打捞器时，卡瓦卡住法兰而将钻杆提起。

3) 塌孔埋钻事故处理方法。先用普遍刮刀钻头扫孔到事故钻具顶部，然后用特制的套孔钻具将钻具周围坍塌物清除干净，最后用打捞钩在孔内上下移动，钩住钻杆法兰盘后提升出孔。

(2) 泥浆护壁钻孔灌注桩塌孔、缩颈、漏浆、孔斜事故处理

1) 成孔时出现缩颈、塌孔时，应立即投入黏土块，使钻头慢速空转不进尺，并降低泥浆输入速度和数量进行固壁，然后用慢速钻进通过事故段。

2) 漏浆处理。当泥浆突然漏失时，也应立即回填黏土，待泥浆面不再下降，表明孔壁漏浆处已堵塞和形成新孔壁，即可开始正常钻进。

3) 孔斜、孔径不规则的处理。可往复提钻，从上到下进行扫孔。若发现钻头卡孔提钻困难时，不得硬拉猛提，应继续慢速低回程往复扫孔。若无效，应使用打捞套、打捞钩等辅助工具助提，以防钻杆拔断，钻头掉落。当孔斜或孔径不规则较严重时，应及时提钻并往孔内填黏土至合格处 0.5m 以上，再将钻头放下，提落数次，用钻具挤压黏土，然后慢速钻进。

2. 导管事故处理方法

灌注桩成桩过程中常采用导管水下浇筑混凝土的方法，施工不当时，易发生卡管、导管吊断和导管底端外露事故，这些统称为导管事故。一般可采用下述方法处理。

(1) 卡管事故处理方法

1) 疏通法。当混凝土和易性差、流动度小，或石子粒径过大、混凝土供应不及时，以及止水栓（球）堵塞等原因造成的卡管事故，除了首罐混凝土堵管必须返工处理外，一般可采用下述方法疏通：①长钢钎或 $\phi 25$ 以上钢筋冲凿管内混凝土；②用铁锤敲震导管法兰；③抖动起吊绳；④导管上安装附着式振动器。

2）提升法。当导管下端距孔底间隙较小、甚至插入土中造成的卡管事故，可采用缓慢提升导管 80~100cm，待混凝土开始下落时，再将导管下降 40~50cm。

3）重插法。当采用上述两种方法无效时，只有提升导管出孔外，清理后重插。若已无法插入已浇混凝土中，该桩只好报废。

（2）导管拔断处理方法

导管埋入混凝土过深或机械设备故障没有及时拔升导管，以及导管法兰被钢筋钩挂牢等原因常可造成提升导管困难，出现拔断导管事故，一般可采用下述方法处理。

1）重插法。清除拔断的导管，如混凝土尚未凝固，重新换个位置插入新导管。

2）接桩法。如桩混凝土面离设计桩顶标高较近（如不超过3m）时，可采用震压护筒使之下沉，并排除护筒内泥浆，清除桩顶泥碴和浮浆层，支模板，刷抹一层纯水泥浆后，重新浇筑混凝土至规定标高。

（3）导管外露事故处理

1）清孔法。首罐混凝土量不足造成的露管或浇筑不久出现的露管事故，可采用再次清孔方法，清除孔底残留混凝土后重新浇筑。

2）重插法。如浇筑中出现导管提出混凝土面，可采用重插法。若插不进，则此桩报废。

3. 接桩法

当成桩后桩顶标高不足，常采用接桩法处理。一般有以下两种做法。

（1）开挖接桩，适用于灌注桩与预制桩。挖出桩头，凿除混凝土浮浆和松散层，并凿出钢筋，整理与清洁后接长，并绑扎钢箍等构造钢筋后，再浇筑混凝土至设计标高。

（2）嵌入式接桩。适用于大直径灌注桩。当成桩中出现混凝土停浇事故后，清除已浇混凝土又有困难时，可采用此法处理，见图 2-2。这种接桩法需用高应变检测等手段检验，确认其效果。南京市某高层建筑桩基事故采用此法处理，取得较好的效果。

4. 补沉法

无论是预制桩或灌注桩的入土深度不足时，或打入桩因土体隆起将桩上抬时，均可采用此法。当然对灌注桩进行沉桩时，混凝土必须达到足够强度，且只能用静压法。补沉法有复打和静压两种。

（1）复打法。发现预制桩沉入深度不足，可采用复打法继续沉桩。也可改用大桩机，重锤低击继续沉桩。

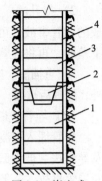

图 2-2　嵌入式接桩示意图
1—先浇的混凝土；2—钻孔形成嵌入头；3—接桩混凝土；4—钢筋

（2）静压法。灌注桩端未进入设计持力层，可采用静压法把灌注桩压入到要求的深度。四川省乐山市曾采用此法成功地处理了几百根桩入土深度不足事故，效果很好。

5. 补桩法

（1）桩基承台施工前补桩。如补钻孔做灌注桩；补打预制桩。桩距较小时，也可采用先钻孔后植桩，再沉桩的补桩法。

（2）桩基承台或地下室完成后再补锚杆静压桩。此法的优点是可以利用承台、地下室结构承受静压桩的施工反力，设施简单，操作方便，且不会延长工期。

6. 反插法

沉管灌注桩出现缩颈、混凝土质量不良或桩承载力不足等事故的处理可采用此方法。其要点是反插沉管前，先清除管壁外的泥土；两次沉管的中心线应重合；在第一次混凝土凝结前沉管并浇完混凝土。

7. 钻孔补强法

此法适用条件是桩身混凝土严重蜂窝、离析、松散、强度不足，以及桩长不足，桩底沉碴过厚等事故。常用的方法有高压注浆和混凝土换芯两类。

（1）高压注浆补强

1）桩身混凝土局部有离析、蜂窝时，采用钻机钻到质量缺陷下一倍桩径处，然后进行清洗后高压注浆。

2）桩长不足时，采用钻机钻至设计持力层标高，对桩长不足部分注浆加固。

3）桩身混凝土严重松散时，可采用分段（3~5m）下行逐段注浆加固，直至桩全长。

4）钻孔数量随桩截面的大小而增减，对大直径灌注桩常钻孔3~4个。

5）注浆材料一般采用纯水泥浆或水泥砂浆，浆液中有时添加水玻璃或三乙醇胺复合添加剂等。当施工进度紧迫，要求桩尽早达到承载力时，有时也可采用较贵的高分子化学浆液。

（2）混凝土换芯法

对大直径人工挖孔桩混凝土事故可采用此法。先用大直径钻机成孔，再浇筑（或水下浇筑）强度较高的混凝土芯。

8. 纠偏法

桩身倾斜，但未断裂，且桩长较短时；或因基坑开挖不当造成桩身倾斜且未断裂时，可采用局部开挖后用千斤顶纠偏复位处理。如南京市某工程曾用此法处理基坑开挖出现的桩倾斜事故，取得较好的效果。该工程桩长18m，截面尺寸45cm×45cm。

9. 送补结合法

当打入桩采用分节连结逐节沉入时，接桩质量不良可能产生连接节点脱开的事故，可采用送补结合法处理。此法包括两项工作：首先是对事故桩复打，使其下沉，把松开的接头再顶紧，使之具有一定的竖向承载力；其次是适当补些全长完整的桩，一方面补足整个基础竖向承载力不足，另一方面补打的整桩可承受地震荷载。河北省某工程事故就采用此法处理，取得较好的效果。

10. 扩大承台法

此法常用于下述三种事故的处理。

（1）桩位偏差大。原设计的承台平面尺寸满足不了规范规定的构造要求，此时需采用扩大承台法处理。

（2）考虑桩土共同作用。当单桩承载力达不到设计要求，可用扩大承台并考虑桩与天然地基共同分担上部结构荷载的方法处理。

（3）桩基质量不均匀，防止独立承台出现不均匀沉降，或为了提高抗震能力，可采用把独立承台连成整块，提高基础整体性，或设抗震地梁。

需要注意的是在扩大承台的同时，应适当增加承台内的配筋量。

11. 复合地基基础法

此法在利用桩土共同作用的基础上，还对地基作适当处理，提高了地基的承载力，更有效地分担桩基的荷载。常用方法有以下几种。

（1）承台下做换土地基。在桩基承台施工前，挖除一定深度的土，分层夯填沙、石垫层，然后再在人工地基和桩基上施工承台。

（2）灌注桩间加水泥土桩。当灌注桩实际承载力达不到设计值时，可采用在灌注桩间土中干喷水泥形成水泥土桩的方法组成复合地基基础。南京市某教学楼（6~7层框架）桩基事故就采用此法处理，取得了较好的效果。

（3）灌注桩与挤密桩合成复合地基。可在灌注桩间用石灰等材料做挤密桩，提高地基承载力，也可适当提高桩周摩阻力。

（4）承台周边加做石灰桩。山东省某7~9层框架建筑，灌注桩身混凝土完好率很低，采用此法处理后，取得良好效果，施工也较方便。

12. 改变施工方法

桩基事故有些是因为施工顺序错误或施工工艺不当而造成的。处理时，一方面对事故桩采取适当的补救措施，另一方面要改变错误的施工方法，防止事故再次发生。常用的处理方法有以下几种：

（1）改变成桩施工顺序。例如沉管桩施工顺序改用间隔跳打法等。

（2）改变成桩方法。例如干成孔桩出现较大的地下水时，采用套管内成桩的方法等。

（3）改用施工机械设备。例如震动沉管灌注桩设备的激震力不足，桩管沉入深度达不到设计要求，可采用加大震动设备。又如锤击沉桩困难时，改用大桩锤等。

（4）先钻后打法。桩基工程中如预制桩数量多、间距小，沉桩困难，甚至出现新桩下沉，已沉入的桩上升或变形、或挤断。此时可采用在桩位处先钻孔后植桩，再锤击沉桩。

（5）降低地下水位法。在饱和软黏土中打桩，因生成很高的超孔隙水压力，使扰动的软土抗剪强度降低，沉桩产生明显的挤土效应，造成地面隆起或侧向膨胀，此时可在桩间设置砂井或塑料排水板，作为排水通道，以利沉桩。

（6）控制沉桩速率。根据地面变形情况，确定单位时间内的沉桩数量，也可采用停停打打或隔日沉桩的方式。

13. 修改设计

（1）改变桩型。当地质资料与实际情况不符时造成的桩基事故，可采用改桩型的方法处理。如灌注桩成桩困难可改用预制桩等。

（2）改变桩入土深度。例如预制桩沉桩过程中遇到较厚的密实粉、细砂层，产生严重断桩时，常采用缩短桩长，增加桩数量，改用粉、细砂层为桩端持力层。南京市和常州市多幢房屋的桩基工程曾采用此法处理，效果较好。除了桩改短外，还有加大桩入土深度的处理法。如上海市某工程按设计要求打至规定标高后，贯入度仍过大，后改用送桩加大桩入土深度。

（3）改变桩位。灌注桩出现废桩或打入桩遇到地下障碍，常采用改变桩位重做。

（4）修改承台。常见的有承台加长、加宽、加厚和加大配筋。

（5）底板架空。用减少土自重的办法，降低外加荷载。

（6）上部结构卸荷。有些重大桩基事故处理困难，耗资巨大，耗时过多，只有采取削减建筑层数或用轻质高强材料代替原设计材料，以减轻上部结构荷重的方法。

（7）结构验算。当出现桩身混凝土强度不足、单桩承载力偏低等事故，处理又很困难时，可通过结构验算，如结果仍符合规范的要求时，可不作专项处理。如江苏省某22层饭店少数几根桩未打至基岩，当时基坑已开挖完成，未作专项处理。必须强调指出：此法属挖设计潜力，使用时应慎之又慎。

14. 其他处理方法

（1）综合处理法。选用前述各种方法的几种综合应用，往往可取得比较理想的效果。

（2）采用外围补桩，增加周边嵌固，防止或减少桩位侧移。

（3）返工重做。

（4）拆除已建的房屋。

二、打（压）桩工程

（一）常见事故及原因分析

1. 单桩承载力低于设计要求

常见原因有以下四种：

（1）桩沉入深度不足；

（2）桩端未进入规定的持力层，但桩深已达设计值；

（3）最终贯入度太大；

（4）其他，如桩倾斜过大、断裂等原因导致承载力降低。

2. 桩倾斜过大

常见原因有以下几种：

（1）预制桩质量差。其中桩顶面倾斜和桩尖位置不正或变形，最易造成桩倾斜；

（2）桩机倾斜；

（3）桩锤、桩帽、桩身的中心线不重合，产生锤击偏心；

（4）桩端遇孤石或坚硬障碍物；

（5）桩布置过密，打桩顺序不当而产生较强烈的挤土效应；

（6）基坑土方开挖方法不当。

3. 断桩

除了桩倾斜过大可能产生桩断裂外，其他原因还有以下三种：

（1）桩堆放、起吊、运输的支点、吊点不当；

（2）沉桩过程中，桩身弯曲过大而断裂。如桩身制作时已弯曲，或桩细长又遇到较硬土层时，锤击产生弯曲；

（3）锤击次数过多。如有的设计要求桩锤重量大，最终贯入度又定得过小，造成锤击过度而导致桩断裂。

4. 桩接头断离

除了上述（二）所述的各项原因外，还有：

（1）桩上、下节的中心线不重合；

（2）桩接头施工质量差，如焊缝尺寸不足等。

5. 桩位偏差大

常见原因有下述两类：

（1）测量放线错误；

（2）沉桩工艺不良，如桩身倾斜就可能造成竣工桩位出现较大的偏差。

（二）常用事故处理方法及选择

常见事故处理方法及选择，见表2-1。

打（压）桩常见事故处理方法及选择　　　表2-1

序号	事故原因＼处理方法	补沉	补桩	纠偏	送桩加补桩	扩大承台	复合地基	修改桩型或沉桩参数	承台外周补桩
1	沉桩深度不足	√	○				○		
2	最终贯入度太大	√			○		○	○	
3	接桩节点脱开		○		√				
4	桩位偏差过大			○	√				
5	桩倾斜过大但未断裂			√		○			
6	土体上涌使桩上升但未断	√							○
7	断桩		√				○	○	

注：√——首选处理方法；○——也可选用的处理方法。

（三）工程实例

1. 某厂热电车间发生断桩

（1）工程与事故概况

该厂位于河北省丰南县境内，距渤海湾仅有 6km，地势低，一般海拔高在 1.6~2.8m 之间，由平坦的苇泊和以苇沟分割的台田组成，场地地震烈度 8 度，场地土为 II 类土

热电车间是该厂关键车间之一，包括主厂房、主控楼、排渣泵房、柴油贮运和栈桥中转站，共计 15905.73m^2，其中主厂房建筑面积为 11415.39m^2，布置如图 2-3 所示。

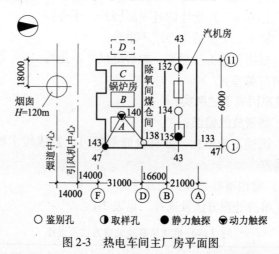

图 2-3 热电车间主厂房平面图

汽机房安装 1.2×10^4kW 机组和 6×10^3kW 机组各 1 台，锅炉房安装了自重为 1300kN 的锅炉 3 台，D 锅炉房仅预打桩而不浇基础以留扩建用。

整个车间钻探点较少，主厂房仅有 7 个点，进入第⑤层只有 4 个点。现以 135 号钻孔来说明该区域工程地质情况，如图 2-4 所示。

由图 2-4 可知，该厂区为软土地基，地面以下 2.0m 左右即为饱和粉质黏土，厚度 13~15.0m。地基土压缩性高，承载力低，只有 80~90kPa。

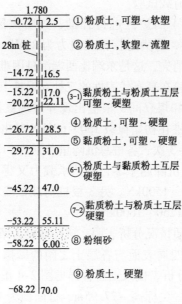

图 2-4　135 号钻孔土层分布示意图

根据工程地质资料和厂房的重要性，选用桩基方案，分别以第③层和第⑤层作为桩的持力层，设计了 20m 和 28m 两种桩长，长 20m 的桩承载力偏低，热电车间主厂房的主要部位均用 28m 长桩，主厂房打桩 1150 根，其中 28m 桩 708 根。

该厂的场地为软土地基，地震烈度为 8 度，这些情况在桩的设计中给予了充分的考虑，适当加大桩距；尽量不接桩或少接桩。对于 28m 长桩，原设计为二节 14m，一个接头，由于现场运输工具难以解决，将二节 14m 改为 10m、10m 和 8m 三节，变一个接头为二个接头。同时，考虑到桩要承受因振动所产生的弯矩的作用，因此对桩身和接头采取了加强措施。

桩在施打过程中，同一区域出现了一部分桩施打不下去的情况，28m 桩入土深度仅有 15.0~18.0m；而另一部分桩施打又特别容易，最后贯入度仍相当大，达 200~300mm，为工程试桩最后贯入度的 4~6 倍。为查清原因，一方面补探地层情况，一方面补做部分单桩荷载试验。

在煤仓间和 A 锅炉区进行补勘，查明该区第③层中有厚4.0m 的粉细砂层，静力触探锥尖阻力为 24MPa，而且该层由东向西逐渐减薄而消失，这是东端比西端沉桩困难的原因。

单桩荷载试验在具有代表性的三处 6 根桩上进行。试桩中发现 D 锅炉 2 根桩和煤仓间 1 根桩出现异常现象，即 D6 号、D47 号和 257 号 3 根桩在初始荷载 150~600kN 时出现较大幅度的沉降，加载卸荷 2~3 次，各桩总沉降量分别为 212.19、254.56 和 230.44mm，然后沉降趋于零，桩的承载力又得以恢复，单桩容许承载力为 1200~1500kN。另 3 根桩荷载试验无异常现象，单桩容许承载力为 1250~1600kN。

根据场地土质情况分析表明，该区域桩为摩擦桩，桩的承载能力主要靠桩身四周表面与各层土之间的摩擦力来承担。试以 135 号钻孔资料分析，桩入土位置详见图 2-4 虚线所示，桩顶绝对标高 0.05m，桩尖标高 -27.95m，桩断面为 450mm×450mm，由地基规范公式计算得到单桩容许承载力为 1660kN，其中桩的承载力 80% 以上靠摩擦力分担，仅摩擦力这一项容许值便在 1336.1kN 以上，极限值高达 2672kN。因此要用 150~600kN 的力将 28m 长桩轻易压入土中 212.19~254.56mm 是不可能的，唯有断桩才有这种可能性。从荷载试验得知，初始沉降消除后，桩的承载力恢复，说明经过加载后断桩的上下二节又碰到一处，因此能恢复承受一定的垂直荷载。为了验证上述分析是否正确，对 D6 号和 D47 号 2 根桩进行挖桩检查，为防止桩间土塌方，在 D6 号和 D47 号 2 桩之间压入 ϕ1400 钢管，边挖边压边沉，当进入 10m 处挖出桩接头，发现 D6 号和 D47 号在接头处上下二节桩中间均有 20mm 空隙，填充的是压实的粉质黏土。由于在荷载试验中消除了初始沉降，拉开的上下二节靠在一起，这时承载力恢复并接近原值，因此桩间空隙中的未被挤出的土被压实；D6 号和 D47 号二桩的上下节均错位 15~20mm；二桩的上部接头全部焊缝均已剪断，且有 15~20mm 空隙，手指在其中可上下活动，尤

其是 $D6$ 号桩竟有一连接角钢脱落在土中,从取出的角钢看只有少数点焊。

为此,采用全面复打检查断桩情况,并使断桩复位,消除初始沉降。复打采用冷锤轻击法(冷锤指不加油无爆击力的自由落体且落距较低)。

通过全面复打共找出 217 根断桩,占已施打桩的 33.2%,D 锅炉共用 28m 桩 52 根,查出断桩 36 根,占 69.2%;C 锅炉查出断桩 36 根,占 69.2%;煤仓间查出断桩 130 根,占 37.1%。这三处为断桩密集区。

(2)原因分析

1)施工中不执行规范和设计要求,施焊不认真,焊缝不合格,如桩接头焊缝厚度太薄或焊缝长度太短甚至点焊,又因桩头不平整,施焊前未按设计要求用楔板垫平再施焊,桩头之间有空隙。而桩的上部接头正好落在第②层饱和粉质黏土上,在打桩振动荷载作用下,桩周土孔隙水压力急聚升高,无法在四周消散,只能向上造成土体隆起,加上土的挤压使上节桩上浮,下节桩因为进入较密实的第⑤层和第③层,而起了嵌固作用,因此当焊缝被剪坏后,上下二节桩便拉开形成断桩。

2)主管单位只讲进度不顾质量,盲目追求经济效益所造成的。

3)勘察资料不准确,亦给本工程造成一定影响。

(3)处理措施

一个基础中断桩高达 70%,说明问题是相当严重的。经认真仔细地分析断桩现状,认为该工程断桩与一般断桩有所不同,在前面已有所说明,由于断桩经过复打,初始沉降已完成并且基本上已复位,桩的垂直承载力也有所恢复。依据这一事实,提出利用原桩基的处理方案,即利用断桩采取适当补桩的处理措施。

经过分析和计算,在基础中补打一些合格的 28m 长桩,让其在桩基中起"钉子"作用。当地震时,在地震效应的影响下桩不致错位而丧失承载力，即使个别断桩错位丧失承载力，而补打入的"钉子"本身有足够的储备。

同时，在补桩中要兼顾到保持原设计的承台形心、上部结构重心和桩群形心一致或接近的原则。由于断桩在每个基础中分布较均匀，故采取均布补桩措施。

为了使已复位的断桩不致因补桩再次上浮或由于沉桩时土体挤压使断桩错位，补桩采取钻孔植桩，用 $\phi 230$ 钻头，钻 14～22m 深，孔径约 300mm，然后再打桩。这对孔隙水压力的减小和土体挤压均大有好处。桩施打结束后，对附近的桩再用冷锤轻击 1～2 击，基本上克服了桩错位和上浮现象，从整个施工来看效果很好。

2. 预制桩偏斜

（1）工程与事故概况

南京市某厂锅炉房沉渣池工程，18m 跨的龙门吊基础下采用单排钢筋混凝土预制桩，桩长 18m，截面为 450mm×450mm，桩距 6m，条形承台宽 800mm。桩于 1985 年施工，1986 年在开挖深 6m 的沉渣池基坑时发生塌方，使靠近池壁的一排 5 根桩发生朝池壁方向倾斜，影响了桩的承载力。其中有 3 根桩顶部偏离到承台之外，已不能使用。桩的平面布置如图 2-5 所示，偏斜值见表 2-2。

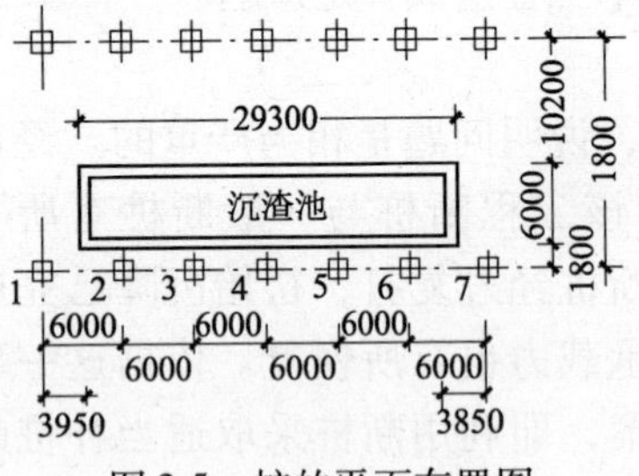

偏斜值　表 2-2

桩　号	桩顶偏斜值（mm）
2	250
3	250
4	400
5	1750
6	600

图 2-5　桩的平面布置图

根据地质资料可知：第一层为杂填土，中～稍密、湿润松散，厚约 5m。桩的偏斜主要由该层土塌方引起；第二层为淤泥质粉质黏土,稍密、很湿、流塑状态、高压缩性,厚4~6m。由于桩上部一侧塌方而另一侧受推力后,极易发生缓慢的压缩变形,埋入该土层中的桩身必然会随之倾斜;第三层为粉质黏土,中密、湿润、可塑状态,厚0.5~2.0m;第四层为砂岩风化残积层,坚密、稍湿,该层为桩尖的持力层。

(2) 原因分析

施工不当,在沉渣池6m深基坑开挖之前没有采取支挡措施,且第一层土为松散的杂填土,沉渣池距桩中心线只有1.8m,而基坑边坡又过陡等原因,造成塌方,致使桩发生偏斜。

(3) 处理措施

要据该场地地质资料分析,桩在一侧土推力作用下完全有可能发生整体倾斜,而不是断桩性质的倾斜。后经检查,基础底部处的桩身确无断裂现象。依据上述分析,决定采用"千斤顶顶回法"纠偏复位。用1台50t手动千斤顶(实际使用2台陈旧的50t手动螺旋千斤顶)水平架设于沉渣池底板处侧与桩身之间,操作千斤顶,使斜桩缓缓复位,如图2-6所示。

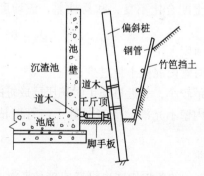

图2-6 千斤顶架设示意图

这种纠偏复位法是成功的,经过纠偏使偏斜桩恢复了原有的功能。与补桩方法处理比较,节约了1万多元,缩短了工期,取得了较好的经济效益。

三、沉管灌桩工程

（一）常见事故及原因分析

1. 桩管未进入设计持力层、单桩承载力低

常见原因有以下几种：

（1）沉管中遇到硬夹层，又无适当措施；

（2）振动沉管桩的设备功率太小或正压力不足，或桩管太细长、刚度差，使振动冲击能量减小，不能传至桩尖，这些都可能造成桩管沉不到设计标高；

（3）沉管灌注桩是挤土桩，当桩群数量大、桩距小，随土层挤密后，可能出现桩管下沉困难，这类问题在砂土中更多见；

（4）地质勘察资料不准确；

（5）遇到地下障碍物。

2. 桩身缩颈

常见原因有以下几种：

（1）在淤泥或淤泥质软土中，在沉管产生的挤土效应和超孔隙水压的作用下，土壁挤压新浇混凝土造成桩身缩颈；

（2）混凝土配合比不良，和易性差，流动度低，骨料粒径过大；

（3）拔管速度太快；

（4）拔管时管内混凝土量过少；

（5）桩间距较小，邻近桩施工时挤压已成桩的新浇混凝土；

（6）桩管内壁不光滑，浇筑混凝土与管壁粘结，拔管后使桩身变细。

3. 桩身夹泥

上述桩身缩颈的各项原因也可造成桩身夹泥，此处还有以下两种原因：

（1）复打法成桩时，桩管外壁泥土未清除干净；

（2）采用反插法成桩时，反插深度太大，桩兴活瓣向外张开把泥土挤入桩身混凝土中。

4. 桩身断裂

沉管灌注桩桩身裂缝与断桩，一般较多地出现在地面下 1~5m 范围，常见原因有以下几类：

（1）沉管引起的振动挤压，将新浇混凝土的桩剪断，尤其在土层变化处或软、硬土层界面处更易发生这类事故；

（2）灌注混凝土时，混凝土质量差或桩管摩阻力大，出现混凝土拒落，造成断桩；

（3）拔管速度过快，桩孔周围土体迅速回缩或坍孔形成断桩；

（4）桩距过小时，不采用间隔跳打，挤断已浇但尚未凝固的桩身混凝土；

（5）大量桩体混凝土挤入土体后，场地土体隆起使桩身产生拉应力而断裂；

（6）桩基完成后，基坑开挖中挖土机铲斗撞击桩头造成桩身断裂。

5. "吊脚桩"

桩底部无混凝土或被泥砂充填，俗称"吊脚桩"，产生的原因有以下几方面：

（1）桩靴与桩管处封堵不严，造成桩管进泥水；

（2）桩靴尺寸太小，造成桩靴进入桩管，浇筑混凝土后，桩靴又未迅速挤出，拔管后形成"吊脚桩"；

（3）桩靴质量低劣，沉管时破碎，进入桩管，泥水也一起混入，与灌注的混凝土混合形成松软层；

（4）采用活瓣式桩管时，灌混凝土后，活瓣未能及时张开，或未完全张开。

6. 混凝土蜂窝、孔洞、强度不足

主要原因是混凝土质量差，或混凝土太干，成桩过程振捣不足。

7. 钢筋下沉

主要原因：新浇混凝土中的桩顶插筋或钢筋笼，在相邻桩沉管振动的影响下，造成钢筋下沉。

8. 桩顶标高不足或桩顶混凝土松散

主要原因是混凝土的浇筑量不足或测量错误。

9. 桩位或桩身垂直偏差太大

常见原因有以下几种：

（1）桩位放线错误；

（2）施工场地土质不坚实造成桩架不平；

（3）沉管工艺不当。

（二）常见事故处理方法及先择

常见事故处理方法及选择，参见表 2-3。

沉管灌注桩常见事故处理方法及选择　　　表 2-3

序号	事故原因 \ 处理方法	补沉管	补桩	扩大承台	复合地基	改变施工方法	修改桩型或桩长	减少上部结构荷载	静压沉桩	反插复打	挖开加固	接桩	分析验算
1	入土深度不足	✓	○		○			○					
2	桩缩颈			○			○			✓	○		
3	混凝土离析、强度低		✓	○				○					○
4	桩底悬空			○	○				✓				
5	断桩		✓	○	○	○							
6	桩顶混凝土松散、标高不足				○						✓	✓	
7	桩位偏差过大		○	✓									

（三）工程实例

沉管灌注桩质量问题较普遍，曾有资料报导，沿海地区这类桩的质量问题较突出，仅以广东省近几年的统计资料分析，有 5%～10%的桩承载力不足，有 20%的桩质量不合格。下面举几例说明。

1. 振动冲击沉管灌注桩质量事故

（1）工程与事故概况

四川省乐山市某公司综合楼工程采用灌注桩基础，工程概况如下。

该工程位于岷江一级阶地后缘，地质报告提供的情况是，从上至下主要土层为：杂填土由建筑垃圾、卵石及粉质黏土组成，透水，易塌孔，层厚 3.5~4.9m；粉质黏土，可塑，具微层理，含有机质，层厚 0~4.5m，$[R]$ = 167kPa；砂层，斜层理发育，泥质胶结，强风化层厚 1.0m 以上，新鲜砂层，R_j = 4410~4900kPa。地下水属地下潜水，勘察时埋深 1.3~3.5m。

灌注桩的设计与施工情况为：桩管外径：ϕ273mm，桩身混凝土强度 C20，沉管采用预制桩尖，锤型为 DZC-26 型振动冲击锤。

设计要求单桩竖向承载力为 245kN，桩尖入基岩深度不小于 500mm。预制桩尖直径为 305mm，高 500mm。试桩入土深度 3.5~6.7m，通长配主筋 6ϕ10，箍筋 ϕ6@100~200 螺旋筋，最后控制电压 330~340V，电流 42~60A。

为检查这批桩的质量，共试桩 7 根，检查结果表明，其中 1 根为断桩，4 根试桩的单桩允许承载力远低于设计值，最低仅为 98kN。不合格桩占试桩数的 70%。经该工程有关单位研究确认，这批试桩具有充分代表性，决定该工程的 500 多根桩基本报废。后经大面积开挖证实，检查结果无误。而且其他桩大部分有不同程度的质量问题，如桩的平面位置及垂直度大都远超过允许偏差；大部分桩身严重缩颈，断面极不规则，最小桩径仅 ϕ200mm 左右，且混凝土疏松，大部分露筋、夹泥；部分桩桩底脱空 0.2~1.4m，桩尖偏离桩身，甚至平置，大部分预制桩尖与桩身结合处进泥 10cm 左右。

（2）原因分析

主要原因是地质条件复杂，拔管速度控制不当；混凝土粗骨料偏大；控制电流电压偏低；预制桩尖质量差，沉管过程中已卡入桩管；拔管时混凝土不能及时灌入桩孔等。

（3）处理措施

将原桩作为施工护壁，在框架每一独立承台下补做一人工挖孔灌注桩（部分为空心）。

2. 锤击沉管灌注桩

（1）工程与事故概况

成都市金牛区某住宅工程采用锤击沉管灌注桩。锤型为1.8t杆式柴油锤，桩管外径ϕ325mm，预制桩尖直径375mm，桩身混凝土强度为C20。

地质报告提供的情况如下，该工程场地从上至下主要土层为：素填土，由黏性土夹少量建筑垃圾及木炭组成，湿、稍密；淤泥层，为淤泥质粉质黏土和淤泥质黏质粉土，混多量有机质，夹粉细砂，很湿；粉质黏土及黏质黏土，含铁锰质氧化物斑点，可塑、湿；细砂，饱和，稍密；卵石，粒径2~8cm，充填20%~40%的细砂，稍密层R_j=2940kPa（R_j：打入式灌注桩桩尖平面处土的允许承载力），中密层R_j=3822kPa。地下水属孔隙潜水，静止水位埋深1.95~3.75m。

单桩设计承载力为216kN。卵石层这桩尖设计持力层。试桩入土深度为4.9~5.5m。通长配主筋4ϕ12mm，箍筋ϕ6.5mm@200mm，混凝土中的石子粒径为0.5~2.0cm，坍落度9~12cm。

共试桩3根以检查这批桩的质量。据试验结果判断，3根均为断桩。后经开挖证实，其中2根分别在地表下1.1m及1.5m处断裂，系桩身混凝土严重离析所致，断桩处的混凝土用木棍即可捣碎，另1根断桩位置在地下水位以下，未能挖出。

（2）原因分析

据调查，操作人员不负责任是造成事故的主要原因。该场地地下水丰富，但打桩时预制桩尖与桩管接口处未采取任何堵水措施，打到桩位后，桩管内进水深1m左右，最深达2m，施工时明知管内已大量进水，却直接向水中灌入干硬性混凝土或混凝土干配料，拔管时大量返浆，致使混凝土严重离析。

（3）处理措施

补预制钢筋混凝土桩60~70根。

3. 复打式振动沉管灌注桩事故

(1) 工程与事故概况

南京市某工程为 5 层框架结构，建筑面积 $6000m^2$，柱网平面尺寸 $6m \times 8m$，楼面设计荷载 $5kN/m^2$，局部 $6kN/m^2$，7 度地震设防。基础采用管径 $\phi377mm$ 复打式振动灌注桩，桩径设计值为 $\phi450mm$，桩长 $21m$，单桩承载力设计值为 $300kN$，总桩数为 477 根。承台底标高 $-2.0m$。

桩基完成经开挖土方后发现以下主要问题：
1) 桩头混凝土普遍松散和强度明显不足；
2) 部分桩身出现程度不同的缩颈；
3) 有的桩顶标高不够，有的桩头无钢筋；
4) 有的桩位偏差大，最大偏位达 $342mm$。

(2) 检测情况

发现上述问题后，对桩承载力、桩身混凝土质量和完整性等产生怀疑，因此决定抽 3 根桩作静载试验；另抽 201 根桩分两批作动测检验（反射波法），检测结果见表 2-4、表 2-5。

静载检测结果　　　　　　　　　　　　表 2-4

桩号	桩外观质量	极限承载力（kN）	沉降量（mm）	沉降量对应荷载值（kN）
1	桩头完好	>600	7.12	600
2	桩头完好	>600	8.9	600
3	桩头混凝土质量较差	540	21.33	540

动测检测结果　　　　　　　　　　　　表 2-5

批号	测试桩数	测 试 结 果
1	90	1. 桩头 1~2m 范围内有裂缝、混凝土松散等缺陷，且影响桩测试结果（19 根） 2. 完整桩 71 根，合格率 79%，但桩底反射信号不清晰 3. RC 波速测试值为 3000~3600m/s
2	111	1. 缩颈桩共 23 根（其中 2 根缩颈严重），缩颈部位从 2.7m 到 11m 不等 2. 桩头松散、开裂缺陷桩 37 根 3. RC 波速测试值为 1920~4120m/s

(3) 桩身混凝土质量差的原因分析

主要原因有以下四个：

1) 混凝土的单方水泥用量不足；
2) 混凝土搅拌不均匀；
3) 拔管时振动时间短；
4) 截桩操作方法不当，导致桩头裂缝。

(4) 事故处理

该工程出现的质量事故既影响垂直荷载和水平地震的承载力，又因为桩质量差异大，导致承台产生不均匀沉降，因此必须处理。该工程所用的处理方案要点如下：

1) 桩头处理。对桩头逐个进行检查，发现混凝土松散或强度不足者，都凿除后砌砖模，用C25混凝土接桩至设计标高。桩周围回填砂石并夯实，见图2-7。

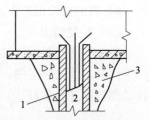

图2-7 桩头处理示意图
1—砖模；2—原有桩的良好混凝土；3—碎石回填夯实

2) 桩承台连接筋接长。对桩顶无钢筋或钢筋伸出长度不足的桩，用同型号、规格的钢筋接长，满足设计要求。

3) 桩位偏差过大的处理。对条形承台，加大宽度；对矩形承台，加大承台平面尺寸和承台配筋。

4) 分阶段施工并加强观测。先建二层上部结构，并作沉降观测，根据观测结果确定后续工程的施工。

4. 沉管夯扩桩事故实例

(1) 工程与事故概况

江苏省某公司综合楼为5~6层砖混结构，建筑面积$1500m^2$。地质概况为：地表下6m范围内为淤泥质软土，地基承载力仅50kPa；以下为粉质黏土，地基承载力180kPa。设计采用锤击沉管夯扩桩，桩径350mm，桩长6.5m，扩大头直径为500mm，单桩设计允许承载力250kN。共有桩165根。

桩基完成后，随意抽取45根桩作低应变检验，发现下述三个问题：1根桩为断桩；2根桩长不够；3根桩位偏差太大，达0.2m。

（2）事故原因

1）桩距太小，施工措施不当。被挤断的桩先施工，相邻的桩与断桩的中心距仅$0.9m<3d=1.05m$。已施工的桩混凝土强度很低时，施工此邻近的桩而酿成事故。

2）混凝土量不足，造成桩长不足。

3）定位桩被移动，造成3根桩位偏差过大。

（3）事故处理

1）断桩的处理：离断桩1.5m处补1根人工挖孔桩，桩径800mm，桩长4m；对断桩进一步动测，确定断裂截面位于桩顶下2m左右，故将原断桩上部2m挖除，用C30混凝土接桩至承台底标高。

2）偏位大的桩两侧各补1根木桩。

3）对桩长不够的桩，采取扩大基础面，考虑桩土共同承受上部荷载。

5. 夯扩桩事故导致高层建筑被迫大部拆除事故

（1）工程与事故概况

武汉市某18层住宅为剪力墙结构，建筑面积1.46万m^2，总高度56.6m，地下1层。该工程2005年1月开始桩基施工，4月开挖基坑，11月完成室内外装饰及地面工程。同年12月3日发现房屋向东北方向倾斜，顶端水平位移470mm。工地决定采取以下处理措施：倾斜一侧减载与相反一侧加载，并采用注浆、高压粉喷、增加锚杆静压桩等。同年12月21日起，房屋突然转向西北方向倾斜，虽采取纠偏措施，但无明显作用，倾斜速度加快，至12月25日，顶端水平位移达2884mm，整座楼重心偏移了1442mm。

由于该高层住宅位于市内居民区中，为彻底根除隐患，决定将5~18层控爆引毁，并立即组织实施。一幢18层的高楼却成了一堆废墟,这是一起罕见的工程质量事故。

(2) 事故主要原因

武汉市在控爆该楼后,即组织有关专家对这起事故原因进行分析,结论是:"引起该楼严重倾斜是群桩整体失稳"。而造成群桩整体失稳既有设计问题也有施工质量问题,具体原因有以下几方面。

1) 桩型选择不当。勘察报告要求高层住宅选用大直径钻孔灌注桩,持力层为地面下 40.4~42.6m 的砂卵石层,而设计却采用夯扩桩,持力层为地面下 13.4~19m 的稍-中密粉细砂层。事故发生后,一些专家形象地说,该工程的夯扩桩如同一把筷子插到稀饭里。桩实际穿越的各土地层是:人工回填杂土,厚 1.5~6m;高压缩性淤泥,厚 8.8~15m;淤泥质黏土,厚 1.2~3.4m。此外,该工程原设计中有先打砂桩的方案,但后来却被取消,在这种地质条件下,这一改变更增加了选用夯扩桩的不利因素。

2) 地下室底板标高提高 2m,使该工程埋置深度由 5m 减少为 3m 违反了《高层建筑混凝土结构技术规程》JGJ 3—2003 的规定,即建筑物最小埋深与建筑物高之比应大于 1/15,实际两者比值为 $3/56.6 = 1/18.9$。还应指出,底板标高提高 2m 是在 336 根夯扩桩已完成 190 根桩时提出并实施的。190 根桩同截面接桩造成薄弱截面,而且 190 根桩中有不少倾斜严重,后接的一段桩是垂直的,因此有些桩的全长呈析线形。

3) 基坑壁及基底处理不当。对高压缩性淤泥层,勘察报告要求坑壁支护及封底补强。实际仅部分做了 2~5 排粉喷桩,其余均采用放坡开挖。由于坑壁未封闭,致使基坑内淤泥层移动而对桩产生水平推力,严重影响桩体稳定。

4) 基坑开挖方法不当。首先是不分层挖土,违反《建筑桩基技术规范》(JGJ 94—94) 的规定,即"基坑开挖应分层进行,高差不宜超过 1m"。其次开挖采用挖土机,铲斗碰撞桩身或桩头,也违反了同一本规范关于"机械挖土不得损坏桩体"的规定。第三基坑回填采用杂土,且不分层夯实,也违反了规范关于填土土质和夯实的要求，不利于基础侧向变形的限制。

5）桩质量缺陷处理不当。336根桩有172根桩是歪桩，垂直度超过规范规定，最大偏差达1700mm。从336根桩中抽63根检验桩身质量，有13根为Ⅲ类桩（严重缺陷桩），施工单位提出补160根静压桩，但未被采纳。

6）信息法施工应用中的失误。根据该工程存在的质量问题，在邀请专家咨询时，曾提出采用信息法施工，即每加一层均要作沉降观测，并根据观测数据对建筑物沉降进行动态分析与控制。实施中，沉降观测时间短的仅6d，长的达31d，共测11次，其中发现数据突变也没有引起重视，以致酿成最终的恶果。

四、钻孔灌注桩工程

（一）常见事故及原因分析

1. 塌孔事故

可分为三类：一类是成孔中塌孔、埋钻事故；第二类是混凝土浇筑前塌孔，造成孔底沉渣超厚事故；第三类是浇筑过程中塌孔，形成缩颈、夹泥。三类事故处理方法不同，但塌孔原因相似，主要有以下几个主要原因：

（1）没有根据土质条件选用合适的成孔工艺和相应质量的泥浆；

（2）护筒埋置太浅，或护筒周围填封不严，漏水、漏浆；

（3）未及时向钻孔内加泥浆或水，造成孔内泥浆面低于孔外水位；

（4）遇流砂、淤泥、松散土层时，钻进速度太快；

（5）钻杆不直，摇摆碰撞孔壁；

（6）清孔操作不当，供水管直接冲刷孔壁导致塌孔；

（7）清孔后泥浆密度、粘度降低，对孔壁压力减小；

（8）提升、下落冲锤、掏碴筒和放钢筋笼时碰撞孔壁；

（9）浇混凝土导管碰撞孔壁；

（10）用爆破法处理孔内孤石或障碍物时，炸药量过大等。

2. 钻孔偏移倾斜

其主要原因有：

（1）建筑场地土质松软，桩架不稳，钻杆导架不垂直；

（2）钻机磨损严重，部件松动；

（3）起重滑轮边缘、固定钻杆的卡孔和护筒三者不在同一轴线上，又没有及时检查校正；

（4）钻杆弯曲或连接不当，使钻头钻杆中心线不同轴；

（5）土层软硬差别大，或遇障碍物。

3. 孔底沉渣过厚

其主要原因是：

（1）清渣工艺不当，清渣不彻底；

（2）清孔后泥浆密度过小，孔壁坍塌，或孔底泥砂漏入；

（3）清孔后，停歇时间过长，造成石屑、碎渣沉淀量增加；

（4）放置钢筋笼、混凝土导管等碰撞孔壁。

4. 堵管停浇事故

导管浇筑混凝土时，因故导管堵塞，混凝土浇筑被迫停止。常见原因有以下几类：

（1）隔水栓堵塞。常见原因有隔水栓尺寸偏大或偏小（指栓高小于导管内径），隔水栓选材不当，木制隔水栓使用前未浸透水等；

（2）混凝土在导管内停留时间过长。常见原因是混凝土开始浇筑后，因供料系统故障，造成混凝土不能连续补给，导致不能及时提升导管；

（3）导管埋入混凝土太深。常见原因是成桩过程中，导管埋深及管内外混凝土面高差的测量控制不严，造成未能及时提升导管。还有少数施工操作人员怕提升导管后，拆卸工作带来麻烦，而减少提升拆卸次数，也会造成导管埋设过深；

（4）混凝土性能不良：

1）坍落度太小。常见原因有配合比不良，配料计量控制不严，以及混凝土运输方法不当或停放时间过长造成坍落度损失过大等。

2）初凝时间太短。国家标准规定的水泥初凝时间是≥45min。如果使用初凝时间短（但是合格）的水泥配制混凝土，很可能因混凝土初凝时间短而造成埋管。这类实例已在几个工地都出现过。

3）砂率太低而造成混凝土流动性差，不宜用来浇筑水下混凝土。

5. 桩身夹泥、断桩

主要原因有：

（1）孔壁坍塌；

（2）导管提出混凝土面；

（3）浇混凝土中产生卡管停浇；

（4）用商品混凝土浇灌时，混凝土供应不及时等。

6. 混凝土强度不足、桩身出现蜂窝、孔洞

主要原因有：

（1）混凝土原材料不良、配合比不当；

（2）混凝土制备、运输、浇灌方法不当造成离析，坍落度损失太大；

（3）导管漏水；

（4）新浇混凝土受超、孔隙水压冲刷，或地下水含有侵蚀性介质。

7. 钢筋笼质量事故

主要原因有：

（1）制作、堆放、起吊、运输过程中钢筋笼变形过大；

（2）吊放钢筋笼不是垂直缓慢放下，而是倾斜插入；

（3）钢筋笼过长或过短；

（4）钢筋笼需分段安装时，连接焊缝尺寸不足，焊接质量差；

（5）钢筋笼成形时，未按2~2.5m间距设加强箍和撑筋；

（6）孔底沉渣过厚，导致钢筋笼放不到底。

（二）常见事故处理方法及选择建议

常见事故处理方法及选择，见表2-6。

钻孔灌注桩常见事故处理方法及选择　　　　表2-6

序号	事故原因	打捞钻具	成孔事故处理	导管事故处理	接桩	补桩	桩身钻孔补强	扩大承台	复合地基	改变施工方法	修改设计参数	减小结构荷载	结构验算
1	钻孔中掉钻、埋钻	✓									○	○	
2	成孔时缩颈、塌孔、漏浆、孔斜		✓								○		
3	导管被卡、拉断或外露			✓	○								
4	混凝土强度低劣						✓	○				○	
5	桩深不足				○	✓						○	
6	沉渣过厚				○	✓		○	○				
7	错位严重				○			✓					
8	桩顶标高不足				✓								

（三）工程实例

1. 钻孔灌注桩堵管停浇事故

（1）工程概况

南京市某高层综合楼采用桩径为1m的泥浆护壁钻孔灌注桩，桩顶标高 -10.65m（地面以上第一层室内地坪标高为 ±0.00m），桩底标高 -46.75m，设计混凝土强度等级为C35。成孔时钻进中等风化岩层6.61m后停钻，用反循环工艺清孔，测定沉渣厚度基本符合要求后，随之安装钢筋笼，再次清孔，实测沉渣厚度为零。紧接着浇筑坍落度为20cm的混凝土，在开始浇筑后1h左右发生堵管，混凝土浇筑被迫停止。

（2）事故原因

因供料系统故障，混凝土不能连续补给，造成无法及时提升导管而堵塞。

（3）事故处理

首先采用钻机上的设务扫孔、清孔，并用反循环倒吸混凝土的措施，意图是排除部分已浇混凝土。但是实施后无效，实测混凝土浇筑高度约1.9m。最后决定采用插入式接桩，其要点如下：

1）用ϕ500mm合金钢钻头扫孔，钻进2d后测量，已钻入混凝土深度约1160mm，距离原来的桩孔底还差740mm，因钻进越来越困难，决定停钻。

2）检查灌注桩的钢筋笼，没有发现损坏。

3）清孔14h，实测沉渣厚度为零。

4）浇筑混凝土共38.4m³，充盈系数为1.1。

5）为检验该事故桩处理后的质量，决定做高应变检测。检测采用PDA-PAK型打桩分析仪，锤击采用40t汽车吊和13t锤，测试结果是桩承载力达到设计要求，桩身在传感器以下28m附近有轻微缺陷，但对桩承载力影响不大。

（4）事故处理评价

考虑到处理桩面标高距离桩基承台底面30m以上，此截面主要承受压应力，采用嵌入式接桩法理论上是可行的。

从该事故桩的成桩记录及高应变测试结果分析，施工质量除了堵管停浇外，其他方面都符合有关规范的规定。混凝土试块强度超过$35N/mm^2$。高应变测量单桩极限承载力已超过单桩设计承载力（7200kN）2倍以上，达到16697.5kN。桩身混凝土质量基本完好，仅在深28m附近处有轻微缺陷，但对桩承载力影响不大。综上所述，该事故桩经处理后，已满足设计要求。

2. 江苏省某工程钻孔灌注桩质量事故

（1）工程概况

某高层建筑地下室为箱形结构。场地上层自上而下依次为：杂填土，厚度1m；黏土，厚度0.6m，$w=43.3\%$；$r=1.80$，$E_s=2.51MPa$；海淤泥，厚度8.90m，$w=54.8\%$，$\gamma=1.69g/cm^3$，$E_s=1.61MPa$，$q_s=20kPa$，海淤泥夹砂，厚度0.60m；黏土，厚度4.40m，$w=33.9\%$；$\gamma=1.90$，$E_s=18MPa$，$q_s=110kPa$，

$q_p = 1500\text{kPa}$，粉质黏土，含钙质结核，厚度1.70m，$w = 29.6\%$，$r = 1.95$，$E_s = 9.36\text{MPa}$，$q_s = 80\text{kPa}$，$q_p = 1600\text{kPa}$；黏土，厚度3m，$q_s = 120\text{kPa}$，$q_p = 2100\text{kPa}$；黏土（Ⅰ），含钙质结核，厚度2.9m，$w = 26.8\%$，$\gamma = 1.99\text{g/cm}^3$，$E_s = 12.26\text{MPa}$，$q_s = 220\text{kPa}$；$q_p = 8000\text{kPa}$；黏土（Ⅱ），含铁锰结核，厚度6.60m；强风化片麻岩。基础采用$\phi650\text{mm}$钻孔灌注桩，桩长22.55m，设计单桩承载力为900kN。桩基施工中，承台CT-5′的1根角桩（图2-8）因安全事故造成桩未浇至设计标高而停浇，事后测量桩顶标高距离承台底面约3m左右，即标高-9.00m左右。

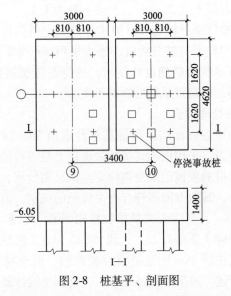

图2-8 桩基平、剖面图

发生停浇事故后，工地决定暂不处理该事故桩，待基坑开挖后，挖出事故桩再接长到设计标高，可是在处理时，由于开挖深度太深，又未采取适当支护措施，挖至标高-8.00m附近时，地下室基坑边坡局部失稳而塌方，导致该基础下5根桩和相邻基础的1根桩（7号桩）产生不同程度的倾斜和断裂。据实地检查，1号与2号桩已明显折断。为了确定其他4根桩的事故性质，作了动测检验，结果见表2-7。

事故桩动测检测结果 表 2-7

桩 号	断裂位置（桩顶下，m）	极限承载力（kN）
5	5.40、8.50	984
3	5.10、7.20	1008
6	7.35	1440
7	5.20	1183

动测结果表明：4 根未完全断的桩也均已出现不同程度的断裂，极限承载力下降了 20%~45%，明显影响结构安全。

(2) 事故处理

1) 处理方案

①清除垮塌的土方，用千斤顶对倾斜的桩作纠偏复位；

②按原设计图纸先施工桩基承台和地下室结构，然后在地下室内作静压补桩。

2) 补桩设计

①采用钢筋混凝土预制桩，截面尺寸为 280mm×280mm。考虑地下室内净高及静压操作需要的空间，桩预制的每节长度为 1.8m。桩接头采用硫磺胶泥浆锚法，预制时留好锚筋与灌浆孔。

②桩静压要求。桩尖进入含钙质结核黏土中，并规定桩压入深度大于 15.5m，桩压入力大于 620kN。

③单桩承载力。根据有关规定和本工程场地土层情况，补强用静压桩的单桩承载力标准值可用下式估算：

$$R_k = q_p A_p + u_p \sum q_{si} l_i$$

式中　R_k——单桩竖向承载力标准值；

　　　q_p——桩端土承载力标准值；

　　　A_p——桩身横截面面积；

　　　u_p——桩身周边长度；

　　　q_{si}——桩周土摩擦力标准值；

　　　l_i——按土层划分的各段桩长。

有关数据代入后得：
$$R_k = 8000 \times 0.28 \times 0.28 + 4 \times 0.28(4.95 \times 20 + 4.4 \times 110$$
$$+ 1.7 \times 80 + 3 \times 120 + 0.9 \times 220)$$
$$= 627.2 + 1430.2$$
$$= 2057.4 \text{kN}$$

单桩竖向承载力设计值 R 用下式计算：
$$R = 1.2R_k = 1.2 \times 2057.4 = 2468.8 \text{kN}$$

从计算结果分析，用该工程地质报告的数据计算得到的单桩竖向承载力值偏高。如按《建筑桩基技术规范》（JGJ 94—94）提供的极限侧阻力标准值（q_{sk}）与极限端阻力标准值（q_{pk}），计算单桩竖向极限承载力标准值 Q_{uk}。计算时海淤泥的 q_{sk} 取为 14kPa，黏土的 q_{sk} 值平均取为 66kPa；含钙质结核黏土的 q_{pk} 值取为 4000kPa。

$$Q_{uk} = u \sum q_{sik} l_i + q_{pk} A_p$$
$$= 4 \times 0.28 \times (14 \times 4.95 + 66 \times 10) + 4000 \times 0.28 \times 0.28$$
$$= 1122.1 \text{kN}$$

基桩的竖向承载力设计值参照《建筑桩基技术规范》（JGJ 94—94）的公式及数据计算如下：
$$R = Q_{uk}/\gamma_{sp} = 1122.1/1.65 = 680 \text{kN}$$

④补桩数量与布置。补桩数量原则上不考虑事故桩的承载力，并按照承台的总竖向承载力不变的要求计算。图 2-7 中右边一个承台需要补桩的数量为 n

$$n = \frac{6 \times 900}{680} = 7.94 \text{ 根}$$

采用 8 根。布置时考虑原承台的构造和原有桩损坏的情况，布置示意见图 2-7 中的平面图。左边一个承台仅在事故桩两侧各补 1 根桩。

3）事故处理施工
①在桩基承台与地下室底板施工时，预留桩位孔洞。
②静压桩选用 XQ-100 型千斤顶 1 台，最大压力为 1000kN。

千斤顶上设钢梁，压桩反力由埋入混凝土承台与底板的锚环和拉杆（可拆卸缩短）承担，压桩施工示意见图2-9。

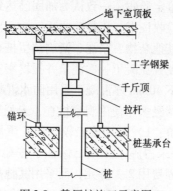

图2-9 静压桩施工示意图

③硫磺胶泥接头要求。接桩用硫磺胶泥预先经过试验试配确定，其主要力学性能满足以下要求：抗拉强度$\geq 4 \times 10^3 \mathrm{kPa}$；抗压强度$\geq 1.1 \times 10^4 \mathrm{kPa}$；与螺纹孔混凝土的握裹强度$\geq 4 \times 10^3 \mathrm{kPa}$。

④静压桩施工质量控制要点：a. 千斤顶及油泵，仪表必须事先进行检验，保证有足够精度；b. 压桩应连续进行，不得中途停顿；c. 压桩要确保轴心受压，压入过程中随时检查修正桩身垂直度；d. 每节桩压至混凝土底板顶面附近时接桩，接桩应保证上、下节桩的轴线在同一直线上；e. 硫磺胶泥应在规定的时间内连接完毕，并应在灌注后停歇时间不少于7min。

⑤补桩结果。补桩从3月6日开始，至4月6日结束，压桩施工记录见表2-8。

静力压桩施工记录摘要　　　　表2-8

桩　号	1	2	3	4	5	6	7	8	9	10
入土深度（m）	15.5	14.2	10.0	13.0	15.5	13.0	7.0	13.0	15.5	13.0
最终压力（kN）	740	772	772	900	627	659	740	659	675	740

注：7号桩遇到地下障碍物，现场决定停止压入。

(3) 事故处理效果与评价

压桩完成后,建设单位邀请设计、施工、质监站等有关人员及当地专家组织鉴定验收。一致认为加固已达到预期的要求,正式办理加固工程验收证书。压桩验收后,凿开预制桩头,挖除孔内混凝土碎块及其他杂物、淤泥,清刷预留桩孔壁,整理桩头钢筋位置后,用干硬性泥凝土一次浇筑并振捣密实。为防止箱基底板渗漏,底板面下40mm厚混凝土采用防水混凝土,仔细浇筑压实。事故处理后,经多年使用观察检查,未见异常情况。

处理方法评价:1)加固施工较方便,质量较可靠,施工安全;2)加固处理未占施工工期,保证了按期竣工;3)加固费用较少,全部加固费用2.1万元,而采用其他加固费用较高,如采用断桩接长需4万余元;如补灌注桩,仅钻机进退场费一项就需2万余元。

3. 广东省某工程钻孔灌注桩质量事故

(1) 工程与事故概况

深圳某工程为15层综合楼,采用钻孔灌注桩基础。主楼部分为99根ϕ1000mm的桩,副楼为23根ϕ800mm的桩,设计单桩承载力分别为4500kN和3200kN。设计桩长约47m,要求进入中风化花岗岩不少于1m。

该工程场地从上至下主要土层为:新素填土,主要由未经压实的粉质黏土组成,厚2~4m;淤泥层,软~流塑状,高压缩性,厚2~4m;淤泥质粉质黏土,软塑状,高压缩性,厚3~5m;其下均为可塑性黏土层及少量砂层。地下水量较丰富,埋深2m。

施工采用黄河钻,正循环泥浆护壁钻孔,导管水下浇筑混凝土成桩。桩打完后,有21%的混凝土试块试验未达到设计的强度要求。采用稳态激振试验法对桩基质量进行检验,共抽测25根ϕ1000mm的桩,其中有质量问题的三类桩(有局部断裂、泥质夹层、承载力低)6根,占24%;有局部问题的二类桩7根,占28%。

开挖检查，在开凿桩头过程中，36号及39号桩在挖至$-7.5m$桩顶设计标高处，未见有混凝土（设计要求混凝土浇筑至设计桩顶标高以上$0.5\sim0.8m$）。用钢筋探入，36号桩在$-13m$处、39号桩在$-11.7m$处始遇硬物。与施工混凝土浇筑记录的桩顶标高差距很大。为进一步查清桩身混凝土质量存在的问题，决定选7根桩对桩身进行钻探抽芯检查。抽芯发现：①有5根桩桩尖未进入中风化花岗岩层，只进入强风化或接近中风化层；②有5根桩桩孔底沉渣超厚，占70%；③4根桩有一处以上桩芯破碎不连续，占57%；④36号桩为断桩，占14%；⑤局部含泥、砂，骨料松散，混入泥浆。

上述检验结果说明这些桩的质量很差，达不到设计要求。为确认桩的承载能力，对问题较严重的31号及107号桩进行单桩静荷载试验。31号桩压至5400kN破坏，允许承载力为2250kN，其中摩擦力约占90%；107号桩破坏荷载为6400kN，容许承载力为2800kN，摩擦力占70%。试验结果说明桩尖只能提供极少量的端承力，主要起摩擦桩作用。但二者均未达到4500kN的设计要求，因此问题的严重的。

（2）原因分析

1）入岩程度的判断失误。本工程要求桩尖进入中风化花岗岩层的深度不少于$1m$，方可认为钻孔全断面已进入设计要求层位，可以停钻。而本工程抽芯检验未进入中风化层的5根桩，其钻进终孔采样已含有中风化颗粒，但抽芯鉴定桩尖只是接近而未进入中风化层。由于过早判断已进入中风化层并停止钻进，造成了失误。

2）大直径深孔水下灌注桩沉渣超厚是一个较为普遍的问题。本工程钻孔深，平均深度在$45m$以上，部分孔深接近$50m$。由于孔径大，平均扩孔系数约为1.15，最大达1.61，又采用正循环泥浆钻进，主泵泵量为$180m^3/h$，即在深孔钻进时，泵入泥浆约经15min才能返回地面，相当于返浆速度约3.3m/min，显然泥浆泵能力偏低。由于泥浆循环速度慢，排渣困难，而不得不加大注入泥浆密度至1.2~1.3或更大,以增加泥浆的悬浮力,带走泥屑、渣土。即是终孔停钻以后清孔时,也不可能降低泥浆密度至1.1,因而孔底清洗不干净,并且从停止清洗提升钻具至下导管浇筑混凝土前的一段时间内,会在孔底沉淀相当数量的渣土。这就是造成本工程孔底沉渣过厚的主要原因。

3) 桩芯破碎及断桩。本工程未严格控制浇筑混凝土管的埋管深度及一次拆管长度。为图省事,导管有时埋入混凝土过深,一次拔出十几米长的导管,几节一起拆。有时导管管入混凝土深度不够,或只埋入混有泥浆的浮浆层(根据后期凿开桩头的情况看,浮浆层普遍接近2m厚)。因此混凝土压力不够,被泥浆挤入而造成桩身夹泥、混凝土松脆破碎及断桩等桩身质量事故。

4) 桩顶未达设计标高。由于钻孔及清孔使用了过稠的泥浆,又因混凝土量大,浇筑时间长达6、7h甚至10h,在浇筑混凝土过程中泥浆不断沉淀,随着混凝土面的上升,上部的稀泥浆不断被排挤出孔外,而下部的泥浆逐渐浓稠,甚至形成部分稠泥团。当浇至桩的上部时,受到钢筋笼的阻滞,向上顶升的混凝土往往一时难于挤入钢筋笼与孔壁间被稠泥浆团所占据的狭长的5cm间隙,因此形成了大体以钢筋笼为边界的暂时性假桩壁,如图2-10所示。所以在刚浇筑完混凝土时,以测锤测得的混凝土标高是一个不稳定的假标高。由于混凝土密度比泥浆大,在其初凝前,因两者侧压力差ΔP所造成的对假桩壁与孔壁间隙中稠泥浆团的挤压,使大部分泥浆逐渐沿空隙向上排出桩顶(小部分仍滞留在钢筋笼与混凝土体之间)。混凝土侧向挤出充填间隙,使原测得的桩顶混凝

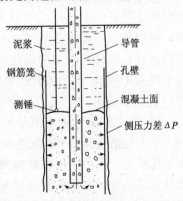

图2-10 钻孔灌注桩质量问题示意图

土假标高降低,是桩顶标高不够的主要原因。其次,导管埋入混凝土太深,一次拔出后会造成混凝顶面下降。再者,新浇筑混凝土的侧压力大于淤泥孔壁压力,也会逐渐排挤淤泥,形成桩身"鼓肚"而使混凝土面下降。

5)桩身混凝土强度低。桩身混凝土用32.5级水泥配制,配合比经试验确定,但有大量试块及部分钻探抽芯试样未达到设计要求的C30强度。其原因如下:①由于导管埋入混凝土深,孔内泥浆稠度大,造成混凝土灌入阻力大,返浆困难。如36号桩导管埋入混凝土18m,混凝土要从导管底流出,必须克服上部混凝土自重300kN左右,而导管内的混凝土柱平衡重力仅20kN。此外,尚须克服桩内泥浆重及混凝土流动阻力,因此混凝土没有很大的流动性是根本无法灌下去的。所以在搅拌混凝土时不得不随意加大混凝土的水灰比,降低其稠度,增加流动性,以便浇筑。这就是混凝土强度等级降低的主要原因。②由于混凝土水灰比高,从高处灌注时极易产生离析现象,钻孔抽芯可见桩的许多部位是没有粗骨料的砂浆,个别芯样抗压强度只有16.8MPa。③部分桩身混凝土内混有泥浆,降低了强度。

(3)处理措施

对桩基部分进行加固处理:

1)在钻探抽芯前,36~39号桩挖深至桩顶新鲜混凝土,支模板接桩至设计标高。

2)通过钻探抽芯孔,以特制带钢刷钻头扫孔,用清水高压清洗桩身混凝土破碎带,并用泥浆泵以0.8MPa的压力尽可能多地压灌水灰比为0.5的水泥浆入裂隙及芯孔。

3)将承台侧边凿毛,相邻承台的受力筋间相互接拉焊牢,以微膨胀混凝土灌注相邻承台间隙,使全部承台及承台梁连接成一个整体,以使桩、承台及承台梁共同工作,调整不均匀沉降。

由于相当数量的桩未进入设计要求的中风化花岗岩持力层,桩底沉渣过厚,极大地降低了桩的端承力。按照不计端承力的纯摩擦桩计算的桩基承载能力与按垂直静荷载试验提供的2250kN

单桩容许承载力结果大体相当；再加上其他原因，决定上部减低为 10 层。桩基部分经加固处理，可以满足减层后的设计要求。

五、人工挖孔桩工程

（一）常见事故及原因分析

1. 孔壁坍塌

主要原因有：

（1）地质条件差，且护壁措施不力；

（2）混凝土护壁强度低，壁厚不足；

（3）砖砌护壁厚度不足，砌体砂浆不饱满、强度低，或不采取孔外降低地下水位措施，轻者渗漏水，造成涌砂，严重者护壁坍塌。

2. 孔底地基不符合设计要求

常见问题和原因有以下几方面：

（1）桩底基岩有夹层或破碎带未及时清除；

（2）挖至设计标高后，没有检查有无软弱下卧层；

（3）沉渣过厚，清底不彻底，或桩孔周边土方没有及时运走，在雨水冲刷下流入桩孔内；

（4）桩孔底为硬质基岩时，没有凿平；

（5）桩孔底为软质基岩时，没有及时覆盖混凝土，因基底浸水软化，承载力下降。

3. 桩位偏移、变形

常见原因有：

（1）桩位放线错误或偏差过大；

（2）成孔时垂直度控制差；

（3）护壁强度、刚度不足；

（4）成孔、清孔后，未及时浇筑混凝土。

4. 桩身混凝土质量低劣

常见问题和原因如下：

（1）混凝土蜂窝、孔洞。主要原因有：混凝土配合比不当，坍落度小，和易性差；每次浇筑量小，且停歇时间过长；捣实措施差；1根桩的成桩持续时间过长。

（2）混凝土离析、夹层、断桩。常见原因有：护壁渗漏严重，桩孔大量积水，又没有采用水下浇灌混凝土的方法施工；新浇混凝土在地下水流作用下，水泥浆被冲刷，形成薄弱层或砂石夹层，严重的造成断桩。

（3）混凝土强度不足。

5. 其他事故

（1）高孔坠落、物体打击造成工伤事故；

（2）桩孔中缺氧，甚至存在有害气体，发生工人窒息、中毒事故等。

（二）常用处理方法

人工挖孔桩施工过程大部分是非隐蔽性的，成桩中发现的事故，一般都可以采取针对性措施处理而取得较好的效果。例如：孔壁坍塌出现在挖孔阶段时，应及时改善护壁措施；如果孔壁坍塌发生在浇混凝土阶段，除了采取适当措施防止孔壁再次坍塌外，应彻底清除落入混凝土中的岩土、杂物后，再浇筑混凝土。又如发现孔底地基不符合设计要求时，应及时与设计、监理等单位协商处理方法，常用的方法有加深挖孔或修改设计等。成桩以后发现的质量事故处理方法，建议参照表2-9进行选择。

人工挖孔桩事故处理方法及选择 表2-9

序号	事故原因	桩身压浆补强	桩底压浆补强	桩土共同工作复合地基法	减轻上部结构荷载	修改设计
1	基底地基不符合设计要求		○	○	○	○
2	桩位偏移					○
3	桩身混凝土蜂窝、孔洞、夹层、疏松	✓			○	
4	桩身混凝土强度不足	✓	○	○	○	○

注：✓：首选建议；
　　○：也可使用。

(三) 工程实例

1. 江苏省某工程实例

(1) 工程概况

南京某大厦主楼,地上30层,地下2层。上部结构为剪力墙体系。基础共用64根人工挖孔桩,桩径有1.4m、1.8m、2m、2.3m和2.5m五种,桩端扩大头直径比桩身大0.8m。

由于对第一批5根桩浇筑的混凝土质量有怀凝,用抽芯法检查,发现3根在桩顶以下16m处附近的混凝土未凝固,呈松散状。桩身混凝土实际强度只有$9.8 \sim 23N/mm^2$(设计强度等级C30),不仅强度低,而且很不均匀。

(2) 事故原因

在桩孔内积水未排除的情况下,采用串筒浇筑混凝土。

(3) 事故处理简介

采用压力注浆法补强。第一次补强时,每根桩钻$\phi75mm$孔1个,用$0.7 \sim 0.8MPa$的压力灌浆。处理后再次抽芯检查,发现松散层依然存在,因此补强失败。事后总结分析失败的原因有两条:一是浆液配合比不当;二是灌浆压力太低。

第二次补强时,每根桩钻4个补强孔,调整灌浆浆液的配方,提高灌浆压力,要求灌浆压力不低于5MPa。

对补强后的桩用高应变检测质量,结果是桩身完整性良好,承载力已基本达到设计要求。

2. 福建省某工程实例

(1) 工程概况

福建省某建筑为7层框架结构,建筑面积11万m^2,基础采用一柱一桩的大直径人工挖孔扩底桩,总桩数296根。桩径有4种,分别为1.2m、1.5m、1.8m和2m,扩大头直径$1.8 \sim 3.4m$,扩大头高度$0.9 \sim 2.1m$。设计要求桩端进入强风化花岗岩深度$\geq 1d$(桩径),并$\geq 1.5m$。设计桩长$4.6 \sim 21m$不等,桩身混凝土强度等级为$C25 \sim C30$。桩设计采用混凝土护壁,每隔1m设1道护壁,上、下端壁厚分别为100mm和200mm,护壁混凝土强度等级 C15，径向和切向均配 $\phi 6@150$ 钢筋。

施工场地的土层自地表起为：素填土、可塑至硬塑的残积土，夹流塑土的硬质砂、残积土和强风化带混合层、基岩。地下水位在地表下 0.05～1.5m。

实际施工时，将混凝土护壁改为砖护壁。施工中出现流砂，塌孔较严重，砖护壁渗水量较大，桩端基岩泡水数天后，基岩可用手捏成粉末，承载力明显下降。

(2) 桩基质量检测情况

1) 静载试验：共做 3 根桩，只有 1 根桩达到设计要求，另 2 根桩分别达到设计承载力的 71% 和 57% 左右。

2) 高应变检测：共做 27 根桩，只有 2 根桩实测承载力超过设计要求，其余桩的承载力为设计值的 70%～87% 之间，见表 2-10。

高应变检测桩承载力结果摘要　　　　表 2-10

序　号	桩径（m）	扩大头直径（m）	实测承载力/设计值（%）
1	1.2	2.2	74.23
2	1.5	2.6	84.35
3	1.5	2.8	85.64
4	1.5	3.0	76.31
5	1.8	3.2	70.11
6	2.0	3.3	83.59

3) 用机械阻抗法检验全部桩：结果是Ⅰ类桩 153 根，Ⅱ类桩 121 根，Ⅲ类桩 22 根。其中桩长短 2～3m 的有 13 根；混凝土严重离析的有 5 根；波速低的有 3 根；混凝土严重松散的 1 根；有 82 根桩桩身存在局部蜂窝。

4) 抽芯检查：对有缺陷的桩选 4 根作抽芯检查，证明桩身确有缺陷，混凝土取芯率 >90%，抽芯检查所得的桩底沉渣厚度分别为：100mm、85mm、40mm、20mm。

(3) 事故处理简介

1) 对 11 根有严重质量缺陷的桩作加固处理，共有以下三种情况：

① 3 根桩身混凝土局部离析、蜂窝桩的处理方法，是用钻机钻过有缺陷处的一倍桩径深，清洗后压浆补强；

② 5 根桩长不足的处理方法。用钻机钻至设计规定的桩底标高，对桩长补足段清洗后压浆补强；

③ 3 根桩身混凝土严重松散，桩底有较厚沉渣及波速低的桩，采用分段下行逐步压浆加固，分段长度为 3~5m，直至设计深度。

2) 考虑桩土共同作用，解决单桩承载力不足的问题。

第二节 深基坑支护工程

一、深基坑支护事故类别与原因

1. 基坑支护开挖事故类别

（1）支护结构整体失稳。常见的有两种情况：一是支护结构顶部发生较大位移，严重向基坑内滑动或倾覆；二是支护桩底发生较大位移，桩身后仰，支护结构倒塌。

（2）支护结构断裂破坏。

（3）基坑周围产生过大的地面沉降，影响周围建筑物、地下管线、道路的使用和安全，严重的造成破坏。

（4）基坑底部隆起变形。其后果一是破坏了坑底土体的稳定性，使坑底土体的承载力降低；二是造成基坑周围地面沉降；三是当基坑内没有内支撑时，坑底隆起造成支撑体系中的主柱上抬，破坏支撑体系。

（5）产生流砂。流砂可以发生在坑底，也可能出现在支护桩的桩体之间。出现流砂后，基坑周围土随水流失而造成灾害。

2. 基坑支护开挖事故的常见原因

（1）支护结构的强度不足，结构构件发生破坏。

（2）支护桩埋深不足。不仅造成支护结构倾覆或出现超常变形，而且会在坑底产生隆起，有的还出现流砂。

（3）支撑体系设计不合理。对带有内支撑的基坑支护结构，由于支撑设置的数量、设置的位置不合理，或支撑设置、施加预应力不够及时，支护结构变形很大而造成事故。

（4）基底土失稳。由于基坑开挖使支护结构内外土重量的平衡关系被打破，桩后土重超过坑底内基底土的承载力时，产生坑底隆起现象。如果支护采用的板桩强度不足，板桩的入土部分破坏，坑底土也会隆起。此外，当基坑底下有薄的不透水层，而且在其下面有承压水时，基坑会出现由于土重不足以平衡下部承压水向上的顶力而产生隆起。当抗底部为挤密的桩群时，孔隙水压力不能排出，待基坑开挖后，也会出现坑底隆起。

（5）施工质量差与管理不善。诸如支护用的灌注桩质量不符合要求；桩的垂直度偏差过大，或相邻桩出现相反方向的倾斜，造成桩体之间出现漏洞；钢支撑的节点连接不牢，支撑构件错位严重；基坑周围乱堆材料设备，任意加大坡顶荷载；挖土方案不合理，不分层进行，一次挖至基坑底标高，导致土的自重应力释放过快，加大了桩体变形。

（6）不重视现场监测。决定基坑支护结构的安全因素很多，有许多是设计前不一定能估计到的，因此为了确保支护结构使用中的安全，重视现场监测，随时掌握支护结构的变形与内力情况，采取必要的措施是十分重要的。不少支护结构失败的实例证明，不重视现场监测是重要原因之一。

（7）降水措施不当。例如在可能出现流砂的基坑采用明排水，导致流砂发生，周围地面出现较大沉降；又如采用人工降低地下水位时，没有采用回灌措施，保护邻近建筑物而造成事故等。

（8）基坑暴露时间过长。大量实际数据表明，基坑暴露时间愈长，支护结构的变形也愈大，这种变形直到基坑被回填才会停止。所以在基坑开挖至设计标高以后，基础的混凝土垫层应随挖随浇，快速组织施工，减少基坑暴露时间。

从造成基坑失稳、桩体断裂、地表沉降及坑底隆起、管涌等事故的原因分析中可以得知，不合理的设计方案、不良的施工技术和施工管理是造成基坑事故的主要原因，但一个事故的出现往往是诸多不利因素的综合表现。

二、基坑支护事故常用处理方法

1. 支挡法

当基坑的支护结构出现超常变形或倒塌时，可以采用支挡法，加设各种钢板桩及内支撑。加设钢板桩与断桩连接，可以防止桩后土体进一步塌方而危及周围建筑物的情况发生；加设内支撑可以减少支护结构的内力和水平变形。在加设内支撑时，应注意第一道支撑应尽可能高；最下一道支撑应尽可能降低，仅留出灌制钢筋混凝土基础底板所需的高度。有时甚至让在底部增设的临时支撑永久地留在建筑物基础底板中。

2. 注浆法

当基坑开挖过程中出现防水帷幕桩间漏水，基坑底部出现流砂、隆起等现象时，可以采用注浆法进行加固处理，防止事态的进一步发展，俗话说"小洞不补，大洞吃苦"，一些大的工程事故都是由于在事故刚出现苗头时没有及时处理，或处理不到位造成的。注浆法还可以用作防止周围建筑物，地下管线破坏的保护措施。总之，注浆法是近几年来广泛地用于基坑开挖中土体加固的一种方法。该法可以提高土体的抗渗能力，降低土的孔隙压力，增加土体强度，改善土的物理力学性质。

注浆工艺按其所依据的理论可以分为渗入性注浆、劈裂注浆、压密注浆、电动化学注浆。

渗入性注浆所需的注浆压力较大，浆液在压力作用下渗入孔隙及裂隙，不破坏土体结构，仅起到充填、渗透、挤密的作用，较适用于砂土、碎石土等渗透系数较大的土。

劈裂注浆所需的注浆压力较高，通过压力破坏土体原有的结构，迫使土体中的裂缝或裂隙进一步扩大，并形成新的裂缝或裂隙，较适用于象软土这样渗透系数较低的土，在砂土中也有较好的注浆效果。

注浆法所用的浆液一般为在水灰比 0.5 左右的水泥浆中掺水泥用量 10%~30% 的粉煤灰。另外还可以采用双液注浆，即用二台注浆泵，分别注入水泥浆和化学浆液，二种浆液在管口三通处汇合后压入土层中。

注浆法在基坑开挖中的应用有以下几种用途：

（1）用于止水防渗、堵漏。当止水帷幕桩间出现局部漏水现象时，为了防止周围地基水土流失，应马上采用注浆法进行处理；当基坑底部出现管涌现象时，采用注浆法可以有效地制止管涌。当管涌量大不易灌浆时，可以先回填土方与草包，然后进行多道注浆。

（2）保护性的加固措施。当由监测报告得知由于基坑开挖造成周围建筑物、地下管线等设施的变形接近临界值时，可以通过在其下部进行多道注浆，对这些建筑设施采取保护性的加固处理。注浆法是常用的加固方法之一。但应引起注意的是，注浆所产生的压力会给基坑支护结构带来一定的影响，所以在注浆时应注意控制注浆压力及注浆速度，以防对基坑支护带来新的危害。

（3）防止支护结构变形过大。当支护结构变形较大时，可以对支护桩前后土体采用注浆法。对桩后土体加固可以减少主动土压力；对桩前土体的加固可以加大被动土压力，同时还可以防止基坑底部出现隆起，增加基底土的承载能力。

3. 隔断法

隔断法主要是在被开挖的基坑与周围原有建筑物之间建立一道隔断墙，该隔断墙承受由于基坑开挖引起的土的侧压力，必要时可以起到防水帷幕的作用。隔断墙一般采用树根桩、深层搅拌桩、压力注浆等筑成，形成对周围建筑物的保护作用，防止由于基坑的坍塌造成房至的破坏。

4. 降水法

当坑底出现大规模涌砂时，可在基坑底部设置深管井或采用井点降水，以彻底控制住流砂的出现。但采用这两种方法时应考虑周围环境的影响,即考虑由于降水造成周围建筑物的下沉,地下管线等设施的变形,所以应在周围设回灌井点,以保证不会对周围设施造成破坏。

5. 坑底加固法

坑底加固法主要是针对基坑底部出现隆起、流砂时所采取的一种处理方法。通过在基坑底部采取压力注浆、搅拌桩、树根桩及旋喷桩等措施,提高基坑底部土体的抗剪强度,同时起到止水防渗的作用。

6. 卸载法

当支护结构顶部位移较大,即将发生倾覆破坏时,可以采用卸载法,即挖掉桩后一定深度内的土体,减小桩后主动土压力。该法对制止桩顶部过大的位移,防止支护结构发生倾覆有较大作用。但必须在基坑周围场地条件允许的情况下才可以采用。

三、支护桩事故

1. 支护桩断裂事故

(1) 工程与事故概况

某综合楼主楼20层,高约75m,设2层地下室,基坑开挖深度为10m左右。基坑场地土质差,基坑开挖深度范围内均为杂填土、素填土、淤泥质土、淤泥质粉土,地下水位仅在地面以下 0.91~1.80m。

该综合楼基坑支护结构采用钻孔灌注桩和钢支撑作受力结构。钻孔灌注桩直径采用 $\phi 800mm$,有效桩长19m。钢支撑采用 $\phi 609mm \times 10mm$ 钢管,在基坑东西向设置二层各3根水平支撑,同时,在四角各设置二层角支撑。采用密排深层搅拌桩作为阻水帷幕,桩径为 $\phi 700mm$,搭接200mm,有效桩长为18m。

该综合楼西侧临某工业局大楼,东邻紧靠某教育中心楼房。为了确保基坑开挖、基坑施工期间基坑及邻近建筑物的安全,建设单位在基坑施工过程中采用了现场安全监测手段。

按照施工组织设计,基坑开挖先南后北。在基坑南部开挖至

坑底 -9.00m 时，安全监测测得土体向基坑内侧的最大水平位移达到 57mm，超过报警值（40mm）。一天后，基坑南侧支护桩半数出现横向裂缝，钢支撑与支护桩连系梁连接件扭屈，支护桩连系梁断裂，支护桩外侧地面出现多条裂缝，地面裂缝最宽达到 15mm 左右，土层松动，局部塌陷，整个基坑南侧出现倒塌的迹象。

（2）事故原因分析

该基坑事故的主要原因是基坑支护设计方案欠妥，设计者对基坑周围实际环境调查分析不够，支护结构实际承受主动土压力大于设计值，设计支护结构地面附加荷载考虑不全面，基坑南侧邻近有土建施工临时设施房屋两排，钢材堆场和加工区。

施工单位基坑开挖时违反了先撑后挖，分层开挖，支护桩附近留内压土台的施工原则，出现超挖、未撑就挖的现象，造成基坑卸载较快，基底回弹，支护变形过大。

钢支撑施工时，施工单位未在支护桩预埋铁件，用气锤敲碎桩混凝土，使其主筋外露，焊接围檩支架。因此损伤了支护桩的混凝土，结果支护变形增大，支护桩的裂缝均出现在受损的混凝土断面附近。

钢角支撑施工时，必须反复预加荷载，第一道和第二道钢角支撑内力会重分布。而施工单位加了第二道角支撑时，第一道角支撑卸载，未即时补荷载，这样支护变形，支护结构主要压力集中作用在第二道角支撑上，第一道角支撑未起作用，第二道角支撑与支护桩连系梁连接件发生扭曲破坏。

（3）事故处理

根据安全监测数据，在基坑内分块打垫层，以工程桩为支撑点在垫层内设置六根水平钢支撑，在基坑底浇捣了一根混凝土大梁，把支护桩连接在一起，同时也作为六根水平钢支撑点，基坑内还回填一部分挖土。在基坑南侧外采用三排压密注浆的方法，起了防水防渗和加固土层的作用。基坑内角支撑重新预加荷载，加固角支撑与支护桩连系梁连接件，基坑开挖施工静停一个月，加强安全监测。

根据安全监测数据表明所用事故处理措施是正确的,基坑南侧继续施工未出现险情。

2. 护坡桩嵌固深度不足事故

(1) 工程与事故概况

北京市某高层建筑的基坑为长方形,南北长 373.6m,东西宽 69m,基底标高 13.17~15.60m 不等。开始采用的基坑支护方案是钻孔灌注支护桩,并根据基坑深度的不同设 1~2 道锚杆。支护桩成孔使用反循环排渣式钻机和泥浆护壁冲击钻机。施工中更换施工单位,检查已经完成的支护桩质量,发现支护桩普遍存在质量问题,桩的嵌固深度不足等,这些都影响深基坑支护边坡的稳定性。

(2) 事故主要原因

1) 施工中未作人工降低地下水位;

2) 施工质量控制较差;

3) 桩顶以上土方未开挖即进行桩体施工,送桩深度达 5m 之多。

(3) 事故处理

1) 支护桩局部接高　为满足后期施工的需要,将部分支护桩接高至标高 -2.50m 和 -1.00m。

2) 增加腰梁锚杆　针对桩嵌固深度不足问题,在槽深 -9.50m 标高处,支护桩增设一排锚杆和腰梁,以弥补边坡安全和稳定的不足。锚杆长 17m,与宽 0.3m、高 0.5m 的腰梁连接。

3) 降低地下水位　保证了边坡支护处理的顺利进行。

4) 未施工的桩改为人工挖孔桩　有 32 根支护桩尚未施工,其中桩长 15.60m 的 5 根,桩长 12.60m 的 27 根。因基坑土方已大部分开挖,如用钻孔灌注桩施工已很困难,故将这些桩全部改为人工挖孔桩。

5) 桩间护壁措施　桩间护壁采用 $\phi8@200$ 双向钢筋网,抹 5cm 厚豆石混凝土,混凝土坡处设排水管,外露 10cm,呈梅花形布置,间距1.5m左右,护壁配合土方开挖及时进行。

该工程事故经处理后,基础工程施工顺利完成。

3. 支护桩倾覆事故

(1) 工程与事故概况

呼和浩特市某30层大厦主体部分平面近似三角形,如图2-10。该工程有地下室3层,基坑底标高为-12.37m。基坑以南9m处有1幢6层信宅楼正在施工。

地下室基坑开挖与支护方案为:先用机械挖土至标高-5.5m处(自然地面为标高0.00),然后开始做支护桩——灌注桩,桩径500mm,主筋6Φ16,桩长8.9m,桩底标高-14.40m。东西两侧分别有6根和5根工程桩兼作支护桩,见图2-11。工程桩直径为800mm,主筋8Φ25,桩长13.45m,桩底标高为19.25m。

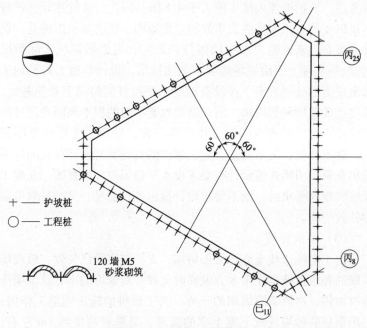

图2-11 基坑平面示意图

桩基工程从⑪线的支护桩开始，顺时针方向施工，至全部桩打完后，开始挖土。设计要求桩之间的挡土墙随挖土随砌筑，即挡土墙自上而下砌筑。施工时改为一次挖到底后再砌挡土墙。先用机械挖土至离设计底标高300mm处，即-12.07m，然后用人工挖土清底，当清土到⑱~㉙轴线的一排支护桩时，清土才完成，大部分支护桩随即倾覆，桩顶最大位移近3m，封顶梁被拉裂变形，最大裂缝宽度达10cm，混凝土脱落。

（2）事故原因分析

从南边支护垮塌而东西两侧的支护没有垮塌分析，因东西两侧的支护桩中各有5~6根大直径工程桩，其埋入未开挖土中的深度为6.88m，与其他支护桩一起组成悬臂支挡体系，有效地防止了支护结构垮塌。而南边一排支护桩没有1根工程桩，而且这些支护桩埋入未开挖土中的深度仅2.03m。根据验算，若按悬臂桩考虑，支护桩埋入深度应大于4.82m。因此，这种悬臂支护桩不足以支挡土压力是造成事故的主要原因。更需要指出的是，设计中虽有一条说明"水平锚固拉杆待定，可根据现场实际情况而定。"实际上因南侧场地狭窄无法拉结，设计与施工人员均未提出适当的处理方案，在没有设置水平拉杆的情况下开挖基坑，最终造成基坑局部垮塌。所以造成这起事故的根本原因是设计图纸深度不足，对存在问题未作妥善处理，发现不按设计意图施工，既不补救，又不制止。施工单位的责任是对设计存在问题不提出意见，明明知道设计有要求设水平锚固拉杆的意图，在施工无法实现这要求时，既不要求设计提出处理意见，又不采取可靠的补救措施。

（3）事故处理

由于南侧边坡土方已大部坍塌，支护桩实际已失效。该现场采取的补救措施是先用木方做临时支撑，对未垮的土方及围墙作临时加固；然后清除坍塌的土方，为工程桩的施工创造工作面；再用草袋装砂堆放成下宽上窄的斜坡，其垂直高度约3m左右，防止土坡出现再次坍塌。经上述处理完成后，直至地下工程全部完工，没有再发生坍塌事故。

四、支护体系变形事故

1. 某大厦深基坑支护体系变形和涌水事故

（1）工程与事故概况

某大厦主楼地面以上 20 层，裙楼 6 层，设有 2 层地下室，基坑开挖深度约 10m。该大楼东邻刚盖好二年多的 20 层的 A 大厦，西侧临近 6 层砖混结构居民住宅楼群，南侧紧靠一排年代较久的居民平房，北邻长江路。施工现场地下情况较复杂，基坑周围土质差，上部 2～3m 左右均为杂填土、素填土，基坑开挖深度范围内为粉土、淤泥质粉质黏土，地下水位仅在地面下 0.5～1.20m。

深基坑支护设计和开挖施工方法的概况：深基坑支护结构采用钻孔灌注桩和钢支撑作为受力结构。钻孔灌注桩采用 ϕ800mm，有效桩长 18m，钢支撑采用 ϕ609mm×10mm 钢管。南北向单层垂直支撑，南侧三道两层角支撑，东西向单层垂直支撑。采用密排深层搅拌桩作为阻水帷幕，桩径 ϕ700mm，搭接长度 200mm，有效桩长 18m，桩接头施工缝处压密注浆处理，增加阻水效果。整个施工过程采用信息化施工技术，施工采取的步骤和方法，按照基坑施工安全监测数据变化，严禁超挖，先撑后挖，控制支护变形，混凝土垫层随挖随做，减少基坑暴露时间，设置集水井排水，备好基坑的堵漏设备，及时堵漏，防止基坑浸泡，保证深基坑及相邻建筑物和道路管线安全正常使用。

深基坑开挖施工中出现的事故及处理：根据施工组织设计，基坑开挖先南后北，基坑正南部挖至地坪下 9.75m，安全监测数据显示居民平房的沉降量达到 25mm，已超过报警指标（20mm），而且基坑南侧土体 6.0m 深度处的累计水平位移达到 52mm，超过 40mm 的报警指标，同时在基坑南侧土体 11.0m 深度土层相对位移最大值达到 3.33mm，形成滑动层。

数日后，居民平房沉降量最大值为61mm，地面裂缝在居民平房区域迅速发展，地面裂缝主要范围是距基坑11m左右，缝宽达到20～30mm，墙体也发现由下均匀沉降而引起的裂缝和倾斜。

根据安全监测结果工程指挥部紧急布置施工抢险，首先疏散了居民，卸掉基坑边上施工堆载钢筋、模板，提前浇筑基坑正南部、西南角底板垫层，在基坑南侧底浇捣一根防渗地连梁，加强支护桩整体作用，在基坑东西向加了一道水平垂直支撑，增加支撑体系的整体性。几天后，安全监测数据显示基坑南侧土体的累计水平位移达到99.9mm，土层相对位移最大值也由11m变到15m处，其值达到6.14mm，基坑南侧底垫层起拱开裂，居民平房地面裂缝区域进一步扩大，延伸到距基坑边15m以外的地方。现场决定提前浇筑基坑东西底板和垫层，而且在基坑底浇筑一根防渗地连梁。安全监测结果表明土体水平位移速率由3.08mm/d减至1.28mm/d，A大厦裙楼的沉降量没有发生大的变化。指挥部紧急措施起了有效的作用，确保了基坑支护结构和A大厦辅助生活设施安全。

整个基坑支撑全部撑完，开挖全部到位，南部底板已浇完，北部正在人工清土和局部做混凝土垫层。安全监测数据显示基坑外东侧水位、土压力和孔隙水压力发生变化，水位由地下1.8m下降至地下2.24m，土压力和孔隙水压力有明显衰减现象。同时，基坑内东侧发现涌水现象。指挥部采用在基坑内疏导（水管接排法）和水玻璃加水泥浆堵塞相结合的办法，在基坑外压密注浆防渗的方法，经过一昼夜抢险，解决了基坑涌水的问题。安全监测数据说明水位上升到1.7m，土压力，孔隙水压力显著增加，土层没有发生分层沉降，这表明基坑支护结构安全，基坑内没有发生管涌现象。

为了深基坑和相邻居民平房的安全，建设单位在基坑东南、西南角室外地坪以下7.5m处架设了第二、三道角支撑。安全监测数据说明工程指挥部采取的进一步抢险措施行之有效。

在基坑东西向挖至地坪以下 8.5m 处，安全监测数据显示基坑外的 A 大厦附近土体水位移速率由 0.275mm/d 突变至 3.38mm/d，累计水平位移最大值达 42mm，在 15m 深处土层相对位移最大值 4.46mm，同时，A 大厦汽车道上发现与基坑边水平的裂缝，缝宽 3mm 左右。距基坑边约 15m。因为基坑和 A 大厦裙楼之间是道路和花坛，没有建筑物（距离有 18m 左右）。调查发现 A 大厦的 200t 生活水箱埋在基坑边，距离基坑约 10m，生活水箱与管道接头由于变形已拉裂，出现漏水现象。现场决定在基坑东西向增加二道水平支撑，有效地处理了土体整体滑移的事故。

（2）事故主要原因

1）设计方案考虑不够全面，基坑南侧支护桩和深层搅拌桩施工时，由于地下障碍物较多，采取了局部开挖方式。桩施工完毕，回填了黏土，并且在基坑外压密注浆固结土层。设计者考虑土层处理过了，浆支护桩长减少了 2m，而忽略了由于基坑开挖速度快，卸荷较大，基坑回弹的影响。

2）施工时不考虑基坑四周地面允许外加的荷载，乱堆钢材，搭建临时设施。此外，基坑角部开挖时，只考虑施工操作空间，而不严格执行先支撑后开挖的规定。以上这些因素，均造成支护桩变形增大。

3）按该工程支护设计的规定，桩接头施工缝处应作压密注浆处理，加强阻水效果。实际施工时，基坑东侧桩接头施工缝未作压密注浆，形成基坑的涌水通道。

2. 南京市某综合楼深基坑支护变形监测及处理

（1）工程概况

南京市某综合楼位于两条主干道交会处附近，主体结构 8 层，设有 1 层地下室，板底标高为 -5.40 ~ -7.40m，局部深 9.20m。该工程的地质情况是基坑上部 4.00m 左右为杂填土，基坑底部土层为粉质黏土和淤泥质粉质黏土。稳定地下水位深度为自然地面下 0.60~1.80m，上部土层透水性强。

基坑支护体系概况：开挖深度 9.20m 区域的支挡结构采用灌孔钻注桩，桩径为 700mm，桩中心距 1m，桩有效长 15.40m，单层钢筋混凝土内支撑。截水帷幕采用双排深搅拌桩，有效长度为 12.30m，处理宽度为 1.20m，搭接 20cm，成桩采用双头搅拌机。其他范围采用重力式深搅挡土墙，宽为 3.70m，有效深 9.80m，格栅间距 3.50m 左右。

根据基坑支护形式和开挖深度的不同，施工组织设计规定基坑开挖先北后南，由浅至深，分块分层地进行。坑内降水采用盲沟加集水坑相结合的方法，随挖随降。考虑到该工程位于市内两条主干道附近，基坑土质较差，且基坑周围有煤气管道，为确保市政设施安全和施工安全，该工程采用基坑二级安全监测。

（2）基坑监测规定

1）基坑支护报警指标为钻孔灌注桩桩体最大水平变形≥30mm；重力式挡土墙顶出现水平变形≥50mm；道路沉降报警指标为路面下沉≥20mm。

2）从 2000 年 2 月 15 日基坑开挖开始监测，到 2000 年 4 月 15 日基础工程基本完毕，累计总监测 34 次。正常每周一、三、五上午定时量测，在支护变形超过报警指标基坑出现险情时，每天量测或一天上下午量测多次。

（3）基坑变形情况及处理

2000 年 2 月 28 日在基坑南面开挖深度达 7m 左右时，监测到土体水平位移速率突变，增加了 8 倍，达到 5.4mm/d，土体水平位移最大值超过警戒值，达到 30.68mm。经施工现场各方协商决定采用以下抢险措施：在基坑外侧（南面）围墙外挖一条 3m 宽的深槽，昼夜抽水，同时用型钢连接钢筋混凝土支撑，以增加支撑的整体刚度，提高抗变形能力。经过上述处理后，3 月 2 日测得同一位置的土体水平位移速率明显减小，由最高的 14.21mm/d 减至 6.61mm/d，但该处土体水平位移最大值已达到

57.36mm。3月4日测得该处邻近的两个测点的土体水平位移最大值分别为50.52mm和39.88mm。同时还发现有的支护桩在-6.00m标高附近断裂，混凝土支撑出现裂缝，整个基坑仍处于不安全状态。因此，现场决定在基坑内加2道4根钢管角支撑；在基坑南部的外侧2m附近挖除部分土方，并拆除原有围墙，以减小支护结构的土压力；浇筑基坑南部的混凝土垫层以及角边槽形混凝土防渗梁；基坑外南、西方向深坑昼夜抽水。同时为防止基坑渗漏，还在基坑东南角两侧做压密注浆。3月10日测量土体水平位移最大值为86.07mm，最大土体水平位移速率1.91mm/d。虽然土体水平位移已超过30mm，但支持结构地基土已处于安全稳定状态，确保施工安全顺利地完成。

五、基坑涌砂、地面沉陷事故

1. 工程与事故概况

江苏省某市闹区有一幢24层大厦，工程建筑面积25050m^2，建筑平面形状较不规则，见图2-12。建筑物东西最长为63m，南北最宽36.6m。地下室2层（局部3层）。采用桩箱复合基础，底板厚2.2m基底标高为-10.04m，电梯井部位最低标高为12.04m。建筑场地狭窄，周围有已有建筑物多幢，一侧靠城市主干道，城市煤气管和自来水管离工程最近处仅0.8m，埋深为0.8~1.0m。场地的地质情况复杂，杂填土层厚，不仅有旧河床、石驳岩、老房基，而且还有废弃的排水管和暗井。

基坑支护采用悬臂灌注桩，桩径ϕ800mm，桩距1200mm，桩与桩之间400mm空隙未设止水桩。

2005年6月中旬开始用机械开挖基坑，第一次挖至支护桩顶地圈梁标高-3.0m处，浇筑地圈梁。第二次挖至工程桩顶标高-9.8m。每次挖土均从西端开始，东北角为运土出口。随着土方开挖，地下水不断流入坑内。由于支护桩离地下室底板边缘仅0.25~0.5m，局部地段支护桩与底板相连，基坑积水只能通过纵、横向碎石盲沟引至西端底板外集水井。基坑开挖不断加深，同时不停地抽水，导致支护桩逐渐向坑内倾斜，最大位移80mm，外围地面下陷，书院弄约30m长、6m宽的水泥路面开裂，缝宽达50~80mm，下陷80mm。由于桩间水土流失，形成空洞，邻近的某饭店严重开裂，电影院墙面也出现裂缝。这段时间当地又连降大雨，大量地表水汇集坑内，建设单位增设几台大口径水泵加快抽水，终因水土流失严重，造成书院弄地下 $\phi 1000$ 混凝土排污水管突然断裂，短短几小时整个基坑灌满污水，而且附近民宅中也遭水淹。

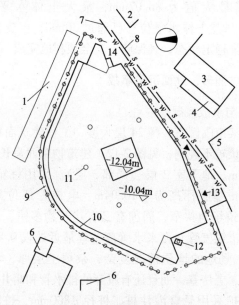

图2-12 建筑平面示意图
1—沿街商店；2—民房；3—5层住宅；4—某饭店；5—电影院；
6—民房；7—地下煤气管；8—地下自来水管；9—围护桩中心线；
10—地下室底板外边线；11—滤网管井6只；12—底板外集水井；
13—回灌井2只；14—未打桩区段

2. 事故原因分析

（1）该工程支护结构未经专门设计，而是套用该市另一工程的支护方案。不仅如此，建设单位又擅自加大了桩距，使隐患更为严重。由于支护桩距加大后，桩间空隙达400mm，又未作任何处理，这些薄弱缺口成为水土流失的通道。

（2）支护桩缺6根。东端书院弄路口，因煤气、自来水管影响，有6根桩未能施工，使整个基坑支护结构形不成封闭系统。

（3）支护用灌注桩为悬壁桩，施工却将桩内主筋均匀布置，大大降低了悬臂桩的抗弯能力。

（4）约有1/3的桩顶没有达到规定的 -3.0m 标高，加上桩顶钢筋伸出长度不足，致使许多桩内钢筋未能伸入地圈梁锚固，又没有采取任何补救措施，结果使地圈梁的围护支撑作用不能发挥。

3. 事故处理

（1）抢险措施

1）暂停基坑抽水，切断下水管上游的水源，在各居民点阴井口设水泵，浆污水改道进入解放东路城市排水总管，以保证居民正常生活。

2）煤气管改道，架空到地面上并派专人监护。

3）自来水管设钢管支撑加固。

4）在支护桩标高 -3.5m 处增设地圈梁，在地圈梁上架设300mm方钢水平支撑。

5）支护桩之间的空洞用素混凝土逐级斜向封堵。

6）利用废阴井和暗井作回灌水井，控制地面沉降。

经过7d紧张抢险，支护桩的移位初步得到了控制。

（2）流砂治理

控制险情后，在电梯井深基础开挖时，又涌现大量流砂，施工无法进行。确定治理方案时，曾考虑采用支护桩外侧打钢板桩或水泥搅拌桩，因受场地和地质条件限制，无法实行。若采用井点或深管井降水，虽可治理流砂，但为场地条件与工期要求所限，也不能采用。最后所用的方案是在基坑内设6只滤网管井，既简便快捷地控制了流砂，又降低了开支，保证了工期。滤网管井的设计、施工要点如下：

1）滤网管井的布置。基坑中的6只井中有2只布置在后浇带内，1只布置在电梯井内。

2）滤管网井构造，见图2-13。

滤管网井构造补充说明：$\phi 8$钢筋焊接笼，$\phi 8$纵横@150，外裹3层滤网，第1、3层1~2mm铁丝网，第2层100目铜丝网。钢筋滤网笼直径≥500mm。$\phi 300$钢管护筒壁厚5mm，筒上口焊60mm宽、6mm厚钢板法兰盘，法兰盘下焊8mm厚铁板（1200mm×1200mm或$\phi 1200$），筒底用8mm厚铁板封底焊接，筒身四周钻$\phi 18$孔，间距500mm，筒身可分段加长，进入底板混凝土中的钢护筒不必钻孔，但在底板1/2高度处设钢板止水片。井孔深度大于水力降低坡度$L/8+500$（L为管井的间距），见图2-14。

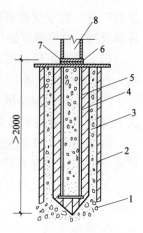

图2-13 滤管网井构造剖面

1—大块石；2—垒砌碎干砖护壁；3—填充层（5~15mm碎石、2mm粗砂）；4—$\phi 8$钢筋焊接笼；5—$\phi 300$钢管护筒，钻孔$\phi 18$@50；6—封土铁盖板8mm厚；7—法兰盘；8—接入底板护筒

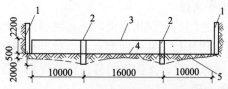

图2-14 滤管网井降水剖面示意
1—支护桩；2—滤网管井；3—地下室底板面；4—基坑底；5—地下水位曲线

3）挖孔时停止抽水，沿孔壁四周用挡板投入碎砖。

4）放入钢筋滤网笼，投入碎石、粗砂填充层，拔出挡板。

5）钢筋滤网笼和护筒顶面标高与地下室或电梯井混凝土垫层标高相同，并使铁板全部盖住井孔，以防止流砂未经滤网进入钢护筒，上部护筒顶法兰盘设在底板面以下150mm标高处。

6）护筒内设水泵抽水，西端集水井配合抽水，同时观察周围地面和房屋沉降情况，及时进行地下水回灌，控制沉降。

（3）封井

地下室底板混凝土终凝后，即对滤网管井封堵混凝土，施工要点如下：

1）撤除水泵，停止抽水。但附近集水井、滤网管井继续降水。

2）迅速将掺有早强剂的干硬性混凝土浇入护筒内，并振捣密实。

3）法兰盘上口垫橡胶垫圈，并拧紧圆铁板封盖螺栓。

4）补焊底板上层钢筋网，并浇筑150mm剩余部分混凝土（内掺UEA）。

（4）后浇带施工

按设计规定底板混凝土浇完后60d方可施工后浇带。此时，地下室外围均已回填土，地下水量已大幅度减小，后浇带内预留的2只滤网管井已满足降低地下水位的需要。后浇带施工技术要点如下：

1）滤网管井抽水，保持后浇带内无积水。室外集水井未封，仍配合抽水。

2）清除混凝土表面浮浆，清理冲洗后浇带内的杂物，整理钢筋。

3）浇筑掺有UEA的混凝土，养护14d。

4）封墙后浇带内的滤网管井，封井时外围集水井配合抽水。封井方法见前述之（3）。

第三节 混凝土基础工程

一、基础错位

基础错位事故的大多数都是测量放线错误造成的，其中最常见的两个原因是看错图和读错尺。

（一）单层厂房基础错位

1. 单层厂房边柱中线误作为车间轴线

重庆市某造船厂机加工车间边柱为 400mm×600mm，施工中基坑分段开挖，在挖完 5 个基坑后，即浇垫层、绑扎钢筋、支模、浇混凝土，在施工其余柱基时发现，这 5 个基础发生了错位，误把轴线作柱中心线，因而造成错位 300mm（即厂房的跨度方向小了 300mm）。处理时，设计了三个方案，一是整个车间按已施工的 5 个基础位置为准继续施工，即车间位置整体移位 300mm；二是把先浇好的基础，吊起或推移到正确位置；三是凿去部分混凝土，露出钢筋，然后接长钢筋，浇成一个加大的杯形基础。最后，结合现场设备条件，确定用第三方案处理，见图 2-15 所示。

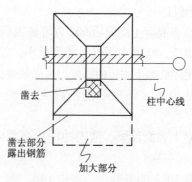

图 2-15 基础错位的处理

2. 单层厂房端部柱中心线误作车间轴线

某工地放线时，将柱距全部放为 600mm。基础施工完后发现设计图纸规定端柱距应为 5500mm，中间柱距才是 6000mm。经研究，决定修改上部结构来调整这个误差。而上部结构涉及吊车梁、联系梁和屋面板等多种构件，修改时又考虑不周，以致造成构件安装困难而延误了工期。

根据以往的经验，这类基础错位问题应及时纠正，以免后续工程施工出现问题，甚至造成新的问题。常用的处理方法为把错位的基础吊移或推移到正确位置。

（二）砖混结构工程

1. 工程与事故概况

重庆市某临街建筑底层为商店，2层以上为宿舍，系6层砖混结构，横墙承重。设计要求底层墙厚为37cm，2~6层为24cm。底层与标准层局部平面、剖面见图2-16。考虑到构件的统一和建筑外观，设计的横墙轴线有的是墙中心线，有的偏左或偏右。

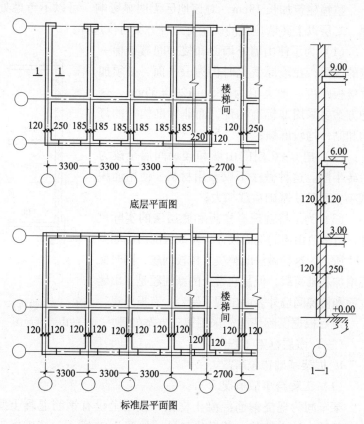

图2-16 底部与标准层局部平面、剖面图

但本工程施工到2层，在楼面上放线时，发现2层以上砖墙位置确定困难。

2. 原因分析

经检查，发现该工程在测量放线时，一律把墙的中心线当作轴线进行放线，以致造成两个问题，一是整幢建筑物的长度加长了13cm；二是二层以上砖墙位置确定困难，或是不能采用标准化构件，或影响整个建筑的外观和使用。

3. 处理措施

整幢建筑加长13cm，对该地区无明显影响，可以不考虑处理。二层以上砖墙位置的确定有三种方案可供选择：

（1）为了使山墙外墙面和楼梯间靠楼梯一侧的墙面，在墙厚变化时仍为一平面，必须加大楼板跨度，加大值为185 - 120 = 65mm，这种方案要采用非标准构件，而非标准构件的订购和制作均较麻烦；

（2）把1~6层的山墙和楼梯间墙全改为一砖半厚。这种做法不仅多用材料，使用面积减小，而且使基础荷载加大；

（3）为了将就现有楼板和底层墙的实际尺寸，可修改山墙的剖面尺寸，修改后的山墙如图2-17所示，这种做法既解决了楼板问题，同时又不增加基础荷载，但是它带来的新问题是，山墙立面和楼梯间墙外表面出现了错台，有损外观。

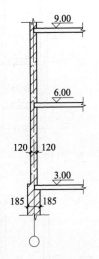

图2-17 修改后的山墙剖面图

最后根据实际情况，采用第三方案处理。

（三）多层框架工程

1. 框架基础错位事故

（1）工程与事故概况

某车间为现浇钢筋混凝土框架，楼层上设有钢筋混凝土漏斗，基础为独立柱基，其形状与尺寸如图2-18所示。基础施工时，两个基础放线错了50cm，见图2-19。

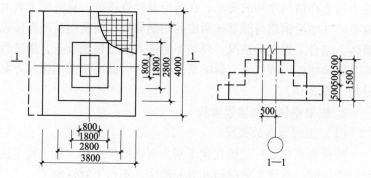

图 2-18 基础平面与剖面图

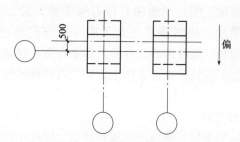

图 2-19 基础错位情况示意图

(2) 事故分析与处理

该事故是在基础完成后,上部结构尚未施工时发现的。因此,是否处理应分析以下几种情况:首先是不作任何处理,在错位的基础上继续施工上部结构。经过调查分析,这种将错就错的做法为生产工艺所不容许。其次是基础错位不纠正,上部结构按正确位置施工。这种处理法取决于地基基础的承载力有无问题,根据原设计提供的数据验算结果,是偏差产生的附加应力和原设计的应力之和,超过了地基设计的容许应力。总之这两个错位的基础必须处理。

处理方案有三种:一是用机械设备把错位的基础顶推或吊移复位;二是把错位基础爆破拆除,按正确位置重做基础;三是错位基础不拆除,并在此基础上扩大成一个新基础,使其满足地基应力与上部结构连接的要求。在新旧基础连接处，将混凝土表面凿毛，并增设钢筋与原基础凿出的钢筋焊接，使新旧基础连接成整体。结合工程实际情况，现场不能进入大型机械设备，爆破拆除又影响邻近工程，人工拆除费工费时，因此决定采用第三方案处理（图2-18）。

2. 框架整体方向错误事故

（1）工程与事故概况

陕西省某化工厂二硫化碳车间为现浇框架结构工程，施工进行到2层时，发现车间的南北方向颠倒，不得不暂停施工。

（2）事故主要原因

该工程的施工图（平面图）没有标明指北针，而现场施工人员凭一般做法，按图面"上北下南"的方向进行定位放线，并完成了基础和一层柱的施工任务。后来在看了建筑总平面图后才发现方向错了，该平面施工图上方向与习惯画法恰恰相反，即"上南下北"。

（3）事故处理

南北方向颠倒后，造成工艺流程相反，因此生产厂要求推倒重建。由于这类现浇结构拆除较困难，现场爆破又有许多限制，经过多次比较分析，最终采用对每根钢筋混凝土柱的截面与配筋进行验算，经对照分析后发现，把方位恢复到正确位置，该车间仅有一半数量的柱截面达不到设计要求，因此决定将这些柱在靠近基础处凿去混凝土，露出柱钢筋，用乙炔氧气割断柱主筋，再用履带式起重机吊运出场外，然后把应纠正的柱改为高杯口预制柱。这种处理方法既满足了生产要求，又减少了损失，并且对工期影响也不大。

（四）设备基础错位

1. 工程与事故概况

上海市某厂原料场由于测量放线错误，造成两个设备基础J-1、J-2分别错位2m和1.4m，这两个钢筋混凝土基础的重量分别为759t和345t，较大的J-1基础外形尺寸和错位情况见图2-20。

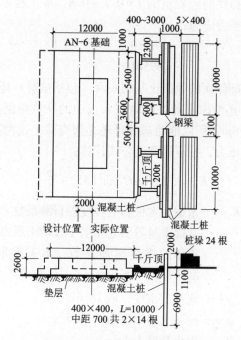

图 2-20 基础外形及错位情况

2. 处理措施

对这两个大设备基础的错位问题的处理，作了多种方案的经济比较，包括改变生产工艺、加大现有基础、推倒重做以及整体推移复位等。最后确定用推移复位方案，其经济损失最小。

（1）J-1 基础推移复位的施工设计

顶推阻力的估算：基础被推移滑行的阻力 P_1 可用下式计算：

$$P_1 = fN$$

式中 f——基础滑行时的摩擦系数；

N——正压力，即基础重力。

上式的摩擦系数应包括两部分，一是基础底面与地基土之间的摩擦力；二是基础与地基土之间的粘结力。由于该工程无试验数据，因而采用《城市地道设计与施工》中的数据，该书关于顶推力计算提供的经验值为 $f=0.7\sim0.8$，本工程取 0.8，则推动基础的顶推力应为：

$$P_1 = fN = 0.8 \times 759 \times 9.8$$
$$= 5950\text{kN}$$

由于基础侧面的地面比基础底面（包括垫层）还高出 $0.2\sim0.3\text{m}$，同时还考虑基础支模时打入土中的一些角钢和木桩，其深度约为 0.8m，所以推动基础时还必须克服上述两项因素而造成的被动土压力，按下述简化公式计算：

$$E_p = \frac{1}{2}K_1K_2\gamma H^2 \tan^2\left(45°+\frac{\varphi}{2}\right)l$$

式中　K_1，K_2——角钢、木桩影响程度的折减系数，因有弃土及基础重量等引起相当于被动土压力计算棱柱隔离体的重度增加系数，本工程取 $K_1=0.6$，$K_2=1.5$；

　　　γ——地基土重度，取 18.6kN/m^3；

　　　φ——地基土内摩擦角，16.5°；

　　　H——挡土高度 1.1m；

　　　l——挡土长度 20m。

$$E_p = \frac{1}{2} \times 0.6 \times 1.5 \times 18.6 \times 1.1^2 \text{tg}^2\left(45°+\frac{16.5°}{2}\right) \times 20$$
$$= 363\text{kN}$$

顶推阻力　　　　$P=P_1+E_p=6313\text{kN}$

根据估算的顶推阻力值，决定选用 4 台 200t 千斤顶，作顶推机具，其顶推力为 $4 \times 1960 = 7840\text{kN}$。

（2）J-1 基础的推移复位施工情况

施工平面如图 2-20 所示，4 台千斤顶分两组布置。基础顶推时的后座力主要传至 $40\text{cm} \times 40\text{cm}$ 的钢筋混凝土方桩排上。桩的入土深度为 8m，千斤顶的中心位置在地下 1.1m 处，千斤顶荷载通过 30 号工字钢组合梁平均传递到各桩。为了增加钢梁的刚度，钢梁两侧均加 1 根钢筋混凝土方桩。经计算采用 28 根方桩，桩中距为 0.7m。为增加土的水平承载力，在桩外侧 1m 处以 4×6=24 根方桩堆垛压重。

推移施工时间是在基础浇筑后 51d 进行。千斤顶行程为 1m，为了防止推进中造成偏差和超移，规定前 4 次每次行程为 0.4~0.5m，最后一次为 0.2m，推进速度为 5~6cm/min。当地基土开始破裂前的最大初始推力（按油泵指示器）为 6831kN，随着推动的顺利进行，推力逐步减小，最后达到 3126kN 的最低值。基础推移施工从起动油泵到停泵共约 200min，成功地推移到设计位置，其最后的位置及高程偏差见图 2-21 所示。

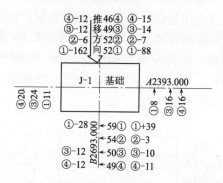

图 2-21 推移复位后的位置及高程偏差
1—为推移复位后当时的实测值；2—为复位后 4d，并回填完后的实测值；3—为复位后第 7d 的值；4—为复位后第 10d 的值

从图 2-21 中可见推移复位后 10d，基础位置已稳定，偏差及误差均减小。

二、柱基础孔洞露筋

1. 工程与事故概况

某工程柱基础的长、宽、高尺寸分别为 10m、4m 和 2m，其平、剖面示意如图 2-22 所示。

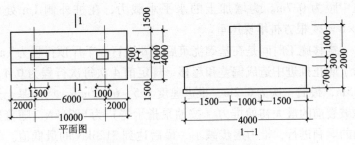

图 2-22 柱基平、剖面示意图

施工时，柱基础下段 70cm 部分采用原槽浇筑。当开挖邻近基坑时，发现这些柱基础面有严重的蜂窝孔洞，还可见柱基底层钢筋与垫层之间存在孔隙，用粗钢筋可插进 1.4m 深。于是怀疑基础混凝土质量，而将全部基础挖开检查，发现孔洞露筋多达 100 余处，其中有 3 个柱基最严重。如图 2-23 所示为其中有代表性的一个柱基础的孔洞情况。

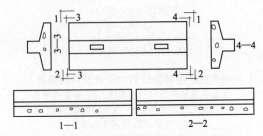

图 2-23 柱基础孔洞情况示意图

这个基础共有明显的孔洞 20 个，孔洞总面积达 $9.1m^2$，约占基础下段（0.7m 高）四侧表面积的 36%。孔洞全部集中在基础下段 0.7~1m 厚的基础板内，最小的孔洞面积为 $22×22 = 484cm^2$，最大的 2 个孔洞尺寸为 $150cm×60cm$，其面积达 $9000cm^2$，有 14 个孔洞的面积在 $2000cm^2$ 以上，小于 $1000cm^2$ 的孔洞仅 3 个。有些孔洞互相连通，最长达 3.5m。孔洞深度最浅为 8cm，最深达 140cm，19 个孔洞的深度都在 14cm 以上。此外，柱基础钢筋错位严重。

2. 事故原因调查分析

(1) 配制混凝土的石子最大粒径偏大。由于柱基配筋较多，钢筋间有的净距只有39mm，却采用20~40mm的石子配制混凝土，因此混凝土容易被钢筋网挡住，造成钢筋与垫层之间、钢筋与基坑土壁之间出现空隙，形成蜂窝孔洞。

(2) 混凝土浇筑方法不当。浇筑柱基础下半段时，采用串筒下料（图2-24）。由于基础较大，浇筑到中间部分时，把最底下一节串筒拉斜后卸料，因此石子和砂浆严重分离，石子多数滚到前面形成石子堆。同时，因采用汽车供料，速度很快，使基坑内混凝土堆高达50cm，采用两个串筒下料，形成两大堆混凝土。又由于未及时铺平混凝土堆，致使石子分离更严重，造成混凝土均匀性差，振捣不密实。

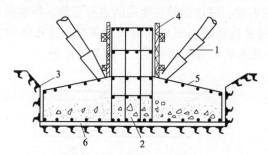

图2-24 柱基混凝土浇筑方法
1—串筒；2—基础下半段中间部分；3—基坑壁；
4—木模板；5—基础倾斜面；6—垫层

(3) 混凝土浇筑顺序混乱。浇筑顺序未按照一定方向分层浇筑，而是随意乱浇，有些基础浇筑过程中，工人换班，停歇时间超过初凝时间，导致混凝土密实性很差。从检查中可见，分层处有高达14cm左右的疏松层。

(4) 没有根据基础构造的特点采取相应的技术措施。基础下半部高70~100cm，在其顶面配有ϕ19的钢筋网，方格尺寸为125mm×300mm，浇筑时工人下不去，振捣又很马虎，往往将振动棒平躺在表层进行振捣，虽然表面冒浆，混凝土内部基实并未

91

捣实。更由于采用串筒斜浇筑造成的石子集中成堆，混凝土分离，给振捣带来更大的困难。

（5）原槽浇筑问题。有条件时，采用原槽浇筑是一项节约措施，但因本工程基坑壁边钢筋又粗又密，充分振捣势必影响土壁稳定；而且操作人员错误地认为原槽浇筑，以后反正检查不到，因此操作马虎，以致发生漏振或振捣不足。

3. 处理措施

由于事故严重，而且上部结构又有动力荷载，因此必须处理。为了确定处理方案，对基础内部混凝土质量和配筋情况作了进一步检查。先打掉了部分保护层检查其配筋，然后又选择了两个基础，在中部凿一条宽为1m的槽，凿出全部钢筋（图2-25）。经检查，发现基础内部也有一层疏松的混凝土，其位置在基底以上30cm左右处，底层钢筋与垫层间也有空隙，但主要钢筋错位不多；同时发现垫层与钢筋间有大量泥浆，这可能是基础泡水1m深后，泥水从蜂窝孔洞中流入空隙而造成的。

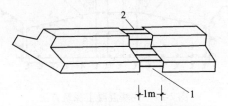

图2-25 车床基础凿开检查情况
1—凿开的混凝土槽；2—基础钢筋

上述调查情况说明，原有基础问题比较严重，补强后也达不到设计要求。但是，将基础拆除重做，既费工又费时，也不能采用。经分析，上部结构尚未施工，基础增高不会影响生产使用。故决定在原有的基础上，加做新基础（图2-26）。其要点有：

（1）清洗原基础中的泥浆，在补填混凝土后，作新基础的垫层；

（2）原基础上半部1m×1m×10m部分的质量无问题，可利用作为新基础的一部分；

(3) 新作基础的尺寸为长 10m、宽 2m、高 2m，混凝土强度与配筋由计算确定；

(4) 将原有基础的蜂窝孔洞、露筋等缺陷全部处理完后，再将与新基础连接的表面全部凿毛。

该基础经过上述处理，投产使用多年，情况良好。

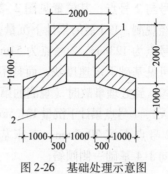

图 2-26 基础处理示意图
1—新作基础；2—原有基础

三、设备基础倾斜事故

1. 工程与事故概况

某车床基础平面、剖面示意见图 2-27。

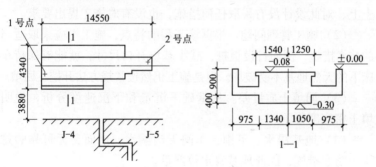

图 2-27 车床基础平面、剖面图

基础埋深为 -1.3m，离车床基础 3.88m 处有两个又大、又深（埋深 -9.4m）的设备基础 J-4、J-5。这两个大基础的土方开挖采用机械施工，基坑边坡坡度为 1∶0.5 至 1∶0.75，基坑开口每边约比基础大 8m，因此造成车床基础座落在两个大基础的挖方边坡的回填土上，基础下填土厚度 1~5m，见图 2-28。

填土用人工回填，虽经夯实，但密实度很不均匀。填土完成后即施工车床基础，基础混凝土浇完后第三天，就在基础上堆放机器设备和其他重物。因为下雨，厂房天沟又大量漏水，地基因此浸水。当时即组织进行沉降观测，基础布置两个观测点，即 1

号与2号点，其位置见图2-28。经观测，19d后的累计下沉量，1号点为123mm，2号点为54mm，可见基础下沉速度快，而且不均匀。到处理事故时（观测的第25天），1号点累计下沉量134.5mm，2号点下沉70.5mm，车床基础向J-4基础一侧倾斜。

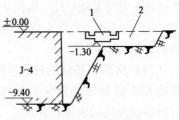

图2-28 基础地基情况示意图
1—车床基础；2—回填土

2. 事故原因

(1) 设计考虑不周。从图2-28中可以看到，车床与邻近两个梁基础之间距离仅3.88m，而基底标高差8.1m，根据当地土质情况和常规的施工方法，必然造成车床基础的一部分建在新填土上，对此设计没有采取任何措施，也没有对施工提出要求。

(2) 施工管理问题。根据该工程的特点，施工本应采取适当的技术措施，例如打设板桩，减小基坑开口尺寸，就能够保持车床下的天然地基不受破坏。但是施工仍然按常规方法开挖、回填。

(3) 回填土质量差。从基础下沉量和下沉速度分析，说明填土密实度很差。

(4) 地基浸水。下雨，车间天沟漏水，地面又无可靠的排水或防水措施，因此地基浸水较严重。

(5) 填土厚度差大。车床基础靠J-4一端，基底下填土深达5m，而离该端4.34m处基底下填土厚仅1m，填土厚度差异大，导致不均匀下沉明显，基础因此而倾斜。

3. 事故处理简介

由于基础不均匀下沉量大，而且尚未稳定，故该事故必须处理。

处理方法是在填土较深的区域用石灰桩挤密加固地基，使沉降量逐渐减小而停止。经过沉降观测证明，加固后的245d，1号与2号点的沉降差由65mm，减小为11mm，纠正了基础的明显倾斜。

四、设备基础运转晃动事故

1. 工程与事故概况

四川省某厂两台往复式氨气压缩机试运转时，出现严重地左右摆动和水平振动，无法正常使用。两台压缩机的振幅实测值，见图2-29和表2-11。

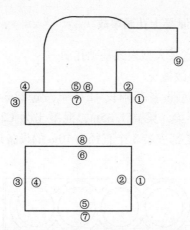

图2-29 压缩机振幅测点位置图

压缩机振幅实测值（mm） 表2-11

振幅值 测点	1	2	3	4	5	6	7	8	9
1号机	0.13	0.06	0.11	0.04	0.02	0.02	0.02	0.02	0.29
2号机	0.25	0.14	0.20	0.12	0.03	0.03	0.07	0.07	0.37

2. 事故原因分析

经过验算，该两座设备基础的振幅计算值均大于其容许值。由于该工程系国外引进项目，原设计对基础的振幅没有进行计算，基础设计尺寸偏小，导致设备运转时出现晃动。

3. 事故处理简介

因为事故已影响机器的使用，故必须处理。处理方案是将原基础加大，加大部分的混凝土强度等级和配筋均按原设计要求施工。为使新老混凝土结合良好，沿原基础四周配置上下两排 $\phi 16$ 的锚固筋，原设备基础连接部位的表面凿毛并清洗干净。$\phi 16$ 锚固筋采用在原基础钻孔后埋设的方法固定。

第四节　大体积混凝土工程

一、大体积混凝土孔洞事故

(一) 湖北省某大型板式基础孔洞

1. 工程与事故概况

湖北省某大型设备基础长 41.23m、宽 22m、底板厚 0.7m。基础中有 8 个环梁，梁高 1.35m，混凝土为 C20，基础体积共 940m³。该基础上部安装 8 个直径为 10m 的设备罐（图 3-30）。

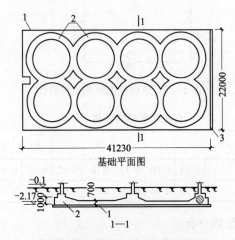

图 2-30　基础平面与剖面图
1—基础底板；2—环梁；3—沉降缝

该基础受荷载甚大，每个环梁的轴向荷重达 17000~19000kN，弯矩 2477~2557kN·m，水平堆力 176~235kN。基础的地基为棕黄色砂质黏土，地基允许承载力为 216kPa。

施工概况：基坑挖完后，铺 10cm 厚碎石，并用压路机碾压，碎石垫层上抹水泥砂浆作为基础垫层。基础四周 1m 高范围利用基础坑土壁作模板，原槽浇筑。混凝土共浇了 3d。

事故概况：在混凝土养护时，发现所浇养护水流失很快。经过 10d 养护拆模后，可见罐坑环梁两侧共有蜂窝、孔洞 89 处，每个罐坑有 2~14 处。后来在开挖沉降缝右测的设备基础时，又发现蜂窝孔洞 10 处。因此决定把基础其他三个侧面挖开检查，也发现类似问题。最大的蜂窝孔洞为 30cm×50cm，深 20cm。另外底板两层钢筋网之间的混凝土不密实，用 16 号钢丝能插入 50cm。

2. 原因分析

施工单位没有这方面的施工经验，因此在施工准备、技术措施、组织措施、技术交底各方面都存在一些问题。

（1）混凝土制备中的问题

1）石子粒径太大。该基础内有的部位配有互相交叉重叠的三、四层钢筋或钢筋网。钢筋净距小于 4cm，拌制混凝土所用石子粒径为 4~6cm，因此石子粒径太大是钢筋下面的混凝土不密实的主要原因；

2）配合比控制不严。首先是水灰比控制较差，造成大部分混凝土的坍落度过大；其次是骨料用量误差大，甚至发现两次没有加砂的混凝土，这也足以说明工地管理之混乱；

3）混凝土搅拌机数量不足。施工方案中要求每小时搅拌 20 罐，实际只有 12~15 罐，由于搅拌不均匀，混凝土浇筑时的离析现象严重，捣实困难。

（2）浇筑中的问题

混凝土采用台阶式浇筑，分层厚度为 25mm，分层错开长度为 1m，实际浇筑情况是倾斜分层（图 2-31）。因此混凝土离析严重，捣实困难，并有漏振和捣固不足等现象。环梁上半截的浇筑方案未认真考虑，造成环梁普遍出现蜂窝。

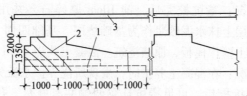

图 2-31 基础浇筑情况
1—要求水平分层浇筑；2—实际倾斜分层；3—操作平台

（3）振动器数量不足

根据施工方案，浇筑该基础需 20 台振动器，但施工时实际台数不足 20 台，而且型号多，坏的多，以致捣固不久，损坏达一半以上，最少时只有几台能正常使用。在振动器不足的情况下，振点间距和振捣时间都达不到要求，有的只好用铁钎进行人工捣固。

（4）操作上的问题

浇筑分层过厚，不少浇筑层厚达 50cm。由于底板厚为 70cm，二层钢筋网间的距离为 60cm，钢筋网格为 11cm×11cm，因此在浇筑中，就不可能将混凝土耙开，减薄分层厚度，同时振动器也无法将混凝土赶薄，最后势必造成密实度差，有蜂窝孔洞等事故。

（5）施工组织问题

1）工程位于气温较高的地区，施工时间又是盛夏，但施工组织却采用两班作业，每班工作 12h，工人过于疲劳，因而施工操作马虎；

2）没有进行适当的技术交底，工人心中无数；

3）没有明确的分工，不能按规定的分层下料和捣固。

3. 处理措施

该基础承受的荷载甚大，事故较严重。对事故处理有两种意见。

第一种意见是：由于基础可见部分已有 100 处以上的蜂窝、孔洞，其最大尺寸达 30cm×50cm×20cm，而隐藏在混凝土内部的缺陷可能更严重，如采用补强方法，不可能使该基础作为整体结构承受很大的荷载，因此需炸毁重做；

第二种意见是：采用水泥压力灌浆进行补强。

根据当时的条件分析比较后，决定先用压力灌浆补强，然后对基础进行检查，确定可否使用。

处理时，首先对蜂窝麻面进行敲击清理，对那些蜂窝周围混凝土很密实的表面缺陷，用 1∶2 的水泥砂浆涂抹处理，不埋灌浆管。对其余的蜂窝、孔洞都埋了灌浆管，进行水泥压力灌浆。每次灌浆时，对耗用的水泥和最终压力都作记录。表 2-12 所示为其中具有代表性的灌浆情况。

灌 浆 记 录　　表 2-12

序号	水泥消耗量（包）	最终压力（MPa）	灌浆时间（min）	备　注
1	60	0.45	150	
2	112	0.9	280	
3	1.5	0.8	8	压力直线上升
4	0.5	0.8	2	压力直线上升
5	45	0.35	140	灌浆至 10 包时，冒水花，继续灌至 0.35MPa，压力直线上升
6	0.5	0.8	2	
7		0.8		灌浆 12h，此洞冒浆
8	7	0.3	40	梁面冒浆量大
9	29	0.3	90	梁面冒浆量大
10	24	1.0	150	
11	1	0.8	4	
12	1	0.8	4	压力直线上升

在灌浆后进行了养护。养护结束即对基础进行全面的检查。检查方法有三种，一是用锤子进行全面敲击检查，所听到的声音都很清晰；二是灌水试验；三是对环梁上原质量最差的三处凿孔检查，孔深 50cm，灌满水后没有再出现渗漏现象。以上检查证明灌浆质量良好，可以投产使用。经使用四年多，没有发现任何不良现象，完全满足生产使用要求。

（二）大型板式基础孔洞事故实例二

1. 工程与事故概况

辽宁省某板式基础为 21m×17m，厚 0.9m，板内上下配钢筋网，混凝土为 C20，石子最大粒径为 10cm。混凝土由工程附近的临时搅拌站供给，浇筑时整个基础上搭满堂脚手架，用小推车运输，插入式振动器捣实，浇筑分三层进行，每层厚度为 30cm，采用台阶式浇筑方案。

拆模后发现基础侧面蜂窝麻面较严重，靠垫层处，表面有孔洞。在基础顶面浇水养护时，基础上表面设备预留孔洞中的积水很快流失，同时基础侧面的孔洞往外冒水，可见混凝土的密实度差，各种大小孔隙连通而形成渗漏。

2. 原因分析

施工单位为某省建筑公司，对这类接近水工结构的大体积混凝土的施工缺乏经验。浇筑混凝土时，名义上是水平分层，台阶式循序前进的施工方法，实际上每个台阶的水平距离太小，变为斜向分层。混凝土从小车倒入基坑时，已发生离析，上层钢筋网和大粒径石子（10cm）使离析更加严重，致使石子大量集中于基础底面，而且振捣困难，致使混凝土很不密实。

3. 处理措施

采用水泥压力灌浆进行补强。

二、大体积混凝土裂缝

（一）裂缝类别与原因

混凝土裂缝很普遍，裂缝类别较多，裂缝原因多达数十种，这些内容将在第三章第三节中详述。在大体积混凝土结构中，最常见的两类裂缝是温度裂缝和干缩裂缝。

1. 温度裂缝

由于大体积混凝土水泥水化热大量积聚，散发很慢，造成混凝土内部温度高，表面温度低，形成内外温差；在混凝土拆模前后或受寒潮袭击，使表面温度降低很快，造成温度陡降（骤冷）；混凝土内达到最高温度后，热量逐渐散发逐渐降温，直至达到最低温度或使用温度，它们与最高温度的差值就是内部温差。以上这三种温差都可能导致混凝土裂缝。内外温差和温度陡降引起表面裂缝；内部温差在强大的地基或基础的约束下，形成内部裂缝或贯穿裂缝。

2. 干缩裂缝

混凝土表面干缩快，内部收缩慢，表面的干缩受到内部混凝土的约束，因而在混凝土表面产生拉应力，这是造成表面裂缝的重要原因之一。

还需指出：内外温差、温度陡降与干缩引起的拉应力可能同时产生，几种应力叠加后，造成裂缝的危险性更大。此外，更应该注意，当表面裂缝与内部裂缝的位置接近时，可能导致贯穿裂缝，这对结构安全和建筑物正常使用的影响较大。

（二）大体积混凝土温度控制

在大体积钢筋混凝土中，温度裂缝较普遍。一旦出现裂缝，往往影响工程顺利进行。由于目前设计和施工规范在这方面没有明确的规定，因此在施工前必需会同有关部门确定温度控制的有关规定，拟定相应的技术措施，以尽量减少温度裂缝。下面提出几点建议：

1. 制定合适的允许温差

温度裂缝的主要原因是各种温差太大，为了防止裂缝发生，必须规定各种温差，包括内外温差、内部温差和温度陡降的容许值，这些容许温差可根据以往工程的实践经验，结合理论计算来确定。

在一般的大体积钢筋混凝土结构工程中，如基础的约束不大，内外温差可控制在不超过25℃。

混凝土内外温差的概念常混淆不清。有的规定为混凝土内部温度与环境温度的差值，有的规定为中心温度与离表面10cm以内混凝土温度的差值，这些与温度裂缝的基本概念是不相符的。为了说明这个问题，引用《裂缝控制》(Crack Control) 一文中的

2m厚墙中温度梯度（图2-32）的概念。从图2-31中可见，在浇筑后33h，混凝土墙的中心温度为63℃，混凝土离表面10cm处的温度为49℃，环境温度是17℃，在拆模前混凝土的表面温度为45℃。在没有拆模时，正确的内外温差值是 63 - 45 = 18℃，而不是 63 - 49 = 14℃，更不是 63 - 17 = 36℃；如果此时拆模，则混凝土表面温度将下降，其数值与拆模后是否覆盖保温材料有关。如果拆模后，表面裸露在大气中，混凝土表面温度值在大气温度与拆模前的表面温度值之间（即 17 ~ 45℃之间）。具体数值与这两者的温差、风速、混凝土表面的散热情况等因素有关。

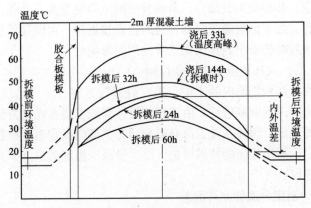

图2-32　2m厚混凝土墙中期温度梯度

为了施工方便，有的工程规定了混凝土内部最高温度与环境温度的容许差值。这与日本的《建筑工程施工规范》（JASS）有关规定相类似。这对施工的控制与管理是有利的，但是必须避免气温骤降等因素的影响。

温度陡降会大大增加外层混凝土与内部混凝土的温度梯度，这种温度应力形成较快，徐变的影响较小，所以温度陡降的容许值应比内外温差小得多。通常采用的温度陡降的容许值是10℃。施工时，务必引起足够的重视。

对于内部温差一般常被忽视。如果基层是旧混凝土或岩石地基时，应严格控制内部温差，以防产生贯穿裂缝。内部温差容许值一般采用 12~20℃。

2. 加强施工中的温度观测

为了防止温度裂缝，必须重视温度管理。施工中若能控制实际温度差小于容许值，就可能避免产生温度裂缝。温度管理的基础是及时准确地进行各种温度观测。目前测量混凝土内部温度的方法较多，常用的是电阻式、热电偶式和棒式酒精（或水银）温度计等。电阻式和热电偶式温度计测量较准确，但费用较高，测量技术也较复杂。经观测证明：用棒式温度计在预留的测温管内测得的温度，只要测量方法正确，与电阻温度计的数值只差 1~2℃。

为保证棒式温度计的测温精度，应注意以下几点：测温管的埋设长度宜比需测点深 5~10cm；测温管必须加塞，防止外界气温影响；测温管内应灌水，灌水深度为 10~15cm；若孔内灌满水，所测得的温度接近测管全长范围的平均温度，棒式温度计读数时要快，特别在混凝土温度与气温相差较大和用酒精温度计测温时更应注意。

3. 采取适当的温度控制措施

防止温度裂缝的基本条件是控制施工中的实际温差小于允许差。实际温差可用下式计算：

$$\Delta T = T_p + T_r - T_f$$

式中　ΔT——内外温差或内部温差；

　　　T_p——混凝土浇筑温度；

　　　T_r——水泥水化热引起的温度升高；

　　　T_f——在计算内外温差时，指混凝土表面的温度；在计算内部温差时，指使用中混凝土内部可能达到的最低温度。

T_p、T_f 可以实测，也可以从当地气象、水文资料中查到。T_r 可以用试验所得数据，用热传导理论计算，也可以用经验公式和类似工程的经验估算。

如果计算所得的实际温差大于容许温差,为了防止温度裂缝,就应采取温度控制措施,主要是降低 T_p、T_r 值和提高 T_f 值。

(1) 降低浇筑温度 T_p

降低混凝土浇筑温度 T_p,不仅可以直接降低混凝土的最高温度,减小温度应力;同时还因为浇筑温度降低到周围环境温度以下时,可形成负的初始温差。这种温差初期将在板面引起压应力,以抵消内外温差、湿度差引起的表面拉力,有利于防止早期的表面裂缝;后期将在板内引起压应力,以抵消内部温差引起的板内拉力,这对防止内部裂缝有好处。因此,国外的建筑施工规范有的在这方面作了具体的规定。例如日本《建筑工程施工规范》中对大体积混凝土温度规定为:拌制时要低于25℃,浇筑时要低于30℃。降低浇筑温度常用的措施有:骨料防晒、加冰屑或冰水搅拌混凝土,运输中容器加盖,防止日晒等。

(2) 降低水化热温升 T_r

降低水化热温升 T_r,在大体积钢筋混凝土中有特别重要的作用。因为建筑工程中的大体积混凝土强度比水坝高得多,因此水泥用量明显增多,而又不可能采用大坝水泥等低热水泥,因此 T_r 值较高。降低 T_r 值的措施,除了尽量采用低热水泥和加强表面散热外,主要是通过选择合理的原材料,采用良好的配合比,来降低水泥用量。例如采用减水剂、加气剂、塑化剂;采用大粒径石料,并用人工级配,减小孔隙率;进行系统的、数量较多的配合比试验,选用比较合理的配合比等。

(3) 提高 T_f 值

为了防止表面裂缝,可以采取提高混凝土表面温度的措施。如在结构的外露面覆盖保温、搭设保温棚等。根据对某工程的实测资料,混凝土表面覆盖一层塑料薄膜加两层干草垫,表面温度可比大气温度提高20℃左右。在该工程中,有覆盖的混凝土表面至今未发现裂缝,而无覆盖的已经出现了明显的裂缝。另外,据实测,覆盖两层草垫并浇水养护,草垫内外温度差约为8~10℃左右。

延迟拆模时间，也可以提高混凝土表面的温度，而且还可以防止温度陡降，减小内外温差。因此，可以根据结构的内外温差应小于容许温差来确定拆模时间，以减少裂缝的开展。但为了提高模板的周转率，有时必须按时拆模。这时可采取立即挂草垫保温等措施，或采用浇温水的养护方法，来防止表面裂缝。但是要注意，采取表面保温措施，混凝土内部最高温度会升高，使内部温差加大，在基础约束较大的情况下，增加了产生内部裂缝或贯穿裂缝的危险性。因此，施工中必须针对不同情况区别对待。

为了降低混凝土内部的最高温度，可以在结构内埋设冷却水管（蛇形管），通入循环水进行冷却。经试验。埋设冷却水管的混凝土其内部最高温度可以下降 $4\sim6℃$。

（三）大体积混凝土裂缝处理简介

混凝土裂缝涉及到处理界限、处理的一般原则和处理方法及其选择等问题，其详细内容将在第三章第三节中介绍。对大体积混凝土而言，裂缝最常见的是表面裂缝，其处理方法大多数采用裂缝修补法，诸如表面涂抹环氧树脂或环氧水泥浆；环氧树脂粘贴玻璃丝布；增加整体面层等。对较深的裂缝、内部裂缝甚至是贯穿裂缝，最常用的方法是压力灌浆，灌浆材料可用化学材料或水泥，前者可灌入缝宽 $\geqslant0.05mm$ 的裂缝，后者适用于修补宽度 $\geqslant0.5mm$ 的裂缝。

（四）工程实例

大体积混凝土结构的裂缝较常见，仅笔者接触到的不少高层建筑基础的大体积混凝土都有一些表面裂缝，但不严重，不影响结构安全国内有的大桥基础大体积混凝土，尽管采取了加强配筋等措施，依然难免出现裂缝，但对结构安全也无影响。下面介绍笔者参与的一个工程实例。

1. 工程概况

某工程有两块厚 2.5m、平面尺寸分别为 $27.2m\times34.5m$ 和 $29.2m\times34.5m$ 的板，两块厚 2m、平面尺寸分别为 $30m\times10m$ 和 $20m\times10m$ 的板。设计中规定把上述大块板分成小块，间歇施工。

其中2.5m厚板每大块分成6小块,2m厚板分成10m×10m小块。

混凝土所用材料为:400号抗硫酸盐水泥,中砂,花岗岩碎石,其最大粒径100mm,人工级配5~20mm、20~50mm、50~100mm共三级。

混凝土强度等级:厚2.5m板为C15,抗渗等级P4,抗冻等级F150,其配合比为:水泥:砂:石=1:2.48:5.04。水灰比为0.51,单方水泥用量为262kg/m³,三级级配石子的比例是大:中:小=0.56:0.21:0.23;厚2m板为C20混凝土,P6,F300,配合比为:水泥:砂:石=1:2.02:4.71,水灰比为0.46,水泥用量为294kg/m³,石子级配大:中:小=0.55:0.23:0.22。

混凝土中掺入0.006%~0.01%的松香热聚物加气剂,含气量控制在3%~5%(用含气量测定仪控制)。

配筋情况:在距离板的上、下表面50mm处配置直径为28~36mm的螺纹钢筋网,网格间距为30cm×30cm。

地基情况:钢筋混凝土板直接浇筑在微风化的软质岩石地基上。浇筑混凝土前用钢丝刷及高压水冲刷干净。

大块板分成小块时,其临时施工缝采用键槽形施工缝(图2-33)。缝面用人工凿毛,并设插筋φ16@500。块体内配置的螺纹钢筋网在接缝处拉通。

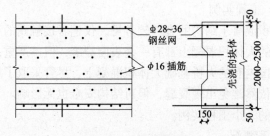

图2-33 施工缝详图

为了进行温度观测,在这些板中埋设了28个电阻温度计和87个测温管,进行了4个多月的温度观测。

裂缝观测时用五倍的放大镜寻找裂缝，用20倍带刻度的放大镜测读裂缝宽度。

2. 裂缝情况

（1）表面裂缝

在大部分板的表面都发现程度不同的裂缝，裂缝宽度为0.1~0.25mm，长度短的仅几厘米，长的达160cm。裂缝出现时间是拆模后的1~2d。

（2）临时施工缝（即小块板接缝处）裂开

在一小块板浇筑后的第6~17天，再浇筑相邻的另一块板。当后浇的一块板达23~42d期间，两块板之间的临时施工缝全部裂开，裂缝宽度为0.1~0.35mm。

（3）裂缝的开展

裂缝是逐渐开展的。如一块板的第一条裂缝出现在拆模后的第1天，裂缝长15cm，最大宽度0.15mm。隔一天裂缝发展为长40cm、宽0.2mm。临时施工缝也是由局部的、分段的表面裂缝逐步发展成为通长的表面裂缝，随着时间的推移，裂缝向深处发展，以致全部裂开。

3. 原因分析

（1）温差引起裂缝

由于该工程属于大体积混凝土，因此水泥水化热大量积聚，而散发很慢，造成混凝土内部温度高，表面温度低，形成内外温差；在拆模前后或受寒潮袭击，使表面温度降低很快，造成了温度陡降（骤冷）；混凝土内达到最高温度后，热量逐渐散发而达到使用温度或最低温度，它们与最高温度的差值就是内部温差。这三种温差都可能导致混凝土裂缝。

1）内外温差、温度陡降引起的表面裂缝。如图2-34所示为2.5m厚板混凝土浇筑后6d的板内温度分布曲线。这条温度曲线是用埋入混凝土内的电阻温度计（共5只）测得的。测温时的气温为6℃。从图中可见，内部温度与表面温度差值约为23℃左右，内部温度与气温差达26℃左右。温凝土内部温度高，体积膨胀大，表面温度低，体积膨胀较小，它约束了内部膨胀，因而在表面产生了拉应力，内部产生压应力。当拉应力超过混凝土的抗拉强度时，就产生了裂缝。

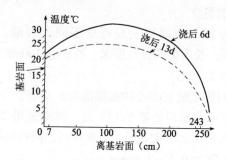

图 2-34　2.5m 厚板内温度分布曲线

从温度观测记录中发现，凡是板的内部温度高于气温 30℃，混凝土表面都有裂缝；凡是这种温差≤20℃的板，都没有裂缝；温差在 20～30℃ 之间的板，有的有裂缝，有的不裂。同时，裂缝还取决于混凝土的质量与均匀程度、养护情况，结构的尺寸、形状，以及环境温、湿度变化的幅度与速度等。

在有裂缝的板中，多数受到 8～10℃ 的温度骤降作用。因此，表面温度陡降是引起表面裂缝的重要原因。温度骤降通常出现在拆模前后或寒潮袭击时，由这种温差所造成的温度应力形成较快，徐变影响较小，因此而产生表面裂缝的危险性更大。

2）内部温差引起的裂缝。本例中的板浇灌在岩石地基上，水泥水化热使内部温度升高，在基岩的约束下产生压应力，然后经过恒温阶段后，开始降温（图 2-35），混凝土收缩（除了降温收缩外，还有干缩），在基岩的约束下产生拉应力。由于升温较快。此时混凝土的弹性模量较低，徐变影响又较大，因此压力较小。但经过恒温阶段到降温时，混凝土的弹性模量较高，降温收缩产生的拉应力较大，除了抵消升温时产生的压应力外，在板内建立了较高的拉应力，从而导致混凝土裂缝。这种拉应力靠近基岩面最大，裂缝靠近基岩处较宽（图 2-36）。当板厚较小，基岩约束较大时，拉应力分布较均匀，而产生贯穿全断面的裂缝。

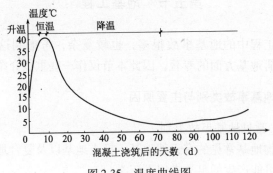

图 2-35　温度曲线图

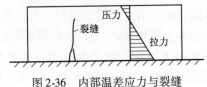

图 2-36　内部温差应力与裂缝

从图 2-35 中可见板内部温差值为 37℃。从施工记录中可见，施工缝全部裂开时的内部温差仅 12～19℃（两块大的板温差 12℃ 左右，一块小的板温差 19℃），实际温差都大大超出裂开时的温差。需要指出的是，尺寸小的板，约束相对减小，其裂缝的温差相应就增大。

（2）干缩裂缝

混凝土表面干缩块，内部收缩慢，表面的干缩受到内部混凝土的约束，因而在表面产生了拉应力，这是造成表面裂缝的重要原因之一。

还需指出：内外温差、温度陡降与干缩引起的拉应力可能同时产生，几种应力叠加后，造成裂缝的危险性更大。此外，更应该注意：当表面裂缝与内部裂缝的位置接近时，可能导致贯穿裂缝，这对结构安全和建筑物正常使用的影响较大。

第五节 地基工程

建筑工程中的地基事故很多，也较复杂，考虑到这套丛书中，有一册地基方面的专著，因此本节仅作一些重点介绍。

一、地基事故类别与主要原因

（一）常见地基事故类别

建筑物地基常见的有天然地基、换土地基以及复合地基。这三类地基可能产生的事故有以下三类：

（1）地基承载力不足事故。这类事故大量表现为基础底面压力超过地基承载力设计值，给建筑物的安全使用留下隐患，其中最严重的是地基发生剪切破坏，造成建筑物垮塌或倾倒。

（2）地基变形过大事故。绝大多数表现为不均匀沉降，过大的不均匀地基变形常使上部结构产生附加应力，轻则导致结构构件开裂，严重的可能导致建筑物垮塌。过大的均匀的地基沉降也可能影响建筑功能和建筑物的正常使用。

（3）斜坡失稳。常见的是滑坡，建筑物在滑坡区内或附近均可受到影响，严重的导致建筑物倒塌。

（二）地基事故的常见原因

主要原因有以下五类：

（1）地质勘察问题。诸如不经地质勘察任意乱估地基承载力；勘察失误，提供的资料不准确；勘察精度不够，有钻孔间距过大，钻孔深度不足等问题；勘察报告不详细、不准确、甚至错误等。

（2）设计计算问题。常见的有地基基础与上部结构的设计方案不合理；设计计算错误；乱套用其他工程的图纸，又不经过验算等。

（3）施工管理问题。最常见的是不按图施工，偷工减料；违反施工及验收规范的有关规定；地基长期暴露；地基浸水甚至长期泡水等。

（4）临近建筑物影响。常见的有：邻近已有建筑物处新建高大建筑，使原有建筑的地基应力或变形加大；邻近工程施工的影响，如打桩震动和土体挤压，基础开挖影响原有建筑的地基基础，施工中降低地下水位，导致原有建筑地下水变化而加大地基变形等。

（5）使用条件改变。建筑物用途改变，导致上部结构荷载加大；给排水管道损坏造成地基浸水；使用后产生的污水腐蚀地基基础等。

二、地基土变形的特点

地基变形较大的土有软土、黄土、膨胀土以及冻土等几类，各类地基土变形的特点分述如下。

（一）软土地基变形的特点

（1）沉降量大

据大量沉降观测资料统计表明，一般的三层砖混结构房屋沉降量为 150～200mm，四层为 200～500mm，五层至六层的则多超过 700mm。对于有吊车的一般工业厂房，沉降量约为 200～400mm，而大型构筑物一般都大于 500mm，甚至超过 1000mm。

（2）沉降不均匀明显

产生不均匀沉降的因素很多，如土质的不均匀，上部结构的荷载差异、建筑物体型复杂、相邻建筑影响、地下水位变化等。即使在同一荷重及简单平面形式下，其最大与最小沉降也可能相差 50% 以上，因而将导致建筑物裂缝或损坏。

（3）沉降速度大

一般在加荷终止时沉降速度最大；沉降速度还随基础面积和荷载性质的变化而有所不同。如一般民用或工业建筑其活载较小，竣工时沉降速度约为 0.5～1.5mm/d；对活载较大的工业构筑物，其沉降最大速度可达 45.3mm/d。随着时间的发展，沉降速度逐渐衰减。大约在施工期后半年至一年左右的时间内，建筑物差异沉降发展最为迅速，在这期间建筑物最容易出现裂缝。在正常情况下，如沉降速度衰减到 0.05mm/d 以下时，差异沉降一般不再增加。

（4）沉降稳定历时较长

建筑物沉降主要是由于地基土受荷后排水固结作用所引起的。因为软土的渗透性低，水分不易排出，故建筑物沉降稳定历时较长，一般建筑物的沉降持续时间常在 10 年以上。

（二）黄土地基变形的特点

黄土是一种特殊的第四纪大陆相黄色粉质土，含有大量的碳酸盐类，一般具有肉眼可见的大孔隙，故有时也称"大孔土"。这种土的孔隙比一般大于 1，天然含水量低，在天然状态下往往具有较高的强度和较低的压缩性，但遇水浸湿之后，由于填充在土颗粒之间的碳酸盐类物质遇水溶解，同时水膜变厚，土的抗剪强度显著降低，在自重压力或自重压力和附加压力的作用下，土的结构迅速破坏而发生显著的附加下沉，这种下沉称为湿陷。在工程上，对浸水后产生湿陷的黄土称为湿陷性黄土。

湿陷性黄土可分为两类：一类土在自重压力作用下，受水浸湿后发生湿陷的，叫自重湿陷性黄土（如兰州地区的黄土）；另一类在自重压力作用下，受水浸湿后不发生湿陷的，叫非自重湿陷性黄土。湿陷性黄土地基的湿陷等级，是根据各土层被水浸湿后可能发生的湿陷量的总和来衡量，并按照湿陷量的大小分为Ⅰ、Ⅱ、Ⅲ级，湿陷量越大，湿陷等级越高，地基浸水后，建筑物和地面的变形越严重，对建筑物的危害性也越大。

（三）膨胀土地基变形的特点

膨胀土由亲水性较强的蒙脱石和伊利石等次生黏土矿物组成，具有显著的胀缩可逆特性。

我国是世界上膨胀土分布最广、面积最大的国家之一。自 50 年代以来，先后发现膨胀土危害的地区已达二十余个省、市、自治区，主要有云南、广西、河南、河北、四川、陕西、安徽、山东、湖北等地。

过去，对这种土的特性不很了解，认为它很坚硬、强度高、变形小，是一种很好的天然地基。经过大量工程实践，逐渐查明这种土具有吸水膨胀、失水收缩的性质，对于一般轻型房屋有破坏作用，而且不易修复。

膨胀土地基与一般地基上建筑物的破坏有共同点，即都是由于地基不均匀变形而造成的。但它们又有很大的不同点，一般地基由于上部结构荷载不均匀形成地基不均匀的压缩变形，造成破坏；而膨胀土地基即使荷载均匀分布，但由于具有吸水膨胀失水收缩的性质，会造成建筑物的上下升降运动，从而导致建筑物破坏。因为膨胀与收缩的可逆性，使膨胀土地基的变形长期不能稳定。

膨胀土地基变形与下述五方面因素有关。

（1）含水量变化及地形地貌的影响是产生膨胀与收缩的主要外因。工程实例表明，临近斜坡的房屋比平坦场地上的房屋破坏程度要严重得多，这不仅是斜坡场地的地基土极不均匀，而且由于斜坡临空面大，失水蒸发和重力排水条件好，土中含水量变化大。一般位于坡上房屋的坡前墙面变形比坡后墙面大，因而前墙破坏比后墙严重。另外坡上房屋常出现持续下沉，同时伴有水平位移，这也是加重坡上房屋破坏的原因之一。

（2）房屋不同部位的变形差别明显。一般情况下，房屋外墙的变形幅度大于内墙，且角端最敏感。

（3）地表覆差对地基含水量的影响。房屋本身覆盖影响使内墙升降幅度比外墙小，使许多外墙损坏严重，而内墙仍完好。另外，建筑物周围大于1.5m的混凝土散水或混凝土地坪都将起到一定的防水保温作用。

（4）局部浸水和热源对膨胀土的影响。当房屋的局部长期浸水，往往导致局部膨胀上升，增大了房屋的差异变形。如湖北某仓库，施工时外墙中部留一砂坑，由于长期局部浸水，产生膨胀上升，在该处的墙体产生上宽下窄的竖向裂缝。而局部热源往往使热工构筑物产生过大的不均匀下沉，使高耸构筑物严重倾斜而影响正常使用。如云南个旧某厂40m高的烟囱，钢筋混凝土板式基础，埋深3.3m。1997年建成后，使用时进口处温度达到1200℃，比原设计考虑的500℃大得多，致使地基土干缩下沉，烟囱整体倾斜，其上端偏移533mm，被迫停工维修。

（5）树木对房屋地基变形的影响。据调查，膨胀土地区，蒸发量大的阔叶树对房屋的变形有着一定的影响。如云南鸡街有一栋房屋，自1995年起三年内，由于树木较小，房屋的下沉量仅4mm，当树干直径长成15cm时，对房屋变形产生了显著的影响。1997年底到1999年5月一年半时间内房屋下沉46.4mm，使房屋遭到开裂破坏。但树木影响只限于连续干旱期较长，土的孔隙比大于0.8，以及属于亚热带气候的地区。

（四）冻土地基变形的特点

地基土是多孔隙结构，含水率一般较高，在低于0℃的温度作用下，地基土冻结膨胀，冻害较严重时，地基冻胀变形可达100mm。一旦温度回升，冻土融化，地基土即发生下陷。地基土冻融的变形往往造成建筑物变形、开裂等事故。影响地基土冻胀变形除了温度外，主要有以下四个因素。

（1）地质条件的影响。地基是否冻胀及冻胀程度如何，主要取决于建筑物所处地区的地质与水文条件。如哈尔滨市内不同地点，其冻胀危害程度就不同。新阳区泥炭土的冻胀特别强烈，大量房屋严重裂缝；而南岗等黄土地区，因其本身含水量低，冰冻期间，地下水位又很深，因此，这些地区地基的冻胀不大，对房屋（包括平房）没有什么危害。

（2）基础埋深的影响。采暖房屋冻切力危害不大，当埋深超过计算冻结深度时，一般不致引起冻害，但当埋深较浅时，就有不同程度的危害。在不采暖建筑物中，冻切力危害很大，即使埋深超过冻结深度，也不能保证免遭冻害。在这种情况下，应该考虑采取消除冻切力的措施。

（3）房屋平面布置的影响。位于凸出部分的转角以及靠近不采暖过道的墙角处，一般沉降较大，房屋中部的沉降较小。

（4）房屋构造与其刚度的影响。砖石结构房屋刚度较大，裂缝开展严重，而总变形并不十分显著；木框架夹泥结构房屋刚度小，总变形很大，而裂缝不十分显著。因此，当内墙为非承重墙时，最好与外墙分离，以免内墙裂缝。

三、地基不均匀下沉事故

地基不均匀沉降造成的事故常见的有以下四类：上部建筑裂缝、变形、垮塌以及影响正常使用。

常见的地基不均匀下沉的原因有以下几点：

（一）地质勘察问题

不作地质勘察或勘察精度、深度不足，没有充分掌握地质情况就进行设计、施工，是造成地基不均匀下沉的最常见原因之一。勘察报告、图纸错误，造成误导，而采用不当的基础方案，也可能造成地基不均匀下沉。

（二）软弱地基

这类地基压缩变形量大，持续时间长。设计、施工措施不当，均可引起较大的不均匀下沉。

（三）填土地基

孔隙率大和不均匀是填土地基的两个最突出的属性，也是填土地基不均匀下沉事故频发的主要原因。

（四）人工地基

砂、石垫层等人工地基因设计构造方案不当，或施工质量失控等原因，也常发生不均匀下沉事故。

（五）山区地区

建造在山区的建筑物，常因基础下的压缩层厚度差异大而产生较大的不均匀下沉。

（六）特殊土地基

黄土、膨胀土是较常见的特殊土地基。黄土一般均有肉眼可见的大孔隙，孔隙比一般大于1，天然含水量低，并具有较高的强度和较低的压缩性，但浸水后，土体结构破坏，抗剪强度降低，下沉变形明显。膨胀土地基在自然状态下强度高、压缩变形小，但是具有吸水膨胀、失水收缩的特性，土的含水率变化导致地基产生明显的不均匀变形。

（七）地基浸水

对大多数天然地基和人工地基浸水后，均发生土体抗剪强度下降，压缩变形加大而造成地基不均匀不沉。这也是地基事故最常见的原因之一。

（八）人工降低地下水位

这种原因引起的地基不均匀下沉，最常见的是在软土地基中。这里所指的软土泛指天然含水量高、压缩性大、强度低的粘性土。因为人为抽取地下水，而使软土中含水量降低，导致地基变形加大。又因为降水曲线总是不可能维持地下水位一致，因此产生的土体变形不均匀，从而造成地基不均匀下沉。

（九）地基受冻

地基土一般是多孔结构，含水率通常较高，在低于0℃的温度作用下，地基便因冻结而膨胀；一旦温度回升，冻土融化，地基下陷。因此地基的冻或融均可造成不均匀下沉。

（十）相邻建筑影响

常见有以下两类：

1. 相邻建筑距离较近

大多数发生在软土地基中。由于建筑物荷载不仅使本建筑物下的土层产生压缩变形，而且在基底压力影响的一定范围内，也会产生压缩变形。最常见的是新建的高大建筑，引起邻近建筑产生不均匀下沉。

2. 相邻建筑基底标高相差较大

主要是指新建筑物基础比原有建筑基础深，如果设计考虑不周，施工顺序不合理或施工措施不当，均可能造成原有建筑产生不均匀沉降。

（十一）建筑结构措施不当

上部建筑高差大或荷载差大，设计时没有采取有效的措施，可能造成地基不均匀下沉。

（十二）地面荷载影响

厂房地面荷载或地面施工堆载（如贮存大量土方）过大，均可造成地基不均匀下沉。其主要原因是过大的地面荷载在建筑基础下的地基中产生明显的不均匀附加应力，导致地基出现不均匀的压缩变形。

（十三）其他

复合地基（如挤密桩）质量差；各种原因造成已有建筑下地基水土流失等，均可能造成地基不均匀下沉。

四、地基工程事故处理

（一）事故调查

地基事故处理前必须进行周密的调查，并对收集的资料进行分析和作必要的验算，为选择处理方案提供依据。调查的主要内容有以下三方面。

（1）工程与事故情况。包括建筑场地特征、地基基础工程与上部结构的概况与特点；事故发生时工程的实际状况，如已经完工、或已使用、或正在施工，其形象进度情况等。发现事故的时间与经过，有关事故的实测资料，事故是否作过处置等。

（2）现有工程技术资料的收集与分析。包括查阅并核对勘察资料，复查有关施工图，收集施工技术资料，诸如隐蔽工程验收记录、沉降观测记录、变形和裂缝检查资料等。

（3）补充做一些勘察、试验和测试工作。例如：补做一些地质勘察工作，以获得分析与处理事故必须的资料；对原设计图纸进行必要的验算；对地基变形和建筑物裂缝、变形等做补充的观测等。

（二）地基工程事故常用的处理方案与注意事项

1. 常用的地基工程质量事故的处理方案

地基工程质量事故出现在基础和上部结构施工前，处理方案很多，如换填法、预压法、强夯法、振冲法、深层搅拌法、高压喷射注浆法等，也可选择适用于已有建筑物地基加固的下述的一些方法。

（1）扩大基础法。一般采用混凝土或钢筋混凝土扩大基础，用来减小地基应力和地基变形。

（2）墩式托换。在发生事故的基础下挖坑至要求的持力层，然后从坑底浇筑混凝土到基底，用新浇筑的混凝土墩分担或全部承担上部建筑的荷载。

（3）桩式托换。当上部建筑荷载较大、地质条件复杂、地下水位较高时，采用墩式托换常会遇到不少困难，此时可采用桩基础对发生事故的建筑物进行托换法加固。桩式托换可分为坑式静压桩托换、锚杆静压桩托换、灌注桩托换和树根桩托换等。

（4）灌浆托换。本方法是用气压或液压将各种无机或有机化学浆液注入土中，使地基固化，起到提高地基土强度、减小地基变形的一种加固方法。常用的灌浆托换法有：水泥灌浆法、硅化法和碱液法等。

（5）复合地基法。采用砂、石、石灰等材料做成挤密桩，或采用高压喷射注浆等方法与天然地基一起形成复合地基共同承受上部建筑的各种作用，也是一种可供选择的地基事故处理的方法。

（6）纠偏法。当地基不均匀沉降造成建筑物偏离垂直位置发生倾斜而影响正常使用时，可以采取某些措施，人为地调整基础不均匀沉降，达到纠正偏斜的目的。

（7）滑坡事故处理方法。常采用的是排水、支挡、减重和护坡等综合治理的方法。

2. 选择地基事故处理方案的注意事项

（1）防止误判。地基问题造成的事故与上部结构自身的缺陷往往有类似的形态特征，因此事故处理前，首先应排除上部结构缺陷这种可能，确认为地基事故后，才可考虑选择处理方案。

（2）查清地基事故的范围、类型，正确找出事故的主要原因。

（3）掌握全部地质、水文资料。

(4) 调查需处理建筑物的现状,如结构和基础类型、完整程度、荷载大小等。

(5) 周围建筑物的情况,如密集程度、有无高精密仪器设备等。

(6) 当地的施工条件如设备、技术力量、有无处理技术的专项经验。

(7) 处理方案的造价。

(三) 扩大基础法处理地基事故的要点

(1) 一般做法。基础扩大宽度不超过30cm时,常采用素混凝土;大于30cm时,采用钢筋混凝土。条形基础承受中心荷载时,采用双面扩宽,偏心荷载时,可仅在单侧扩宽;独立柱基常用沿基础四周扩宽的方法。

(2) 地基土表面处置。为使基础扩大区的地基共同承担上部荷载,应在扩大区的地基土上铺10cm厚碎石或砂石层,并仔细夯实。

(3) 基础结合面处理。原有基础表面清洗干净并凿毛,隔一定高度(如25cm)设置钢筋锚杆。

(4) 按规定验算。基础扩大尺寸、构造及配筋等均应按有关设计规范进行验算。

(5) 分区分段实施。条形基础的扩宽通常划分成1.5~2m长的区段,间隔分段处理。严禁在全长上挖成连续的地槽或使地基土暴露,导致事故恶化和扩大。

(四) 托换法的设计、施工要点

1. 墩式托换

(1) 墩式托换的类型和适用范围

增加的支墩可以在原地基持力层上(即扩大基础),也可采用将基底挖深,支承在更好的持力层上。条形基础下的支墩可以采用间断的或连续的两种方式。

墩式托换的适用范围是,土层易开挖,且地下水位较低的工程。因为地下水位以下的土方开挖,可能导致基土流失。一般开挖深度不大，最适宜用于条形基础，因为条形基础在纵向可作为对荷载起调整作用的梁。

（2）墩式托换的设计与施工注意事项

1）条形基础采用间断墩式托换时，应考虑原有基础结构跨越支墩时的强度能否满足要求，必要时支墩上应设钢筋混凝土或钢过梁。

2）采用连续墩式托换时，应先作间断支墩以提供临时支承；再挖除支墩间土，浇筑混凝土；然后在接缝处用干硬性砂浆填塞捣实。

3）大的独立柱基采用墩式托换时，可将基础底面划分成若干个单坑遂个进行托换。注意每次托换不宜超过基础支承面积的20%。

4）框架结构独立柱基托换时，严禁相邻的柱基同时托换。每个独立基础开始托换时，应连续施工直至完成。

5）托换期间基坑壁土体稳定应进行验算，并设置必要的支撑。

6）基坑开挖。先在贴近被托换的基础侧面，开挖一个长×宽为 $1.2m \times 0.9m$ 的导坑，挖深一般比原基底深 1.5m。再将导坑横向扩展到基础下面，并继续在基础下面开挖至新的持力层处。

7）混凝土浇筑。支墩混凝土浇筑至离基础底面 8cm 处暂停，养护以后，再用干硬性砂浆填塞并捣实。

8）托换应分区、分段进行。

2. 桩式托换

（1）适用范围

桩式托换适用于软弱黏性土、松散砂土、饱和黄土、湿陷性黄土、素填土和杂填土等地基。

（2）单桩承载力确定

托换用的各种桩的单桩承载力可能过现场桩基载荷试验或按国家标准《建筑地基基础设计规范》（GB 5007—2002）的有关规定确定。

(3）坑式静压桩托换的适用条件和设计、施工要点

1）适用条件。坑式静压桩托换适用于条形基础的托换加固。

2）设计构造。桩身可采用直径 150~250mm 的钢管桩和预制钢筋混凝土方桩。每节桩长可按托换坑的净空高度和千斤顶的行程确定。

桩的平面布置应根据被托换加固的墙体形式及荷载大小确定，每个托换坑的位置应避开门窗等墙体薄弱部位。

3）施工要点：

①先在贴近被托换加固建筑物的外侧或内侧开挖一个竖坑。对坑壁不能直立的砂土和软弱土等地基，要进行坑壁支护，并在基础底面下开挖横向导坑。如坑内有水时，应在不扰动地基土的条件下降水后才能施工。

②在导坑内放入第一节桩，并安置千斤顶及测力传感器，再驱动千斤顶压桩。每压入一节桩后，再接上一节桩。对钢管桩，接头可采用焊接；对钢筋混凝土桩，可采用硫磺胶泥或焊接接桩。

③施工中应随时校正桩的垂直度，量测并记录压桩力和相应的沉降值。桩尖应压入到压桩力达 1.5 倍单桩竖向承载力标准值相应深度的土层内。

④到达设计深度后，拆除千斤顶。对钢管桩，根据工程要求可在管内浇灌混凝土。最后应用混凝土将桩与原有基础浇筑成整体。

(4）锚杆静压桩托换的适用条件和设计、施工要点

1）适用条件。锚杆静压桩托换适用于既有建筑物和新建建筑物的地基处理和基础加固。

2）桩的构造要求。常用钢筋混凝土方桩的截面尺寸为 20cm×20cm 或 30cm×30cm，混凝土强度等级 C30，每节桩长 1~3m，由施工净空高度确定，也可选用钢管或钢轨做桩身。接头可采用焊接或硫磺胶泥等。

3）桩与基础锚固。当设计需要对桩施加预压应力时，应在不卸载条件下立即将桩与基础锚固，在封桩混凝土达到设计强度

后，才能拆除压力架和千斤顶。当不需要对桩施加预应力时，在达到设计深度和压桩力后，即可拆除压桩架，并进行封桩处理。桩与基础锚固前，应将桩头进行截短和凿毛处理。对压桩孔壁应予凿毛，并清除杂物，再浇筑C30微膨胀早强混凝土。

（5）灌注桩托换的适用条件和设计、施工要点

1）适用条件。灌注桩托换适用于具有沉桩设备所需净空条件的既有建筑物的托换加固。各种托换灌注桩的适用条件宜符合下列规定：

①螺旋钻孔灌注桩适用于均质黏性土地基和地下水位较低的地质条件。

②潜水钻孔灌注桩适用于黏性土、淤泥、淤泥质土和砂土地基。

③人工挖孔灌注桩适用于地下水位以上或土质透水性小的地质条件。当孔壁不能直立时，应加设砖护壁或混凝土护壁，以防塌孔。

2）灌注桩施工完毕后，应在桩顶用现浇托梁等支承建筑物的柱或墙。

（6）树根桩托换的适用条件和设计、施工要点

1）适用条件。树根桩适用于既有建筑物的修复和加层、古建筑整修、地下铁道穿越、桥梁工程等各类地基的处理与基础加固，以及增强边坡的稳定性等。

2）设计、施工要点：

①钻孔护孔。根据工程要求和地层情况，采用不同钻头、桩孔倾斜角和钻进时的护孔方法。

②桩穿过已有建筑物基础。此时，应凿开已有基础，将主钢筋与树根桩主筋焊接，并应将基础顶面上的混凝土凿毛，浇筑一层大于原基础强度的混凝土。采用斜向树根桩时，应采取防止钢筋笼端部插入孔壁土体中的措施。

③注浆。宜分两次进行，第一次注浆压力可取 $0.3 \sim 0.5$MPa，第二次注浆压力可取 $1.5 \sim 2.0$MPa，并应在第一次注浆的浆液达

到初凝后及终凝前进行第二次注浆。

(7) 灌浆托换

1) 适用条件

灌浆托换法适用于既有建筑物的地基处理。

水泥灌浆法适用于砂土和碎石土中的渗透灌浆，也适用于黏性土、填土和黄土中的压密灌浆与劈裂灌浆。

双液硅化法（水玻璃、氯化钙）适用于地基的渗透系数为 $0.1\sim80.0\text{m/d}$ 的粗颗粒土；单液硅化法（水玻璃）适用于地基渗透系数为 $0.1\sim2.0\text{m/d}$ 的湿陷性黄土；无压力单液硅化法（水玻璃）适用于自重湿陷性黄土，以减少施工时的附加下沉。

碱液法（氢氧化钠溶液）适用于处理非自重湿陷黄土地基。

2) 水泥灌浆法的材料选用

水泥应选用普通硅酸盐水泥或矿渣水泥，其强度等级不低于32.5。水泥浆的水灰比可取1。为防止水泥浆被地下水冲失，可在水泥浆中掺入相当水泥重量 $1\%\sim2\%$ 的速凝剂。常用的速凝剂有水玻璃和氯化钙等。

3) 碱液法灌浆托换的施工要点

①灌注孔。用洛阳铲或用钢管打到预定处理深度，孔径为 $50\sim70\text{mm}$，孔中填入粒径为 $20\sim40\text{mm}$ 的小石子至注浆管下端的标高处，将 $\phi20\text{mm}$ 的注浆管插入孔中，管子四周填入 $5\sim20\text{mm}$ 的小石子，高度约为 $200\sim300\text{mm}$，再用素土分层夯实到地表面。

②灌注孔布置。在基础两侧或周边应各布置一排灌注孔，孔距可根据处理的要求确定。当要求浆加固体连成一片时，孔距可取 $0.7\sim0.8\text{m}$。

③浆液。灌注桶中的溶液可用蒸汽管加热或用火在桶底加热至 $80\sim100℃$。溶液经胶皮管与注浆管自流渗入灌注孔周围，形成加固体。氢氧化钠的用量可采用加固土体干土重量的3%左右，溶液浓度为 100g/L。

④灌浆顺序。为了减少施工时的附加下沉，各孔应间隔灌

浆，合理安排灌浆顺序，控制施工速度，防止浸湿区连成一片。

（五）地基不均匀沉降造成建筑物倾斜的处理方案

通常有迫降和顶升两大类。

迫降法的基本做法是在建筑物地基沉降多的一侧采取阻止下沉的措施，而在沉降少的一侧采取加大沉降的措施，使建筑物的倾斜得到纠正，这些措施诸如直接掏土、钻孔取土、地基应力解除、沉井深层冲水掏土、反向掏芯抽降、顶桩掏土、压重、降低地下水位、注水等。

顶升法是在建筑物地基沉降大的一侧采取顶升措施，调整不均匀沉降而达到纠偏目的。顶升的具体方法有框梁（圈梁）顶升、托梁顶升、静压桩顶升、地基灌浆、石灰桩挤压顶升等。

五、工程实例

（一）地基事故引起的建筑物倒塌

1. 现浇框架建筑倒塌

（1）工程与事故概况

广东省某县大旅店座落在湛江市通海南岛的公路房，是一幢新建的公共建筑，前面7层后面6层，建筑面积4190m^2。该工程为全现浇钢筋混凝土框架工程，钢筋混凝土独立基础；柱网前面为$3.8m \times 7m$，后面$3.8m \times 6m$；底层层高为4m，2层4.5m，标准层高3m，建筑总高度为24.4m，总长度63.5m，宽度为13m。

该工程于2000年5月开工，2001年8月7层主体结构完工。2001年6月28日发现地梁开裂，并测得有不均匀沉降，53根柱中最大沉降值为105mm。同年11月25日测得最大沉降值为410mm，倾斜330mm。12月30日，县建设局主持全面检查，发现1~6层部分梁、柱、墙出现裂缝有31处之多，最大裂缝宽度为3mm，最长裂缝达4800mm。2002年1月31日测得最大沉降量为440mm。检查出上述严重问题后半年余的时间中，未采取任何措施。至2002年5月3日，在无异常天气的条件下，整幢旅店突然全部倒塌，造成了多人伤亡的严重事故，直接经济损失

60多万元。

（2）原因分析

1）设计问题

①地基承载力严重不足。该建筑地处沿海淤泥和淤泥质土地区，从建筑现场旁边 1.8m 的地下取土测定，土的天然含水率为 65%～75%，按当时的地基基础设计规范规定，这种土的允许承载力为 40～50kPa，而原设计未经勘探，就盲目地取为 100～120kPa，高达 2.5 倍；又由于少算荷载，实际柱基底应力有的达到 189.6kPa，超出 3 倍左右。由此造成基础严重的不均匀沉降，使上部结构产生较大的附加应力，而导致建筑物破坏倒塌。

②基础设计计算错误。首先该工程在淤泥质土的天然地基上，采用独立基础方案是不合理的，而且基础埋深只有 80cm；其次基础尺寸及配筋太小，受冲切承载力严重不足。例如中间柱基础的实际抗冲切能力仅为设计计算值的 33% 左右。

③上部结构设计错误。整个框架的设计计算都有错误，构件截面尺寸太小，配筋严重不足，其中以底层柱的情况最严重。如底层柱宽只有 25cm，配筋最少的 1 根柱实际配筋量仅为设计应配钢筋的 19% 左右。

除了计算问题外，结构构造也存在严重问题，如梁柱节点构造未达到刚性连接的要求，因此现场可见梁柱节点普遍破坏。

综上可见，这个工程的设计者不具备相应的设计能力，该设计又没有经过相应的复核审查，因此使错误的设计计算得不到及时纠正。而地基基础设计计算的错误，导致基础出现了严重的持续不断的不均匀沉降，使本来配筋就不够、截面过小的梁柱构件产生日益增大的附加应力，开始是构件多处出现明显裂缝，最后使一些构件的承载能力达到极限状态，导致整幢建筑物突然全部倒塌。

2）施工问题

①图纸会审和技术交底中，不认真审查图纸设计中的技术问题，对有些明显地违反规范规定的作法也未加修改，开工后又盲

目按图施工，直到建筑物濒临倒塌时，才对设计提出疑问，并要求重新审查图纸，但为时已晚。

②材料与半成品质量问题。原材料钢筋、水泥等没有一张合格证。从倒塌挖开的几个部位看，一些废方钢、圆钢都使用到主要的受力部位。混凝土不做试配，而是套用20世纪50年代预算定额上的配合比，整个工程没有一组混凝土试块。

③技术管理松弛，工程质量失控。一幢6~7层高、建筑面积数千平方米的大楼施工两年，除了几张沉降观测记录外，没有任何施工技术资料，设计多次改动，设计或建筑单位都没有书面文件，施工单位凭口头通知施工，工程质量完全处于失控状态。

④发现问题不及时分析处理。开工1年后的2001年6月，工程施工到2层时，就发现地梁开裂，以后建筑物不断下沉、倾斜、开裂，都未认真调查分析其原因和可能造成的危害，只是盲目地往上继续施工。因而不能及时采取补救措施，阻止事故的恶化，最终导致整幢建筑物倒塌。

3）基建主管部门的问题

该工程从设计到施工都没有按照基本建设程序办事，设计和施工中存在的一些重大质量问题，始终无人过问。在房屋险情已非常明显时，地区建委质量大检查中，该工程质量还被评为"优良"。房屋即将倒塌前，施工和建设单位都提出书面请示报告，上级主管部门并未采取任何措施。

综上所述，该工程的设计从地基基础到上部结构，从设计计算到构造措施，以及图面质量等都存在严重的问题，因此，设计错误是倒塌的主要原因。盲目按图施工和施工质量低劣也是事故的重要原因。尤其需要指出的是，发现工程质量有严重问题后，到工程倒塌，时间长达1年，若能及时分析处理已出现的问题，就可能避免这起重大事故。

2. 砖混结构建筑倒塌

（1）工程与事故概况

湖南省某县建委办公楼建筑平面呈T形，见图2-37。①~②

轴线为建于湖岸边的1层平房,建筑面积124m²;③~⑫轴线为建于湖滨水中的3层楼房,建筑面积为845m²。1层和3层房屋均为砖混结构。

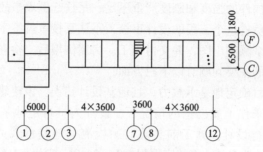

图2-37 建筑平面示意图

2004年9月14日凌晨4时40分,即将竣工的该工程3层楼房屋突然倒塌于湖水中,平房部分虽未倒塌,但结构已严重破坏。住在该房屋中的41名施工人员,除1人重伤遇救外,其余40人均死亡。

倒塌的3层楼房建造在湖中的20根砖柱(基础)上,基础高度为5.3~7.2m,断面为49cm×49cm(都附有24cm×24cm砖垛),砌筑用砖为MU10,砂浆为M10。3层部分立面示意见图2-38。

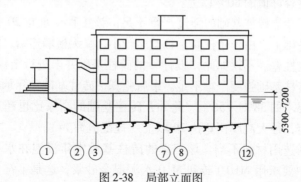

图2-38 局部立面图

(2)倒塌原因分析
1)设计错误

该工程施工图是县建筑设计室出的，具体设计负责人是县规划设计室主任，他既不懂房屋结构，不会计算，又自以为在农村"设计"过几幢房屋，有"经验"，因而盲目估算荷载与结构断面，结果构件的强度和刚度严重不足，是这起倒塌事故的主要原因。加上负责这个工程的设计审核人不认真校审就签字，使这份错误的图纸顺利出图，并交付施工。房屋倒塌后，检查验算发现设计存在的主要问题有以下三方面：

①盲目确定地基承载力，且地基设计错误。该楼建于湖滨水面上，在未作地质勘察的情况下，设计人员自定地基承载力为 160kPa 进行设计。施工前县质监站检测的地基承载力为 130～136kPa。设计人员才将基底面积由 1m×1.3m 扩大为 1.5m×1.7m。在尚无正式施工图时，就按此要求施工。当ⓒ轴线基础施工即将完成时，正式拿出的施工图上基底尺寸又扩大为 1.8m×2m 和 2m×2.2m。对已完成的基础既不返工，也不补强。因此已完基础的基底面积比施工图的少 29%～42%。

事故发生后，补勘察确定的地基承载力为 148kPa。在验算地基应力时，又发现设计对上部结构传给地基的荷载估算过小，而且还不考虑基础偏心带来的不利影响，致使基底边缘最大压应力超过容许值的 80% 以上。

②独立砖柱基础的强度严重不足。该工程支承在 20 根独立砖柱基础上。由于砖柱高，且截面较小，又无横墙连结，因此结构稳定性差。不仅如此，"设计"的砖柱基础并未进行结构计算，致使砖柱基础强度严重不足。事后验算，砖柱基础实际承载力仅达到要求的 38%～56%。此外，砖柱基础的高厚比也超过规范的规定，最大高厚比竟达 20 以上（规范值为 14）。

③选用材料不当。该工程的砖柱基础常年浸泡在水中，施工图中要求用 MU10 砖和 M10 水泥混合砂浆，这是不符合设计规范规定的。以现行规范《砌体结构设计规范》（GB 50003—2001）为例，该工程所用的砖最低应为 MU15，砌筑砂浆不应用混合砂浆，而应采用水泥砂浆。

此外，该工程主体结构设计还存在一些违反规范规定的情况，但是房屋倒塌的直接原因是地基基础设计错误。

2）施工质量问题

该工程施工质量存在以下问题，也是促使房屋倒塌的因素。

①工程所用材料既无合格证，又不作检验，砂浆和混凝土配合比不按规定试配，没有制作试块，实际强度无从知道。

②基础砖柱砌筑方法错误，不少部位采用包心砌筑。

③正式施工图未出来前，无图施工。出图后发现基底尺寸太小，不符合施工图要求，又不采取措施，反而在工程结算中按施工图计算工程量。

④许多隐蔽工程不办验收记录，工程质量不按国家标准进行检验评定。

3）主管部门执法违法

县建设局采用偷梁换柱的办法，将建管站和质监站的住宅与办公用房改为建设局办公楼。县建设局违反建设部关于取缔无证和越级设计、施工的规定，让不称职的设计人承担工程设计，并在平面图上签了名，给不合法的设计开"绿灯"。

（二）地基变形造成砌体裂缝

为了对砌体裂缝有一个全面和系统的认识，这节内容将在第五章第一节中详述。

第三章　混凝土结构工程

混凝土结构工程施工质量事故最常见的有三类11种。第一类是钢筋工程质量事故，主要有钢筋材质达不到材料标准或设计要求；错放漏放钢筋，造成配筋量不足；钢筋错位偏差严重；钢筋制作、运输、安装方法不当，造成钢筋脆断；钢筋严重锈蚀，导致配筋截面减少等5种。第二类是混凝土工程质量事故，主要有混凝土强度不足；混凝土不密实、孔洞、露筋、夹层；混凝土裂缝等3种。第三类是结构构件质量事故，主要有构件尺寸偏差过大；结构或构件错位、变形；结构或构件倒塌等3种。考虑到预应力混凝土结构有一定的特殊性，故将其质量事故另列一章进行分析处理。

第一节　钢筋工程

一、钢筋工程质量事故特征与原因

（一）钢筋材质不良

1. 事故特征　常见的有钢筋屈服点和极限强度达不到国家标准的规定；钢筋裂纹；钢筋脆断；钢筋焊接性能不良；钢筋拉伸试验的伸长率达不到国家标准的规定；钢筋冷弯试验不合格等。除了上述钢筋机械性能或施工工艺性能不合格外，还有钢筋化学成分不符合国家标准的规定。

2. 主要原因

（1）钢筋订货、采购、验收各环节控制不严，特别是对地方小钢厂、转运仓库或其他工地来的钢筋质量控制不严，造成不合格钢筋流入工地。

（2）施工现场管理混乱，造成实物与材质证明不符等问题。

（3）进场和施工前不按规定对钢筋质量进行复验。

（二）配筋不足

1. 事故特征　主要是配筋品种、规格、数量以及配置方法等不符合设计要求或施工规范的规定，而给工程结构的安全和正常使用留下隐患。配筋不足又分主筋不足和构造筋不足两种。

（1）主筋不足事故特征

1）混凝土裂缝严重。诸如梁、板类构件受拉区配筋不足造成的垂直裂缝，梁抗扭钢筋不足造成的螺旋形或斜裂缝；无梁楼盖或柱下基础抗冲切配筋不足造成斜裂缝等。

2）混凝土压碎，受压柱或梁受压区配筋不足（或混凝土强度不足）造成混凝土局部压裂、破碎。

3）结构或构件垮塌。配筋严重不足时，可导致工程局部或整体倒塌。

4）刚度下降。梁、板类构件主筋不足可导致构件挠度加大等。

（2）构造筋不足事故特征

这类事故的主要特征是混凝土裂缝，常见的有以下几种：

1）梁截面高度较大时，不设置抗收缩纵向构造筋或设置数量不足，导致梁侧面产生竖向裂缝。

2）主、次梁连接处不按规定设置构造筋，导致连接处附近的主梁上产生竖向裂缝。

3）现浇板四角不按规范要求配筋构造筋，导致板角产生斜裂缝。

4）现浇肋形楼盖中，当现浇板的受力钢筋与梁肋平行时，板上部不按规定配置构造钢筋，导致梁肋附近的板上部产生裂缝。

5）墙或板留洞时，洞口四周不按规定设置构造筋导致裂缝等。

2. 配筋不足事故的主要原因

常见原因有设计和施工两个方面。

(1) 设计方面的原因

1) 设计计算错误。诸如：荷载取值不当，没有考虑最不利组合，计算简图选择不正确，内力计算错误以及配筋量计算错误等。

2) 构造配筋不符合设计规范的规定。

3) 其他。例如主筋过早切断，钢筋锚固不符合要求等。

(2) 施工方面的原因

1) 配料错误。常见的有看错图、配料计算错误、配料单做错等。

2) 钢筋安装错误。不按施工图安装钢筋造成漏筋、少筋或钢筋位置错误。

3) 偷工减料。为牟取不正当的利益施工中故意少配、少安装钢筋。

(三) 钢筋脆断

1. 主要特征

钢筋在制作、运输、安装过程中发生脆性断裂。

2. 钢筋脆断的主要原因

(1) 钢材材质不合格或轧制质量不合格。

(2) 运输装卸方法不当、摔打、碰撞使钢筋承受过大的冲击应力。

(3) 钢筋制作加工工艺不良。

(4) 焊接工艺不良，或采用不适当的点焊固定钢筋位置的方法。

(5) 进口钢筋使用不当。

(四) 钢筋裂纹

1. 主要特征

钢筋原材或制作加工过程中出现的横向裂纹或纵向裂纹。

2. 常见原因

(1) 钢材材质不良，钢筋轧制质量差。

（2）制作加工工艺不良，如弯曲的弯心大小等。

（3）管理混乱，造成冷拉钢筋多次冷拉，因塑性降低，在钢筋加工时裂纹。

（五）钢筋锈蚀

钢筋锈蚀问题有两类：一是尚未浇入混凝土内的钢筋锈蚀；二是混凝土构件内的钢筋锈蚀。

尚未浇入混凝土的钢筋锈蚀一般分为以下三种。

（1）浮锈。钢筋保管不善或存放过久，就会与空气中的氧起化学作用，在钢筋表面形成氧化铁层。初期，这层铁锈呈黄色，工地上通常称之为浮锈或色锈。对钢筋浮锈，除在冷拔或焊接处附近必须清除干净外，一般均不作专门处理。

（2）粉状或表皮剥落的铁锈。当钢筋表面形成一层氧化铁（呈红褐色），用锤击有锈粉或表面剥落的铁锈时，一定要清除干净后，方可使用。

（3）老锈。钢筋锈蚀严重，其表面已形成颗粒状或片鳞状的老锈时，这种钢筋与混凝土的粘结较差，影响两者共同作用，因此这种钢筋不宜使用。

混凝土构件内的钢筋锈蚀问题必须认真分析处理。因为构件内的钢筋锈蚀，导致体积膨胀，使混凝土构件表面产生裂缝，由于空气侵入，更加速了钢筋的锈蚀，这种恶性循环，最终造成混凝土保护层剥落，钢筋截面减小，使用性能降低，甚至出现构件破坏。

（六）钢筋错位偏差严重

1. 主要特征。

（1）板类构件。最常见的是板上部（负弯矩区）的配筋下移或错放至下部。

（2）梁。最常见的有主筋保护层过大，负弯矩钢筋下移错位，以及箍筋间距过大等。

（3）柱。主筋错位（保护层过大或过小），箍筋间距不符合要求，特别是在梁柱接头区。

（4）墙。钢筋间距偏差过大，钢筋保护层过大或过小。

2. 钢筋严重错位的后果

（1）承载力下降。例如梁板类构件主筋严重错位后，导致构件有效高度减少，构件承载力下降。

（2）混凝土裂缝。保护层过大或过小都可能导致混凝土裂缝；梁内箍筋间距过大，在剪力较大区域，可能产生斜裂缝等。

（3）刚度下降。例如梁主筋严重错位，有效高度明显减小，不仅承载力下降，梁的挠度也随之加大。

（4）结构或构件倒塌。最常见的是一些悬挑阳台板、雨篷板的钢筋网错放在板的下部时，结构拆模就发生倒塌。

3. 钢筋错位偏差的主要原因

（1）乱改设计。常见的有两类，一是不按图纸要求施工，其中有的是设计图纸中规定的钢筋安装有困难，未经设计同意而随意修改；二是乱改设计的建筑或结构构造，导致原有的钢筋安装固定出现困难。

（2）施工工艺不良。诸如：主筋保护层不设专用垫块，钢筋网或骨架的安装固定不牢固，混凝土浇筑方案不当，操作人员任意踩踏钢筋等原因均可造成钢筋错位。

（3）施工操作不负责任，偷工减料。

二、钢筋事故的处理方法与选择

（一）钢筋事故处理方法

常见的钢筋工程事故处理方法有以下几种：

（1）补加遗漏的钢筋：例如预埋钢筋遗漏或错位严重，可在混凝土中钻孔补埋规定的钢筋；又如凿除混凝土保护层，补加所需的钢筋，再用喷射混凝土等方法修复保护层等。

（2）增密箍筋加固：例如纵向钢筋弯折严重将降低承载能力，并造成抗裂性能恶化等后果。此时可在钢筋弯折处及附近用间距较小的（如30mm左右）钢箍加固。某些单位的试验结果表明，这种密箍处理方法对混凝土有一定的约束作用，能提高混凝土的极限强度，推迟混凝土中斜裂缝的出现时间，并保证弯折受压钢筋强度得以充分发挥。

（3）结构或构件补强加固：常用的方法有：外包钢筋混凝土、外包钢、粘贴钢板、增设预应力卸荷体系等。

（4）降级使用：锈蚀严重的钢筋，或性能不良但仍可使用的钢筋，可采用降级使用；因钢筋事故，导致构件承载能力等性能降低的预制构件，也可采用降低等级使用的方法处理。

（5）试验分析排除疑点：常用的方法有：对可疑的钢筋进行全面试验分析；对有钢筋事故的结构构件进行理论分析和载荷试验等。如试验结果证明，不必采用专门处理措施也可确保结构安全，则可不必处理，但需征得设计单位同意。

（6）焊接热处理：例如电弧点焊可能造成脆断，可用高温或中温回火或正火处理方法，改善焊点及附近区域的钢材性能等。

（7）更换钢筋：在混凝土浇筑前，发现钢筋材质有问题，通常采用此法。

（二）钢筋事故处理方法的选择

1. 选用钢筋事故的处理方法时，可参考表 3-1

钢筋工程事故处理方法选择　　表 3-1

事故类别	处理方法						
	补筋	设密箍	加固	降级	试验分析	热处理	调换
钢材质量	△		△	△	✓		✓
漏筋、少筋	✓		✓	△	✓		
钢筋错位、弯折	△	△	△		✓		
钢筋脆断				△	✓	△	
钢筋锈蚀	△		✓	✓	△		

注：✓—较常用；△—也可采用。

2. 选择钢筋事故处理方法时，还应注意哪些事项？

（1）确认事故钢筋的性质与作用：即区分出事故部分的钢

筋属受力筋,还是构造钢筋,或仅是施工阶段所需的钢筋。实践证明,并非所有的钢筋工程事故都只能选择加固补强的方法处理。

(2) 注意区分同类性质事故的不同原因:例如钢筋脆断并非都是材质问题,不一定都需要调换钢筋。

(3) 以试验分析结果为前提:钢筋工程事故处理前,往往需要对钢材作必要的试验,有的还要作荷载试验。只有根据试验结果的分析才能正确选择处理方法,对表3-1中的设密箍、热处理等方法,还要以相应的试验结果为依据。

三、工程实例

(一) 大梁主筋运输中脆断

1. 工程与事故概况

四川省某化纤厂牵切纺车间,建筑面积为12000m^2,柱网尺寸为12m×7.2m,屋盖为锯齿形,其主要承重大梁为12m跨的薄腹梁,梁长为11950mm,梁高为1300mm,梁横断面为"I"形,上翼缘宽350mm,下翼缘宽为300mm,腹板厚为100mm。主筋用5Φ25,其中有两根为元宝钢筋,其外形示意见图3-1。

图3-1 钢筋外形示意图

钢筋脆断的情况:6月10日将一批在预制厂成型的钢筋运往工地时,钢筋弯曲部分A不慎钩在混凝土门框上,当时钢筋在B处断裂,数量为2根。钢筋运到工地,从卡车上卸下来时,又断了5根,断口也在B处。当时已制作这种钢筋210余根,出现断裂的钢筋共7根,占已制作钢筋的3.3%左右。

2. 调查试验情况

(1) 钢筋材质证明中主要物理性能见表3-2。这批钢筋系由外单位转来,无出厂证明原件。从表3-2可以看出,其物理力学性能符合HRB335级钢筋的要求,但强度指标已达HRB400级钢筋的标准。

钢筋物理力学性能表 表 3-2

试件号	屈服强度 σ_s (N/mm²)	极限强度 σ_b (N/mm²)	延伸率 δ_5 (%)	冷弯 180°
1	470	740	25	弯心直径 D = 100 合格
2	430	655	25	D = 90 合格
3	470	735	22.5	D = 90 合格
国家标准要求	340	520	16	D = 100 合格

（2）施工前抽样复查结果见表3-3。

施工检验结果（一） 表 3-3

组号	试件号	σ_s (N/mm²)	σ_b (N/mm²)	δ_5 (%)	冷弯弯心 D = 100 弯 180°
Ⅰ	4	385	580	36.0	合 格
	5	395	680	34.5	合 格
Ⅱ	6	505	720	25.5	合 格
	7	445	700	24.0	合 格

两组钢筋均符合 HRB335 级钢筋的要求，其强度已达 HRB400 级钢筋的标准。

（3）发现断裂现象后，重新取样做抗拉试验，结果见表3-4。

施工检验结果（二） 表 3-4

试件编号	σ_s (N/mm²)	σ_b (N/mm²)	δ_5 (%)	冷弯弯心 D = 100 弯 180°
1	465	695	24.0	合 格
2	415	605	28.0	合 格
3	440	665	25.5	合 格

试验结果表明均符合 HRB335 级钢筋的技术要求，但强度指标已达 HRB400 级钢筋的标准。

（4）钢筋断裂后，考虑到这批钢筋的强度偏高和脆断现象，因此对钢材的化学成分提出怀疑。为此，对断下的钢筋头取样进行化学分析，其结果见表3-5。

钢筋化学成分分析结果　　　　　表 3-5

试件编号	C	Si	Mn	P	S
1	0.25	0.78	1.72	0.04	0.025
2	0.19	0.50	1.52	0.032	0.02
附：标准要求	0.15~0.24	0.40~0.70	1.20~1.60	≤0.05	≤0.05

试验结果表明：第 2 组钢筋的化学成分完全符合标准的规定；第 1 组的 Si 含量超过 0.08%，已达到 HRB400 级钢筋的含量规定范围内，Mn 的含量超过 0.12%。

（5）检查钢筋车间的加工情况，弯曲成型用钢筋弯曲机，部分钢筋的弯曲直径只有 60mm，小于规范 $4d = 100mm$ 的要求。因此，怀疑钢筋加工时，是否已经产生裂纹。为此，专门把断下的钢筋头进行冷弯试验，弯心 60mm，弯曲角度为 180°，结果三个断头冷弯均无裂纹。

（6）对断下的两根钢筋头作拉伸试验，其结果见表 3-6 所示，符合 Ⅱ 级钢筋的技术要求。

断钢筋头的拉伸试验结果　　　　表 3-6

试件编号	σ_s（N/mm²）	σ_b（N/mm²）	δ_5（%）
1	405	610	29.5
2	455	715	22.5

3. 原因分析

这批钢筋经过 7 次试验，其物理力学性能均满足 HRB335 级钢筋的要求，但延伸率 $\delta_5 = 22.5\% \sim 36\%$。超过标准规定的数值较多（标准规定为 16%）；同时对断下的钢筋头进行比规范要求严格的冷弯检验，均未出现裂纹；从化学分析试验结果看，其 S、P 含量明显低于标准的要求，Mn 的含量偏高 0.12%，但不致于造成钢筋脆断。从对断头进行的冷弯试验中可见，已经脆断的钢筋，在弯心直径只有 60mm 的情况下，冷弯 180°。没有出现裂纹，说明钢筋加工中，弯曲处出现裂纹的可能性极小。综上所述，钢筋脆断的主要原因不是材质问题，而是撞击、摔打冲击而造成的。

4. 处理意见

（1）这批钢筋的材料质量满足设计要求，因此，可以用到工程上去。

（2）必须改变目前运输、装卸方法，避免对钢筋造成撞击或冲击。

（3）对已制作的钢筋，用5倍放大镜检查弯曲处有无裂纹，如有裂纹者，暂不使用，另行研究处理（实际检查后，没有发现裂纹）。

（4）今后再加工钢筋，弯心直径一定要符合规范的要求。

（二）粗钢筋电弧点焊脆断

在钢筋混凝土工程施工中，粗钢筋的位置可采用主筋（粗钢筋）与箍筋电弧点焊进行固定。但由此造成粗钢筋脆断的情况时有报导，其钢筋品种有：日本进口的SD35竹节钢筋，德国进口的中、高碳钢筋，我国的HRB400级钢筋。下面简要介绍这类钢筋脆断的情况、原因、处理及预防。

1. 德国进口钢筋电弧点焊脆断

某钢筋混凝土装配式框架结构中，预制柱主筋采用德国进口的BST42/50RU、直径32mm的钢筋，其实际强度超过我国的Ⅲ级钢筋，含碳量较高。

施工中，在柱接头处（标高-0.05m），将主筋与箍筋点焊，在吊装柱与校正连接钢筋时，发生3根钢筋从封闭箍筋电弧点焊处脆断。

冶金部建筑研究总院曾用直径8~10mm的A5钢筋作横向筋与德国的钢筋电弧点焊，共作了6次试验，均发生脆断。试验中可见，粗钢筋电弧点焊后，塑性明显降低，冷弯角度只有8度即脆断，钢筋伸长率下降了33%，硬度由$HV=174$增加到$HV=330$。

2. 日本进口钢筋电弧点焊脆断

某钢筋混凝土框架结构高层建筑，底层有42根柱子，每根柱内有16根直径32mm的日本进口SD35钢筋，施工中，柱根部

（标高±0.00）的主筋与箍筋电弧点焊。从点焊处取样作拉力试验，结果表明钢筋均在点焊处脆断，抗拉强度从 $610N/mm^2$ 下降至 $520N/mm^2$，冷弯试验时，也在点焊处脆断。

3. 中国 HRB400 级钢筋电弧点焊试验

冶金建筑研究总院通过对我国的 25MnSiHRB400 级钢筋电弧点焊试验，也发现钢筋断裂时缩颈不能发挥，伸长率下降了 23%。

4. 粗钢筋电弧点焊后脆断的原因分析

（1）电弧点焊部位钢筋的金相组织。冶金建筑研究总院对我国 HRB400 级钢筋电弧点焊脆断试样进行金相分析，其结果是点焊焊缝和热影响区均产生淬火组织——马氏体。由于马氏体硬度高，塑性很低，因此造成钢筋局部组织硬化，当钢筋受力后，就会提前断裂，使延性不能充分发挥。

（2）粗钢筋电弧点焊产生微裂纹。这些微裂纹也是导致应力集中和塑性受阻的重要因素。

（3）钢筋化学成分。德国进口钢筋 BST42/50RU 的含碳量较高，试验分析的最高值为 0.44%。日本进口钢筋 SD35 的化学成分和我国的 HRB335 级钢筋 20MnSi 相近。

5. 粗钢筋电弧点焊后的处理

由于焊缝及热影响区的马氏体使钢筋局部硬化，因此对电弧点焊的钢筋可采用高温或中温回火或正火处理方法，降低硬度，增大韧性。具体做法可用乙炔火焰大号火炬烘烤点焊处，加热长度以焊点为中心，长为 2~3 倍钢筋直径，回火温度控制在钢筋开始显红为准，然后慢慢冷却，达到回火目的。

6. 钢筋电弧点焊脆断事故预防

（1）无论是使用进口钢筋还是国产 HRB335、HRB400 级钢筋，均不宜使用电弧点焊。如确需对粗钢筋采用电弧点焊时，应先在钢筋上帮条焊接一短钢筋，然后在短筋上点焊。

（2）已电弧点焊的钢筋在焊点区应进行正火或回火处理，以恢复其延性。

（3）钢筋直径越大，电弧点焊后延性下降越大。在目前缺少系统资料的情况下，为安全起见，直径大于 20mm 时不应点焊。

（4）鉴于目前各地还常采用钢筋电弧点焊方法，建议系统研究钢筋点焊对钢筋成分、直径、工艺的影响，并制定有关的规定。

（三）钢筋裂纹

1. 工程与事故概况

某钢筋混凝土构件预制场生产一批普通空心楼板，该板的主要受力钢筋为 $\phi 8$，在生产中多次发现钢筋弯钩有横向裂纹，未引起重视，并已将部分钢筋用到空心板内。

2. 事故调查

（1）材质证明：无原出厂证明，据库房对钢筋取样试验，其结果如表 3-7 所示。

库房钢筋试验结果　　　　　　表 3-7

试件编号	σ_s（N/mm²）	σ_b（N/mm²）	δ_{10}（%）	冷弯
1	255	445	32.5	合格
2	295	475	27.5	合格
3	280	460	25.0	合格

（2）现场抽样复查，其试验结果见表 3-8。

现场钢筋试验结果　　　　　　表 3-8

组号	试件号	σ_s（N/mm²）	σ_b（N/mm²）	δ_{10}（%）	冷弯
Ⅰ	4	—	425	断口在标距外	不合格
	5	—	425	17.5	不合格
	6	—	425	断口在标距外	不合格
Ⅱ	7		375	20.0	合格
	8		360	断口在标距外	合格
	9		380	26.0	合格
Ⅲ	10	—	425	13.5	不合格
	11	—	425	21.0	不合格
	12	—	425	断口在标距外	不合格

（3）在钢筋车间发现弯钩有裂纹后，取这种钢筋的直线段部分进行拉、弯试验，其结果如表3-9所示，试件拉断后，检查发现，沿试件全长有横向裂纹，间距为5~10mm。

发现裂纹后钢筋试验结果（一）　　表3-9

组号	试件号	σ_s (N/mm²)	σ_b (N/mm²)	δ_{10} (%)
Ⅳ	13	—	415	17.5
	14	—	410	19.0
	15	—	415	20.0
Ⅴ	16	—	410	22.5
	17	—	400	16.5
	18	—	400	断口在标距外
Ⅵ	19	—	415	断口在标距外
	20	—	420	断口在标距外
	21	—	415	19

（4）同时，对已加工好，但是没有裂纹的钢筋取样进行力学性能试验，其结果如表3-10所示。

发现裂纹后钢筋试验结果（二）　　表3-10

组号	试件号	σ_s (N/mm²)	σ_b (N/mm²)	δ_{10} (%)
Ⅶ	22	330	355	30
	23	340	360	29
	24	—	350	27.5
Ⅷ	25	310	380	断口在标距外
	26	315	385	断口在标距外
	27	310	375	29
Ⅸ	28	310	380	29
	29	345	385	25
	30	340	385	21

(5) 对这批钢筋的化学成分分析结果见表 3-11。

钢筋化学成分分析结果　　　表 3-11

元素含量（%）	C	Si	Mn	S	P
$\phi 8$ 钢筋	0.28	0.23	0.50	0.031	0.015
标准数值	0.14~0.22	0.12~0.30	0.40~0.65	≤0.045	≤0.055

3. 分析

(1) 从仓库取样所做的试验，其结果全部符合规范的要求；而从现场取样的三组 4 根钢筋中，全部不符合规范的要求。这些说明了该工程管理上较混乱，因此，试验的代表性差。

(2) 从弯钩有裂纹的钢筋中取样试验，其结果是没有明显的屈服合阶，延伸率较低，达不到规范的要求。特别要指出，钢筋断裂前，没有明显的缩颈现象，而且沿钢筋全长出现很多横向裂缝，这些现象都与常见钢筋试件有很大差异。

(3) 从无裂纹的钢筋中取样试验，虽然塑性韧性较好，但几乎有一半的试件其极限强度达不到规范要求。而且屈服强度（σ_s）与极限强度（σ_b）比较接近，有的钢筋 σ_s/σ_b 高达 94% 以上。

(4) 化学成分分析结果表明，钢材的含碳量偏高，这与塑性差的特性是一致的，但是仅仅含碳量偏高 0.06%，也不至于出现上述这些问题。由于这个预制厂管理较混乱，因此这个化学成分分析报告的代表性也是差的。

综上所述：这批钢筋大部分无明显的屈服台阶，延伸率较小，没有 I 级钢材中软钢的一些特征，虽然有些钢筋的塑性较好，但其极限强度又达不到规范要求，因此这批钢筋属于不合格品。

4. 处理

(1) 对尚未使用在空心板内的钢筋，降级处理，$\phi 8$ 当 $\phi 6$ 用。

(2) 对已用这批钢筋生产的空心板也降级使用，即降低板的承载荷载的级别，在不能降级使用的情况下，板缝之间增加钢筋网片，增加现浇钢筋混凝土肋，来加强空心板的承载能力，见图 3-2。

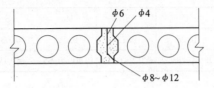

图 3-2　空心板加固图

5. 经验教训

（1）造成这个事故的重要原因是管理上混乱。仓库管理中，材质证明与货物不完全相符，堆放混乱而造成取样没有代表性。现场管理也较混乱，少数钢筋冷拉后没有及时使用，以致于再次弯折和生锈，使用前又一次冷拉，使钢筋塑性指标明显降低。钢筋使用前，没有按照规范要求进行抽样试验，以后试验的方法又与现行规范的要求不一致，这些都增加了事故分析处理的复杂性。

（2）重视钢筋材质中塑性指标的检验。《混凝土结构工程施工质量验收规范》(GB 50204—2002) 第 5.2.1 条规定，钢筋进场后，应按有关标准的规定抽样作力学性能试验，合格后方可使用。但是，对预制空心板的钢筋，多次试验检查发现钢筋没有明显的屈服点，而且延伸率偏低和冷弯不合格，但对这种不符合标准规定的情况，没有引起重视。甚至有人认为：这批钢材的延伸率低，屈服点较高，材质较均匀，虽然出现横向裂纹，但此时应力已超过屈服点，接近极限强度，因而同意使用这批钢筋，终于造成了事故。

（四）框架柱钢筋配错

1. 工程与事故概况

山西省某教学楼为现浇 10 层框剪结构，长 59.4m，宽 15.6m，标准层高 3.6m，地面以上高度 41.8m，地上建筑面积 9510m^2。在第 4 层和第 5 层结构完成后，发现这两层柱的钢筋配错,其中内跨柱少配钢筋44.53cm²,占应配筋的66%;外跨柱少配筋13.15cm²,占应配钢筋的39%,留下了严重事故的隐患。

2. 原因分析

该工程第4、5层柱的配筋相同,第6层起配筋减少,施工时,误将6层的柱子断面用于4、5层,造成钢筋配料错误。绑扎钢筋等施工过程中,又未能及时发现,而导致事故的发生。

3. 处理措施

由于框剪结构的主要受力构件-柱的配筋严重减少,影响结构安全,必须进行加固处理。

(1) 加固方案

凿去4、5层柱的保护层,露出柱四角的主筋和全部箍筋。用通长钢筋加固,钢筋截面为:内跨柱 8Φ28+4Φ14,外跨柱 4Φ22+4Φ14,Φ14 为构造筋,与梁交叉时可切断。加固箍筋的直径、间距与原设计相同,见图3-3。

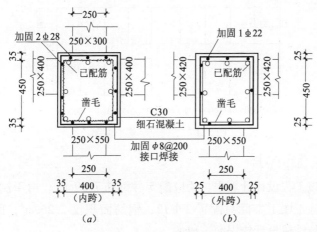

图3-3 柱加固断面及配筋

加固钢筋从4层柱脚起伸入6层1m处锚固,新加主筋与原柱四角凿出的主筋牢固焊接,使两者能共同工作。焊接间距600mm,每段焊缝长约190mm(箍筋间净距),加固主筋焊好后，绑扎加固箍筋，箍筋的接口采用单面搭接焊，形成焊接封闭箍。加固主筋在通过梁边时，设开口箍筋，并将加固主筋与原柱主筋的焊接间距减为 300mm，钢筋工程完成并经检查合格后，支模并浇筑比原设计强度高两级的细石混凝土。

（2）加固后质量检验

框架柱加固后，经过 8 个月的观察，未发现裂缝、空鼓等现象，仅有个别柱与梁连接处有 2mm 左右的收缩裂缝，但并不影响柱的承载能力。

（五）梁漏筋事故

1. 工程与事故概况

某 3 层混合结构办公楼，砖墙承重，现浇梁板，板厚 8cm，该楼 2 层和 3 层四角共有八个大间，见图 3-4，每个大间中间设置一根肋形梁，尺寸为 22cm×40mm。工程交工使用数月后，发现梁配筋比设计少了 2/3。

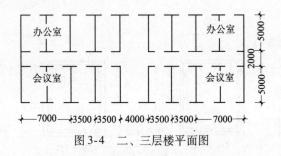

图 3-4 二、三层楼平面图

2. 原因分析

该工程设计计算中，梁应配 5 号钢筋 7.09cm^2，由于制图笔误，施工图上实际只配了 2Φ12，钢筋面积仅 2.26cm^2，因此，该事故纯属设计错误而造成的。

由于梁实际配筋量明显少于按设计规范计算的需要量，必须分析由此造成的影响和危害。

（1）工程使用情况调查。工程交工后使用数月中，大房间中曾集中五、六十人开过会（相当于活荷载约 1kN/m^2）。发现梁中少配筋后，进行了检查，在二楼发现梁跨中有两条裂缝，宽0.1mm，裂缝伸展到梁高的2/3；在三楼发现梁的跨中有一条宽约0.2mm的裂缝，裂缝伸展至板的下边缘。对照当时设计规范的要求，结构实际工作情况仍属正常，但是按照《危险房屋鉴定标准》(CJ 13—86) 第2.1条与第2.4.2.1条规定，"单梁、连续梁跨中部位，底面产生横断裂缝，其一侧向上延伸达梁高的2/3以上"者，为危险构件。"危险构件是指构件已经达到其承载能力的极限状态，并不适于继续承载的变形"。因此对此梁能否安全使用必须作进一步分析。

(2) 结构荷载试验结果简介。按照使用荷载的要求，分四级加荷，测量跨中挠度、支座转角和钢筋应变，它们均与荷载基本成线性关系，表明构件处于正常使用状态。构件变形方面：在设计荷载 $2kN/m^2$ 作用下，二楼和三楼梁跨中的最大挠度分别为 5.08mm 和 5.3mm，挠度比为 1/984 和 1/983，均小于规范规定值 1/200，由此可见在使用荷载作用下的结构变形，满足使用要求。裂缝开展方面：在 $2kN/m^2$ 荷载作用下，裂缝宽度与长度均无变化，都在规范允许的范围内。钢筋应力方面：在 $2kN/m^2$ 活荷载作用下钢筋应力约为 $110N/mm^2$，加上自重产生的应力，也不可能达到屈服强度。以上试验数据说明结构在使用荷载作用下，处于正常工作状态。

(3) 为什么梁内少配了2/3钢筋后，仍能正常工作。这是因为，在计算钢筋混凝土肋形楼盖使用阶段内力时，采用了下述两条基本假定：一是不考虑混凝土材料的弹塑性变形和裂缝对刚度的影响，按弹性理论计算；二是周边按简支条件考虑。但是，结构的实际工作情况与上述假定有较大的差别，主要有以下两点：

1) 梁支座约束问题。支座平均弯矩与跨中弯矩之比称为支座约束度。根据该工程荷载试验所测得的支座角位移和跨中挠度，可以换算求得支座约束度，该工程二楼梁的平均约束度为 75.87%，三楼为 54.03%。由于支座约束度的影响，使梁跨中弯矩明显减小。

2）梁板共同工作问题。肋形楼盖设计时，通常将作用在楼盖上的荷载分成两部分计算，一部分为直接作用在梁上的荷载，另一部分为作用在板上的荷载。实际上由于梁板共同作用的影响，梁上的荷载并非全部由梁承担，板也承担一部分。

在上述分析的基础上，通过理论计算与载荷试验的对比论证，说明常用的计算假定与结构的实际工作情况差距较大。如果考虑梁板共同工作，并按弹性理论分析，其结果与结构实际工作状况较接近，由此计算所得的跨中弯矩明显减小。

3. 处理措施

通过荷载试验与理论分析，证明结构在使用荷载下工作正常，梁中虽然少配了 2/3 钢筋，但由于支座约束和梁板共同工作等有利因素的影响，实际所配钢筋仍能满足使用要求，因此不用作结构加固处理。经过多年使用观察，结构一直处于正常工作状态。

第二节 混凝土强度不足

"结构混凝土的强度等级必须符合设计要求。"这是《混凝土结构工程施工质量验收规范》(GB 50204—2002) 规定的强制性条文，必须严格执行。但是至今仍有一些工程的混凝土因强度不足而造成不少质量问题。混凝土强度低下造成的后果主要表现在以下两方面：一是结构构件承载力下降；二是抗渗、抗冻性能及耐久性下降。因此对混凝土强度不足事故必须认真分析处理。

一、混凝土强度不足的常见原因

1. 原材料质量问题

（1）水泥质量不良

1）水泥实际活性（强度）低：常见的有两种情况，一是水泥出厂质量差，而在实际工程中应用时又在水泥 28d 强度试验结果未测出前,先估计水泥强度等级配制混凝土,当28d水泥实测强度低于原估计值时,就会造成混凝土强度不足;二是水泥保管条件差,或贮存时间过长,造成水泥结块,活性降低而影响强度。

2)水泥安定性不合格:其主要原因是水泥熟料中含有过多的游离氧化钙(CaO)或游离氧化镁(MgO),有时也可能由于掺入石膏过多而造成。因为水泥熟料中的CaO和MgO都是烧过的,遇水后熟化极缓慢,熟化所产生的体积膨胀延续很长时间。当石膏掺量过多时,石膏与水化后水泥中的水化铝酸钙反应生成水化硫铝酸钙,也使体积膨胀。这些体积变形若在混凝土硬化后产生,都会破坏水泥结构,大多数导致混凝土开裂,同时也降低了混凝土强度。尤其需要注意的是有些安定性不合格的水泥所配制的混凝土表面虽无明显裂缝,但强度极度低下。

(2)骨料(砂、石)质量不良

1)石子强度低:在有些混凝土试块试压中,可见不少石子被压碎,说明石子强度低于混凝土的强度,导致混凝土实际强度下降。

2)石子体积稳定性差:有些由多孔燧石、页岩、带有膨胀黏土的石灰岩等制成的碎石,在干湿交替或冻融循环作用下,常表现为体积稳定性差,而导致混凝土强度下降。例如变质粗玄岩,在干湿交替作用下体积变形可达 600×10^{-6}。以这种石子配制的混凝土在干湿变化条件下,可能发生混凝土强度下降,严重的甚至破坏。

3)石子形状与表面状态不良:针片状石子含量高影响混凝土强度。而石子具有粗糙的和多孔的表面,因与水泥结合较好,而对混凝土强度产生有利的影响,尤其是抗弯和抗拉强度。最普通的一个现象是在水泥和水灰比相同的条件下,碎石混凝土比卵石混凝土的强度高10%左右。

4)骨料(尤其是砂)中有机杂质含量高:如骨料中含腐烂动植物等有机杂质(主要是鞣酸及其衍生物),对水泥水化产生不利影响，而使混凝土强度下降。

5）黏土、粉尘含量高：由此原因造成的混凝土强度下降主要表现在以下三方面，一是这些很细小的微粒包裹在骨料表面，影响骨料与水泥的粘结；二是加大骨料表面积，增加用水量；三是黏土颗粒、体积不稳定，干缩湿胀，对混凝土有一定破坏作用。

6）三氧化硫含量高：骨料中含有硫铁矿（FeS_2）或生石膏（$CaSO_4 \cdot 2H_2O$）等硫化物或硫酸盐，当其含量以三氧化硫量计较高时（例如＞1%），有可能与水泥的水化物作用，生成硫铝酸钙，发生体积膨胀，导致硬化的混凝土裂缝和强度下降。

7）砂中云母含量高：由于云母表面光滑，与水泥石的粘结性能极差，加之极易沿节理裂开，因此砂中云母含量较高对混凝土的物理力学性能（包括强度）均有不利影响。

（3）拌合水质量不合格

拌制混凝土若使用有机杂质含量较高的沼泽水、含有腐殖酸或其他酸、盐（特别是硫酸盐）的污水和工业废水，可能造成混凝土物理力学性能下降。

（4）外加剂质量差

目前一些小厂生产的外加剂质量不合格的现象相当普遍，仅以经济较发达的某省为例，抽检了一些质量较好的外加剂生产厂，产品合格率仅68%左右。其他一些省问题更严重，尤应注意的是这些外加剂的出厂证明都是合格品，因此，由于外加剂造成混凝土强度不足，甚至混凝土不凝结的事故时有发生。

2. 混凝土配合比不当

混凝土配合比是决定强度的重要因素之一，其中水灰比的大小直接影响混凝土强度，其他如用水量、砂率、骨灰比等也影响混凝土的各种性能，从而造成强度不足事故。这些因素在工程施工中，一般表现在如下几个方面：

（1）随意套用配合比：混凝土配合比是根据工程特点、施工条件和原材料情况，由工地向试验室申请试配后确定。但是，目前不少工地却不顾这些特定条件，仅根据混凝土强度等级的指标，随意套用配合比，因而造成许多强度不足事故。

（2）用水量加大：较常见的有搅拌机上加水装置计量不准；不扣除砂、石中的含水量；甚至在浇灌地点任意加水等。用水量加大后，使混凝土的水灰比和坍落度增大，造成强度不足事故。

（3）水泥用量不足：除了施工工地计量不准外，包装水泥的重量不足也屡有发生。据四川省某工地测定，包装水泥重量普遍不足，有的甚至每袋（50kg）少5kg。而工地上习惯采用以包计量的方法，因此混凝土中水泥用量不足，造成强度偏低。

（4）砂、石计量不准：较普遍的是计量工具陈旧或维修管理不好，精度不合格。有的工地砂石不认真过磅，有的将重量比折合成体积比，造成砂、石计量不准。

（5）外加剂用错：主要有两种；一是品种用错，在未搞清外加剂属早强、缓凝、减水等性能前，盲目乱掺外加剂，导致混凝土达不到预期的强度；二是掺量不准，曾发现四川省和江苏省的两个工地掺用木质素磺酸钙，因掺量失控，造成混凝土凝结时间推迟，强度发展缓慢，其中一个工地混凝土浇完后7d不凝固，另一工地混凝土28d强度仅为正常值的32%。

（6）碱—骨料反应：当混凝土总含碱量较高时，又使用含有碳酸盐或活性氧化硅成分的粗骨料（蛋白石、玉髓、黑曜石、沸石、多孔燧石、流纹岩、安山岩、凝灰岩等制成的骨料），可能产生碱—骨料反应，即碱性氧化物水解后形成的氢氧化钠与氢氧化钾，它们与活性骨料起化学反应，生成不断吸水、膨胀的凝胶体，造成混凝土开裂和强度下降。日本有资料介绍，在其他条件相同的情况下，碱—骨料反应后混凝土强度仅为正常值的60%左右。

3. 混凝土施工工艺存在问题

（1）混凝土拌制不佳：向搅拌机中加料顺序颠倒，搅拌时间过短，造成拌合物不均匀，影响强度。

（2）运输条件差：在运输中发现混凝土离析，但没有采取有效措施（如重新搅拌等），运输工具漏浆等均影响强度。

（3）浇筑方法不当：如浇筑时混凝土已初凝；混凝土浇筑前已离析等均可造成混凝土强度不足。

（4）模板严重漏浆：深圳某工程钢模严重变形，板缝5～10mm，严重漏浆，实测混凝土28d强度仅达设计值的一半。

（5）成型振捣不密实：混凝土入模后的空隙率达10%～20%，如果振捣不实，或模板漏浆必然影响强度。

（6）养护制度不良：主要是温度、湿度不够，早期缺水干燥，或早期受冻，造成混凝土强度偏低。

4. 试块管理不善

（1）交工试块未经标准养护：至今还有一些工地和不少施工人员不知道交工用混凝土试块应在温度为（20±3）℃和相对湿度为90%以上的潮湿环境或水中进行标准条件下养护，而将试块在施工同条件下养护，有些试块的温、湿度条件很差，并且有的试块被撞砸，因此试块的强度偏低。

（2）试模管理差：试模变形不及时修理或更换。

（3）不按规定制作试块：如试模尺寸与石料粒径不相适应，试块中石子过少，试块没有用相应的机具振实等。

二、混凝土强度不足对不同类型的结构构件的影响

根据钢筋混凝土结构设计原理分析，混凝土强度不足对不同结构强度的影响程度差别较大，一般规律如下：

（1）轴心受压构件：通常按混凝土承受全部或大部分荷载进行设计。因此，混凝土强度不足对构件的强度影响较大。

（2）轴心受拉构件：设计规范不允许采用素混凝土作受拉构件，而在钢筋混凝土受拉构件强度计算中，又不考虑混凝土的作用，因此混凝土强度不足，对受拉构件强度影响不大。

（3）受弯构件：钢筋混凝土受弯构件的正截面强度与混凝土强度有关，但影响幅度不大。例如纵向受拉HRB335级钢筋配筋率为0.2%～1.0%的构件，当混凝土强度由C30降为C20时，正截面强度下降一般不超过5%，但混凝土强度不足对斜截面的

抗剪强度影响较大。

（4）偏心受压构件：对小偏心受压或受拉钢筋配置较多的构件，混凝土截面全部或大部受压，可能发生混凝土受压破坏，因此混凝土强度不足对构件强度影响明显。对大偏心受压且受拉钢筋配置不多的构件，混凝土强度不足对构件正截面强度的影响与受弯构件相似。

（5）对冲切强度影响：冲切承载能力与混凝土抗拉强度成正比，而混凝土抗拉强度约为抗压强度的 7%～14%（平均10%）。因此混凝土强度不足时抗冲切能力明显下降。

在处理混凝土强度不足事故前，必须区别结构构件的受力性能，正确估计混凝土强度降低后对承载能力的影响，然后综合考虑抗裂、刚度、抗渗、耐久性等要求，选择适当的处理措施。

三、混凝土强度不足事故常用处理方法

（1）测定混凝土的实际强度：当试块试压结果不合格，估计结构中的混凝土实际强度可能达到设计要求时，可用非破损检验方法，或钻孔取样等方法测定混凝土实际强度，作为事故处理的依据。

（2）利用混凝土后期强度：混凝土强度随龄期增加而提高，在干燥环境下 3 个月的强度可达 28d 的 1.2 倍左右，一年可达 1.35～1.75 倍。如果混凝土实际强度比设计要求低得不多，结构加荷时间又比较晚，可以采用加强养护，利用混凝土后期强度的原则处理强度不足事故。

（3）减少结构荷载：由于混凝土强度不足造成结构承载能力明显下降，又不便采用加固补强方法处理时，通常采用减少结构荷载的方法处理。例如，采用高效轻质的保温材料代替白灰炉渣或水泥炉渣等措施，减轻建筑物自重，又如降低建筑物的总高度等。

（4）结构加固：柱混凝土强度不足时，可采用外包钢筋混凝土或外包钢加固，也可采用螺旋筋约束柱法加固。梁混凝土强

度低导致抗剪能力不足时,可采用外包钢筋混凝土及粘贴钢板方法加固。当梁混凝土强度严重不足,导致正截面强度达不到规范要求时,可采用钢筋混凝土加高梁,也可采用预应力拉杆补强体系加固等。

(5)分析验算挖掘潜力:当混凝土实际强度与设计要求相差不多时,一般通过分析验算,多数可不作专门加固处理。因为混凝土强度不足对受弯构件正截面强度影响较小,所以经常采用这种方法处理;必要时在验算的基础上,做荷载试验,进一步证实结构安全可靠,不必处理。装配式框架梁柱节点核心区混凝土强度不足,可能导致抗震安全度不足,只要根据抗震规范验算后,在相当于设计震级的作用下,强度满足要求,结构裂缝和变形不经修理或经一般修理仍可继续使用,则不必采用专门措施处理。需要指出:分析验算后得出不处理的结论,必须经设计签证同意方有效。同时还应强调指出,这种处理方法实际上是挖设计潜力。

四、工程实例

(一)框剪结构墙柱混凝土强度不足

1. 工程与事故概况

某招待所建筑中间大厅部分高 14 层,两翼为 11 层,标准层平面见图 3-5,建筑面积为 9680m^2,主体结构中间大厅部分为框剪结构,两翼均为剪力墙结构,外墙板采用北京市大模板住宅通用构件,内墙为 C20 钢筋混凝土。

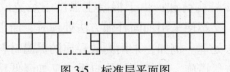

图 3-5 标准层平面图

当主体结构施工到 6 层时,发现下列部位混凝土强度达不到要求:

（1）3层有6条轴线的墙体混凝土，28d的试块强度为9.70N/mm²，至82d后取墙体混凝土芯一组，其抗压强度分别为8.04，12.74，12.64N/mm²；

（2）4层有6条轴线墙柱混凝土试块的29d强度为12.15N/mm²，至78d后取墙体混凝土芯一组，其抗压强度分别为6.96、5.19、12.05N/mm²；除这6条轴线的构件混凝土强度不足外，该层其他构件也有类似问题。

由于上述部位混凝土的实际强度只达到设计强度的50%左右，造成了主体结构重大的质量事故。

2. 原因分析

（1）水泥管理混乱，该工地同时使用小厂水泥与大厂水泥，水泥进场时间记录不详，各种水泥堆放时没有严格分开，又无明显标志，导致错用水泥。

（2）混凝土水灰比过大，坍落度较大，还出现泌水、离析现象，造成强度低下。

（3）混凝土配料计量不准：以体积比代重量比，导致混凝土配合比不准。

综上所述，该工地管理水平低是事故的主要原因。

3. 处理措施

由于混凝土强度严重低于设计要求，必须作补强加固处理。考虑到本工程的结构方案是小开间钢筋混凝土剪力墙结构，受力性能较好，但为了安全可靠，加固方法决定采用在不改变原有结构方案的前提下，提高部分构件的承载能力，并且按抗震要求补强。同时，还应适当照顾到建筑装饰和设备安装的有关问题。经过协商采用以下加固补强措施：

（1）内纵、横墙两侧分别做50mm、40mm厚的C25钢筋混凝土夹板墙；

（2）中柱在四周做60mm厚的C40细石混凝土围套，每柱增加纵向钢筋4Φ28+8Φ16；

（3）伸缩缝处附墙柱、外柱及角柱，采用四周做40mm厚的钢筋混凝土围套的方法加固；

（4）在山墙顶部设一根 200mm×500mm 的梁，将上层的地震水平荷载通过梁传递到本层的加固柱；

（5）4 层的大梁两侧和底部分别做厚为 100mm 和 50mm 的钢筋混凝土 U 形套；

（6）由于门洞过梁多，尺寸大，受力集中，加固时维持原门洞高度不变，采取两侧加喷射混凝土，下侧凿去原梁保护层，增配 2Φ25 主筋后，重新用喷射混凝土做出保护层；

（7）为避免高层建筑中竖向结构刚度的突变，减少应力集中，在墙体加固层的上一层和下一层分别做过渡层补强，补强用喷射水泥砂浆，并配构造细钢筋网，上过渡补强层厚 20mm，下过渡层厚 25mm。

为了确保工程质量，加固层墙体、梁、柱混凝土及过渡层的水泥砂浆均采用喷射法施工。

（二）某教学楼混凝土强度不足

1. 工程与事故概况

江苏省某高校一幢教学楼为 10 层现浇框架剪力墙结构，基础工程采用钢筋混凝土桩基，教学楼平面见图 3-6。

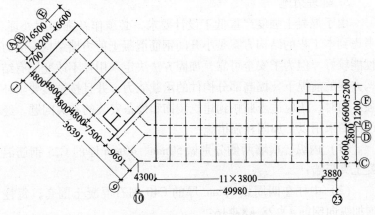

图 3-6　教学楼平面示意图

当工程主体结构完成一半左右时，发现从 2003 年 7 月至 2004 年 5 月，共有 13 组混凝土试块强度达不到设计要求，涉及的结构或构件有：桩、基础承台、1、2 层剪力墙、2 层柱及大雨篷等，最低的试块强度只达到设计值的 56% 左右。

2. 事故调查与分析

（1）施工情况调查

该工程的施工单位为一级企业。经检查混凝土各项原始施工资料齐全，混凝土原材料质量符合施工及验收规范要求，配合比由该公司试验室试配后确定，工地执行配合比较认真。混凝土的施工工艺和施工组织比较合理。但现场混凝土试块管理工作较差，尤其是试块的成型、养护、保管较差。

经建设单位、设计院和施工单位三方商定，先测定有问题的结构部位混凝土的实际强度，并对大雨篷作载荷试验，根据调查后的数据，再商讨处理方法。

（2）回弹仪测定构件实际强度的结果

首先由建设与施工单位双方派人，对有问题结构混凝土（桩除外）测定其实际强度。2004 年 11 月 2 日共测定了 35 个结构部位或构件，主要结果如下：基础承台共 7 个，其强度均达到或超过设计值；基础柱或基础墙板共 20 个，其强度为设计值的 77.4% ~ 107%；剪力墙共 2 条，其强度为设计值的 72.6% ~ 86.2%；柱共 3 根，其强度为设计值的 80.5% ~ 103%。

（3）钻取混凝土芯测定构件实际强度

由于回弹仪测定的混凝土强度有时误差较大，因此不能作为交工验收的依据。设计单位要求在指定部位钻芯取样，测定混凝土的实际强度。为此，采用 JXZ83-I 型内燃机型金刚石取芯钻孔机，在结构上钻取 ϕ150、高 150 ~ 285mm 的混凝土试块 13 块，承压表面抹平养护后，在 WE-100 型万能试验机上试压。其试验结果如下：基础承台共测试 10 个，实际强度都超过设计强度，大多数都超过 50% 以上；第 4 层现浇楼板共取试件 3 个，试压强度与设计强度之比分别为 1：1.007，1：1.237，1：0.847。

（4）大雨篷荷载试验结果

该雨篷外挑长度为 3.5m，宽为 15.0m。2004 年 12 月 5 日，由甲、乙双方派人参加试验，荷载值为 $2940N/m^2$，分四次加荷，用百分表测读梁板的挠度，用放大镜检查混凝土的开裂情况。试验结果是雨篷根部的梁和板上均未发现裂缝，挑梁的最大挠度为 0.11～0.21mm，挠跨比为 0.000032～0.00006，雨篷板最大挠度为 0.37～0.47mm，挠跨比为 0.00013～0.00017。

3. 结论

从上述调查与分析结果可见，混凝土的实际强度接近或超过设计要求；大雨篷荷载试验结果说明构件的受力性能良好，变形很小，完全满足设计要求和规范规定。考虑到施工单位的实际技术水平，设计院与建设、施工单位一起商讨确定：这起试块强度不足事故，不会危及结构安全，因此不必采取任何加固补强措施。

（三）屋面梁混凝土强度不足

1. 工程与事故概况

江苏省某单层厂房，跨度 15m，柱距 6m，屋架下弦标高 +8.2m，内设起重量为 5t 的桥式吊车，轨顶标高 +7.2m，屋面为找平层上做三毡四油防水层。车间剖面示意见图 3-7。

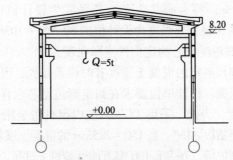

图 3-7 车间剖面示意图

该工程屋盖结构的薄腹梁采用国家标准图 C353（六）《钢筋混凝土屋面梁、跨度 15m（双坡）》，梁号为 SL15—1a，共 11 榀。屋面板采用国家标准图 G410—（一）（二）（三）《1.5m×6.0m 预应力钢筋混凝土屋面板》，板号为 YWB—2Ⅱ。

该屋面梁混凝土设计强度为 C30，实际试块强度见表 3-12。

屋面梁试块混凝土强度（单位：N/mm²）　　表 3-12

屋面梁号		1	2、10	3、6	4、7	5、8	9、11
试块强度	1	无	20.9	27.5	31.1	36.4	20.9
	2	无	21.3	16.0	26.2	40.9	24.4
	3	无	20.4	32.0	19.6	39.1	18.7
强度代表值		无	20.9	27.5	26.2	38.8	20.9

注：1. 表中强度代表值按标准图规定的规范 GB 50204—2002 计算确定；
　　2. 偏号为 3、4、6、7 的 4 榀屋面梁，按现行标准（GBJ 107—87）规定，其试块的强度不应作为评定的依据。

按《混凝土结构工程施工质量验收规范》(GB 50204—2002)评定该批屋面梁混凝土强度结果如下：

同批混凝土试块强度的平均值 $\overline{R}_n = 26.86 \text{N/mm}^2$，$\overline{R}_n < 30$；

最小一组试块强度 $R_{\min} = 20.9 \text{N/mm}^2 < 0.9 \times 28 = 25.2 \text{N/mm}^2$。

所以该批屋面梁混凝土强度不合格（注：按照《混凝土强度检验评定标准》GBJ 107—87 的规定评定同样为不合格）。

2. 事故调查

（1）混凝土施工情况

混凝土配合比由某甲级施工企业的试验室试配确定，材料情况为：32.5 级普通水泥，中砂，粒径 5~40mm 碎石。配合比为：水泥∶砂∶石∶水 = 1∶7.2∶3.40∶0.48，水泥用量为 369kg/m³，坍落度为 1~3cm。

混凝土采用机械搅拌、成型，屋面梁除第一榀为立浇外，其余均为平卧重叠浇筑。

（2）试块情况

试块采用 150mm×150mm×150mm 钢模制作，并存放在现场，与构件同条件养护。试压前、后检查试块，未见明显的异常情况。

（3）材料质量

所用钢材、水泥、砂、石等质量均符合现行标准的规定。

（4）其他情况

钢筋焊接试验合格。钢筋隐蔽工程等施工资料齐全。构件外观质量合格。

（5）施工中存在问题

配合比问题：

该工程仅委托一份配合比。梁、柱、屋面梁都用该配合比，实际屋面梁的构件最小截面尺寸为 80mm，钢筋最小净距为 47.5mm。根据《混凝土结构工程施工质量验收规范》(GB 50204—2002) 的规定："粗骨料最大颗粒粒径不得超过结构截面最小尺寸的 1/4，且不得超过钢筋间最小净距的 3/4"。因此该配合比的石子粒径明显偏大。

此外，该配合比用在薄腹屋面梁上配筋又较密，选用坍落度 1~3cm 也偏小。

试块问题：现场试块管理混乱，在浇筑屋面梁 C30 混凝土的同时，还浇筑吊车梁 C20 的混凝土。从试压结果看，吊车梁的试块强度都超过 C30，而屋面梁的试块强度又都不足 C30。据施工员反映，有可能试块分类编号时搞错。此外用作评定结构构件混凝土强度的试块非标准养护，也违反规范的规定。

3. 事故分析与处理

（1）构件实际强度

11 榀屋面梁中仅 5、8 号的混凝土强度超过设计值。3、4、6、7 号混凝土试块是按现行标准，不可作为评定的依据。1 号梁又无试块，其余 4 榀混凝土强度仅为 $20.9N/mm^2$。因此，该工程混凝土强度不足事故的性质较严重。从现场调查结果分析，决定用回弹仪测定屋面梁的实际强度（具体数据略）。

据回弹结果分析，仅 SL—11 未达到 C30。

（2）屋面梁设计和使用中的两个问题

1）屋面梁的适用条件

该标准图允许在下弦悬挂 1 台 2t 电动葫芦或 1 台 3t 电动单

梁，而该工程无悬挂起重设备，屋架内力必然会明显降低。因此确定按实际荷载情况进行结构验算。

2）结构验算结果

按标准图规定的方法和工程实际荷载进行验算，强度、刚度和裂缝宽度都符合标准图规定的要求，同时还用现行规范《混凝土结构设计规范》（GB 50010—2001）进行验算，结果见表3-13与表3-14。

强度验算结果汇总　　　　　　　　　　　　　　表3-13

受力性质		正截面受弯（kN·m）		斜截面受剪（kN）		
截面离轴线距离（mm）		4500	7500	1500	3000	4500
实际荷载下内力设计值		615.05	737.62	179.2	138.3	97.5
不同混凝土强度的屋面梁承载能力	C30	961.50	1226.60	483.4	268.1	181.8
	C25	950.70	1220.60	445.6	252.3	163.9
	C20	934.60	1204.40	407.8	236.5	145.9

注：局部承压：按最低的C20验算，安全度仍富余很多。

刚度与裂缝宽度验算结果　　　　　　　　　　　表3-14

验算项目		跨中挠度（mm）	跨中最大裂缝宽度（mm）
允许值		49.0	0.3
不同混凝土强度条件下的计算值	C30	33.8	0.185
	C25	35.2	0.19
	C20	37.9	0.21

上述验算结果表明：由于该工程屋面梁未设悬挂设备，梁内力大幅度下降，因此在混凝土强度不足的情况下，强度、刚度和抗裂均满足设计要求，并留有充分的安全贮备。

（3）初步结论与问题

根据《回弹法检测混凝土抗压强度技术规程》（JGJ/T 23—2001）的规定："只有当下列情况之一时，可按本规程评定混凝土的强度，并作为混凝土强度检验的依据之一：

1）缺乏同条件试块或标准试块数量不足；

2）试块的质量缺乏代表性；

3）试块的试压结果不符合现行标准、规范、规程所规定的要求，并对该结果持有怀疑。"

该工程发生的问题符合上述条件，因而由江苏省某甲级建材试验室用回弹法测定混凝土实际强度，结果可以作为评定混凝土强度的依据。测试的 9 榀屋面梁除 SL—11 外，强度值均已超过 C30。加之结构验算结果又说明在实际荷载作用下，虽然混凝土强度未达到设计值，但屋面梁的各种性能指标，仍能满足设计规范规定和标准图的要求。因此建设与施工单位，以及多数设计人员都认为该批屋面梁可以用到工程上。屋面梁 SL—11 的混凝土强度为 26.8N/mm^2，建设用于该厂房的端部。

有个别设计人员认为上述处理方法不可靠，要求对屋面梁作荷载检验。为了更加稳妥可靠，决定选用 SL—11 做荷载试验。

（4）载荷试验及结果分析

1）载荷试验

根据标准图与相应的规范要求，模拟工程实际情况，用 3 榀屋面梁在上面安装屋面板后，按标准设计荷载进行结构检验，测试构件挠度和混凝土裂缝宽度。试验按照三方同意的试验方案（略）进行。试验结果（摘要）见表3-15。

屋面梁载荷试验结果（摘要）　　　　表3-15

标准荷载下持荷 50min 后梁各点位移值（mm）			标准荷载下持荷 10min 后裂缝开展情况
跨中 f_1	右支座 f_2	左支座 f_3	共出现 4 条裂缝，最宽的 1 条裂缝位于跨中点右侧 1350mm 处，缝宽 0.05mm，缝长 150mm
5.9	1.7	1.5	

2）试验结果计算与分析

根据标准图指定的规范——《建筑工程施工质量验收统一标准，钢筋混凝土预制构件工程》（GBJ 321）的有关规定，计算分析如下：

实测试验挠度 f'_s 由表 3-16 数据按 $f_1-[(f_2+f_3)/2]$ 公式计算：

$$f'_s = 4.3\text{mm}。$$

构件自重挠度 f_g 按下式计算：
$$f_g = M_g/M_1 \cdot f_1$$

式中 M_g——屋面梁和屋面板自重产生的跨中弯矩，该工程为 329.69kN·m（计算略，以下同）；

M_1——裂缝出现前试验荷载产生的弯矩，根据试验数据计算为 58.73kN·m；

f_1——裂缝出现前试验荷载下实测挠度，根据试验数据计算得 $f_1 = 0.85$mm。

故 $f_g = 4.77$mm。

跨中短期试验挠度值 f_d 按下式计算：
$$f_d = f'_s + f_g = 9.07\text{mm}。$$

短期的允许挠度值 $[f_d]$ 按下式计算：
$$[f_d] = M/(M_c\theta + M_d)[f_c]。$$

式中 M——全部标准荷载所产生的弯矩，即 $M = M_c + M_d$，该工程的计算值为 563.42kN·m；

M_c——长期作用的标准荷载所产生的弯矩为 482.08kN·m；

M_d——短期作用的标准荷载所产生的弯矩为 81.34kN·m；

θ——荷载长期作用下刚度降低系数，取为 2；

$[f_c]$——长期允许挠度值，标准图规定。

$$[f_c] = 1/300 = 49\text{mm}$$

故 $[f_d] = 26.4$mm。

结构试验结果与分析汇总见表 3-16。

结构试验结果与分析汇总（mm）　　　　表 3-16

刚　度　检　验				裂缝宽度检验
实测试验挠度	构件自重计算挠度	短斯试验挠度	短期允许挠度	
4.3	4.77	9.07	26.4	短期允许裂缝宽度 0.2，实测最大为 0.05

(5)结论

通过事故调查、混凝土实际强度测定、结构验算以及结构试验等结果分析,得出结论如下:

1)该批屋面梁大部分试块强度不足,暴露了该工地施工管理混乱等问题。按有关规范要求,用回弹仪测定,仅有一榀屋面梁混凝土强度为 $26.1N/mm^2$,其余均已超出设计规定值 C30,说明梁的实际强度已基本达到要求。

2)工程实际荷载与标准图规定的荷载差异较大,因此梁中的实际内力明显降低。从理论上计算分析,混凝土强度不足不会造成结构不安全。

3)用实测混凝土强度最低的一榀屋面梁作结构试验,其刚度和裂缝宽度仍能满足设计要求及有关规范的规定。

从以上三方面分析,该批屋面梁的结构安全不会有问题。因此,建设、设计和施工三方一致同意使用这批物件,同时确定将混凝土强度最低的一榀屋面梁用于厂房端部。

(四)石子岩性不良造成的混凝土事故

混凝土中所用的石子通常为碎石、卵石和碎卵石三种。石子的岩性可决定其物理、化学和力学性能,如石子的强度、坚固性、化学稳定性,以及在混凝土中长期使用的耐久性和体积稳定性等。由于每立方米混凝土中的石子用量常为 1154~1427kg,石子体积占混凝土体积的 44%~54%,因此石子在混凝土中不仅起着承重骨架的作用,而且还对混凝土的体积稳定性和耐久性起着十分重要的作用。因石子岩性不良而造成混凝土工程事故的实例,国内外虽然有过一些报道,但是并未引起我国工程界的足够重视,下面就石子的物理性能、化学性能、煅烧过的石块以及活性骨料等四类问题,结合实际工程作分析探讨,重点介绍这些事故特征、原因和一般处理方法。考虑到这四类事故的预防带有一定的共性,因此文末提出了关于预防这些事故再发生的几点建议。

1. 物理力学性能差

（1）事故特征

1）制造石子用岩石的立方体抗压强度或石子压碎指标值不符合国家标准的有关规定。

2）石子的坚固性指标不符合要求。

3）制造石子用岩石的物理性能不稳定。如有些多孔燧石、页岩、带有膨胀性的石灰岩，常表现为体积稳定性差。

（2）事故后果

1）导致混凝土强度降低，严重的会影响结构构件安全。

2）混凝土工程的耐久性降低。

（3）事故原因

1）矿岩选择不当。

2）用风化层块（山皮）破碎成碎石。

3）水成岩中常有软弱夹层，碎石中混有软弱夹层的加工品。

（4）一般处理方法

1）在混凝土制备前发现此问题时，通常采用更换石子的方法处理。

2）当不合格的石子已混入混凝土中，应根据石子质量情况和结构物件性质等因素，分别采用针对性防护措施（如防水、防腐）或加固补强。

（5）工程实例简介

某工程泥灰质岩的碎石，当石子浸水和受冻后，像土壤冻胀一样，使混凝土发生爆裂。

原苏联曾多次报导，因使用软质石灰岩碎石配制混凝土，其强度明显偏低，同时还出现水中软化和强度急剧下降的情况。

在混凝土试块检验中，个别试块强度低下，在破裂面往往可见被压碎的软质岩石颗粒。

2. 化学性能不良

（1）事故特征与后果

用不良岩石和黄铁矿（FeS_2）等轧制碎石。FeS_2 在混凝土中发生一系列变化，导致钢筋锈蚀，个别钢筋甚至锈断，混凝土爆裂，保护层脱落，影响结构安全和建筑物正常使用。

（2）事故原因

黄铁矿质碎石在混凝土中可产生下述化学反应：

$$4FeS_2 + 11O_2 \longrightarrow 2Fe_2O_3 + 8SO_2 \uparrow$$

SO_2 遇水变成亚硫酸。SO_2 若被氧化则生成 SO_3，溶于水后即成硫酸 H_2SO_4。这种化学反应产生的酸性物质（溶液），沿着混凝土中的毛细孔隙或微细裂纹抵达钢筋后，造成钢筋锈蚀，这是钢筋锈蚀的直接原因。

造成钢筋锈蚀的另一个原因是混凝土中的水泥水化后生成大量的 $Ca(OH)_2$，形成了碱性条件，铁离子 Fe^{++} 和 $(OH)^-$ 结合生成 $Fe(OH)_2$，它在碱性条件下不溶解，在钢筋表面形成一层极薄的钝化膜，并牢牢地吸附在钢筋表面，阻止钢筋的锈蚀，即通常被称之为钢筋的钝化作用。而 FeS_2 形成的酸性物质破坏了混凝土的碱性条件，使钢筋钝化膜不良或失效。$Fe(OH)_2$ 与环境中的 O_2 以及溶于水的 CO_2 所产生的 H^+ 作用，可生成铁锈 $Fe(OH)_3$。

钢筋生锈后，锈蚀部分的体积比原有的大很多，一般为 1.5~2 倍，最大的甚至可达 6 倍。这种体积变化使钢筋周围的混凝土中出现拉应力等内力，导致混凝土开裂、保护层脱落。

（3）一般处理方法

黄铁矿质碎石误用在混凝土内，因这种石子自身体积并无明显变化，故混凝土不会开裂破坏。所以素混凝土一般不会造成严重后果，在通过外观检查和混凝土实际强度测定未见异常的前提下，可以不作专门处理。对于钢筋混凝土结构，由于黄铁矿碎石造成的钢筋锈蚀进展较快。曾有报导，竣工 2~3 年的建筑构件内的箍筋就已锈断，混凝土裂缝，保护层严重爆裂。因此，用 FeS_2 质石子配制的钢筋混凝土结构或构件，必须处理。处理方法中最常用的是加固补强。其他还有的采用高密度的钢筋混凝土外套，阻断空气中的 O_2 渗入混凝土，从而可以阻止或降低混凝土酸性化的进程。

3. 石子中混入煅烧过的石块

（1）事故特征与后果

混凝土浇筑完成后一段时间或在建筑物使用多年后，发现混凝土出现爆裂、掉块，爆裂处的混凝土表面外突，掉块处的混凝土沿粗骨料断开。出现这类问题不仅影响正常使用，有的结构构件还因此发生断裂，危及结构安全。

（2）事故原因

石灰石与方解石（$CaCO_3$）、白云石 $CaMg(CO_3)_2$ 以及菱镁矿 $MgCO_3$ 经高温煅烧后形成 CaO 或 MgO，即生石灰和方镁石，是建筑和其他工业所用的重要材料。但是煅烧过火后，生石灰或方镁石成为不合格品，有的就混入碎石原料中，经破碎加工成碎石后，制作混凝土。这些经煅烧过火的不合格品所制成的碎石是混凝土爆裂、掉块的主要原因，可用下述化学反应方程说明。

高温煅烧的化学反应：

$$CaCO_3 \xrightarrow{煅烧} CaO + CO_2 \uparrow$$

$$CaMg(CO_3)_2 \xrightarrow{煅烧} CaCO_3 + MgO + CO_2 \uparrow$$

$$MgCO_3 \xrightarrow{煅烧} MgO + CO_2 \uparrow$$

生石灰 CaO 和方镁石 MgO 遇水后反应：

$$CaO + H_2O \longrightarrow Ca(OH)_2$$

$$MgO + H_2O \longrightarrow Mg(OH)_2$$

以上水化反应的生成物，其体积膨胀 1.97~2.19 倍。由于过烧，这种碎石在混凝土制备、运输、浇筑过程中，其水化作用尚未充分发生，因此体积变化不大。经过较长时间（几天甚至几年），这些经过煅烧过石块，慢慢地吸收混凝土中的水，逐渐水化（熟化）后生成 $Ca(OH)_2$ 或 $Mg(OH)_2$，体积膨胀 2 倍左右，造成混凝土爆裂、掉块。

（3）一般处理方法

根据爆裂、掉块的数量和严重程度，以及混凝土的不同用途，分别采用以下方法处理：

1）对非承重的构件或部位，如混凝土地面等，可用局部修复的方法处理，个别严重部位宜返工重做；

2）结构构件表面增设密实的保护层，阻断水侵入，以延缓反应速度；

3）对承重构件一般应分析爆裂、掉块对其承重能力的影响，同时考虑使用要求，一般采用加固补强方法处理。

（4）工程实例简介

原苏联有一幢新建住宅，使用1年后，在平顶出现混凝土爆裂，$30m^2$区域同出现爆裂处120余个，每个爆裂点的面积$0.2\sim1.5cm^2$，深$3\sim5mm$。还有的住房在使用后2年也出现爆裂。另有一幢已使用3年的建筑物中也发现混凝土大块爆裂，爆裂处直径达$5\sim120mm$。曾对脱落下来的尺寸为$80mm\times60mm\times17mm$混凝土碎块进行检查，发现混凝土中的碎石裂为两部分，一半在板中，另一半在碎块内，以上这些事故原因都是粗骨料中混入经过煅烧、但已过烧的石灰石。

上海市曾在高层建筑、工业厂房出现过多次这类事故。《建筑技术》1997年第9期中也有过这类报道。

4. 活性骨料引起的碱-骨料反应

所谓碱-骨料反应是指具有碱活性的粗骨料和水泥或混凝土中的碱起作用，造成混凝土开裂、强度和弹性模量下降、耐久性降低的工程质量问题。

（1）事故特征与后果

1）混凝土开裂。裂缝的特点是以粗骨料为核心的放射状裂缝。

2）混凝土的抗压强度、抗拉强度和静力弹性模量下降明显。日本某资料介绍，反应性骨料配制的混凝土的力学性能仅为非反应性骨料配制的$34\%\sim59\%$。

3）超声波检测时，传播速度降低。

4）混凝土膨胀。日本资料介绍，一般每米长度的膨胀量约为$1mm$。

5）碱-骨料反应的混凝土的外观特征是，表面产生无色至深褐色的离析凝胶物；在裂缝或裂隙附近有白色盐霜，有网状或放射状裂缝。

混凝土的碱-骨料反应，一般出现在浇筑后的 4~10 周，这种作用可以持续若干年，混凝土物理力学性能变差，严重的造成结构破坏。

（2）事故原因

当水泥含碱量较高时（例如超过 0.6%），同时又使用具有碱活性的粗骨料（如蛋白石、玉髓、黑曜石、沸石、多孔燧石、流纹岩、安山岩、凝灰岩等制成的骨料），水泥中碱性氧化物水解后形成的氢氧化钠与氢氧化钾与骨料中的活性氧化硅等起化学反应，生成不断吸水、膨胀、复杂的碱-硅酸凝胶体。例如蛋白石变成水化碱性硅酸钙，体积扩大 3 倍左右，在粗骨料界面上产生明显膨胀，碱-硅酸凝胶体的碱-骨料反应发展缓慢，造成早已凝结硬化的水泥石结构破坏、混凝土开裂、物理力学性能劣化、耐久性降低等问题。

需要注意的是我国碱活性骨料分布区域较广。初步了解，长江流域、广西红水河流域、北京地区、辽宁锦西地区、陕西安康、江苏南京等地均有碱活性骨料。

还需要指出，我国的水泥、混凝土的含碱量，近二三十年来发生了较大的变化。在 20 世纪 80 年代前，主要使用掺入大量混合材的水泥，当时的水泥标号大多数≤400 号（硬法），混凝土标号一般≤300 号（C28），水泥用量较少，加上很少使用含碱的外加剂，因此混凝土内的总含碱量不高，碱-骨料反应引起的工程事故很少见。近年来，我国的水泥标准有了重大的改变，例如制定了高强度等级硅酸盐水泥（不含混合材）标准和 R 型（快硬型）水泥，这些水泥的含碱量均较高。同时标准中还允许在水泥中加入窑灰，而窑灰的含碱量可高达 8%，比水泥熟料的含碱量高出数倍，此外水泥工艺由湿法改为干法，水泥的含量也有所提高。以上这些变化，使我国每年生产的高碱水泥数量达到数百万吨。我国西北、华北、东北的水泥厂产品含碱量一般都较高。工程上使用快硬、早强水泥也日益增多。特别是近十年来，我国的混凝土外加剂发展很快，早强剂和防冻剂均含有较多的碱盐，其中 Na_2SO_4 的掺量常为 2%～3%，$NaNO_3$ 的掺量高达 6%～7%，加上高强混凝土的应用日益增多，混凝土的单方水泥用量也不断增多。上述各种因素，包括高碱水泥、水泥用量加大以及掺含碱外加剂等，使混凝土的含碱量提高了一个数量级。

综上所述，我国混凝土工程产生碱-骨料反应已属难免，务必重视。

（3）一般处理方法

混凝土产生碱-骨料反应后的处理方法应根据事故严重程度选用不同的方法。但总的来说，修补加固比较困难，维修资金大，有的甚至不得不拆除重建。所以碱-骨料反应的关键是预防。目前可供选择的处理方法有以下几种。

1）表面处理法。当混凝土损坏还不影响结构安全时，可用此法。其作用有两方面，一是修补裂缝和建筑物外表，以预防钢筋锈蚀和减轻混凝土的碳化程度；二是阻断外界水进入混凝土内，延缓甚至阻止混凝土中的碱-骨料反应，防止混凝土破坏加剧。因为碱-骨料反应必须有水分存在，干燥条件下不会产生。国际上应用的表面处理材料有四类：树脂（主要是环氧树脂）；聚合物水泥；有机硅烷和橡胶（常用聚丁橡胶）。各国的试用表明，环氧树脂修补的效果不好，有机硅烷和聚合物水泥较好。日本采用两种材料复合方法，修补了很多桥梁及建筑物，效果较好，他们认为这种复合修补法是目前最好的方法。具体作法是先用有机硅烷浸渍，再用聚合物水泥砂浆涂覆。更好的作法是先用 $LiNO_2$ 溶液浸渍，再用韧性的聚合物水泥砂浆涂覆。

2）结构补强加固法。当碱-骨料反应的损害已危及结构安全时，应采用此方法。处理前，先对结构构件的实际状况进行检测，为补强加固提供依据。目前，混凝土结构的补强加固方法很多，有内部灌浆，主要是化学灌浆法；外部包裹法，如外包钢筋混凝土、外包钢等；改变受力体系，减小原有结构的内力等。

3）拆除重建。例如铁路上应用的预应力混凝土轨枕，因碱-骨料反应造成严重裂缝不能安全使用时，可采用更换的方法等。

（4）工程实例简介

中国建筑科学研究院等单位对北京市某预制厂生产的混凝土轨枕板使用情况作了调研，证实了北京地区的有些石子确实存在碱-骨料反应危害。其中永定河水系的卵石制作的混凝土轨枕板，铺设在上海火车站和镇江火车站等处，上海站铺设 1~2 年的轨枕有 35% 出现裂缝，铺设 9 年的有 68.9% 开裂，铺在镇江站的使用了 15 年，有 30% 左右的轨枕产生裂缝。从轨枕板切取的成分进行差热分析、SEM/EDAX 分析、岩相检验、骨料活性等检测均揭示，轨枕混凝土开裂是碱-骨料反应导致的。

5. 防止使用不良岩性石子的几点建议

（1）选择可靠的石子供货商。石子采购前，必须严格检查产品合格证，重点检查强度指标及外观质量，符合设计要求和有关规范规定时，方可采购进场。

（2）黄铁矿是矿山中较常见的矿物，通常以薄层形态分布在矿山夹层中，一般分布范围不广，而且易与其他岩石区别。为防止黄铁矿石料混入混凝土骨料中，最有效的方法是在碎石加工前认真剔除黄铁矿石。

（3）不少采石场同时供应碎石和生石灰。为防止石灰窑废弃的煅烧过的石块加工碎石混入粗骨料中，选择石子供货商时，最好选无石灰窑的采石场。如无法避免时，应考察采石场的管理水平，必要时聘请专业技术人员去采石场试验检定。

（4）个别建筑工地的碎石中混入现场淋制生石灰留下的不合格生石灰块。因此要加强现场管理，防止类似事故发生。当施工现场狭窄、碎石堆场与淋灰场相近，或利用废弃淋灰场地堆放石子时，更应严格把关。

（5）防止碱骨料反应造成损害的措施：

1）选用含碱量 <0.6% 的水泥；

2）不用含碱活性的矿石作骨料；

3）精心设计配合比，使水泥、外掺料和外加剂等的总含碱量低于 $3kg/m^3$；

4）避免构件长期处于潮湿环境，若无法避免时，应选择前述三种方法，或其中一种有效方法；

5）以上各项措施均无法采用时，可以在混凝土中掺加活性掺合料，例如硅藻土、偏高岭土、粉煤灰、硅粉等，抑制碱-骨料反应。

第三节 混凝土裂缝

混凝土裂缝非常普遍，不少钢筋混凝土结构的破坏都是从裂缝开始的，因此必须十分重视混凝土裂缝的分析与处理。但是应该指出，混凝土中有些裂缝是很难避免的，例如，普通钢筋混凝土受弯构件，在30%～40%设计荷载时，就可能开裂；而受拉构件开裂时的钢筋应力仅为钢筋设计应力的1/14～1/10。除了荷载作用造成的裂缝外，更多的是混凝土收缩和温度变形导致开裂。事实上常见的一些裂缝，如温度收缩裂缝，混凝土受拉区宽度不大的裂缝等，一般不会危及建筑结构安全。因此混凝土裂缝并非都是事故，也并非均需处理。

一、钢筋混凝土裂缝分类

（一）按裂缝产生的时间分类

（1）混凝土硬化前产生的裂缝：如沉缩裂缝等；

（2）混凝土硬化后产生的裂缝：如温度收缩裂缝等。

（二）按裂缝原因分类

（1）原材料质量差：如水泥安定性不合格的裂缝等；

（2）建筑物构造不良：如各种变形缝设置不当而造成裂缝；

（3）施工工艺不当：如施工缝留置和处理不当而造成裂缝；

（4）温度差过大：如大体积混凝土温度裂缝等；

（5）干燥收缩：如混凝土早期的干缩裂缝等；

（6）结构受力：如受弯构件受拉区的裂缝等；

（7）地基不均匀沉降：如地基沉降差在超静定结构中形成

裂缝等；

（8）化学作用：如使用活性砂石料引起碱骨料反应，而产生裂缝；

（9）使用不当：如长期处在高温环境下的混凝土被烤酥而开裂等；

（10）其他：如混凝土徐变造成开裂或裂缝扩展等。

（三）按裂缝形态分类

（1）裂缝位置：如梁的跨中或支座处、梁上部或下部等；

（2）裂缝方向：如竖向、水平、斜向等；

（3）裂缝形状：如一端宽，另一端窄；中间宽，两端窄。

（四）按裂缝危害分类

（1）一般裂缝：或简称为"无害裂缝"，这类裂缝不影响结构的强度、刚度与稳定性，也不降低结构的耐久性。如设计规范允许的宽度不大的裂缝等；

（2）影响结构构件安全的裂缝：如受压构件出现了承载能力不足的竖向裂缝等；

（3）影响耐久性的裂缝：如较宽的温度收缩裂缝，虽一时不可能造成结构破坏，但因缝宽，钢筋逐渐锈蚀，而导致结构破坏。

二、钢筋混凝土裂缝原因

（一）主要裂缝原因分类

主要裂缝原因分类，见表3-17。

钢筋混凝土裂缝主要原因分类　　　　表3-17

类　别	裂　缝　原　因
1. 材料、半成品质量	1. 水泥安定性不合格 2. 砂石级配差、砂太细 3. 砂、石中含泥或石粉量大 4. 使用了反应性骨料或风化岩 5. 混凝土配合比不良 6. 不适当地掺用氯盐 7. 水泥水化热引起过高升温

续表

类别	裂缝原因
2. 建筑和结构构造	1. 违反构造规定和要求 2. 变形缝设置不当 3. 结构整体性差 4. 建筑物防护不良
3. 结构受力	1. 设计断面不足 2. 应力集中 3. 超载 4. 未进行必要的抗裂验算
4. 地基变形	1. 地基沉降差大 2. 地基冻胀 3. 地基土水平位移 4. 相邻建筑影响
5. 施工工艺	1. 水泥或水用量过多 2. 配合比控制不准 3. 混凝土拌合不匀 4. 浇筑顺序有误 5. 浇筑方法不当 6. 浇筑速度过快 7. 振捣不实 8. 模板变形 9. 模板漏水、漏浆 10. 钢筋保护层过大或过小 11. 浇筑中碰撞钢筋 12. 施工缝处理不良 13. 混凝土沉缩未及时处理 14. 养护差、混凝土干缩 15. 拆模过早 16. 过早地加荷载或施工超载 17. 早期受冻 18. 构件吊装、运输、堆放时的吊点或支点位置错误
6. 温、湿度变形	1. 环境温、湿度变化 2. 构件各部分之间温、湿度差 3. 冻融循环
7. 其他	1 酸、盐等化学腐蚀 2. 地震等

（二）各类裂缝原因分析

1. 材料及半成品质量问题造成裂缝

较常见的是水泥或碎石（砾石）质量不良。例如四川省某单层厂房钢筋混凝土基础施工时，发现基础混凝土爆裂，经检查水泥安定性不合格。又如：某工程的混凝土采用泥灰质岩做碎石，浸水后膨胀，以后又受冻，使混凝土发生裂缝。再如：某宿舍使用三年后，混凝土大块大块地爆裂，爆裂点的直径 $5\sim120mm$，经检查发现，该混凝土所用碎石混有经过煅烧、但未烧透的石灰石，这种碎石在已硬化的混凝土中逐渐熟化，体积膨胀，而引起混凝土爆裂。因混凝土的碱-骨料反应而造成混凝土结构的破坏，在我国某些地区已有破坏实例。这是因为近年来我国水泥含碱量增加，混凝土中的水泥用量提高，不少工程又使用含碱外加剂，在这种条件下，若使用活性骨料（如蛋白石、玉髓等），就会产生碱-骨料反应，从而造成结构裂缝。

2. 建筑与结构构造不合理造成裂缝

较常见的有：断面突变，构件中开洞、凿槽引起应力集中，构造处理不当等引起开裂；现浇的主梁在搁置次梁处没有附加钢箍造成开裂；带有横杆的双肢柱，在纵横杆交接处，存在次弯矩和应力集中，如选型和处理不当，在双肢柱与横杆连接处产生裂缝；门式刚架转角外应力复杂，该处弯矩较大，过大的偏心距使受拉区加大，而造成转角处产生斜裂缝；以及各种变形缝设置不当造成裂缝等。

3. 应力裂缝

钢筋混凝土结构在静或动荷载作用下而产生的裂缝，称为应力裂缝，这类裂缝较多出现在受拉区、受剪区或振动严重部位。造成这类裂缝的原因很多，施工或使用中都可能出现。最常见的是钢筋混凝土梁、板等受弯构件，在使用荷载作用下往往出现不同的裂缝。从结构试验中可以看到，普通钢筋混凝土构件在承受 $30\%\sim40\%$ 的设计荷载时，就可能出现裂缝，而这类构件的极限破坏荷载往往都在设计荷载的 1.5 倍以上。普通钢筋混凝土的裂缝不一定都是质量问题，只要裂缝宽度符合规范的规定，都属正常情况。但对宽度超过规范规定，或降低构件的承载能力，或有失稳破坏可能，或影响耐久性等方面的裂缝，以及不允许开裂的建筑物上的裂缝等，都应认真分析，慎重处理。应强调指出：对受压区的混凝土裂缝必需认真对待，因为受压区混凝土的明显竖向裂缝，往往是结构接近极限承载能力，或结构破坏的前兆。

4. 地基变形而造成的裂缝

这类裂缝的主要原因是地基不均匀变形在结构或构件内产生附加应力，而导致混凝土开裂。因此这类裂缝也是应力裂缝的一种。其裂缝的大小、形状、方向决定于地基变形的情况，这类裂缝都是贯穿性的。

5. 施工裂缝

需要着重强调以下几点：

（1）混凝土产生裂缝的重要原因之一是水分蒸发，水泥结石和混凝土干缩而造成。因此配合比不准，施工中任意加水，以及为了赶进度，任意提高混凝土强度，而使单位水泥用量加大等，都是工地上常见的造成裂缝的施工原因。

（2）混凝土是一种混合材料，混凝土成型后的均匀性和密实程度可判断其质量的好坏。因此从搅拌、运输、浇筑到振实的各道工序中的任何缺陷，都可能是裂缝的直接或间接原因。

（3）混凝土早期沉缩裂缝。如混凝土流动性较低，浇筑速度过快，在硬化前因混凝土沉实能力不足而形成的裂缝，通常称为早期沉缩裂缝。这种裂缝大多出现在浇筑后 1~3h，一般沿着梁、板上面钢筋位置出现，裂缝深度常达钢筋表面。有的混凝土墙浇筑速度过快，混凝土未完全沉实，过一段时间后在墙高方向的中部附近出现接近水平方向的沉缩裂缝。有的肋形楼盖，梁板同时浇筑，施工不当，梁板连接处也会产生沉缩裂缝。例如宝山钢铁厂某工程肋形楼盖，板厚150mm，梁断面为

300mm×600~300mm×800mm，梁跨度为6~7.2m，浇筑梁后紧接着浇筑板，拆模后发现梁板交接处出现了宽为0.1~0.3mm的水平裂缝，其原因就是混凝土凝结过程中梁混凝土沉缩过大造成的。

（4）模板支架系统的质量与施工裂缝密切相关。模板构造方案不当，漏水、漏浆，模板及支撑刚度不足，支撑地基下沉，以及过早拆模等，都可能造成混凝土开裂。

（5）钢筋与混凝土共同作用的好坏，不仅决定构件的承载能力，而且影响构件的抗裂性能。因此，施工中，钢筋表面污染，保护层太小或太大，浇筑中和混凝土硬化前碰撞钢筋，都可能产生裂缝。

（6）混凝土养护，特别是早期养护质量，与裂缝的关系密切。早期表面干燥，或早期受冻都可能产生裂缝。

（7）装配式结构中，构件运输、堆放时，支承垫木不在一条垂直线上，或悬挑过长，或运输途中剧烈振、撞；吊装时吊点位置不当，桁架等侧向刚度较差的构件，侧向无可靠的加固措施等，都可能使构件产生裂缝。

（8）装配式结构的安装顺序，构件安装工艺、焊接工艺与顺序不当时，也可造成构件裂缝。

6. 温度裂缝

温度裂缝的原因有两类：

（1）混凝土具有热胀冷缩的性质，其线胀系数一般为$1\times10^{-5}/℃$。当环境温度发生变化，或水泥水化热使混凝土温度发生变化时，钢筋混凝土结构就产生温度变形。众所周知，建筑物中的结构构件往往受到各种约束（外约束、内约束），在温度变形和约束的共同作用下，产生温度应力，当这种应力超过混凝土的抗裂强度时，就产生裂缝。这类裂缝较常见，例如：自防水屋面板上的裂缝；大体积混凝土的裂缝等。

（2）钢筋混凝土受热后，物理力学性能恶化，轴心抗压、弯曲抗压和抗拉强度随受热温度的提高而下降，见图3-8。

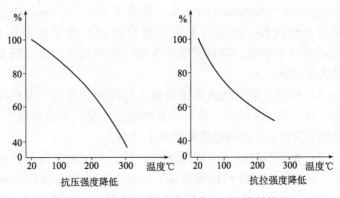

抗压强度降低　　　　　　　抗拉强度降低

图 3-8　不同温度环境下的混凝土强度降低情况

混凝土受热后，因游离水蒸发和水泥结石脱水收缩，而形成裂缝，钢筋与混凝土的粘结力也随之下降，在光圆钢筋中尤为明显，见图 3-9。

7. 干缩裂缝

混凝土在空气中结硬时，体积会逐渐减小，称之为干缩或收缩，由此而造成的裂缝称之为"干缩裂缝"。混凝土收缩由两部分组成，一是湿度收缩，即混凝土中多余水分蒸发，体积减少而产生收缩，这部分占整个收缩量的 80%～

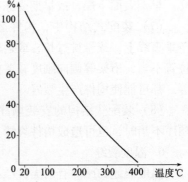

图 3-9　不同环境温度下光圆钢筋与混凝土粘结力的下降情况

90%；二是混凝土的自收缩，即水泥水化作用，使形成的水泥骨架不断紧密，造成体积减小。混凝土收缩值一般为 0.2‰～0.4‰，钢筋混凝土为 0.15‰～0.2‰。收缩发展规律是早期快，后期慢。影响收缩的因素很多，主要是水泥掺合料品种与质量、混凝土配合比、化学外加剂，以及养护条件等。与温度裂缝一样，收缩裂缝的形成，也必须同时存在收缩变形和约束两个条件。最常见的是施工中养护不良，表面干燥过快，而内部湿度变化小，表面收缩变形受到收缩慢的内部混凝土的约束，因此在构件表面产生较大的拉应力，当拉应力超过混凝土的极限抗拉强度时，即产生干缩裂缝。此外，尺寸较大的壁板式结构，长的现浇梁，以及框架等也经常出现干缩裂缝。而砂石级配差、砂太细、砂率太高、粗骨料中石粉含量高、配合比不良、用水量或水泥用量太多、混凝土中掺氯化钙等，都会增大混凝土的干缩率。

三、钢筋混凝土各类裂缝的形态特征与鉴别

（一）重要性

建筑物的破坏，特别是钢筋混凝土结构的破坏往往是从裂缝开始的。但是，并不是所有的裂缝都是建筑物危险的征兆。只有哪些影响结构承载能力、稳定性、刚度以及节点构造的可靠性等类裂缝，才可能危及建筑物的安全使用。而大量常见的裂缝，如温度、收缩裂缝等，并不危及建筑结构的安全。因此，各类裂缝对建筑物的危害是不同的，故对各类裂缝的处理应有区别。所以准确鉴别不同类别的裂缝是十分重要的。

（二）裂缝鉴别的主要内容

一般需从裂缝现状、开裂时间与裂缝发展变化三方面调查分析，其鉴别的主要内容有以下几方面：

1. 裂缝位置与分布特征

一般应查明裂缝发生在第几层，出现在什么构件（梁、柱、墙等）上，裂缝在构件上的位置，如梁的两端或跨中，梁截面的上方或下面等。裂缝数量较多时，常用开裂面的平（立）面图表示。

2. 裂缝方向与形状

一般裂缝的方向同主拉应力方向垂直，因此要注意分清裂缝的方向，如纵向、横向、斜向、对角线以及交叉等。要注意区分裂缝的形状是上宽下窄，或相反，或两端窄中间宽等不同情况。

3. 裂缝分支情况

裂缝分支角的大小，分支角是指与主裂缝的夹角，常见的是锐角、90°、120°角。裂缝分支数，指以裂缝点计算的裂缝数（包括主裂缝），常见的是3支裂缝。

4. 裂缝宽度

常用带刻度的放大镜测量，操作时应注意以下五点：

（1）测量与裂缝相垂直方向的宽度；

（2）注意所量裂缝的代表性，以及其他缺陷的影响；

（3）每次测量的温、湿度条件尽可能一致；

（4）直接淋雨的构件，宜在干燥2~3d后测量；

（5）梁类构件，应测量受力钢筋一侧的裂缝宽度。

5. 裂缝长度

某条裂缝长；某个构件或某个建筑物裂缝总长度；单位面积的裂缝总长度。

6. 裂缝深度

主要区别浅表裂缝，保护层裂缝，较深的甚至贯穿性裂缝。

7. 开裂时间

它与开裂原因有一定关系，因此要准确查清楚。要注意发现裂缝的时间不一定就是开裂的时间。对钢筋混凝土结构，拆模时是否出现裂缝也很重要。

8. 裂缝的发展与变化

裂缝长度、宽度、数量等方面的变化，要注意这些变化与环境温、湿度的关系。

9. 其他

混凝土有无碎裂、剥离；裂缝中有无漏水、析盐、污垢，以及钢筋是否严重锈蚀等。

根据对前述9项内容的分析，可对大部分裂缝作出正确的鉴别，例如对构造不合理造成的裂缝、施工裂缝等都比较容易作出正确的判断。

（三）温度裂缝、收缩裂缝、荷载裂缝和地基变形4类裂缝

的鉴别

这4类裂缝的鉴别可从裂缝位置与分析特征；裂缝方向与形状；裂缝大小与数量；裂缝出现时间以及发展变化等5个方面进行，详见表3-18~表3-22。

裂缝位置与分布特征鉴别　　　　　　　　表3-18

裂缝原因		裂缝位置								
		房屋上部	房屋下部	构件中部	构件两端	截面上部	截面中部	截面下部	裸露表面	近热源处
温度	气温	✓		△①	✓①	✓				
	高热源									✓
收缩	早期								✓	
	硬化后			✓			△		✓	
荷载②	简支梁			✓	△	✓		✓		
	连续梁				✓		△	✓		
	柱			✓						
地基变形	梁	△	✓							
	柱	△	✓							
	墙	△	✓							

✓—表示常见；△—表示少见（下同）

注：①指房屋的中部或两端；
②其他荷载裂缝位置在应力最大区附近。

裂缝方向与形状鉴别　　　　　　　　表3-19

方向及形状		裂缝方向				裂缝形状		
裂缝原因		无规律	与构件轴线垂直	与构件轴线平行	斜	一端细另一端宽	两端细中间宽	宽度变化不大
温度	梁、板		✓					✓
	墙				✓		✓	
收缩	早期	✓					✓	
	硬化后			✓				
荷载	梁、板		✓	△	✓①	✓	△	
	柱		✓	△		✓	△	
地基变形	梁、板		✓		△	✓		
	柱		✓			✓		
	墙				✓	✓		

注：①一般出现在支座附近，沿45°方向向跨中上方伸展。

裂缝大小与数量鉴别   表 3-20

裂缝原因		最大宽度		深度		长度		数量	
		较宽	较细	较深	浅表	较长	短	较多	较少
温度		△	✓					✓	
收缩	早期		✓		✓		✓	✓	
	硬化后	✓	△	△	✓	△	✓	✓	
荷载	梁板	△	✓	△		△		△	✓
	柱		✓			✓			✓
	墙								✓
地基变形	梁板								✓
	柱								✓
	墙						✓		

注：温度裂缝、地基变形裂缝的尺寸与数量变化较大。

从裂缝出现时间鉴别   表 3-21

裂缝原因		出现时间					
		施工期	竣工后不久	荷载突然增加	经过夏天或冬天后	短期	长期
温度	气温				✓		
	高温烘烤 80~100℃					✓	
							✓
收缩	早期	✓					
	硬化后	✓	✓				
荷载				✓			
地基变形		△	✓				

裂缝发展变化鉴别   表 3-22

裂缝原因	发展变化				
	气温或环境温度	时间	湿度	荷载大小	地基变形
温度	✓				
收缩		✓	✓		
荷载		✓		✓	
地基变形		✓			✓

注：1. 地基变形稳定后，地基变形裂缝也趋稳定；
    2. 正常使用阶段的荷载裂缝，一般变化不大。

（四）危害严重的裂缝及其特征

1. 柱

（1）出现裂缝、保护层部分剥落、主筋外露。

（2）一侧产生明显的水平裂缝，另一侧混凝土被压碎，主筋外露。

（3）出现明显的交叉裂缝。

2. 墙

墙中间部位产生明显的交叉裂缝，或伴有保护层脱落。

3. 梁

（1）简支梁、连续梁跨中附近，底面出现横断裂缝，其一侧向上延伸达 2/3 梁高以上；或其上面出现多条明显的水平裂缝，保护层脱落，下面伴有竖向裂缝。

（2）梁支承部位附近出现明显的斜裂缝，这是一种危险裂缝。当裂缝扩展延伸达 1/3 梁高以上时，或出现斜裂缝同时，受压区还出现水平裂缝，则可能导致梁断裂而破坏；尤其应该注意：当箍筋过少，且剪跨比（集中荷载至支座距离与梁有效高度之比）大于 3 时，一旦出现斜裂缝，箍筋应力很快达到屈服强度，斜裂缝迅速发展使梁裂为两部分而破坏。

（3）连续梁支承部位附近上面出现明显的横断裂缝，其一侧向下延伸达 1/3 梁高以上；或上面出现竖向裂缝，同时下面出现水平裂缝。

（4）悬臂梁固定端附近出现明显的竖向裂缝或斜裂缝。

4. 框架

（1）框架柱与框架梁上出现的与前述柱及梁的危险裂缝相同的裂缝。

（2）框架转角附近出现的竖裂缝、斜裂缝或交叉裂缝。

5. 板

（1）出现与受拉主筋方向垂直的横断裂缝，并向受压区方向延伸。

（2）悬臂板固定端附近上面出现明显的裂缝，其方向与受拉主筋垂直。

（3）现浇板上面周边产生明显裂缝，或下面产生交叉裂缝。

除上述这些危害严重的裂缝外，凡裂缝宽度超过设计规范的允许值，都应认真分析，并适当处理。

四、国内外有关混凝土裂缝的规定

（一）现行设计、施工规范对混凝土裂缝问题的规定

1. 国家技术标准的有关规定

（1）《混凝土结构设计规范》（GB 50010—2002）的规定：普通钢筋混凝土结构的裂缝控制等级为三级，允许构件受拉边缘混凝土产生裂缝，构件处于开裂状态下工作，最大裂缝宽度的计算值不得超过表3-23 的规定。

结构构件的最大裂缝宽度限值 表3-23

环 境 类 别		最大裂缝宽度（mm）
一	室内正常环境	0.3（0.4）
二	室内潮湿环境；露天环境；与无侵蚀性的水或土壤直接接触的环境	0.2
三	使用除冰盐的环境；严寒和寒冷地区冬季水位变动的环境；滨海室外环境	0.2

注：1. 对处于年平均相对湿度小于60%地区一类环境下的受弯构件，其最大裂缝宽度限值可采用括号内的数值；

2. 在一类环境下，对屋架、托架及需作疲劳验算的吊车梁，其最大裂缝宽度限值应取0.2mm；对屋面梁和托梁取0.3mm；

3. 对于烟囱、筒仓和处于液体压力下的结构物件，其裂缝控制要求应符合专门标准的有关规定；

4. 表中的最大裂缝宽度限值用于验算荷载作用引起的最大裂缝宽度。

（2）《混凝土结构工程施工质量验收规范》（GB 50204—2002）的规定。

1）现浇结构的裂缝规定

主控项目的规定：构件主要受力部位不应有影响结构性能或使用功能的裂缝。对已经出现的这类裂缝，应由施工单位提出技术处理方案，并经监理（建设）单位认可后进行处理。对经处

理的部位，应重新验收。

一般项目的规定：构件非主要受力部位不宜有少量不影响结构性能或使用功能的裂缝。对已出现的这些裂缝，应由施工单位按技术处理方案进行处理，并重新检查验收。

2）装配式结构的裂缝规定

除了应按前述1）的有关规定执行外，尚应对预制构件作结构性能检验，构件检验的最大裂缝宽度允许值见表3-24。

构件检验的最大裂缝宽度允许值　　　　表3-24

设计要求的最大裂缝宽度限值	0.2	0.3	0.4
构件检验的最大裂缝宽度允许值	0.15	0.20	0.25

(3)《工业厂房可靠性鉴定标准》(GBJ 144—90)的规定：当结构构件受力主筋处、横向或斜向裂缝宽度符合表3-25的规定时，应按表3-25的要求作出适当处置。

不同条件下各种裂缝宽度的处置规定　　　表3-25

结构构件类别及工作环境		裂缝宽度（mm）		
		不必处理	影响安全、使用应采取措施	危及安全必须处理
室内正常环境	一般构件	≤0.45	>0.45；≤0.70	>0.7
	屋架、托架吊车梁	≤0.30	>0.30；≤0.50	>0.5
		≤0.35	>0.35；≤0.50	>0.5
露天或高湿度环境		≤0.30	>0.30；≤0.40	>0.40

2. 建设部有关标准规范的规定

《危险房屋鉴定标准》(JGJ 125—99)的规定：出现下述特征裂缝的构件定为危险构件。

(1) 梁、板产生超过 $L_0/150$ 的挠度，且受拉区的裂缝宽度大于1mm。

(2) 简支梁、连续梁跨中部位受拉区产生竖向裂缝，其一侧向上延伸达梁高的2/3以上，且缝宽大于0.5mm，或在支座附近出现剪切斜裂缝，缝宽大于0.4mm。

(3) 梁、板受力主筋处产生横向水平裂缝和斜裂缝，缝宽大于 1mm，板产生宽度大于 0.4mm 的受拉裂缝。

（4）梁、板因主筋锈蚀，产生沿主筋方向的裂缝，缝宽大于 1mm，或构件混凝土严重缺损，或混凝土保护层严重脱落、露筋。

（5）现浇板面周边产生裂缝，或板底产生交叉裂缝。

（6）预应力梁、板产生竖向通长裂缝；或端部混凝土松散露筋，其长度达主筋直径的 100 倍以上。

（7）受压柱产生竖向裂缝，保护层剥落，主筋外露锈蚀；或一侧产生水平裂缝，缝宽大于 1mm，另一侧混凝土被压碎，主筋外露锈蚀。

（8）墙中间部位产生交叉裂缝，缝宽大于 0.4mm。

（9）屋架产生大于 $L_0/200$ 的挠度，且下弦产生横断裂缝，缝宽大于 1mm。

（10）压弯构件保护层剥落，主筋多处外露锈蚀；端节点连接松动，且伴有明显的变形裂缝。

（二）国际上对混凝土裂缝处理界限或允许值的规定

（1）日本的《混凝土裂缝调查及修补规程》中，根据耐久性或防水性要求，判断裂缝是否需要处理的界限见表 3-26。

按照裂缝宽度所定的处理界限　　表 3-26

适用要求与条件 处理与否	其他因素	按耐久性要求 环境条件			按防水性要求
		严重的	中等的	一般的	
应处理的裂缝宽度（mm）	大	>0.4	>0.4	>0.6	>0.2
	中	>0.4	>0.6	>0.8	>0.2
	小	>0.6	>0.8	>1.0	>0.2
不需处理的裂缝宽度（mm）	大	<0.1	<0.2	<0.2	<0.05
	中	<0.1	<0.2	<0.3	<0.05
	小	<0.2	<0.3	<0.3	<0.05

注：1. 环境条件：严重的系指含有少量酸、盐或双氧水的液体、侵蚀性气体及土、侵蚀性工业地带或海洋；中等的系指高湿度或有侵蚀性气体的环境，或受流水作用及气候变化剧烈的地区等；一般的系指居住及办公用建筑物内部或每年受高湿度作用时间较短的情况，如在相对湿度为 60% 的环境中不超过 3 个月；

2. 其他因素（大、中、小）：根据裂缝深度、型式、保护层厚度、表面有无涂层、原材料、配合比及施工缝等情况，综合分析裂缝对建筑物耐久性的影响程度，分为大、中、小三种级别。

(2) 其他国家标准的有关规定见表 3-27。

最大允许裂缝标准　　　　　　　　　表 3-27

国　名	规　范	裂缝最大允许宽度（mm）	
美国	ACI 建筑规范	室内构件	0.38
		室外构件	0.25
原苏联	钢筋混凝土规范		0.20
法国	Brocard		0.40
		在严重腐蚀条件下的结构构件	0.10
欧洲	欧洲混凝土委员会	无保护措施的普通结构构件	0.20
		有保护措施的普通结构构件	0.30

五、混凝土裂缝处理

（一）混凝土裂缝处理的界限

一般情况下，确定混凝土裂缝处理界限时可参考下述五点建议。

1. 符合设计要求

裂缝是否允许，要不要处理，必须符合工程设计的要求。对不允许有裂缝的工程，所有缝都应处理，对允许有裂缝的结构构件，其裂缝宽度不超过国家标准的规定时，一般不需要专门处理。

2. 不要任意突破国家标准的规定

在无充分依据时，建议裂缝宽度的控制界限不超过：施工阶段按表 3-23 执行；使用阶段执行表 3-25；构件检验时执行表 3-24。

3. 重视裂缝性质的鉴别

正确区分承载力不足的裂缝和温度收缩等变形引起的裂缝，对后者的处理界限可以适当放宽。对承载力不足的裂缝，不论宽度大小均应处理，而且一般都是先加固，后处理裂缝。

4. 区别构件的特点和所处的环境

根据结构构件承受荷载的性质、所处的环境、混凝土内是否掺有氯盐、结构是静定或是超静定以及结构构件内的配筋情况等，参照前述的内容确定裂缝处理的界限。

5. 必须认真分析处理的裂缝

裂缝宽度虽然没有超过前述国家标准的规定，但是属于下述情况之一者，均应认真分析处理。

（1）结构安全方面：

1）确认为压裂、胀裂。

2）承载力达不到标准规范的要求。

3）裂缝不断扩展，混凝土压碎，保护层剥落。

4）影响结构刚度和建筑物整体性。

5）其他危害严重的裂缝，如悬挑结构固定端处的明显裂缝等。

（2）建筑功能方面：

1）出现渗漏。

2）密闭性失效。

3）特殊建筑上不允许有的裂缝。

（3）耐久性方面；

1）判定钢筋已经锈蚀。

2）高温、振动、侵蚀性环境、掺氯盐引起的裂缝。

在确定混凝土裂缝是否需要处理时，下述工程实践经验可供参考。

①混凝土结构设计规范修订组及耐久性专题组对裂缝调查和结果：不论裂缝宽度大小，使用时间长短及地区湿度的差异大小，凡构件上不出现结露或水膜时，裂缝处的钢筋均未见明显的锈蚀。

②许多调查资料表明，在室内正常环境下使用时，裂缝度度 >0.5mm，混凝土碳化已达钢筋，使用20余年的结构构件的钢筋仍无锈蚀。而在露天或室内潮湿环境下，使用10~70年的有裂缝构件调查结果，显示裂缝处的钢筋均有不同程度的表面锈蚀，当裂缝宽<0.2mm时，仅见表面轻微锈蚀。掺氯盐对钢筋锈蚀的影响严重。例如：江苏省某锻工车间薄腹梁，使用

20余年，裂缝宽0.5~0.64mm，混凝土碳化已达钢筋，主筋从$\phi38$锈成$\phi34$。

③我国冶金建筑研究总院在调查冶金系统许多老钢铁基地后，发现一些带有较宽裂缝（0.5~1.0mm）的钢筋混凝土结构构件，十余年后钢筋大多没有锈蚀。

④许多预制构件，由于制作、运输、吊装等原因造成较宽的裂缝（如>0.5mm），有的甚至断裂，但是荷载试验的结果往往达到或超过结构检验的规定要求，不少工程将这类构件修补后仍然使用在工程上。例如某工程的钢筋混凝土大型屋面板，两肋与板面裂断，最大裂缝宽度为2.1mm，载荷试验结果显示，荷载量大于2.5倍设计荷载时，都未破坏。再如某工程100t预应力混凝土吊车梁堆放中产生了最大宽度为0.9mm的裂缝数十条，经荷载试验，承载力也未降低，又经4×10^6次动荷载试验，原有裂缝均无变化，这些构件经修复后都已在工程中使用多年。

（二）混凝土裂缝处理的一般原则

（1）查清情况：主要应查清建筑结构的实际状况、裂缝现状和发展变化情况。

（2）鉴别裂缝性质：根据前述内容确定裂缝性质是处理的必要前提。对原因与性质一时不清的裂缝，只要结构不会恶化，可以作进一步观测或试验，待性质明确后再作适当处理。

（3）明确处理目的：根据裂缝的性质和使用要求确定处理目的。例如：封闭保护或补强加固。

（4）确保结构安全：对危及结构安全的裂缝，必须认真分析处理，防止产生结构破坏倒塌的恶性事故，并采取必要的应急防护措施，以防事故恶化。

（5）满足使用要求：除了结构安全外，应注意结构构件的刚度、尺寸、空间等方面的使用要求，以及气密性、防渗漏、洁净度和美观方面的要求等。

（6）保证一定的耐久性：除了考虑裂缝宽度、环境条件对钢筋锈蚀的影响外，应注意修补的措施和材料的耐久性问题。

（7）确定合适的处理时间：如有可能最好在裂缝稳定后处理；对随环境条件变化的温度裂缝宜在裂缝最宽时处理；对危及结构安全的裂缝应尽早处理。

（8）防止不必要的损伤：例如对既不危及安全，又不影响耐久性的裂缝，避免人为的扩大后再修补，造成一条缝变成两条的后果。

（9）改善结构使用条件，消除造成裂缝的因素：这是防止裂缝修补后再次开裂的重要措施。例如卸载或防止超载，改善屋面保温隔热层的性能等。

（10）处理方法可行：不仅处理效果可靠，而且要切实可行，施工方便、安全、经济合理。

（11）满足设计要求，遵守标准规范的有关规定。

（三）混凝土裂缝常用处理方法和选择

（1）表面修补：常用的方法有压实抹平、涂抹环氧粘结剂，喷涂水泥砂浆或细石混凝土，压抹环氧胶泥，环氧树脂粘贴玻璃丝布，增加整体面层，钢锚栓缝合等。

（2）局部修复法：常用的方法有充填法、预应力法，部分凿除重新浇筑混凝土等。

（3）水泥压力灌浆法：适用于缝补宽度 $\geqslant 0.5 mm$ 的稳定裂缝。

（4）化学灌浆：可灌入缝宽 $\geqslant 0.05 mm$ 的裂缝。

（5）减少结构内力：常用的方法有卸荷或控制荷载，设置卸荷结构，增设支点或支撑。改简支梁为连续梁等。

（6）结构补强：常用的方法有增加钢筋，加厚板，外包钢筋混凝土，外包钢，粘贴钢板，预应力补强体系等。

（7）改变结构方案，加强整体刚度。例如：框架裂缝采用增设隔板深梁法处理。

（8）其他方法：常用方法有拆除重做，改善结构使用条件，通过试验或分析论证不处理等。

（四）选择混凝土处理方法的建议

选择处理方法时应考虑的因素有：裂缝性质、大小、位置、环境、处理目的、以及结构受力情况和使用情况等。裂缝处理方法的选择可参照表 3-28。

裂缝处理方法选择　　　　　　表 3-28

分类		处理方法					
		表面修补	局部修复	灌浆		减小内力	结构补强
				水泥	化学		
裂缝性质	温度	✓	△		△		
	收缩	✓	△		△		
	荷载		✓	△	✓	✓*	✓
	地基	✓		△	△		△
裂缝宽度	<0.1				△		
	0.1~0.5	✓	✓				△
	>0.5			✓	△		△
处理目的	美观	✓					
	防渗漏	✓	△	△	✓		
	耐久性	✓	△		△		
	承载能力		△	△	✓	✓*	✓

注：1. ✓—较长用；△—较少用；
　　2. *—应与表面修补配合使用。

六、工程实例

（一）胶印车间框架裂缝

1. 工程与事故概况

某车间是一个由现浇钢筋混凝土多层框架结构与砖混结构组合而成的车间，其平面与剖面示意图见图 3-10。

2003 年 12 月 14 日完成框架混凝土的浇筑，接着就开始砌砖，2004 年 3 月砌砖工程完成。2004 年 4 月进行室内装修时发现砖墙裂缝。因而对框架进行了全面的检查。结果发现顶层的每个框架横梁上都出现程度不同的裂缝，见图 3-11。

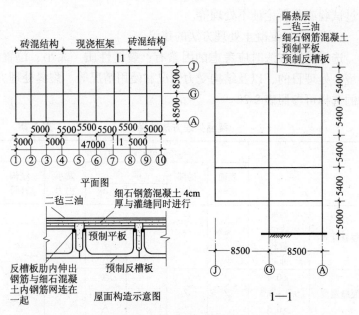

图 3-10 平面与剖面图

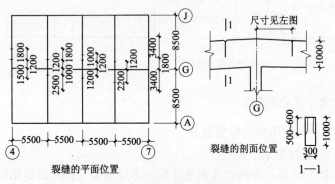

图 3-11 裂缝位置示意图

裂缝的特点是：(1) 位置都在靠近中柱两边附近的框架梁上；(2) 裂缝都出现在梁的上半部，裂缝长度为 50~60cm（梁高 100cm）；(3) 裂缝上宽下窄，最大宽为 0.25mm；(4) 梁的两侧面同一位置都有裂缝;(5)裂缝宽度与长度随气温而变化。气温升高,裂缝加宽、加长;反之亦然,见图 3-12。

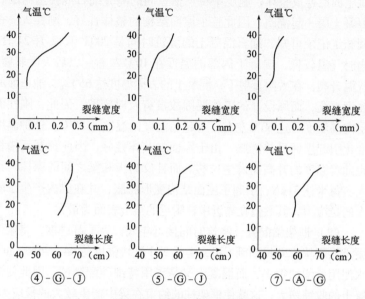

图 3-12 裂缝与气温的关系

在没有框架的①、②、③、④等轴线的砖墙上,靠近中轴线ⓒ附近也出现裂缝,最大的裂缝宽度为 4mm。

砖墙与大梁裂缝出现在顶层,其他各层均未发现。框架柱上也没有肉眼可见的裂缝。

2. 原因分析

首先对设计与施工情况进行检查。经设计复查,设计计算无误。整个车间全部座落在完整的、微风化的砂岩地基上,不可能产生明显的不均匀沉陷。所有的材料、半成品全部合格,混凝土强度满足要求。施工质量优良。从裂缝的特征分析,是由于温度变化和混凝土收缩引起的变形,在超静定结构中产生了附加应力,这些附加应力和荷载作用下的应力叠加而造成混凝土裂缝。附加应力由以下两部分组成:

（1）屋面上的4cm厚钢筋混凝土刚性面层宽17m，没有设伸缩缝。而屋面构造是用钢筋和混凝土将反槽板、小平板与细石混凝土面层连成整体，施工中将反槽板间的灌缝细石混凝土与细石混凝土层一起浇筑，因此整个屋面结构的整体性好，刚性大。查阅施工记录可知，细石混凝土的浇筑时间是2003年12月24日，当时气温较低，混凝土内部的温度在10℃左右。以后天气转暖，气温升高，在太阳直射下，混凝土的表面温度达65℃。油毡面的温度更高，而原设计的隔热层因故没有及时施工。因此，刚性面层内的温度可达60℃左右，与超始温度的温差达50℃。这种温度变化引起屋面受热膨胀。由于屋面的整体性好，因此预制反槽板也随着温度的升高而发生位移。而且反槽板和梁之间的摩擦力很大，每米达31kN，引起了屋面结构变形膨胀，并在梁内产生了较大的拉应力，其数值在靠近中柱附近的梁上表面为最大。

（2）框架梁混凝土浇筑时间接近年底，为了赶进度，将梁混凝土强度从C20提高到C30，实际28d试块强度达$44\sim46N/mm^2$，水泥用量增加很多；而混凝土又是采用特细砂配制的，因此使混凝土的收缩增大，这就使框架柱的约束在梁中产生较大的拉应力，这种应力靠近中柱附近的断面较大。

框架梁承受设计荷重时，支座附近为负弯矩，也在梁上面引起拉应力。靠中柱附近梁中的反弯点（弯矩零点）约在离中轴线144cm左右。

综上所述，裂缝的原因是：由于设计荷载的拉应力和附加应力叠加，造成中柱附近的梁断面上表面的拉应力加大，因此有7条裂缝出现在离中轴线1.5m范围内。另外有7条裂缝其位置离中轴线1.8~3.5m，这是因为在荷载作用下，梁内正弯矩较小（特别在反弯点附近），附加拉应力抵消压应力的影响后，拉应力仍然较大，就造成了梁的裂缝。查对施工图进一步发现，裂缝位置正处在负弯矩的钢筋切断点附近，由于受拉钢筋突然减少，造成薄弱断面，也是产生裂缝的原因之一。因梁上表面应力大，向下逐渐减小，故裂缝上宽下窄。而主要附加应力随气温升高而加大，因而裂缝也附之恶化。

3. 裂缝处理

发现裂缝后，立即组织对裂缝进行观测，经过二个多月的观测，找出裂缝随气温而变化的规律，最大裂缝宽度为 0.25mm。按照《混凝土结构设计规范》(GB 50010—2001)的规定，处在正常条件下的构件，最大裂缝宽度的计算允许值为 0.3mm。又参考了日本混凝土工程协会的《混凝土裂缝调查及修补规程》，该规程规定，对钢筋锈蚀作用不严重的轻工业车间，宽度在 0.3mm 以内的裂缝不需修补。因此，从耐久性要求考虑，这些裂缝不须修补。但是考虑到建筑美观和使用效果，决定在内装修前，气温最高时（即裂缝最大时），用环氧树脂对裂缝进行封闭处理。

4. 设计施工中应注意的几个问题

（1）尽量减小混凝土收缩应力。建议采取以下措施：首先是框架梁的混凝土强度不宜用得太高，更不要在施工中任意提高强度。根据四川省常用的混凝土配合比分析，强度从 C20 提高到 C30，单位水泥用量增加 70～100kg 左右，收缩将增加 $0.4 \sim 0.5 \times 10^{-4}$ 左右，因而收缩应力明显增大料。其次是选用适当的原材料，用矿渣水泥和特细砂配制的混凝土，与用普通水泥、中粗砂配制的混凝土相比，收缩较大。由于砂太细，使收缩明显增加。第三要采取可靠的养护措施，多层框架的养护条件较差，顶层的梁往往高于周围的建筑，混凝土在风吹日晒下水分蒸发很快，如果浇水养护较差，早期收缩必然加大。

（2）重视框架结构内的温度变化而产生的附加应力。如温度差较大时，建议在结构计算中统一考虑构造与配筋；施工时，尽可能选择浇筑混凝土的恰当的时间，以减少施工和使用阶段结构内的温差。

（3）重视隔热层的作用，尽早完成隔热层的施工。屋面隔热层不仅是建筑热工的需要，同时又能降低温差，减少附加应力。根据在重庆市的实测记录，目前常用的架空 12～24cm 的隔热板，夏天在阳光直射下，隔热板面上的温度比隔热板下屋面上的温度高 10~12℃，足见隔热板所起的作用。

（4）屋面的刚性面层必须按规定分缝。这将减小因温度变化而在梁中产生的附加应力。

（5）框架梁内负弯矩钢筋的切断点，除了考虑结构受力的需要外，还要结合建筑构造和施工特点，适当延长负弯矩的钢筋，避免在附加应力较大区域切断钢筋，而造成框架裂缝。

（二）百货商场内框架梁裂缝

1. 工程与事故概况

该工程位于江苏省某市，其建筑平面为带圆弧形的"⌐"形，见图3-13。

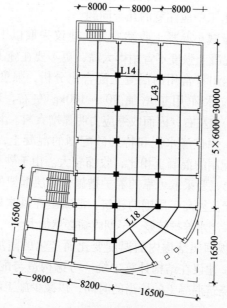

图3-13 某百货商场平面示意图

该工程大部分为3层，局部4层，并附局部地下室。各层的层高依次为 4.8m、4.2m、4.8m 及 3.6m，建筑面积共 3750m²，现浇内框架、预制空心楼板，柱网 6m×8m，无抗震设防（该地区属7度)。

施工3层现浇屋面结构后，拆模时发现斜梁裂缝，但当时并未引起重视。该工程1993年竣工使用一年后，屋面漏水严重。施工单位进行维修，在不上人屋面上加做二毡三油防水层，并加设一层红砖保护层。原设计按不上人屋面考虑，这一处理使屋面荷载超过原设计活荷载的2.8倍，而原设计人员了解这种情况后，也未加制止。

在附近地区（距离约105km）地震的影响下，该建筑圈梁出现裂缝。2003年发现底层少量橱窗玻璃破碎，1982年橱窗玻璃破碎发展达50%以上，至2005年3月已达80%左右。自2004年7月起，多次组织人员对该建筑进行了全面检查，发现的主要问题有：

（1）大梁裂缝

圆弧门厅处各层10m大梁均有不同程度的裂缝，特别是3层顶及4层顶两处的大梁已接近斜拉破坏。3、4层屋面梁裂缝普遍，而且严重，如4层屋面梁共8根，其中5根裂缝严重，占4层屋面梁总数的62.5%；3层屋面梁共58根，显著开裂的有53根，占3层屋面梁总数的91.37%。就整栋建筑而言，共有梁182根，明显开裂者有67根，占全部梁数的36.8%。经实测，开裂的67根梁上共有裂缝365条，超过0.3mm宽度的裂缝有140条，占裂缝总数38.4%。其中最大的1条裂缝宽度达2.5mm，已明显露筋，一些有代表性的梁裂缝情况见图3-14。

（2）建筑变形情况

该建筑物产生了不均匀沉降，最大沉降差为60mm；砖墙局部倾斜严重，最大外倾205mm（《砌体工程施工质量验收规范》GB 50203—2002允许差20mm）。

（3）砖墙裂缝

在4层顶部及3层屋面上的女儿墙发现了一些水平裂缝；2~3层交界区附近也有少量水平裂缝；在2层有5条长为30~180cm的垂直裂缝，其位置在建筑物的3层部分与4层部分相接处附近。楼梯间砖墙也出现了一些裂缝。

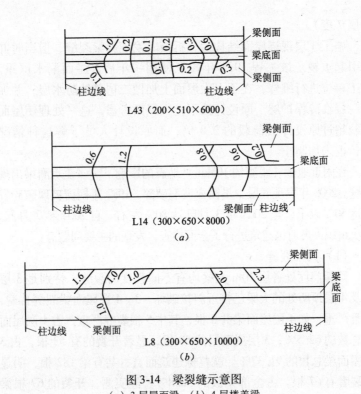

图 3-14 梁裂缝示意图
(a) 3层屋面梁；(b) 4层楼盖梁

砖外墙的部分裂缝情况见图 3-15。

图 3-15 正立面部分墙裂缝示意图

2. 原因分析

(1) 地质勘测方面

设计前，没有进行任何地质钻探勘察，而随便确定地基的允许承载力为 120kPa。2005 年的钻探结果表明：该工程的地基相当软弱。从地面往下 2m 是杂填土，密实度不均匀；2~5m 为灰褐色软塑到流塑状的回填粉质黏土，并夹有少量碎砖、瓦砾及淤混质土。5m以下为近似粉砂的粉质黏土，承载力较好，压缩性较低。该工程仅将表层杂填土挖去，将基础做在软塑到流塑状的回填粉质黏土层上。实际的承载能力只有60~70kPa。

（2）设计计算方面

该工程没有进行系统的设计计算，就绘制施工图。图纸上只有绘图者签名，无校审把关，无人批准，不符合正常设计顺序的规定。事故调查中的复核计算表明：该工程的基础、柱、梁、板、承重墙垛、楼梯间砖墙等主要承重构件的承载能力不足或严重不足。例如：地基承载能力实际只有60~70kPa，设计估算时却采用120kPa；而按原设计复核，已用至150kPa；又如：10m跨的门厅大梁截面为70cm×30cm，高跨比只有1/14.3，配筋也不足，该梁不仅承受16.5kN/m的均布荷重，而且还承受着三等分点上的两个156kN的集中荷载，正截面与斜截面强度均相差甚多，因而出现了斜截面受拉破坏；再如楼梯间承重墙高13.2m，墙厚只有12cm等。

不仅如此，整个工程建设中乱改设计。例如该建筑开始按2层设计，后改为3层，以后又局部加至4层；层高也不断增加，底层由4.8m改为5.2m，4层由3.6m改为4.2m；另外，对屋面构造和楼面结构布置也进行了修改。这些设计变更，使原设计中存在的问题变得更加严重。

（3）施工质量差

工程施工特点是抢进度、搞突击，无视施工规范的一系列规定，从挖土起至工程竣工全部施工时间仅用了105d，加之管理极度混乱，因此造成施工质量低劣。例如混凝土施工中，石子不认真冲洗，含泥量高，配合比控制不严，坍落度过大等，使混凝土强度普遍偏低。2005年用回弹仪测得的强度结果为：有65%柱低于设计的C20，其中有5%低于C10；有52%的梁低于C20，其中有25%低于C10。须要指出的是：从混凝土强度发展的一般规律来分析，时经10年以上，混凝土强度理应有较大增长。而现在却有65%的柱、52%的梁强度低于设计强度，足见问题的严重性。另外，施工时没有按规定留试块，以致拆模前没有按规范规定用试块来确定混凝土是否已经达到可以拆模的最低强度，结果当时有的梁就出现裂缝。而发现裂缝后，又不分析研究，听之任之，因而留下了隐患。

3. 事故处理

对这幢存在问题较多的建筑物，应从技术上进行分析，以确定可否采取简单的加固处理后使建筑物能安全使用。为此，首先要对地基进行评价，这是确定该建筑物可否加固后使用的关键。因此在现场补做了地质勘测，并结合建筑物的使用情况和目前状况进行分析后认为，墙没有明显开裂，沉陷量也不大，说明地基有一定的承载能力；同时，1、2层梁没有出现明显的裂缝，也证明了地基有一定的承载能力。根据这一分析，建筑物可以加固后使用。因此，某设计室作了加固设计，加固平面示意见图3-16。

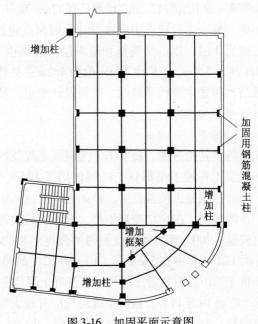

图3-16 加固平面示意图

（1）原建筑物的基础部分一般不予加固，仅在增设的钢筋混凝土柱处，补做钢筋混凝土基础。基础埋设深度原则上挖至地下水位为止，但不得小于1m。如地基土松软，则应用碎石铺垫夯实。

（2）砖墙及砖壁柱用钢筋混凝土壁柱加固，两者用钢箍箍牢。钢筋混凝土壁柱的主筋应穿越楼面，有的主筋如不能穿越楼面，则与梁内的钢筋焊接起来（有详图设计，本文略）。

（3）圆弧门厅处10m大梁加固。

在距梁端各1.5m处，增设两根柱，并将梁与柱连接成框架，如图3-17所示，新增加的梁托住原有的10m大梁。为使新增加的现浇框架与原有框架连成整体，共同工作，要求托梁的部分箍筋与原大梁的钢筋焊接，并在施工时采取措施（如把原梁略顶起，或采用膨胀水泥），保证托梁与原大梁互相连接成整体。

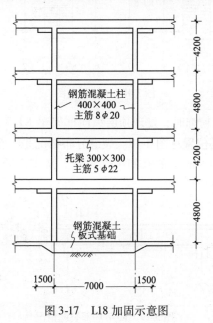

图3-17 L18加固示意图

（4）营业厅主要楼梯间砖墙用角钢、扁铁、钢筋加固，然后用水泥砂浆粉饰。

（5）屋面拆除3层钢筋混凝土屋盖，改用木屋架、轻钢檩条和石棉瓦。

该工程经加固处理后，已使用多年，未发现明显质量问题。

（三）7层框架梁裂缝

1. 工程与事故概况

某临街建筑的底层为商店，2层以上为宿舍，是7层现浇框架结构，纵向五跨，横向二跨，其第7层平面图如图3-18所示。

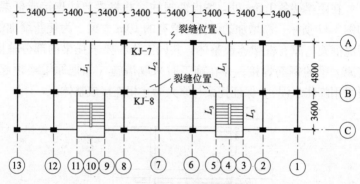

图3-18　7层平面图

进行室内粉饰时，发现顶层纵向框架梁KJ-7、KJ-8上共有15条裂缝，其位置见图3-18。裂缝分布情况是：在次梁L1的两边或一边和340cm宽的开间中部附近。从室内看，梁上的裂缝情况见图3-19。

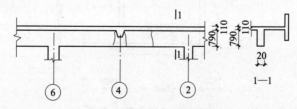

图3-19　KJ-7局部裂缝情况

裂缝的形状一般是中间宽两端细，最大裂缝宽度为0.2mm左右。

2. 原因分析

(1) 混凝土收缩。从裂缝的分布情况可见框架两端 1~2 个开间没有裂缝，考虑到裂缝的特征是中间宽两端细，推测位于开间中间的裂缝主要是因混凝土收缩而引起的。因为有裂缝的梁是屋顶的大梁，建筑物高度较高，周围空旷，而 KJ-7 大梁的断面形状（见图 3-19 中 1-1 剖面）造成浇水养护困难，施工中又没有采取其他养护措施，致使混凝土的收缩量加大，特别是早期收缩加大。因此，裂缝的数量较多，间距较密，裂缝宽度较小。另外，从大梁断面可以看到上部为强大的翼缘，下部有 3Φ16 的钢筋，这些都可阻止裂缝朝上下两面开展。

(2) 施工图漏画附加的横向钢筋。该建筑的结构布置图采用两个开间设一个框架，如图 3-18 中的②、⑥、⑧、⑫号轴线，而在④、⑦、⑩号轴线上采用 L_1、L_2 支承楼板和隔墙的重量，L_1、L_2 与纵向框架梁 KJ-7 等连接。检查中发现，L_1、L_2（次梁）与 KJ-7（主梁）连接处的两侧或一侧都有裂缝；而 L_2、L_3（次梁）与 KJ-8（主梁）连接处的两侧均未发现裂缝。查阅施工图纸可见，凡次梁与主梁连接处增设了附加横向钢筋（吊筋、箍筋）的，框架上都无裂缝；反之，没有附加横向钢筋的部位都有裂缝。出现这类裂缝的主要原因是违反了现行规范《混凝土结构设计规范》(GB 50010—2002) 第 10.2.13 条的规定。

(四) 建材库框架梁裂缝

1. 工程概况

江苏省某仓库工程为 1 幢 3 层的现浇框架建筑，其平面与剖面示意如图 3-20、图 3-21 所示。框架梁为花蓝梁，楼板采用上海市标准图 CG430 中的槽形楼板，肋高为 400mm，板宽为 1200mm 和 900mm 两种，板的自重分别为 1.9t 和 1.57t。预制板安装后，楼面现浇 C20 细石混凝土整浇层，厚 40mm，内配 ϕ6@250 双向钢筋网。

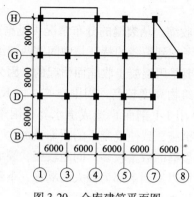

图 3-20 仓库建筑平面图

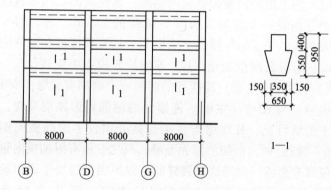

图 3-21 框架剖面图

施工时,采用木模板和钢管脚手架支撑。花篮梁分两次浇筑,第一次浇到槽形板支承面标高处,拆除侧模后(底模及支撑未拆除),用汽车式起重机安装槽形楼板。

2. 事故概况

楼板安装后,发现 1 层框架梁端部普遍开裂,共有裂缝 25 条,缝宽超过 0.3mm 的有 7 条,裂缝最大的宽度达 0.6mm。裂缝位置、裂缝长度与宽度见图 3-22 和表 3-29

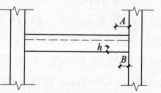

图 3-22 裂缝位置及尺寸示意图
A—裂缝上端离柱边尺寸;
B—裂缝下端离柱边尺寸;
h—裂缝离梁底距离

其中Ⓖ~Ⓗ跨框架梁的裂缝较严重。④轴线梁的裂缝示意如图3-23所示。

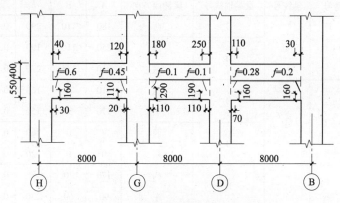

图3-23 ④轴线框架梁西侧面裂缝示意图
f—裂缝宽度

梁裂缝位置、裂缝长度与宽度　　　　表3-29

梁 位 置		裂 缝 位 置		裂缝尺寸（mm）			
跨号	轴线号	梁端轴线号	梁侧面方向	A	B	h	f
G~H	③	H	西	130	1	290	0.10
			东	30	20	220	0.50
		G	西	255	135	130	0.24
			东	125	120	200	0.52
D~G	③	G	西	215	80	130	0.10
			东	255	60	300	0.10
		D	西	285	115	135	0.21
			东	250	120	145	0.19
B~D	③	D	西	285	145	170	0.11
			东	190	80	230	0.12
G~H	④	H	西	40	30	160	0.60
			东	10	20	160	0.52
		G	西	120	20	110	0.45
			东	20	25	130	0.30

205

续表

梁位置		裂缝位置		裂缝尺寸（mm）			
跨号	轴线号	梁端轴线号	梁侧面方向	A	B	h	f
D~G	④	G	西	180	110	290	0.10
		D	西	250	110	190	0.10
			东	210	135	270	0.10
B~D	④	D	西	110	70	160	0.28
			东	170	60	150	0.21
		B	西	30	0	160	0.21
			东	0	0	320	0.10
G~H	⑤	H	西	170	70	80	0.47
			东	90	60	230	0.30
		G	西	180	30	185	0.46
			东	230	70	120	0.35

注：未注明处梁端均无裂缝。A、B、h见图3-22。f为裂缝宽度。

3. 原因分析

检查混凝土施工日志，钢材、水泥材质报告，以及有关施工记录和混凝土试块强度，均未发现异常情况。对框架施工图进行验算，未发现设计有明显错误。根据现场调查所收集的资料分析，造成这次事故的主要原因有以下几方面：

（1）从图3-21中可明显看到，花篮梁全高为950mm，第一次浇筑高度仅550mm，拆除侧模后即安装大型预制钢筋混凝土槽形板，板的自重很大，沿梁长每米荷载达22.8kN。此时，不仅梁的实际高度只有设计高的58%，而且负弯矩钢筋还未安装，框架梁在支承附近断面的抗剪和抗弯强度都不足以抵抗由结构自重产生的内力，这是出现事故的主要原因。

（2）框架梁开裂后，在工地检查所见到的模板及支架的情况如图3-24所示。

楼板安装时，虽然在梁底保留了底模板和支架，但因为支架构件断面偏小，而且间距较大，在楼板和梁的自重作用下，模板支架无力承担如此大的施工荷载,更不能防止新浇钢筋混凝土梁产生较明显的变形。这可以由下述的粗略估算得到证实。

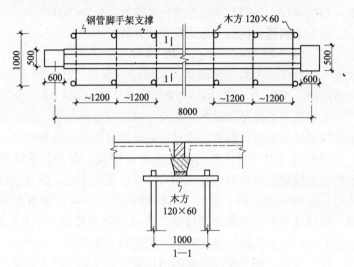

图 3-24 框架梁模板及支架示意图

由图 3-24 中剖面 1-1,对模板支架的梁下搁栅的计算图近似取为图 3-25。

作用在梁上的荷载计算:

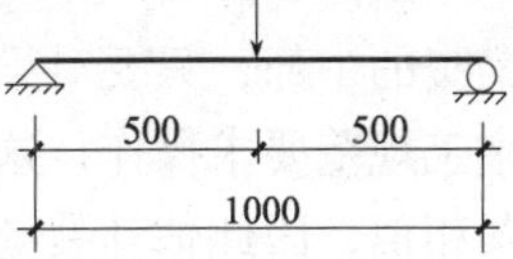

1)楼板自重:1.2m 宽槽形板每块重力 19kN,搁置在梁上,沿梁长每米的荷载为 19/1.2 = 15.38kN。

图 3-25 计算简图

2)梁自重:安装楼板时,梁的实际浇筑高度为 55cm,梁每米的重力为 $25 \times 0.55 \times (0.35 + 0.65)/2 = 6.87$ kN。

3)梁底模每米重力为 $0.05 \times 0.35 \times 5 = 0.1$ kN。

上述三项合计即为沿梁长每米的荷载为 22.8kN。

由于木搁栅的间距为 1.2m,因此图 3-24 中的 P 值为 $22.8 \times 1.2 = 27.36$ kN。

木搁栅系用红松制成,断面为 12cm×6cm,其惯性矩 $I = bh^3/12 = 6 \times 12^3/12 = 864$ cm^4,断面系数 $W = bh^2/6 = 6 \times 12^2/6 = 144$ cm^3。

弯矩 $M = PL/4 = 27360 \times 100/4 = 684000 \text{N·cm}$，弯曲应力 $\sigma = M/W = 684000/144 = 4750 \text{N/cm}^2$，这个数值远大于《木结构设计规范》(GB 50005—2003) 中规定的允许应力 $[\sigma] = 1000 \text{N/cm}^2$。

梁下木搁栅的挠度可近似按下式计算：

$$w_{\max} = PL^3/4EI$$

式中 E 为红松木的弹性模量，根据同一规范，红松的 $E = 9 \times 10^5 \text{N/cm}^2$，所以 $f_{\max} = 27360 \times 100^3/4 \times 9 \times 10^5 \times 864 = 8.8 \text{cm}$。

上述简单估算足以说明：从应力或挠度方面分析，模板支架不可能承受梁板自重荷载，这是造成梁裂缝的又一重要原因。

（3）施工时，用汽车式起重机安装楼板。由于可供起重机开行的道路仅北侧才有，且现场构件堆放场地不足，因此，在吊装时，靠道路的一跨，即 G～H 跨楼面上，不仅安装本跨的楼板，同时还堆放了其他跨的楼板，造成该跨荷载远大于其他跨，这是 G～H 跨框架梁裂缝比其他跨严重的主要原因。

综上所述，施工顺序安排不当，模板及支架构件太薄弱以及施工方法欠妥，是这次事故的主要原因。

4. 裂缝危害的初步估计

从图 3-23 中可以看到，梁全部浇筑完成后，裂缝位置处在梁腹的中部，只要对梁分层面认真凿毛、清洗、充分湿润后，按施工规范要求操作，这样分两次浇筑的叠合梁，其承载力与整浇梁相似，因此估计裂缝对梁的抗弯承载能力影响不大。

从施工图的验算中可知，原设计安全系数较大。按照实测的裂缝情况，不考虑开裂部分混凝土的作用，验算梁的抗剪能力、斜截面强度、抗震能力等，只有个别裂缝最严重的梁抗震能力不足，其余均无问题。但这些梁的实际承载能力如何，已经出现的裂缝，在使用阶段是否会进一步发展，从而影响使用和降低耐久性等问题很难估计。为此决定作局部结构荷载试验，检验梁的实际承载力、刚度和抗裂性能，待荷载试验后，再确定处理措施。

5. 荷载试验方案及结果分析

（1）荷载试验方案要点

1）试样：经建设、施工与设计单位三方面协商确定，选择裂缝最严重的④轴线、G～H 跨梁作试验。

2）试验荷载值：根据设计单位要求，试验总荷载值为 780kN，布置在④轴线两侧各 3m 的范围内（图 3-26）。折算成均布荷载约 17.5kN/m^2。

3）观测器具：用百分表测读梁挠度，用 5 倍放大镜观测裂缝，并用带刻度放大镜测读裂缝宽度。

4）荷载分级及加荷时间：为缩短试验时间，设计单位建议分 3 级加荷，第一级加总荷载的 50%，第二、三级各加 25%。每级荷载加完，变形基本停止后（约 30min），方可加下一级荷载。加至设计荷载后，恒载持续 12h，然后分两次卸荷，空载 18h 后，测读残余变形。

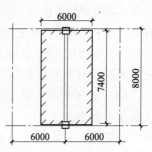

图 3-26　试验区位置示意图

5）安全防护措施：用 4 排脚手架钢管，间距 0.6m，搭设安全防护架。

（2）荷载试验结果与分析

荷载试验百分表布置示意如图 3-26 所示。试验结果表明，该梁在 17.5kN/m^2 的外加荷载作用下，相当于沿梁长每米所加的总荷重（包括自重）达 129kN 时，梁的最大挠度 $w = (1.23 + 1.44)/2 - [(0.73 + 0.65)/2 + 0.65]/2 = 1.335 - 0.67 = 0.665$mm，挠跨比 $f/L = 0.665/(8000 - 600) = 1/11128$，挠跨比的实测值远小于规范的规定值。

卸荷后残余挠度 $f' = (0.62 + 0.58)/2 - [(0.73 + 0.32)/2 + 0.67]/2 = 0.60 - 0.598 = 0.002$mm。

残余变形极小，说明卸荷后梁基本恢复原状。而且在这样大的荷载下，这种非预应力梁，不仅没有产生新裂缝，而且梁端原有裂缝也无明显开展。

6. 事故处理及结论

本事故的原因比较明确，工程设计与建筑材料质量等方面均无明显问题。在设计规定荷载等要求的条件下，所作的结构检验结果表明：框架梁的承载力、抗裂性和刚度都已达到设计要求和规范的有关规定。经建设、施工和设计三方共同商定的处理意见如下：

（1）已裂缝的花篮梁不用加固补强，为防止钢筋锈蚀，对已有裂缝用环氧树脂封闭。

（2）尚未浇筑的2、3层框架梁必须一次浇筑完成，以免再次发生类似事故。

该工程已建成并使用多年，经仓库楼面满载条件下的较长期观测，未见异常。

7. 几点建议

（1）花篮梁在工业与民用建筑中已广泛应用。为确保工程质量，建议在设计图纸中明确规定：花篮梁应一次浇筑完成。有条件时，最好明确规定梁混凝土强度应达到什么标准时，方可安装楼板，以免花篮梁过早受荷，造成梁挑檐处损坏或产生明显裂缝。

（2）施工时，若需要安装楼板后浇筑花篮梁，则应由施工单位设计模板及支架，用这些临时结构来承受梁、板自重及施工荷载，并遵照施工规范的规定（或经必要的结构验算）拆除模板。

（3）特殊条件下，仍需分两次浇筑完成的花篮梁，其模板和支架应专门设计。此外，尚应注意分层面处施工缝的处理，应符合施工规范的有关要求。

（五）电站主厂房预制框架梁裂缝

1. 工程与事故概况

四川省某厂电站主厂房为一装配式钢筋混凝土框架结构，梁、柱为刚性接头，钢筋采用V形坡口对焊，见图3-27，梁主筋为两根通长受拉钢筋，受压区有3根非通长的负弯矩钢筋，见图3-28，每根梁一次焊成，焊完后发现在7m标高的平台处有程度不同的裂缝，其长度、宽

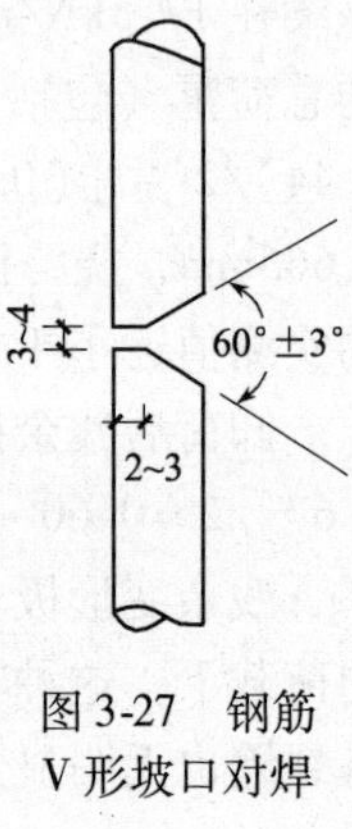

图3-27 钢筋V形坡口对焊

度与焊接间隔时间和焊缝大小有关，焊接间隔时间越短、焊缝越大，裂缝越严重。

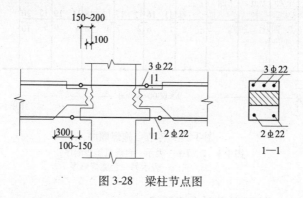

图 3-28　梁柱节点图

2. 原因分析

因每根梁一次施焊完毕，热量集中，温度过高，冷却后梁的收缩受到框架柱的约束，而使梁产生裂缝。

3. 处理措施

（1）已产生裂缝的梁，因其裂缝宽度不大，从产生裂缝的原因和该梁的受力特点分析，不致影响承载能力，故未作专门处理。

（2）对尚未安装的预制梁，为降低焊接收缩应力，其与柱的钢筋焊接方法，将钢筋坡口对接一次焊成改为多层间断施焊，具体做法是每根钢筋的焊接分 5 ~ 6 层完成，第 1、2 层用 $\phi 3.2$ 直径的焊条，以焊透根部，余下层次用 $\phi 4$ 直径的焊条，以加快焊接速度。各节点施焊顺序按图 3-29 进行。各焊层间停歇时间以温度降到手能触摸焊件为准。按这种工艺施焊后，梁上再未出现裂缝。

（3）对尚未预制的梁，将梁中负弯矩钢筋改为浮筋，梁安装就位后，焊接钢筋，最后再进行混凝土二次浇筑，形成一个完整的梁。

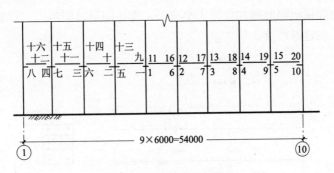

图 3-29　各节点施焊顺序
图中1、2、3……表示一台焊机施焊顺序；
一、二、三……表示另一台施焊顺序

（六）地下室混凝土墙裂缝

目前高层建筑混凝土地下室墙裂缝现象普遍，不仅因渗漏而影响使用，还会降低耐久性。下面综合分析这类裂缝的原因及防治措施。

1. 地下室混凝土墙裂缝的主要特征

（1）绝大多数裂缝为竖向裂缝，多数缝长接近墙高，两端逐渐变细而消失。

（2）裂缝数量较多，宽度一般不大，超过 0.3mm 宽的裂缝很少见，大多数缝宽度≤0.2mm。

（3）沿地下室墙长两端附近裂缝较少，墙长中部附近较多。

（4）裂缝出现时间多在拆模后不久，有的还与气温骤降有关。

（5）随着时间裂缝发展，数量增多，但缝宽加大不多，发展情况与混凝土是否暴露在大气中和暴露时间的长短有关。

（6）地下室回填土完成后，常可见裂缝处渗漏水，但一般水量不大。

2. 裂缝主要原因

（1）混凝土收缩

从裂缝特征可见大多数均属收缩裂缝[1]。地下室混凝土墙收缩较大的主要原因有水泥用量过多、养护不良等。

（2）设计问题

《混凝土结构设计规范》（GB 50010—2002）规定：现浇钢筋混凝土墙伸缩缝的最大间距为 20（露天）~ 30m（室内或土中），但实际工程中墙长均超过此规定。需要指出的是，一些工程设计突破了规范规定后，地下室墙的水平钢筋仍按构造配置，这是墙较易裂缝的又一因素。

（3）温差过大

包括混凝土内外温差大、昼夜温差、日照下混凝土阴阳面的温差、拆模过早及气候突变等因素的影响。

（4）地下室墙长期暴露

这类薄而长的结构对温度、湿度变化较敏感，常因附加的温度收缩应力导致墙体开裂。同时还应注意，设计时地下室墙均按埋入土中或室内结构考虑，即伸缩缝最大间距为 30m。实际施工中很难做到墙完成后立即回填土和完成顶盖，因此实际工程应取最大伸缩缝间距 20m。这也是地下室墙裂缝普遍的一个因素。

（5）混凝土施工质量差

原材料质量不良、配合比不当、使用过期的 UEA 微膨胀剂、坍落度控制差，施工中任意加水以及混凝土养护不良等因素，均会导致混凝土收缩加大而裂缝。

此外，目前地下室普遍采用泵送混凝土，由于泵送混凝土坍落度大，也导致收缩增加，裂缝可能性加大。

3. 处理方法与工程实例

目前常用的地下室混凝土墙裂缝的处理方法有以下四类。有的工程采用两种方法同时使用，效果良好。

（1）表面涂抹法

常用材料有环氧树脂类、氰凝、聚氨酯类等。混凝土表面应坚实、清洁，有的表面根据材料要求还要求干燥。以涂抹环氧树脂类为例，其处理要点是先清洁需处理的表面，然后用丙酮或二甲苯或酒精擦洗，待干燥后用毛刷反复涂刷环氧浆液，每隔 3 ~ 5min 涂一次，至涂层厚度达到 1mm 左右为止。国外曾报道用这种处理方法的环氧浆液渗入深度可达16~84mm，能有效防止渗漏。

(2) 表面涂刷加玻璃丝布法

目前常用的有聚氨酯涂膜或环氧树脂胶料加玻璃丝布。以前者为例，其施工要点如下。将聚氨酯按甲乙组分和二甲苯按1：1.5：2的重量配合比搅拌均匀后，涂布在基层表面上，要求涂层厚薄均匀，涂完第一遍后一般需要固化5h以上，基本不粘手时，再涂以后几层。一般涂4~5层，总厚度不小于1.5mm。若加玻璃丝布，一般加在第2至第3层间。例如，江苏省某高校地下室墙裂缝，经设计院确认不影响结构安全，采用表面粘贴环氧玻璃丝布法处理，效果较好。处理时应注意玻璃丝布宜用非石蜡型，否则应做脱蜡处理。环氧树脂胶结料应经试配合格后方可使用。被处理表面应坚实、清洁、干燥，均匀涂刷环氧打底料，凹陷不平处用腻子料修补填平，自然固化后粘贴玻璃丝布1~3层。

(3) 充填法

用风镐、钢钎或高速旋转的切割圆盘将裂缝扩大，形成V形或梯形槽，清洗干净后分层压抹环氧砂浆或水泥砂浆、沥青油膏、高分子密封材料或各种成品堵漏剂等材料封闭裂缝。当修补的裂缝有结构强度要求时，宜用环氧砂浆填充。

(4) 灌浆法

灌浆材料常用的有环氧树脂类、甲基丙烯酸甲酯、丙凝、氰凝和水溶性聚氨酯等。其中环氧类材料来源广，施工较方便，建筑工程中应用较广；甲基丙烯酸甲酯粘度低，可灌性好，扩散能力强，不少工程用来修补缝宽≥0.05mm的裂缝，补强和防渗效果良好。环氧树脂浆液和甲基丙烯酸酯类浆液配方可参考《混凝土结构加固技术规范》(CECS 25：90)。灌浆方法常用以下两类：一类是用低压灌入器具向裂缝中注入环氧树脂浆液，使裂缝封闭，修补后无明显的痕迹；另一类是压力灌浆，压力常用0.2~0.4MPa。例如：江苏省某工程用水溶性聚胺酯处理地下室混凝土墙裂缝，虽然裂缝较宽，渗水较严重，经用聚胺酯灌浆法处理后，再无渗漏。

在处理地下室混凝土墙裂缝时，两种方法同时使用效果更好，这类工程实例较多。例如上海市某高层建筑的两层地下室混凝土墙裂缝处理分两阶段进行：第一阶段是室外涂刷氰凝；第二阶段是室内用快硬高强水泥砂浆充填法处理，已使用多年，效果良好。又如南京某饭店地下污水处理站混凝土墙长52m，中部有4条裂缝并渗水，采用墙外侧涂刷氰凝，墙内侧涂布4层聚氨酯涂膜防水材料，在第2~3层之间加铺玻璃丝布增强，效果很好。

4. 预防地下室混凝土墙裂缝的几点建议

（1）设计方面

①没有充分依据时，不得任意突破设计规范关于伸缩缝最大间距的规定。应注意满足《混凝土结构设计规范》(GB 50010—2002) 第9.1.2条3款的要求："位于气候干燥地区、夏季炎热且暴雨频繁地区的结构或经常处于高温作用下的结构，可适当减小伸缩缝间距"。

②设置后浇带，以减小混凝土收缩应力。

③加强水平钢筋的配置。应注意三个问题：第一，水平钢筋保护层应尽可能小些；第二，防裂钢筋的间距不宜太大，可采用小直径钢筋小间距的配筋方式；第三，考虑温度收缩应力的变化加强配筋。

（2）材料方面

①水泥：宜用低水化热、铝酸三钙含量较低、细度不过细、矿渣含量不过多的水泥。

②砂、石：宜用中、粗砂，含泥量不大于2%；石子宜用粒径较大的连续级配、级配良好、含泥量不大于1%的碎石或卵石。

③掺减水剂，以减少混凝土用水量。

④掺入微膨胀剂，配制成补偿收缩混凝土，国内常用掺10%~15% UEA 或 10% 左右的 AEA。

⑤掺用粉煤灰替代部分水泥，以降低水泥水化热温升。

（3）施工方面

①模板选用：对外露面积较大的混凝土墙体、气温变化剧烈

的季节以及冬季不宜使用钢模板。选用木模时，应充分湿润，以利保湿和散热。

②严格控制混凝土施工质量，尽量降低不均匀性。除控制混凝土制备和运输中和质量外，还要注意混凝土浇筑时防止离析，振捣密实以免墙内出现薄弱面而产生裂缝。

③根据测温记录和气象预报确定拆模时间，保证混凝土内外温差不超过 25℃，温度陡降不超过 10℃ 拆模后应注意覆盖和及时养护。

④浇水养护。应保持混凝土表面持续湿润，养护时间不少于施工规范的规定。

第四节 错位偏差过大

一、错位偏差事故类别与原因

（一）错位偏差事故常见种类
(1) 构件平面位置偏差太大。
(2) 建筑物整体错位或方向错误。
(3) 构件竖向位置偏差太大。
(4) 柱或屋架等构件倾斜过量。
(5) 构件变形太大。
(6) 建筑物整体变形。

（二）错位偏差事故的常见原因
(1) 看错图：常见的有把柱、墙中心线与定位轴线混淆；不注意设计图纸标明的特殊方向，如一般平面图上方为北，但有的施工图因特殊原因，上方却为南。
(2) 测量标志错位：如控制桩设置不牢固，施工中被碰撞、碾压而错位。
(3) 测量错误：常见的是读错尺或计算错误。
(4) 施工顺序错误：如单层厂房中吊装柱后先砌墙，再吊装屋盖，造成柱墙倾斜等。

（5）施工工艺不当：如柱或吊车梁安装中，未经校正即最后固定等。

（6）施工质量差：如构件尺寸、形状误差大，预埋件错位、变形严重，预制构件吊装就位偏差大，模板支撑刚度不足等。

（7）地基不均匀沉降：如地基沉降差引起柱、墙倾斜，吊车轨顶标高不平等。

（8）其他原因：如大型施工机械碰撞等。

二、混凝土结构错位偏差事故处理

（一）常用的处理方法

混凝土上部结构错位变形事故常用的处理方法有以下 7 种。

1. 纠偏复位

如用千斤顶对倾斜的构件进行纠偏；用杠杆和千斤顶调整吊车梁安装标高等。

2. 改变建筑构造

如大型屋面板在屋架上支承长度不足，可增加钢牛腿或铁件；又如空心楼板安装中，因构件尺寸误差大，而无法使用标准型号板时，可浇筑一块等高的现浇板等。

3. 后续工程中逐渐纠偏或局部调整

如多层现浇框架中，柱轴线出现不大的偏位时，可在上层柱施工时逐渐纠正到设计位置；又如单层厂房中，预制柱的弯曲变形，可在结构安装中局部调整，以满足各构件的连接要求。需要注意的是采用这种处理方法前应考虑偏差产生的附加应力对结构的影响。

4. 增设支撑

如屋架安装固定后，垂直度偏差超过规定值，可增设上弦或下弦平面支撑，有时还可增设垂直支撑和纵向系杆。

5. 补作预埋件或补留洞

结构或构件中应预埋的铁件遗漏或错位严重时，可局部凿除混凝土（有的需钻孔）后补作预埋件，也可用角钢、螺栓等固定在构件上代替预埋件。预留洞遗漏时可补作，洞口边长或直径≤500mm时，应在孔口增加2φ12封闭钢箍或环形钢筋。钢筋搭接长度应不大于l_a（l_a：纵向受拉钢筋最小锚固长度）。在C20混凝土中，$l_a=360mm$；当洞口宽或直径>500mm时，宜在洞边增加钢筋混凝土框。

6. 加固补强

错位、倾斜、变形过大时，可能产生较大的附加应力，需要加固补强。具体方法有外包钢筋混凝土、外包钢、粘贴钢板等。

7. 局部拆除重做

根据具体事故情况酌情处理。

（二）选择混凝土结构错位变形事故的处理方法的建议

错位变形事故处理方法选择可参见表3-30。

错位变形事故处理方法选择参考　　　　　表3-30

结构类别		处理方法					
		纠偏复位	改变构造	后续工程纠正	增设支撑	加固补强	拆除重做
现浇结构	柱	△	⊙	√		△	⊙
	梁		△				
	板		△				
装配结构	柱	√		√		△	△
	屋架	√	△		√	△	△
	梁	√				△	△
	板	√				△	△

注：1. √——较常用；△——有时也用；⊙——必要时用；

2. 遗漏预埋件或预留洞，对各类结构构件一般都用补作方法，故表中未列入。

（三）处理错位偏差事故应注意的问题

（1）对结构安全影响的评估是选择处理方法的前提：错位、偏差或变形较大时，必须对结构承载能力及稳定性等作必要的验算，根据验算结果选择处理方法。

（2）要针对错位变形的原因，选择适当的方法：如地基不均匀沉降造成的事故，需要根据地基变形发展趋势，选定处理方法；因施工顺序错误或施工质量低劣、或意外的荷载作用等造成错位变形，则应针对其直接原因采用不同的处理措施，方可取得满意的效果。

（3）必须满足使用要求。如吊车梁调平、柱变形的消除或减小等均应满足吊车行驶的坡度、净空尺寸等要求，以及根据生产流水线对建筑的要求，确定结构或构件错位的处理方法。

（4）注意纠偏复位中的附加应力。如用千斤顶校正柱、墙倾斜，必须验算构件的弯曲和抗剪强度等。

（5）确保施工安全。事故处理中可能造成强度或稳定性不足，应有相应的措施；局部拆除重做时，注意拆除工作的安全作业，并考虑未拆除部分的结构稳定；梁、板等水平结构处理时，设置必要的安全支架等。

三、工程实例

（一）单层厂房预制柱严重弯曲

1. 工程与事故概况

湖北省某车间预制钢筋混凝土柱为矩形截面柱和双肢柱两种。在柱吊装前，检查发现9根柱局部严重弯曲，其中B列㉚、㉛轴线矩形柱，C列㉕、㉙、㉚、㉛轴线和D列㉔、㉖轴线双肢柱，在断面短边方向都产生了局部弯曲，弯曲矢高为30～40mm，最大达80mm。

2. 原因分析

（1）预制柱的场地为新填土区，填土时未分层夯实。在预制柱生产过程中，由于施工荷载的作用和施工用水、雨水浸入新填土造成明显的不均匀下沉。

（2）柱底模板刚度不足，支撑不良。

3. 处理措施

众所周知，单层厂房柱的主要受力方向是在断面的长边方向，而此工程中柱的局部弯曲发生在断面的短边方向，即非主要受力方向，因此可以预计由偏差造成的柱承载能力下降不致太大。为了验证柱承载能力下降的程度，对偏差后的柱子进行承载能力的验算。

单层厂房柱受力大的部位是下柱，因此验算中应尽量保持下柱的垂直偏差为最小，同时要考虑柱偏位后屋盖系统的安装不致发生困难。根据这个原则确定了验算中所取的偏差值，验算时，采用原设计荷载与偏差后和附加荷载组合，柱截面积按偏差实际情况予以适当减小。经施工与设计单位共同协商并验算，考虑偏差的影响后，结构安全系数仍达到规范的要求，因此决定不再采取补强加固处理，即进行结构吊装。为了尽量减少偏差对结构的不利影响，采取了以下几项措施：

(1) 偏差≤20mm时，柱安装中线为柱底中心与大牛腿中心的联线，安装柱时将此线对准标口的中心线，安装屋架时，屋架轴线对准柱顶截面中心线（图3-30a）。

(2) 偏差在20~40mm范围内时，柱的安装中心线同上述，而屋架安装中心线用下述方法确定：先将安装中心线延长至柱顶面，并在柱顶划出此安装线，然后划出柱顶截面中心线，用上述两线的中点线作为屋架安装的中心线（图3-30b）。

(3) 安装时尽可能保持下柱位置与垂直角度的准确。

(4) 若相邻柱顶均存在偏差，安装时需要注意使其偏差移位方向一致。

4. 处理效果

采用上述方法处理后，车间竣工使用多年，情况良好。

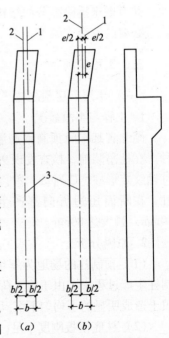

图3-30 安装中心线与构件中心线的相对位置
1—柱截面中心线；
2—屋架安装中心线；
3—安装中心线

（二）单层厂房边柱向外倾斜过大

1. 工程与事故概况

湖北省某车间为单层装配式厂房，上部结构的施工顺序为：先吊装柱，再砌筑墙，然后再吊装屋盖。在屋盖吊装中出现柱顶预埋螺栓与屋架的预埋铁件位置不吻合。经检查，发现车间边排柱普遍向外倾斜，柱顶向外移位 40~60mm，最大达 120mm。

2. 原因分析

（1）施工顺序错误。屋盖尚未安装前，边排柱只是一个独立构件，并未形成排架结构，这时在柱外侧砌 370mm 厚的砖墙，高 10mm 余，该墙荷重通过地梁传递到独立柱基础，使基础承受较大的偏心荷载，从而引起地基不均匀下沉，导致柱身向外倾斜。

（2）柱基坑没有及时回填土，至检查时发现基坑内还有积水，地基长期泡水后承载能力下降，加大了柱基础的不均匀沉降。

3. 处理措施

对这一事故，主要应解决排架结构安全问题和屋盖安装问题。具体做法如下：

（1）根据实际偏差进行结构验算。按照柱倾斜的实际情况计算附加的偏心弯矩，并将此弯矩与原设计的轴向力、弯矩组合进行结构验算，结果表明柱的承载力无问题。

（2）修改屋架与柱顶的连接构造。将柱顶预埋螺栓外露部分割去，屋架吊装就位后，将屋架与柱顶的预埋钢板用电焊连接。

需要指出的是：这种处理方法虽然简单易行，但屋架与柱的连接和计算假定为铰接是有一定差别的。同时，屋架与柱焊死后，施工如需再调整就很困难，因而对后面的吊装工作是不利的。

（三）单层厂房边柱向内倾斜过大

1. 工程与事故概况

江苏省某冷作车间为装配式钢筋混凝土结构，柱距 6m，跨度 18m，主要构件为矩形截面柱，钢筋混凝土屋架，大型屋面板。该工程于 1980 年 5 月进行吊装，在屋面板吊装结束时，发现Ⓑ~④轴线的 1 根柱向内倾斜，柱顶向内移位 50mm。

2. 原因分析

该柱吊装后没有认真校正，即作最后固定。当屋盖吊装时，发现了屋盖与柱连接处有错位，但仍未及时查清原因，直至结构全部吊装完后，才发现该柱明显的向内倾斜。

3. 处理措施

由于柱的偏差太大，必须进行纠偏。纠偏方案有两个：一是把大型屋面板与屋架焊接处割开后，再对柱纠偏；另一方案是把Ⓑ～Ⓓ柱上的屋架连同屋面板等整体顶起，然后对柱纠偏。前一方案虽然比较稳妥，但是工作量很大，工地采用了后一种处理方案，具体做法如下：

（1）先用钢管组合柱两根，从吊车梁及柱顶联系梁间的空隙中穿过，支在Ⓑ～Ⓓ柱两内侧屋架下（图3-31）；

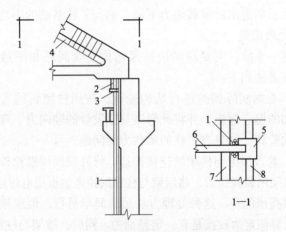

图 3-31 屋盖顶升示意图

1—3ϕ100mm×3mm 钢管，每米加一道箍（钢管组合柱）；
2—15t 千斤顶；3—方木；4—加固木方200mm×200mm；
5—Ⓑ～Ⓓ柱；6—屋梁；7—吊车梁；8—联系梁

（2）加固屋架端节间的上弦杆；

（3）凿除杯口中后浇的细石混凝土，并用钢楔将柱临时固定；

（4）将与柱有牵连的杆件割开，包括屋架、吊车梁、联系梁及柱间支撑上部节点，并撑牢吊车梁端部；

（5）用千斤顶顶起屋架，上升值≤5mm，同时将柱校正到正确位置；

（6）重新焊接各杆件，然后浇杯口混凝土。

（四）现浇框架柱偏移

1. 工程与事故概况

河南省某厂房现浇框架示意见图 3-32，施工到标高 12.9m 时，检查发现，Ⓐ轴线上的柱向外偏移，最大偏移值为 60mm，见图 3-33。

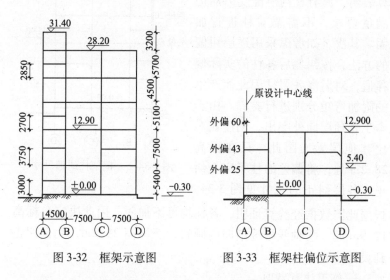

图 3-32　框架示意图　　图 3-33　框架柱偏位示意图

产生上述偏差的原因，除施工工艺不当外，主要是质量检查验收工作不及时、不认真。

2. 原因分析与处理

根据《混凝土结构工程施工质量验收规范》(GB 50204—2002) 第 8.3.2 条规定，这种现浇框架柱的垂直度允许偏差见表 3-30。

从图 3-33 中看出三项外偏差数值均已超出规范规定，这将产生较大的附加内力，因此应进行分析处理。

框架柱垂直度的允许偏差（mm） 表 3-30

项　目	层　间		全　高
	≤5m	>75m	
允许偏差	8	10	H/1000 但不大于 30

首先根据偏移后的实际尺寸，对框架进行验算，用偏移后的实际弯矩和竖向荷载重新计算柱内的配筋量，这种近似方法验算表明，原有柱内所配受力筋仍满足要求，不需要对柱进行加固。其次，如考虑采用逐层纠偏的方法，按纠偏后各柱的实际偏移值，对后浇各层柱因此而产生的附加弯矩分别进行验算。由于本工程顶层向外突出，刚度相对比其他层差，因此，只在标高28.2m处，将偏差的柱子完全纠正，各层纠正的尺寸见图3-34。

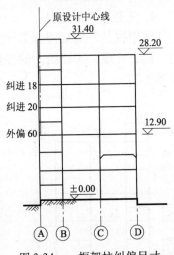

图 3-34　框架柱纠偏尺寸

根据此图数据经验算证明，各柱均可不加固。因此决定自标高12.9m起，Ⓐ轴线柱逐渐向内倾斜，至标高28.2m，完全纠正到设计位置。

3. 施工注意事项

（1）各层横梁受力筋下料时，均需根据偏移值将钢筋相应加长，防止梁内受力筋伸入柱内长度不够，以及锚固筋过早弯折，而导致混凝土应力集中；

（2）在绑扎钢筋及支模时，除用线坠吊线外，还应用经纬仪对每层柱顶的纠偏尺寸作认真的检查验收；

（3）在建筑装修时，适当调整外墙抹灰厚度和立面线条，使厂房外观不出现明显的缺陷。

该厂房经上述方法处理后,未发现异常现象,也无裂缝,完全符合使用要求。

(五) 现浇框架倾斜

1. 工程与事故概况

安徽省某厂房为现浇钢筋混凝土 5 层框架,其平面尺寸示意见图 3-35 中实线所示。第 2 层框架模板支完后,在运输大构件时,由于施工场地狭窄,碰动了框架模板,造成第 2 层框架严重倾斜,实测的柱位偏移情况见图 3-35 中虚线所示,框架梁的倾斜数值与柱相对应。

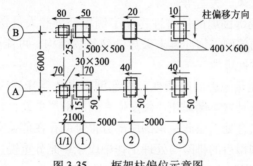

图 3-35　框架柱偏位示意图

2. 原因分析与处理

由于柱模板倾斜值超出施工规范的允许偏差,因此必须进行处理。

首先,考虑将倾斜后的框架模板等拆除重做,但因现场种种原因,未能采用。其次,考虑就在这种变形的模板内浇混凝土,并按照倾斜的框架对原设计进行验算。经设计人复核,双向倾斜较大的框架柱需补强处理,框架梁可不加固,3 层以上不动。在此基础上,对已施工部分作了详细的检查,还发现第 1 层框架略有倾斜,部分柱基础混凝土强度未达到设计要求。根据调查的数据,并考虑工程实际情况,最后决定对倾斜较大的框架柱,从基础到标高 8.56m 处,均用四面外包混凝土的方法进行补强加固。

第五节　结构或构件垮塌

一、混凝土结构倒塌的特点和常见原因

（一）混凝土结构倒塌的特点

（1）倒塌的突然性：建筑物局部倒塌大多数是突然发生的。常见的突然倒塌的直接原因有：设计错误，施工质量极度低劣，支模或拆模引起的传力途径和受力体系变化，结构超载，异常气候条件（大风、大雪等）等。

（2）局部倒塌的危害性：除了倒塌部分和人员伤亡的损失外，由于局部倒塌物冲砸未破坏的建筑物结构，可能造成变形、裂缝等继发性事故。

（3）质量隐患的隐蔽性：局部倒塌事故意味着质量问题的严重性，但是这类倒塌往往仅发生在问题最严重处，或各种外界条件不利组合处。因此，未倒塌部分很可能存在危及安全的严重问题，在倒塌后的排险与处理工作中应予以充分重视。

（二）混凝土结构局部倒塌的常见原因

除了无证设计，盲目施工和违反基建程序外，造成局部倒塌的主要原因有下述几方面。

（1）设计错误：常见的有：不经勘察，盲目选用地基承载力；无根据地任意套用图纸；构件截面太小；结构构造或构件连接不当；悬挑结构不按规范规定进行倾复验算；屋盖支撑体系不完善；以及锯齿形厂房柱设计考虑不周等。

（2）盲目修改设计：常见的有：任意修改梁柱连接构造，导致梁跨度加大或支承长度减小而倒塌；乱改梁柱连接构造，如铰接改为刚接使内力发生变化；盲目加高梁混凝土截面尺寸，又无相应措施，造成负弯矩钢筋下落；随意减小装配式结构连接件的尺寸；将变截面构件做成等截面等。

（3）施工顺序错误：常见的有：悬挑结构上部压重不够时，

拆除模板支撑,而导致整体倾复倒塌;全现浇高层建筑中,过早地拆除楼盖模板支撑,导致倒塌;装配式结构吊装中,不及时安装支撑构件,或不及时连接固定节点,而导致倒塌等等。

(4) 施工质量低劣:由此而造成倒塌事故的常见因素有:混凝土原材料质量低劣,如水泥活性差,砂、石有害杂质含量高等;混凝土严重蜂窝、空洞、露筋;钢筋错位严重;焊缝尺寸不足,质量低劣等。

(5) 结构超载:造成倒塌的常见超载有两类:一是施工超载,二是任意加层。

(6) 使用不当:如不按设计规定超载堆放材料,造成墙、柱变形倒塌。

(7) 事故分析处理不当:对建筑物出现的明显变形和裂缝不及时分析处理,最终导致倒塌;对有缺陷的结构或构件采用不适当的修补措施,扩大缺陷而导致倒塌等。

二、混凝土结构局部倒塌事故处理

(一) 处理应遵循的一般原则

(1) 倒塌事故发生后,应立即组织力量调查分析原因,并采取必要的应急防护措施,防止事故进一步扩大。

(2) 确定事故的范围和性质。局部倒塌发生后,应对未倒塌部分作全面检查,确定倒塌对残留部分的影响与危害,找出未倒塌部分存在的隐患,并进行必要的技术鉴定,作出可否利用和怎样利用的结论。

(3) 修复工程要有具体和设计图纸,特别应注意修复部分与残存部分的连接构造与施工质量。

(4) 按规定及时报告建设主管部门,并做好伤亡人员的抢救和处理等善后工作。

(二) 混凝土结构局部倒塌事故常用的处理方法

(1) 根据设计存在的问题,采取针对性措施:例如加大构件截面或配筋数量;提高抗倾覆稳定性能力;修改结构方案和构造措施等。

（2）纠正错误的施工工艺后重做：主要有三方面：一是纠正错误的施工顺序，防止结构构件在施工中失稳，或强度不足而破坏；二是纠正错误的施工方法，确保工程质量；三是防止施工严重超载。

（3）减少荷载或内力：常用的有：减小构件跨度或高度；采用轻质材料，降低结构自重、建筑物减层等。

（4）改变结构型式：如采用钢屋架代替组合屋架；悬挑结构自由端加支点，形成超静定结构；梁下加砌承重墙，把大开间变成小房间等。

（5）增设支撑。例如增加屋架支撑，提高稳定性等。

处理局部倒塌事故时，经常采用上述 2~3 种处理方法综合应用，往往可以取得较理想的效果。

三、工程实例

（一）雨篷倾覆

1. 工程与事故概况

该工程位于浙江省江山县，倒塌雨篷简图如图 3-36 所示。

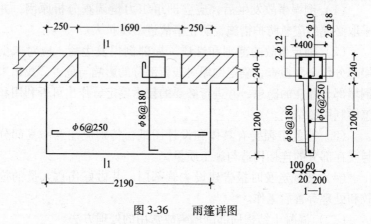

图 3-36　雨篷详图

1981 年 11 月 3 日 13 时左右拆除雨篷模板时，雨篷连雨篷梁一起倾覆倒塌，一名工人摔成重伤。

2. 原因分析

经验算该雨篷的设计无问题。钢筋、混凝土施工中无明显缺陷。拆模前，根据当时气温资料推算，混凝土已超过70%的设计强度，达到施工验收规范规定的拆模要求。使雨篷倾覆的原因有两条：

（1）施工人员缺乏基本结构知识，在雨篷上压重（砖砌体等）不够的情况下，就叫工人拆模，这是使雨篷倾覆的主要原因。为进一步说明这个问题，下面用现行规范验算证明，供参考。

当时雨篷过梁上已砌砖高约3m，雨篷上有操作工人1名，站在离墙1m远处，按此实际情况验算拆模时的整体稳定。

发生雨篷倒塌时，倾覆点并不在墙边，本例取离墙边2cm处。

荷载分项系数取值：构件自重 $\nu_G = 1.2$；施工荷载 $\nu_Q = 1.4$。验算倾覆时，对抗倾覆有利的永久荷载的分项系数取为0.9。

倾覆荷重由两部分组成，其一是雨篷板自重，由于板厚是变化的，一端厚60mm，另一端（固定端）厚80mm，为了计算方便，近似按平均厚70mm计算；其二是施工人员及工具重量，取为1kN，作用在离外墙面980mm处。因此倾覆力矩可用下式近似计算：

$1.2 \times 1.2 \times 0.07 \times 2.19 \times 25 \times 0.62 + 1.4 \times 1 \times 1$
$= 4.82 \text{kN} \cdot \text{m}$

抗倾覆荷重也由两部分组成，其一是3m高、240mm厚的砖墙；其二是雨篷梁（400mm×240mm）自重。抗倾覆力矩可用下式近似计算：

$0.9 \times (0.24 \times 3 \times 2.19 \times 19 + 0.4 \times 0.24 \times 2.19 \times 25) \times 0.1$
$= 3.17 \text{kN} \cdot \text{m}$

倾覆力矩明显大于抗倾覆力矩，说明在这种条件下拆模必然发生整体倾覆。

（2）管理水平低。工地负责人、施工员和有关管理人员对这种明显的错误熟视无睹，安排了两名普工去拆模。而这两名普工缺乏施工基本知识。这些都是造成该事故的原因。

3. 处理措施

雨篷及梁倒塌时，板的悬出端先着地，雨篷板已折断，但梁仍完好无损，因此决定把雨篷板的混凝土打掉，把梁吊装到设计位置，然后砌砖墙并施工上部结构，待有足够压重时，再重新支模浇筑雨篷板。

（二）挑梁断塌

1. 工程与事故概况

该工程是某县公路段的机修车间（底层）和宿舍（2层），为2层砖混结构，建筑面积556m²，屋顶局部平面与剖面见图3-37。

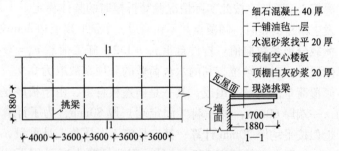

图3-37 屋顶局部平面与剖面图

屋顶层的挑梁尺寸与配筋情况见图3-38。混凝土强度等级为C20。2003年12月5日晚浇筑挑梁，同年12月26日下午5时拆模时，7根挑梁全部在根部（墙面）处断塌。

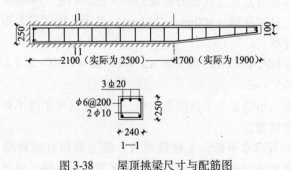

图3-38 屋顶挑梁尺寸与配筋图

2. 原因分析

(1) 混凝土实际强度无试验资料，据调查，所用水泥、砂、石无质量问题，而搅拌用水内含碱和氯。从倒塌的挑梁上可以看到混凝土密实度很差，空隙很多，有的气孔直径达5mm，工地人员反映当时混凝土很稀，水灰比较大，配合比不是用试配确定，而是套用配合比，实际执行情况也很差。因工地未作试块，又没有用其他方法测定其强度，所以混凝土的实际强度无法确定，但分析断梁中的混凝土情况，其实际强度远低于C20。

(2) 挑梁的主要受力钢筋严重往下移位。从断口处检查，主筋的保护层最大达80mm，挑梁的实际承载能力大幅度下降。

(3) 悬挑部分的长度加大。原设计挑梁外挑长度为1700mm，实际为1900mm，原设计空心板外挑面离表面距离为1880mm，实际为2020mm，因此使固定端弯矩加大。

(4) 屋面超厚，自重加大。原设计细石混凝土顶面至空心板下表面总厚为180mm，实际为200mm（都未计入板下抹灰层厚20mm）。

(5) 拆模时间过早。从浇筑混凝土至拆模这段时间（20d）的平均气温为+10℃，正常情况下用32.5级普通硅酸盐水泥配制的混凝土，此时的强度可以达到70%。施工验收规范规定悬臂梁板的拆模时间，当结构跨度≤2m时，混凝土强度不低于设计强度的70%，跨度>2m时，不低于设计强度。该梁实际外挑长度（加上空心板外挑部分）已超过2m，更主要的是混凝土质量差，使拆模时的实际强度远低于规范要求。

3. 处理措施

(1) 将墙上残剩的挑梁根部打掉500mm（从墙面算起），露出全部钢筋；

(2) 在墙内100mm处将挑梁的主筋锯断，重新焊接新的主筋

(3) 修改设计，将悬挑结构改为全现浇，外挑长度减少为1600mm，原空心板、找平层细石混凝土等取消，改用60mm厚的现浇板，随浇筑随抹光。

(三) 阳台倒塌

1. 工程与事故概况

江苏省某住宅建筑面积 603m²，3 层混合结构，2、3 层各有 4 个外挑阳台。该工程 2003 年 12 月开工，2004 年 8 月基本竣工，因质量问题较多，一直未办理交工验收手续。后经房产经营部门同意，住户陆续搬入，至 2005 年 2 月已迁入十户。2005 年 2 月 24 日，3 层的一个阳台突然倒塌，一名孩子从阳台上摔下而死亡。

阳台结构断面图见图 3-39。

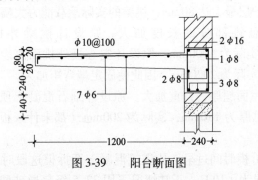

图 3-39　阳台断面图

2. 事故调查

(1) 现场情况：从倒塌现场可见阳台板混凝土折断（钢筋未断）后，紧贴外墙面被挂在圈梁上，阳台栏板已全部坠落地面。

(2) 住户情况：该户 2004 年 9 月迁入，当时曾反映阳台栏板与墙连接处有裂缝，但无人检查处理。倒塌前几天，因裂缝加大，再次提出此问题，施工单位仅派人用水泥对裂缝作表面封闭处理。

(3) 设计情况：倒塌后，验算阳台结构设计，未发现问题。

(4) 钢筋混凝土质量：混凝土强度达到设计要求。钢筋规格、数量和材质满足设计要求，但钢筋间距很不均匀，阳台板的主钢筋错位严重，从板断口处可见主筋位于板底面附近。

(5) 钢筋骨架位置：原江苏省建筑科学研究所实测钢筋骨

架位置,见图3-40。

(6)阳台栏板锚固:阳台栏板压顶混凝土与墙或构造柱的锚固钢筋,原设计为2φ12,实际为3φ6,且锚固长度仅40~50mm,锚固钢筋末端无弯钩。

3. 原因分析

(1)乱改设计。与阳台板连接的圈梁的高度原设计为360mm,参见图3-39。施工时,取消阳台门上的过梁和砖,把圈梁高改为500mm,但是钢筋未作修改,且无固定钢筋位置的措施,因此使梁中配筋下落,从而造成板根部(固定端处)主筋位置下移,最大达85mm,见图3-40。

图3-40　实测钢筋骨架位置

(2)违反工程检验有关规定。如对钢筋工程不作认真检查,却办理了隐蔽工程验收记录;工程不办理交工验收就使用。

(3)发现问题不及时查处。阳台倒塌前几个月已发现栏板与墙连接处等出现裂缝,住户也多次反映此问题,都没有引起重视,既不认真分析原因,也不采取适当措施,最终导致阳台突然倒塌。

(四)挑檐断塌

1. 工程与事故概况

广西某饭店餐厅在原建筑上加层,扩建部分的局部屋面结构布置如图3-41所示。

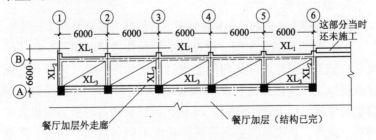

图3-41　局部屋面结构布置图

2003年3月28日晚拆除挑檐模板时，发生挑檐倾覆，支承挑檐梁 XL$_1$ 的砖柱（断面为240mm×740mm）因受挑檐倾覆力矩的冲击而倾斜，其倾角为10°；连系梁 XL$_2$ 与挑檐连接处被撬松。⑤~⑥轴线段部分挑檐被脚手架挡住，因而没有倒塌（图3-42）。由于拆模是在晚上进行，工地上只有6名工人，故无人员伤亡。

图3-42 挑檐倾覆破坏情况

2. 原因分析

据查混凝土、钢筋等无异常情况，事故的主要原因有以下几点：

（1）擅自修改施工图。原设计的挑檐构造情况如图3-43（a）所示，施工中未经设计部门同意擅自改成如图3-43（b）所示。此修改使原设计挑檐悬挑长度80mm，加大为1210mm，拆模时挑檐自重的倾覆力矩为设计值的2.29倍，挑檐板根部的剪力值也大大增加。此外，悬挑板的主钢筋锚固长度也明显减小。因此，乱改设计是该事故的主要原因。

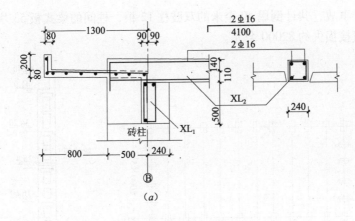

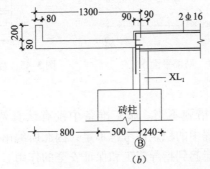

图 3-43 挑檐设计与施工详图
(a) 原设计的剖面;(b) 施工修改的剖面

(2) 施工顺序错误。挑檐拆模时,Ⓐ~Ⓑ轴线间的预应力板没有安装,使挑檐的平衡力矩不足而倾覆。

(五) 厂房柱倒排

1. 工程与事故概况

辽宁省某发电厂主厂房扩建部分全长 66m,发生事故一跨的跨度为 30m,柱距为 6m,柱为钢筋混凝土双肢柱,其断面为 500mm×2200mm,基础顶面以上的柱高为 44.55m。事故部分的局部平面见图 3-44,柱子外形见图 3-45。

1981 年 5 月 12 日吊装Ⓔ列柱时,发生由南向北的柱与板倒排事故，共计倒塌 40 余米的双肢柱 12 根，柱间的梁式板 53 块，直接损失约 82000 余元。

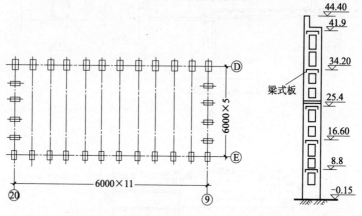

图 3-44　局部平面图　　　图 3-45　柱子外形图

2. 原因分析

（1）施工技术措施不当。施工准备中没有认真熟悉图纸，对柱与板在吊装过程中的稳定性考虑不足，因此所编吊装技术措施针对性不强，未能起到指导施工和保证安全的作用。

（2）片面追求进度，违反施工顺序。施工中为加快吊装进度，在下部柱与梁式板之间未形成刚性节点前，就吊装上部构件。

（3）柱与梁式板吊装后，没有及时最后固定。施工图要求梁式板与柱焊接后，浇筑混凝土使形成刚性连接，参见图 3-46。按照图纸要求Ⓔ轴线 12 根柱与 55 块板共有 220 个节点，这些节点共有 528 个钢筋坡口焊和 616 条焊缝，发生事故前钢筋 1 根也未焊，板与柱钢牛腿的边接处也只焊了 220 条焊缝，节点处混凝土尚未浇筑。

（4）没有及时解决施工中发生的问题。如现场焊工不足，既不迅速增加焊工，又不调整吊装速度；而且工程的土建施工与吊装之间工序穿插很不协调等。

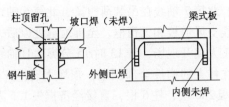

图 3-46 柱与梁式板的连接

(5) 质量管理不严。预制构件部分预埋件存在质量问题,发现问题后没有及时在地面上采取补救处理。

(6) 安全管理不力。从施工准备起安全措施就不得力。虽然在Ⓔ列柱的南北两端设置缆风绳,在⑩~⑬轴线间的第一节柱间设剪刀缆绳,但是并未认真贯彻,没有向工人明确交待缆风绳的重要性,致使北端缆风绳及⑩~⑬轴间的剪刀缆绳被他人解除,南端拴在挡风柱上的缆绳也有一根被解脱,事故发生前Ⓔ轴柱南端仅有两根1/2英寸的钢丝缆风绳,其中1根还拴在临时电话线杆上,另1根拴在地面预制构件上,倒塌后检查可见1根缆风绳被拉断,另1根拴在电话线杆上的缆风绳被连根拔出,拖出16m。

(7) 大风影响。事故发生时,工地上出现了8级大风,由于没有及时了解气象预报,因此也无相应的技术安全措施。当Ⓔ列柱受到较大的风荷载后,柱与梁式板组成的框架失稳而倒排。

(六) 锯齿形厂房局部倒塌

1. 工程与事故概况

山东省某棉纺厂新建厂房为单层锯齿形钢筋混凝土装配式结构,南北长280.94m,东西宽174.27m,总建筑面积47080m²。南北共31跨,其中7跨柱距为8.2m,2跨柱距为8.4m,其余柱距均为8.0m,柱网横向间距为14m,厂房局部平面示意见图3-47。

该工程2002年12月开工,结构吊装采取由北向南流水施工方法,2003年7月22日,柱已吊完15排,后面跟着进行柱校正和最后固定，北第 7 轴线在吊装薄腹梁，北第 6 轴线正在自西往东吊装Ⓗ轴线支风道板和天窗框，至伸缩缝处以后，中午吊车退出厂房外，工人离开现场，于 13 时 15 分突然Ⓗ轴线的西部 6 根柱子和连接在柱上的构件全部倒塌，损坏天窗框 35 个，薄腹梁 10 榀，风道板 280 块，柱 6 根，直接经济损失 1.5 万元，但未发生伤亡事故。

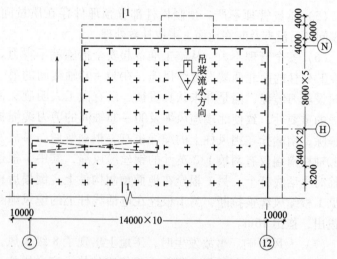

图 3-47　厂房局部平面图

2. 原因分析

事故发生后，有关部门及时进行分析，一致认为，倒塌原因是由于设计错误，柱承载能力严重不足而造成的。具体分析如下：

（1）此工程柱子断面小，配筋少，设计只考虑了在柱的大、小头都加满设计荷载时满足安全要求，没有考虑仅吊装了一跨屋面板后使柱单侧承受荷载，而造成的大偏心受压的不利情况。因此，设计要求在吊装过程中，要加设临时支撑，当第二跨的屋面吊装后，第一跨的临时支撑方可拆除，见图 3-48。施工单位执行了这项规定。

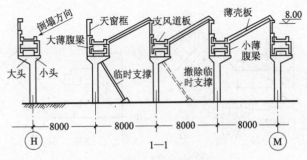

图 3-48 剖面 1-1 及安装示意图

(2) 该厂房柱距尺寸不等，但屋面板采用统一长度，变距后的差距是由柱顶的悬挑长度来调整，因此一般柱是北向悬挑尺寸大，而Ⓗ轴线柱因处于柱距由 8m 改为 8.4m 的位置上，故柱的南向悬挑尺寸大，形成反向柱。对这排特殊柱，设计仍按一般柱设计计算，而造成柱断面承载能力不足。事故发生后，设计单位验算表明：Ⓗ轴线柱断面 400mm×300mm，柱长 4.6m（基础顶至柱顶），原配筋为 4Φ18，实际应配筋 8Φ22（每侧 4Φ22），原设计配筋量仅为应配筋量的 23%。

3. 处理措施

采取的技术措施主要有：一是制订了构件加固处理方案；二是改变了构件吊装顺序。采取以上措施后，工程于 1984 年 12 月顺利竣工。

（七）某百货商店局部倒塌

1. 工程与事故概况

某百货商店工程是一幢中部为 4 层，两侧为 3 层的现浇框架结构工程。1995 年完成基础工程，2002 年 4 月开始施工上部结构，当主体结构和部分装饰工程均已完成时，于 2003 年 6 月 30 日发生局部倒塌，各层倒塌情况的平面示意图，见图 3-49。

由于倒塌突然发生，造成人员死亡。总计直接经济损失约 26.3 万元。

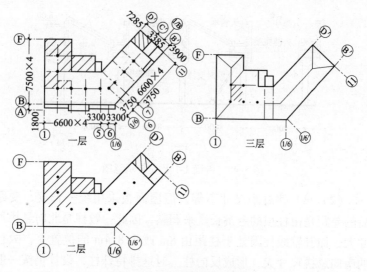

图 3-49 各层倒塌情况示意图
（图中画斜线部分为倒塌部位）

2. 原因分析

（1）设计方面的问题

1）内力计算中的问题：倒塌部分的次梁多数为两跨连续梁，而在框架计算中，把连续梁当做简支梁来计算支座反力，并以此支座反力作为次梁对于框架的作用荷载。所以次梁支座传到框架上的荷载少算了 25%，造成框架内力计算值偏小；此外框架底层柱实际高度为 6m，而计算简图中取柱高为 5.8m，也使结构偏于不安全。

2）内力计算组合问题：该工程框架设计中，没有按照设计规范规定的活荷载应采用最不利组合的方法进行计算。

3）荷载计算问题：框架设计中，有的荷载漏算或取值偏小。例如 4 层部分屋面干铺炉渣找坡层，平均厚度为 7cm，计算中仅取 4cm；又如所有梁的自重均未计入梁的抹灰层的重量。

4）施工图纸有些问题未交待清楚，有的还有差错。例如墙厚尺寸不清，有的墙厚在各图纸中还有矛盾；特别需要指出的是倒塌部分的次梁伸入墙内的支承长度问题，图纸中不明确，实际的支承长度为24cm，事故发生后，才知道应为37cm。

5）框架配筋不足，倒塌的 KJ-1 框架施工图中，有十处图中配筋量少于需要的配筋量。例如Ⓑ轴线的 1 层梁，支座配筋少 44%，2 层梁支座配筋少 45%；Ⓒ-Ⓓ轴线间 4 层梁中配筋少 18%（此梁已跨塌）；Ⓓ轴线 1 层梁支座配筋量少 24%，2 层梁支座配筋量少 21%（此梁已垮塌）等。KJ-1 框架施工图中部分断面配筋量与计算需要的配筋量对照情况见图 3-50。

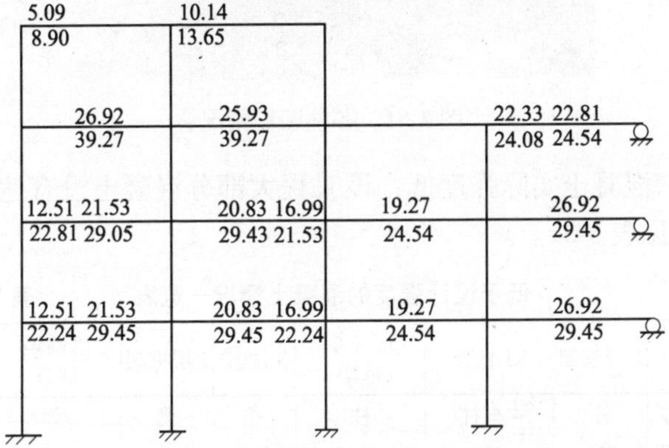

```
      5.09      10.14
      8.90      13.65

      26.92     25.93                     22.33 22.81
      39.27     39.27                     24.08 24.54

   12.51 21.53  20.83 16.99  19.27        26.92
   22.81 29.05  29.43 21.53  24.54        29.45

   12.51 21.53  20.83 16.99  19.27        26.92
   22.24 29.45  29.45 22.24  24.54        29.45
```

图 3-50 框架部分杆件配筋量对照图
（图中横线以上为施工图配筋，横线以下为计算需要配筋量，单位：cm^2）

（2）施工方面的问题

1）混凝土浇筑质量低劣；主要是框架柱有严重孔洞、烂根和出现蜂窝状疏松区段（50cm 和 100cm 高的无水泥石子堆）。例如框架 KJ-1 2 层㉖柱上麻面、孔洞严重，此段高达 50cm，深 12cm，混凝土捣固很不密实。㉖柱断塌后情况见图 3-51，图中明显可见，断裂破坏处钢筋被扭成卷曲状。㉖柱被破坏成三段，下段是柱根部，高约 85cm，混凝土面上可以看到多条明显的竖向裂缝，说明该柱因承载能力不足而破坏。中段长约 90cm，全段横截面最大处的底边宽为 32cm，上边宽为 20cm（设计柱断面为 40cm×40cm）。柱的上段完全粉碎，只剩一块混凝土挂在钢筋上，柱钢筋被扭弯。

图 3-51 ㉖柱断塌情况

2）混凝土实际强度低：该工程大部分混凝土没有达到设计强度，见表3-31。

低于设计强度的混凝土情况一览表　　　表3-31

结构部位	1层框架	KJ-框架	3、4层框架	3层㉖	2层框架	已倒塌部分	1、2层
构件名称	柱	4根柱	柱	柱	梁	梁	圈梁
设计强度	C28	C28	C18	C18	C18	C18	C18
实际强度	17.2	19.6~27.7	12.4~17.4	11.1	14.8	12.5~18.0	<10.0
检验方法	试块	回弹仪	回弹仪	回弹仪	试块	回弹仪	回弹仪
检验龄期	41d				42d		
备注						已倒塌	已倒塌

此外，3~4层框架没有试块试验报告单。

3）部分次梁从墙中全部脱落，3层Ⓔ轴线上次梁和左右邻近次梁从③轴线墙中全部脱落，见图3-52。

4）钢筋工程问题：经检查发现钢筋位置不准，圈梁转角部位钢筋搭接长度不够。

5）施工超载：3层屋顶的一部分在施工过程中作上料平台用，且堆料过多，倒塌时屋顶堆有脚手杆49根和屋面找坡用的炉渣堆等。

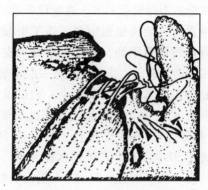

图 3-52 次梁从墙中脱落

6）构件超重：经检查大部分预制空心板都超厚，设计为 18cm，实际为 19~20.5cm。

7）乱改设计：未经设计单位同意，屋面坡度由 2% 改为 4%；地面细石混凝土厚度由 4cm 改为 6cm；水泥砂浆找平层由 1.5cm 改为 3cm，这就使静荷载由原设计的 $1392N/m^2$ 增加到 $1911N/m^2$，比原设计增加 37%。而 4 层则由 $549N/m^2$ 增加到 $1215N/m^2$，增加了 120%。

8）炉渣层超重：倒塌时期正值雨季，连阴雨天使屋面炉渣层的含水率达饱和状态，炉渣的实际密度达 $1037kg/m^3$，超过设计值 30%。

9）砌筑工程质量差：砖与砌筑砂浆强度均未达到设计要求，见表 3-32。

低于设计规定的砖与砂浆情况一览表　　表 3-32

项　目	材　料					
	砖		砌　筑　砂　浆			
设计强度（N/mm^2）	10.0		10.0		5.0	
所用部位	1 层柱	1 层	2 层	1 层	2 层	3、4 层
实际强度（N/mm^2）	7.5	3.8	4.5	1.7	2.3	无试块

砌体组砌方法不良，不符合施工规范的要求。例如很多部位

砂浆不饱满，灰缝达不到规范要求，通缝较多等。

设计要求埋置的拉结或加强钢筋，施工中漏放或少放。例如，转角处没有埋置转角钢筋，设计要求每三皮砖放一层钢筋网，实际有的四皮砖、有的六皮砖才放置一层钢筋网。

10）其他：施工技术资料很不齐全，难以说明工程实际质量情况。例如框架 KJ-1 的 2 层混凝土没有试块试压报告；3、4 层没有混凝土和砂浆试块试压报告。工地从 1982 年 5 月至 1983 年 6 月共进了 31 批、6 个产地的水泥 457t。而水泥出厂证明或试验报告只有 4 张。而且，2、3、4 层没有隐蔽工程记录，预制圆孔空心板没有出厂合格证。

此外地坪找平层超厚，也加大了荷载。

综上所述，该工程施工质量低劣，严重地降低了关键部位结构的承载能力。倒塌的直接原因是㉖和㉘两根柱的混凝土薄弱部分破坏，接着是柱中受力钢筋丧失稳定，造成柱子突然折断而倒塌。其次是设计方面也存在一些问题。

（八）高层住宅现浇楼板垮塌

1. 工程与事故概况

该幢住宅高 26 层，位于美国弗吉尼亚州，该楼宽 18.3m，长 118m，楼盖为轻质混凝土 C25 无梁平板，厚 20cm，楼梯间和电梯井四壁为普通混凝土墙，柱断面在建筑的全高中不变。2003 年 3 月 2 日，施工到第 24 层时，大楼中央部分从上到下发生连续倒塌，紧贴倒塌部分边缘的是楼梯间与电梯井的混凝土墙。一台爬塔从顶上砸下。事故造成 14 人死亡，35 人受伤，该高层住宅部分倒塌后形成了一个 23 层和另一个为 24 层的塔式建筑物。

2. 原因分析

根据调查，设计没有问题，造成事故的主要原因是楼板拆模过早，具体情况如下：

原施工组织设计规定分成四个流水段，每星期浇一层楼板，并规定在浇筑某层楼板时，除了本层的模板支撑外，并保留下面两层楼板的支撑。施工初期完全按规定进行，进展很好。但以后却对模板支撑的要求作了更改，其做法是模板支撑在 7d 以上龄期的下一层楼板上，下一层模板又支撑在 14d 以上龄期的再下一层楼板上，而此层（≥14d 龄期）模板支撑可以拆除。这种做法不符合原设计规定，但是因没有发现任何不正常的情况，于是施工照此进行，一直做到第 21 层。在发生事故前的一星期，工程进度加快。倒塌前的施工情况如下：在 23 层楼板浇筑完后 4d、22 层浇筑完后 10d 浇筑 24 层楼板，此时 22 层下面的模板支撑已拆除；在 24 层楼板浇筑完后不久，拆除了 23 层楼板下面的部分支撑。由于当时气温较低，根据混凝土试块试压结果，其实际强度为设计值的 76%，新浇筑楼板的强度不足，加上模板支撑拆除过早，而造成连续倒塌。

3. 事故的几点教训

（1）应严格执行施工组织设计中的有关规定，需要更改时，必须有充分的依据。

（2）新浇混凝土、模板支架、施工设备和施工荷重都必须被支撑在可靠的下层结构上，如支撑不足就会发生事故，而且这类事故又属于剪力破坏，事先没有预兆，危险性更大。

（3）一般多层建筑施工中，浇完一层楼板后的 2d 内，不宜拆掉下二层楼板的任何支撑。何时可拆什么支撑，必须通过施工结构验算，并根据现场试块的实际强度最后确定。

（4）目前多层建筑的设计中，楼板的设计强度潜力甚少，不足以作为一个缓冲层，用以承担上层楼板坠落时的冲击荷载。

第四章 预应力混凝土结构工程

预应力混凝土除了用于空心板、大型屋面板等中、小型构件外，主要用于屋架、大跨度梁及吊车梁等重要结构构件中，其质量好坏与建筑物能否安全使用，关系十分密切。特别是有些预应力构件（如板等）可能产生脆断而突然垮塌，更应十分重视。凡达不到设计要求或验收标准的质量问题，均应认真分析，并作处理。

预应力混凝土常见的质量事故有裂缝、变形、倒塌等。由于这类结构构件的生产工艺与普通混凝土工程有明显的区别，因此，本章按结构制作、预应力张拉、灌浆与吊装等阶段分析一些典型事故的实例。在预应力构件中，钢筋与锚具经过严格的检验，并通过施工阶段的荷载考验后，不合格的钢筋与锚具均已被剔除，所以这方面的质量问题较少，本书仅简要介绍锚具与钢筋的质量问题及实例。

第一节 预应力筋与锚具质量事故

一、预应力筋事故特征、主要原因和处理方法

常见预应力筋事故特征、原因与处理方法摘要汇编成表4-1。

常见预应力筋事故特征、原因与处理方法　　表4-1

序号	事故特征	主要原因	处　理　方　法
1	强度不足	1. 出厂检验差错； 2. 钢筋（丝）与材质证明不符； 3. 材质不均匀	现场抽检强度不足时，应另取双倍数量的试件重作检验，如仍有一根试件的屈服点、抗拉强度、伸长率中任一指标不合格，则该批钢筋不准使用或降级处理

续表

序号	事故特征	主要原因	处理方法
2	钢筋冷弯性能不良	1. 钢筋化学成分不符合标准规定； 2. 钢筋轧制中存在缺陷，如裂缝、结疤、折叠等	按强度不足处理方法再取样检验，若仍不合格，则该批钢筋不宜作预应力筋
3	冷拉钢筋的伸长率不合格	1. 钢筋原材料含碳量过高； 2. 冷拉参数失控	抽检的钢筋伸长率小于规范规定时，应另取双倍数量试件重做检验。检验结果如屈服点、抗拉强度、伸长率、冷弯性能指标仍有一项不合格，则该批钢筋不应作预应力筋
4	钢筋锈蚀	运输方式不当；仓库保管不良；存放期过长；仓库环境潮湿	1. 淡黄色轻微浮锈不必处理； 2. 红褐色锈斑应用手工或机械除锈； 3. 锈蚀严重，出现锈皮剥落以及钢筋表面有麻坑、斑点损伤者，应专题研究处理方法。一般不能用作预应力筋
5	钢丝表面损伤	1. 钢丝调直机上、下压辊的间隙太小； 2. 调直模安装不当	取损伤较严重的区段作试件，进行拉力试验和反复弯曲试验，如各项性能符合规范规定，钢丝仍按合格品使用，否则不应用作预应力筋
6	下料长度不准	1. 下料计算错误； 2. 量值不准	1. 允许超张拉者，可进行超张拉； 2. 构件端部作扩大孔，使锚具适当地移至构件端内部； 3. 钢筋下料过短时，报废作他用； 4. 下料过长时，可采取加垫板处理，但在采用镦头锚具时，必须切断后重新镦头
7	钢筋（丝）镦头不合格。如镦头偏歪、镦头不圆整、镦头裂缝、颈部母材被严重损伤等。	1. 镦头设备不良； 2. 操作工艺不当； 3. 钢筋（丝）端头不平，切断时出现斜面	不合格镦头均应磨平或切去后重新镦头，凡有下列情况之一者均判为不合格： 1. 镦头尺寸小于规定值； 2. 钢丝镦头出现已延伸至母材或将镦头分为两半的纵向裂缝或水平裂缝； 3. 镦头夹片造成钢丝表面有显著刻痕； 4. 拉力试验结果，镦头强度低于钢丝标准抗拉强度的98%
8	穿筋时发生交叉，导致锚固端处理困难，如定位不准确或锚固后引起滑脱	1. 钢丝未调直； 2. 穿筋时遇有阻碍，导致钢丝改变方向	1. 若不影响张拉时，锚固端采用外加工作锚加强锚固； 2. 若不能张拉时，宜重新穿筋； 3. 为弥补因预应力筋交叉引起的预应力损失，可适当张拉

二、螺丝端杆断裂及处理

（1）工程与事故概况

江苏省某厂 30m 跨度预应力混凝土屋架下弦预应力筋张拉并完成灌浆后，次日上午出现多榀屋架的螺丝端杆断裂并飞出的事故。

（2）事故原因

1）钢材化学成分不符合要求，端杆和钢筋之间可焊性差；

2）事故前的晚上气温骤降。

（3）处理方法

凿开屋架端部，重新在预应力筋端部焊上新的与预应力筋化学成分相近的螺丝端杆，随后补浇端部混凝土养护到规定强度后，再张拉螺丝端杆并锚固。

（4）处理效果

经 20 余年的使用、观察、检查，未发现任何问题。而且处理方法简便易行，比当时设计单位建议的外包角钢加固的方法可节省钢材 10 余吨。

三、预应力筋锚环开裂及处理

（1）工程与事故概况

南京市某厂吊车梁预应力筋为 Φ_{12}^s，采用 JM 12—6 型锚具，在张拉锚固并灌浆后，次日上午发现有一个锚具的锚环环向裂开，缝宽 1mm，但没有发现预应力筋滑移。

（2）事故处理

经检查其他吊车梁的同批锚环均未发生类似问题。同时检查锚具的原料材质证明及加工情况也未发现问题，因此推断开裂锚环可能加工精度差或该锚环内有隐伤，仅决定对开裂锚环进行处理。

考虑到锚环出现环向裂缝、钢筋无滑移，说明灌浆质量较好，且自锚可靠。因此没有采用更换锚具的方法处理，仅采用锚环外加钢套箍的办法处理。从受力情况分析，吊车梁在日后的使用中锚具附近的钢筋应力不会增加，只会减小，因而当时不出问题，以后可以确保结构安全使用。

四、张拉端杆与锚环断离事故及处理

（1）工程概况

江苏省某工程 30m 跨度屋架，预应力筋为高强钢丝，采用镦头锚具，张拉采用螺丝端杆与镦头锚环相连接。由于施工不当导致两者断开，结果锚环打入扩大孔道，并挤碎正常孔道壁的部分混凝土。

（2）事故原因

张拉操作时，螺丝端杆与锚环连接的长度不符合工艺要求，实际只结合两个齿，张拉受力后造成两者断开。

（3）事故处理

将扩大孔与正常孔道的交接处混凝土凿去，重新浇筑混凝土，养护到规定强度后，重新张拉。并通过设计验算，适当降低了张拉控制应力。

第二节 构件制作不良

一、屋架下弦预留孔道不直

1. 工程和事故概况

四川省某单层厂房为预制装配式钢筋混凝土排架结构，厂房长 120m，宽 48m，由两个 12m 跨和一个 24m 跨组成。屋架外形如图 4-1 所示。预应力钢筋用冷拉的 HRB335 级钢筋，端头螺丝杆锚具，混凝土强度 C40。

图 4-1 屋架外形示意图

屋架在现场预制，平卧重叠生产，每堆3~4层，钢筋材料质量、冷拉、张拉以及混凝土强度均达到设计要求，预留孔道采用橡胶管内充压力水，混凝土浇筑后抽芯的方法。

屋架拆模后，发现有10榀屋架的预留孔道不直（不通视）。该屋架下弦有4个预留孔（图4-2），其中下面2个孔在屋架端头约1m范围内有不同程度的向上弯曲。造成这个问题的原因是，固定胶管的井字钢筋架位置不准，间距太大。

为此，组织石工修凿，企图用扩孔的方法将预留孔道疏通，使粗钢筋能穿入下弦中。但是，由于构件尺寸较小，加工修凿不慎，修凿后在5榀屋架端部下弦处出现了新的质量问题：有的孔壁被凿穿，形成孔洞；有的出现了1~3条宽0.15mm左右的裂缝，其最大长度约200mm；有的将端头附加横向钢筋网凿断。其中最严重的一榀屋架端部如图4-2所示。

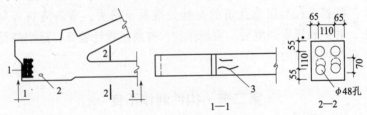

图4-2 屋架端节点图
1—4φ8钢筋网，有1根φ8被凿断；2—孔洞15mm×20mm；
3—裂缝（宽0.15mm，长200mm）

发现这些问题后，改用钻孔机对预留孔道进行扩孔，效果较好。

屋架孔道全部疏通后，对裂缝和孔洞进行细致的修补，然后进行预应力钢筋穿筋和张拉工作。施工是按照设计要求和规范规定进行的，施工中未出现其他异常情况。

由于这些屋架存在上述问题，可否使用，有如下三种不同意见：

（1）屋架为主要受力构件，跨度大，端节点应力较复杂，因此建议这批出现孔洞、裂缝、端部混凝土截面减小、钢筋被打断的屋架应报废；

（2）除上述问题外，预留孔道虽已疏通，但是孔道不直，预应力钢筋与孔壁的摩阻力势必加大，从而导致预应力值不足。另外，在疏通孔道时，可能使构件产生细微裂缝而降低了构件的耐久性。因此，为了慎重起见，必须对屋架进行载荷试验，然后再确定可否使用和怎样使用；

（3）这种屋架在我国使用已较普遍，有许多经验可以借鉴，因此建议聘请有关专家协助作出结论。

2. 分析与处理

（1）屋架端部钢筋网片被凿断1根，会不会影响屋架的质量。

查阅设计图纸，24m跨的屋架采用了一机部一院的图集——《预应力折线形屋架CG423（三）》，这种屋架的荷载等级共有六级，而每一荷载等级的屋架，除了预应钢筋外其尺寸和断面都是一样的，该工程屋架的荷载等级是Ⅱ级，预应力钢筋张拉力的总和833kN，而Ⅳ级屋架的张拉力总和为1127kN，两者相差294kN，端部网片共有三片，每片又由$4\phi8 \times 4\phi8$的钢筋组成，因此，凿断其中1根$\phi8$钢筋不会大幅度降低其承载能力。实际上，在张拉预应力筋时，屋架端部也未出现裂缝等异常现象，足以证明端节点的局部承压是可以满足设计要求的。

（2）扩孔、孔洞、裂缝削弱了下弦断面，会不会影响屋架的承载能力。

屋架下弦杆是按轴心受拉构件计算的，预应力混凝土轴心受拉构件的强度计算公式：

$$N \leqslant f_y A_s + f_{py} A_p$$

式中　N——屋架下弦拉力；

　　　A_s、A_p——普通钢筋、预应力钢筋的全部截面面积；

　　　f_y——普通钢筋的抗拉强度设计值；

　　　f_{py}——预应力钢筋的抗拉强度设计值。

由上式不难看出，该工程所存在的问题，不会影响使用阶段的强度。

（3）预留孔道扩孔造成的下弦断面削弱，对施工安全和使用性能的影响。

原设计预留孔直径为48mm，因工地无此规格的橡胶管而改为53mm。预留孔道不直后，又进行扩孔处理，有两个预留孔的最大尺寸为70mm×53mm的椭圆孔。因此，对这种削弱是否可能危及施工安全和影响屋架的使用性能，进行了分析。

首先分析张拉预应力钢筋时，是否会发生事故。

按照设计规范（GB 50010—2002）的规定验算，张拉钢筋在下弦杆中产生的压应力，小于规范规定的混凝土轴心抗压强度，因此，下弦杆在张拉阶段不可能被压坏。事实上，经过施工张拉后检查，混凝土没有出现压酥、脱皮、开裂等现象，说明屋架下弦杆在张拉阶段没有问题。

还应注意到：实际施工时，由于下弦杆4根预应力钢筋是逐根张拉的，因此，张拉时下弦杆的实际压力应扣除第一批预应力损失值。考虑这个因素后，混凝土压应力将减小6%左右（计算从略）。因此，施工阶段是安全的。

其次分析下弦混凝土断面削弱后，对使用安全的影响问题。

由于预应力屋架使用后，在荷载作用下，下弦截面混凝土压应力减小；同时又由于预应力损失的不断加大，使下弦截面的压应力逐步减小，因此，只要张拉阶段不出问题，以后就不可能因下弦杆混凝土承压能力不足而影响使用。

尤需指出：该工程的屋架是Ⅱ级荷载，在所用的设计图集中，Ⅰ~Ⅳ级荷载的屋架杆件截面，除了预应力钢筋不同外，其他都是相同的，因此该工程有较大的安全贮备。

（4）孔洞修凿、修补后是否会影响使用。

预应力钢筋的预留孔道往往由于施工疏忽而发生弯曲现象，造成穿筋困难，故必须采取措施进行疏通。因此而造成小的孔洞和裂缝的比较常见的，有时甚至采取"开天窗"（故意凿开一个洞）的办法。这项工作只要修补认真，新老混凝土结合良好，一般是不会有问题的。这些屋架修补后，用压力水冲洗孔道时发现有局部渗水现象，但在对孔内进行压力灌浆时，未出现流淌水泥浆的现象，这说明新老混凝土结合较好。其他类似工程也采取过这种修补方法，经过屋架荷载试验和多年使用，证明效果是好的。

（5）关于孔道不直，钢筋与孔壁的摩擦阻力增大，而造成预应力不足的问题。

从施工实际情况看，大部分钢筋都顺利地穿入预留孔道中，只有 2 根钢筋在最后 2～3m 左右用锤将钢筋打入。在张拉时，采取了两端张拉和控制钢筋伸长率进行张拉的方法，所以不会造成预应力值不足的问题。

（6）在扩孔时出现细微裂缝，是否影响结构的使用寿命。

在疏通预留孔时，由于孔壁较薄，如工作不仔细，就可能发生肉眼可见的裂缝，但这种裂缝可以及时修补处理。至于是否会发生肉眼看不见的裂缝，或者在预留孔道内壁是否会出现未贯通的裂缝，根据施工工艺过程分析，灌浆时孔壁内压力达到 0.5～0.6MPa，没有出现渗漏现象，这足以说明上述顾虑是多余的。而且本工程的屋架，采用粗钢筋作预应力筋，可以不考虑钢筋锈蚀造成的影响。

综上所述，我们认为这些屋架不必再进行试验与处理，即可使用。

至今，这些屋架已使用十多年，没有发现任何异常情况。

二、屋架平面外弯曲过大

1. 工程与事故概况

某工地的 24m 预应力钢筋混凝土屋架，在扶直后检查发现，有 4 榀屋架下弦杆产生较大的平面外弯曲（侧向弯曲），其数值已超过容许值（$L/1000$），最严重的一榀的弯曲值 f_2 达 105mm（图 4-3）。

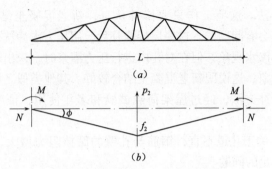

图 4-3　屋架平面外弯曲示意图
(a) 立面图；(b) 平面图

2. 原因分析

通过对工地现场和制作工艺的调查，发现预应力筋位置错位，其主要原因有以下两个：

1）制作屋架的底模高低不平；
2）下弦杆预留孔位偏差较大，见图 4-4。

3. 处理措施

由于屋架平面外弯曲值已超出规范的容许值，因此必须处理。

处理依据：

1）预留孔偏位后，张拉钢筋可能造成下弦杆挠曲，在屋架平卧位置时，挠曲值可用下式近似计算（图 4-3）：

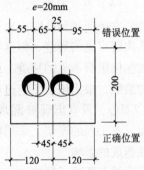

图 4-4　屋架下弦预留孔错位

$$f_0 = \frac{ML^2}{8EI}$$

式中　f_0——屋架平卧位置时，张拉力偏心引起的最大挠曲值；

　　　M——偏心弯矩，$M = Ne$，该工程张拉力 $N = 588\text{kN}$，偏心距 $e = 20\text{mm}$，$M = 588000 \times 20 = 11760000 \text{N·mm}$；

　　　L——下弦杆长，近似取为 24000mm；

　　　E——混凝土弹性模量，该工程为 $3.3 \times 10^5 \text{kgf/cm}^2$，即

$3.234 \times 10^4 \text{N/mm}^2$；

I ——下弦杆平卧位置的惯性矩，

$$I = \frac{1}{12} \times 200 \times 240^3 = 230400000 \text{mm}^4$$

$$f_0 = \frac{11760000 \times 24000^2}{8 \times 3.234 \times 10^4 \times 230400000} = 113.6 \text{mm}$$

2）屋架扶直后，在自重作用下，下弦杆的预压力减少，根据该工程提供的数据，减少值 $N_0 = 117.6 \text{kN}$，由此引起下弦偏心弯矩减少，而使屋架平面外弯曲值减少 f_1，f_1 仍可用上述 f_0 的公式计算，由于仅轴向力数值不同，其他数据相同，因此可用下式计算：

$$f_1 = f_0 \cdot \frac{N_0}{N} = 113.6 \times \frac{117.6}{588} = 22.7 \text{mm}$$

3）屋架扶直后，可能产生的平面外弯曲 $f_2 = f_0 - f_1 = 113.6 - 22.7 = 90.9 \text{mm}$。

近似计算值比实测值 105mm 小，说明该屋架平面外的弯曲不只是预留孔错位造成的，还可能与构件制作偏差等因素有关。

上述计算结果表明，屋架平面外挠曲的主要原因是预留孔错位。要减少挠曲，首先应考虑减少预留孔错位后引起的偏心距，并相应采取一些其他措施。该工程所用的处理方法是：

1）调整下弦两束钢筋的张拉力。将离中心线远的预应力筋（图 4-4 中的左边一束）的张拉力降低 5%，靠近中心线的一束预应力筋张拉力提高 5%（注意验算张拉应力不得超过规范规定的控制应力），以减小偏心距。

左边一束钢筋张拉力值为 $294 \times 0.95 = 279.3 \text{kN}$；右边一束钢筋张拉力为 $294 \times 1.05 = 308.7 \text{kN}$，合力作用点离中心线位置 l_1 可用下式计算（图 4-4）：

$$l_1 = \frac{279.3 \times 90}{588} - 25 = 42.75 - 25 = 17.75 \text{mm}$$

偏心距仅减小 2.25mm，约为原偏心距的 11%，因此，其减少旁弯的效果是很有限的，估计也在11%左右。

2）施加外力校正。在孔道灌浆前，用手动千斤顶或其他机具在下弦弯曲的反方向施加水平力，将屋架校正。考虑到外力撤除后，屋架的回弹，校正时，向反方向超过20～30mm，然后进行孔道灌浆，待其强度达到$10N/mm^2$时，撤除外加力的机具。

外加力P_2的大小可用下述方法近似计算：

从图4-3，由力平衡原理得：

$$\sin\varphi = \frac{f_2}{\frac{L}{2}} = \frac{P_2}{N}$$

∴ $P_2 = \dfrac{2Nf_2}{L} = \dfrac{2 \times 588 \times 105}{24000} = 5.15 \text{kN}$

3）增设支撑。屋架经过上述方法处理后，基本消除了平面外的弯曲。为了留有足够的安全贮备，在屋架安装后，又增设了水平拉杆和垂直支撑。

经过上述方法处理后，房屋竣工使用。以后每年定期检查，共查三次，未见异常。

三、屋架端部裂缝

1. 工程与事故概况

某工程有21m和24m预应力拱形屋架共92榀，端部节点侧面产生了不同程度的裂缝，裂缝宽度一般为0.05～0.31mm，个别达0.9～1.0mm，裂缝长度一般小于500mm，个别大于600mm，见图4-5。

经荷载试验，屋架的抗裂安全系数由原设计的1.02降到0.82，强度安全系数也降低到1.42。

2. 原因分析

通过检查，发现屋架制作中多处乱改设计，有以下几方面：

（1）屋架端部锚板厚度由14mm改为8mm；

（2）取消了端部承压钢板两侧的三角形加劲钢板；

(3) 预应力钢筋预留孔由 $\phi 50$ 改为 $\phi 60$;

(4) 预留孔道端部,孔道周围的螺旋筋由 $\phi 8$、长 400mm 改为 $\phi 6$、长 200~300mm。

这些改动是造成屋架端节点裂缝的主要原因。

3. 处理措施

采用钢板、螺栓加固端节点,见图4-6。

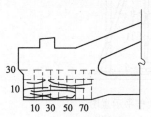
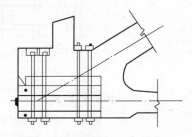

图4-5 屋架端节点裂缝情况　　图4-6 屋架端节点加固示意图

加固后的屋架进行了载荷试验,当荷载超过设计荷载的155%时,经检查钢板下新补混凝土表面无裂缝。该批屋架使用已经10年以上,无异常情况。

四、屋架下弦旁弯开裂

1. 工程与事故概况

四川省某厂房为单层排架结构,采用27m跨度的YWJA-27-3型预应力混凝土折线型屋架,共24榀。屋架采用砖地胎模预制,4榀叠浇。经过十几天大暴雨后,发现有一叠(4榀)屋架的地胎模产生明显的不均匀下沉,部分地胎模与底层屋架多处脱开,最大处38mm。屋架下弦处地胎模下沉最大值为96mm,造成屋架旁弯,下弦最大下弯58mm,上弦最大下弯36mm。经检查屋架上、下弦杆裂缝的形状均为上表面贯通,两侧面从上往下的裂缝长约为断面高的1/3,个别达到1/2,呈⊓形。上弦裂缝宽0.1~0.3mm,下弦裂缝宽0.1~0.7mm,裂缝示意见图4-7。

2. 原因分析

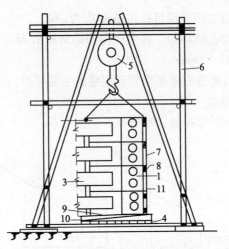

图 4-7 屋架裂缝与屋架整平示意图
1—屋架下弦；2—屋架节点；3—屋架腹杆；
4—砖地胎模；5—手动葫芦；6—钢管门架；
7—钢丝绳；8—垫木；9—12mm 厚钢板；
10—硬木对楔；11—裂缝示意

屋架预制场地未认真压实，混凝土浇完后，下了十几天大暴雨，使砖地胎模产生较大的不均匀沉降，此时屋架混凝土强度较低，侧向刚度又差，因此造成屋架旁弯和裂缝。

3. 处理措施

（1）应急措施

为避免屋架继续下沉下裂，立即在下沉节点处的地胎模上垫 300mm×400mm（长×宽）、厚 12mm 的钢板，并在节点处的地胎模与钢板间的空隙中打入 3 对 100mm×60mm 硬木楔，同时搞好现场排水，防止场地再出现不均匀沉降。然后约请设计、建设、科研等单位商定了以下处理措施。

（2）屋架调平

屋架施加预应力前，先将下弯部分调平，其施工要点有：根据屋架重量计算确定调平屋架总的提升力为 260kN，采用 5t 手动葫芦 6 个；通过计算确定用 ϕ48 钢管塔设 6 个门型调平提升架，并用水平钢管相连，以增强整体刚度；挂葫芦的横杆采用双钢管、双扣件；采用垫入的300mm×400mm、厚12mm的钢板作提升板；为使6台葫芦同步提升，实行统一指挥、缓慢提升的做法；为使纠正旁弯不过量，采用先拉通线后提升的控制办法。调平屋架共用4h。经检查，调平后的屋架没有发现新的裂缝，原有裂缝也未扩展。

（3）降低张拉力

每榀屋架有两束预应力高强钢丝，每束为24ϕ^s5，原设计的张拉力为489kN，经研究商定，将张拉力降低约10%，即每束张拉力降为423kN。钢丝束张拉后，检查可见下弦裂缝全部闭合，上弦裂缝未继续扩展。

（4）裂缝封闭

根据设计单位要求，对上、下弦的所有裂缝（包括已闭合的）用环氧树脂作封闭处理。

（5）使用限制规定

决定将这4榀处理过的屋架使用在山墙和伸缩缝处，以降低使用荷载。

五、屋架下弦杆裂缝

预应力屋架下弦杆预留孔道后的混凝土壁较薄，施工不当，易导致裂缝，下面简介两个实例。

（一）屋架制作中下弦杆裂缝

1. 工程概况

四川省某厂房24m跨预应力屋架预制时，采用高压胶管充压力水预留孔。混凝土浇筑完尚未凝固时，发现胶管堵头失效，压力水流失。为防止预留孔缩小和以后抽拔胶管的困难，施工人员立即重新对预留孔胶管充水、加压，结果造成下弦杆预留孔道部位出现断续的纵向裂缝。

2. 事故原因

在下弦杆混凝土浇筑后不久，胶管内的压力水流失，造成胶管外径缩小,下弦预留孔也随之变形。施工采用重新充灌压力水,胶管再次膨胀,挤压已成型但尚无强度的新浇混凝土而造成裂缝。

3. 事故处理

(1) 立即停止灌水加压,防止事故进一步恶化;

(2) 对裂缝区域的混凝土表面进行压抹,消除或减轻裂缝;

(3) 孔道灌浆前作压水试验,未发现严重渗漏,仅有轻微渗水,因此未作专门处理。

4. 处理效果分析

下弦杆孔道壁这类裂缝只要灌浆中不出问题,通过灌浆实际上已对裂缝进行了修补(一般孔道灌浆的最终压力达到 0.5 ~ 0.6MPa),加上该工程的预应力筋是 II 级冷拉粗钢筋,下弦轻微裂缝不致于对屋架耐久性产生明显的影响。

(二) 预留灌浆孔道冻裂事故

1. 工程与事故概况

辽宁省某厂厂房,采用36m预应力屋架,下弦预应力筋为高强碳素钢丝束,锥形螺杆锚具,夏季开始制作屋架,11月中旬进行孔道灌浆后,发现下弦沿预留孔壁最薄处普遍发生纵向裂缝,其长度为 500 ~ 1000mm,见图4-8。

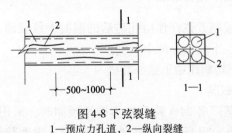

图 4-8 下弦裂缝
1—预应力孔道,2—纵向裂缝

2. 原因分析

本工程地点在辽宁省,灌浆时间是 11 月中旬,未采取任何保温措施,灌浆后当晚气温骤降至 -15℃,使所灌水泥浆中的游离水受冻膨胀,造成孔壁裂缝。

3. 处理措施

根据裂缝宽度的不同，采取环氧树脂浆液封闭裂缝和环氧玻璃钢加固的办法，见图4-9。

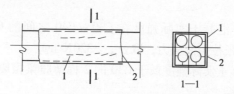

图4-9 玻璃钢加固裂缝
1—下弦纵向裂缝；2—玻璃钢加固套

六、预应力梁混凝土强度不足

（1）工程与事故概况

江苏省某厂房为单层双跨钢筋混凝土排架结构，屋盖采用18m跨双坡预应力薄腹梁，上铺1.5m×6m预应力大型屋面板。薄腹梁选用标准图G414图集之五，HRB335级钢筋方案，梁型号为YWL—18—3Ca，共20榀薄腹梁。

薄腹梁制作完成后，发现部分混凝土试块强度达不到设计要求的C40。对薄腹梁实测的结果是2榀＜C30，6榀在C30～C40之间，12榀≥C40。

（2）事故处理方案

由于20榀薄腹梁中有8榀的混凝土强度不足，必须进行处理。针对这8榀不合格梁中混凝土强度高于C30的有6榀，先按照实际强度为C30，并根据结构实际荷载情况对屋面梁进行验算。

验算中发现控制条件是梁端部锚固区局部承压应力。因此决定预应力钢筋张拉控制应力σ_{con}降低为$320N/mm^2$。先对该梁的使用阶段承载力（正截面和斜截面），使用阶段抗裂、挠度等进行验算，均符合《混凝土结构设计规范》（GB 50010—2002）规定，然后验算施工阶段（张拉、吊装阶段）的承载力、抗裂性能和梁端部锚固区的承载力，也均符合规范规定（这些验算过程略）。

通过结构验算决定采用如下处理方案：

1）混凝土实际强度达到 C40 的 12 榀薄腹梁按原标准图的要求施工。

2）对于混凝土实际强度在 C30～C40 之间的 6 榀薄腹梁，降低钢筋的张拉控制应力，取 $\sigma_{con}=320N/mm^2$。

3）混凝土实际强度低于 C30 的 2 榀薄腹梁报废，重新按标准图制作 2 榀。

4）考虑到厂房实际结构荷载情况，将混凝土强度最低的 2 榀薄腹梁用在厂房端部，荷载较大的薄腹梁必须用混凝土实际强度达到 C40 以上的梁。

（3）施工注意事项

1）预应力筋张拉严格按《混凝土结构工程施工质量验收规范》(GB 50204—2002) 规范的有关规定进行，确保张拉控制应力准确。

2）每榀梁张拉完后，应检查构件是否有裂缝，重点检查梁端部，正确填写张拉记录。

3）及时灌浆，减少预应力值损失。水泥应用42.5级普通水泥配制，水灰比控制在 0.4～0.45（重量比），不加外加剂。

4）薄腹梁扶直、平移、吊装中必须平稳，防止出现受扭和侧弯，以及过大的动力和冲击荷载，以免薄腹梁开裂。

（4）处理效果

该厂房按上述方案处理后当年竣工，经多年使用观察检查，厂房使用正常，未见异常现象。

第三节　张拉、放张事故

一、预应力筋张拉和放张事故类别的常见原因和处理方法

预应力筋张拉和放张的常见事故类别、原因与处理方法见表4-2。

张拉或放张常见事故类别、原因与处理 表 4-2

序号	类别	原因	处理方法
1	张拉应力失控	1. 张拉设备不按规定校验； 2. 张拉油泵与压力表配套用错； 3. 重叠生产构件时，下层构件产生附加的预应力损失； 4. 张拉方法和工艺不当，如曲线筋或长度大于24m的直线筋采用一端张拉等	1. 查明失控的性质是预应力值不足还是过高； 2. 对预应力值不足者可以采取超张措施，如重叠生产构件时，采用先上后下逐层张拉，并按(GB 50204—2002)的规定逐层加大张拉力； 3. 对预应力值超过规定的，必须专项处理
2	钢筋伸长值不符合规定（比计算伸长值大于10%或小于5%）	1. 钢筋性能不良：如强度不足弹性模量不符合要求等； 2. 钢筋伸长值量测方法错误； 3. 测力仪表不准； 4. 孔道制作质量差，摩阻力大	1. 查明伸长值不符合规定的原因，有针对性的采取处理措施，如采用正确的量测方法等； 2. 属钢筋性能不良的应更换钢筋； 3. 属孔道摩阻力影响的，应修整孔道； 4. 实测伸长值小于计算值时，可适当提高张拉力加以补足，但最大张拉力不得超过规范规定
3	张拉应力导致混凝土构件开裂或破坏	1. 混凝土强度不足； 2. 张拉端局部混凝土不密实； 3. 任意修改设计，如取消或减少端部构造钢筋	1. 加固处理； 2. 报废处理
4	放张时钢筋（丝）滑移	1. 钢丝表面污染； 2. 混凝土不密实、强度低； 3. 先张法放张时间过早，放张工艺不当	1. 更换不合格的锚具； 2. 构件降级使用； 3. 构件报废； 4. 改变张拉工艺

二、屋架张拉应力过大

1. 工程与事故概况

四川省某厂屋架跨度为24m，外形为折线形，见图4-10。采用自锚后张法预应力生产工艺，下弦配置两束Φ12、44Mn$_2$Si冷拉螺纹钢筋,用两台60t拉伸机分别在两端同时张拉。

第一批生产屋架13榀,采取卧式浇筑,重叠4层的方法制作。

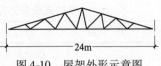

图4-10 屋架外形示意图

屋架张拉后,发现下弦产生平面外弯曲10~15mm。

2. 原因分析

(1) 对拉伸设备重新校验,发现有1台油压表的校正读数值偏低,即对应于设计张拉力值259.7kN的油压表读数值,其实际张拉力已达297.5kN,比规定值提高了14.6%。由于两束钢筋张拉力不等,导致偏心受压,选成屋架平面外弯曲。

(2) 由于张拉承力架的宽度与屋架下弦宽度相同,而承力架安装和屋架端部的尺寸形状常有误差,重叠生产时这种误差的积累,使上层的承力架不能对中,而加大了屋架的侧向弯曲。

(3) 个别屋架由于孔道不直和孔位偏差,使预应力钢筋偏心,从而加大了屋架的侧弯。

另外,由于1台油压表数值不准,在超张拉时不仅使屋架产生了侧弯,而且造成预应力钢筋的张拉应力超过了冷拉应力。这是由于在屋架重叠生产时,为了弥补构件间因自重压力产生的摩阻力所造成的应力损失,施工中规定第3、2、1层分别提高张拉力3%、6%和9%,最上层(第4层)不予提高。因此,用这个读数不正确的拉伸设备张拉,其拉应力值如表4-3所示。

各层屋架内预应力筋的拉应力值　　　　表4-3

层次	应力(N/mm^2)				附注
	设计值	规定提高值	超张值	总计	
4	586.0	0	96.6	682.6	冷拉应力为680.0
3	586.0	17.5	96.6	700.2	
2	586.0	35.2	96.6	717.8	
1	586.0	52.7	96.6	735.4	

注:1. 该表摘自原四川省建工局资料;
　　2. 超张值系指油压表读数偏低而产生的应力。

从上表可明显地看出：钢筋的张拉应力超过了冷拉应力，因此必须处理。

3. 处理措施

处理的方法是打掉自锚头混凝土（此时孔道尚未灌浆）放松预应力筋，并更换钢筋，重新张拉和锚固。

在打碎自锚头混凝土和放松预应力筋时，屋架端部产生不少纵向及横向裂缝，缝宽 0.1~0.3mm，局部出现孔壁混凝土被挤压碎裂的现象，见图 4-11。

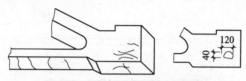

图 4-11 端节点裂缝与空洞情况

为了决定这种屋架修复后可否使用，在现场选择了 1 榀损坏最严重的屋架作荷载试验。试验用的屋架端节点一侧碎裂面积为 40mm×12mm，保护层剥落，箍筋裸露，未予处理；另一侧碎裂更严重，将破碎混凝土除去，用水泥砂浆填满，在更换预应力筋后，重新张拉、锚固和灌浆。

屋架荷载试验方案和试验结果如下：

试验采用两榀屋架同时正位加荷，分别按标准荷载和 1.5 倍标准荷载两次加荷，屋架支座、支撑和加载方法尽可能接近屋架的实际工作情况。

试验结果，这榀屋架的刚度和抗裂性均符合要求；试验虽未进行到破坏，但是根据试验数据可以推断屋架的强度也是合格的；自锚头工作是可靠的。在 1.48 倍标准荷载下，只有屋脊节点处两根受拉腹杆出现裂缝，屋架下弦和两端头均未出现新的裂缝，原有的裂缝也无扩展现象。

从试验结果分析，这些屋架经过上述处理后，可以使用。但是，为了更加安全起见，并考虑长期荷载的影响和端节点应力较复杂的情况，决定用角钢夹以螺栓，外包细石混凝土加固处理，见图 4-12。

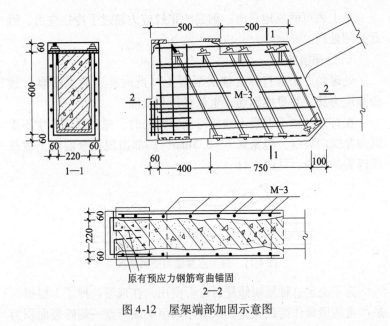

图 4-12 屋架端部加固示意图

三、屋架混凝土未达到规定强度即张拉导致破坏

1. 工程与事故概况

辽宁省某厂厂房采用跨度为 24m 的预应力混凝土屋架，混凝土设计强度为 C40，设计要求屋架混凝土达到 100% 的设计强度时，方可张拉预应力钢筋。

施工情况：屋架采用重叠 3 层的方法预制，构件平面布置示意见图 4-13。9 月中旬开始支模，绑扎钢筋，下旬浇筑混凝土，每隔 4d 浇筑 1 层，至 9 月底全部浇完。自然养护。张拉预应力钢筋后，在 11 月 4 日开始孔道灌浆，此时发现最下面一榀屋架下弦在距端头 2.8m 处被压酥破坏，见图 4-14。上弦在距端部 3m 处有 8mm 宽的折断裂缝，见图 4-15。由于混凝土为脆性破坏，折断时的弹力很大，两堆屋架相距约 300mm，致使对面一榀屋架的端头也被强劲的弹力击断。下弦断在距端头 1m 处，上弦也在距端头 1m 处被压酥，出现了一个 80~120mm 宽的、全截面贯通的破碎带,见图4-16,破碎带处的混凝土酥松剥落。

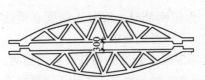

图4-13 屋架平面布置示意图

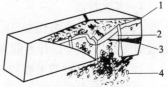

图4-14 层架下弦破坏情况
1—非预应力筋;2—箍筋;
3—裂缝;4—剥落的混凝土

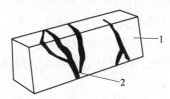

图4-15 屋架上弦破坏情况
1—屋架上弦侧面;2—裂缝最大宽度8mm

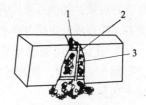

图4-16 对面一榀屋架上弦压酥
1—上弦纵筋;2—箍筋;
3—压酥破碎带

2. 原因分析

(1) 违反设计规定。设计要求混凝土强度达到100%时,方可张拉预应力筋,而损坏的那榀屋架为9月19日浇筑,10月22日压试块,虽然混凝土龄期已达33d,但由于当时气温较低,日平均气温10℃左右,强度增长缓慢。另外,在浇筑屋架破坏端混凝土时,临时停电,人工拌合的混凝土加水较多,水灰比过大,人工振捣又不够密实,因而造成试块平均强度为30.8N/mm^2,仅达到设计强度的77%。用回弹仪测定的结果与试块强度接近。

(2) 该榀屋架上有悬挂吊车,下弦预应力钢筋较多,张拉力较大。

(3) 孔道灌浆压力过高。最高灌浆压力达0.9~1.0MPa(规范规定为0.5~0.6MPa),因此下弦混凝土截面的应力明显加大。

3. 处理措施

通过有关单位的鉴定,一致认为屋架破坏严重,难以修复,只能报废。

4. 事故教训

（1）必须认真按图施工。张拉钢筋时，混凝土强度必须达到设计要求，未经设计者同意，不得降低要求。

（2）对于屋架等重要构件的混凝土强度的增长要做出预测，秋末冬初时浇筑的混凝土，如强度的增长满足不了施工进度要求时，应及早采取加早强剂等有效措施。

（3）钢筋张拉时，如屋架混凝土还未达到设计要求强度，应采取有效的对策，如推迟张拉时间，或经过换算，先平卧张拉50%控制应力，扶直后补张拉50%控制应力等办法，切不可盲目行事。

（4）在浇筑屋架等重要构件时，应避免中间断电。万一断电，应组织好人力，严格控制水灰比，认真拌合和捣实，以确保混凝土质量。

四、预应力钢绞线滑移事故

1. 工程与事故概况

湖南省某体育中心运动场西看台为悬挑结构，建筑面积1200余平方米，共有悬臂梁10根，梁长21m，悬挑净长15m，采用无粘结预应力混凝土结构，每榀梁内配5束共25根ϕ15钢绞线，固定端采用XM锚具，钢绞线束及固定端锚具在梁内的布置见图4-17。

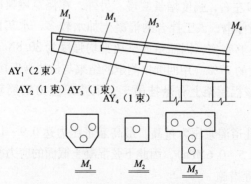

图4-17 梁内预应力筋及锚具配置示意图

悬臂梁施工中，甲、乙、丙三方在浇混凝土前共同检查验收预应力筋与锚具的设置情况，一致认为符合设计要求后，即浇筑C40混凝土。浇筑过程中施工单位提出：为了便于检查固定端锚具的固定情况，建议在固定端锚板前的梁腹上预留200mm×300mm的洞，但未被采纳。当梁混凝土达到设计规定的70%设计强度时，开始张拉钢绞线。在试张拉时，发现固定端锚具打滑，锚具对钢绞线的锚固不能满足张拉力的要求。试张拉10根有7根不符合设计要求，其中有4根钢绞线的滑移长度，据测算已滑出固定端锚板。

2. 原因分析

造成钢绞线锚固松动、滑移的关键原因是水泥浆渗入夹具，主要原因有以下三方面：

（1）埋置于混凝土中的XM锚具点焊在锚板上，因锚环与夹片有一定的间隙，混凝土浇筑中水泥浆从间隙处渗入锚环，导致夹片与锚环不能错动锁紧钢绞线；

（2）由于看台外挑长度大，配筋密集，仅预应力筋每根梁就有5束25根，混凝土浇筑振捣中，强行在密集的钢筋中插入振动棒，难免触碰钢绞线，导致已安装的锚环与夹片松动，使水泥浆渗入到锚环与夹片的间隙中的问题更加严重；

（3）钢绞线的固定端设计构造不尽合理，如锚固端选用压花锚具，或把锚具外露，均可避免此事故，施工也存在不够精心的缺点。

3. 处理方案简介

要确保锚具可靠地工作，就必须清除渗入锚具的水泥浆，同时还应将滑移的钢绞线复位，为此采取以下几项处理措施。

（1）改群锚为单根张拉。张拉时使用YCN-18型前置内卡式千斤顶逐根张拉锚固。

（2）梁腹开孔。对AY_3、AY_4钢绞线束锚固前（图4-17），在梁腹上开孔，尺寸为200mm×300mm，取出锚具清洗干净后重新装锚。

(3) 梁端凿缺口。对 AY_1、AY_2 在梁端上部凿一缺口（见图 4-17），暴露锚板，取出锚具洗净后重新安装。

(4) 滑移的钢绞线束复位。对已滑至锚板后的钢绞线采用反推法，使其恢复到原来的设计位置，然后重新装锚。

(5) 重新张拉。钢绞线固定端处理完毕后，逐根张拉，然后凿掉部分混凝土，并用内掺 15% 膨胀剂的 C40 细石混凝土进行封补处理。

五、张拉端混凝土不密实事故

1. 工程与事故概况

安徽省某工程为预应力框架结构。混凝土浇筑养护达到设计要求的强度后张拉预应力筋，在张拉力尚未达到规定值时，突然千斤顶撑脚下的钢垫板凹陷入混凝土内。在放松预应力，凿开钢垫板，发现钢板凹陷处背面的混凝土很不密实，有较大的孔洞，钢筋外露。

2. 事故原因

张拉端附近配筋较多，施工时配制混凝土的石子粒径偏大，以及振捣不密实，是这起事故的主要原因。

3. 事故处理

拆除凹陷的钢板，凿除疏松的混凝土，整理好原有的钢筋，换上新的钢垫板，重新浇筑比设计强度高一级的细石混凝土，养护至规定强度后，重新张拉预应力筋。

六、预应力框架张拉事故

四川省某科研楼展览厅采用预应力混凝土空间框架和井字梁结构，4 根主梁（边梁）的截面为 700mm×1500mm，跨度分别为 17.25m 和 18.45m，每根梁上下各配 3 束 $54\phi^s5$ 或 $42\phi^s5$ 预应力高强钢丝束，均为直线配筋，QM 型锚具，双向交叉同时张拉，底层框架施工较顺利，张拉工作也正常地完成。

展览厅二层平面示意见图 4-18，在张拉 YL4a 及 YL4c 梁前

3束预应力筋时情况很正常,但张拉至第4束钢筋快结束时,突然一声巨响,A/9端节点混凝土局部压碎、爆裂、张拉工作被迫停止。A/6、D/9节点裂缝见图4-19。

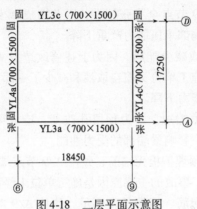

图4-18 二层平面示意图
固—固定端;张—张拉端

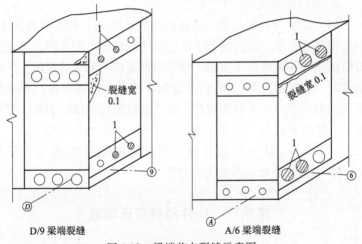

图4-19 梁端节点裂缝示意图
1—已张拉的预应力筋

1. 事故原因分析

(1) 修改设计不当。预应力钢丝束预留孔为$\phi 75$,由于采用

QM 型锚具，张拉端采用 $\phi 125$ 扩大孔。原设计每个节点各设1个张拉端和1个固定端，以减少断面削弱。由于 D/6 节点毗邻高层建筑，张拉预应力有些困难，施工单位决定 D/6 节点全改为固定端，而 A/9 节点全为张拉端，因此造成 A/9 节点截面削弱严重，混凝土局部承压能力严重下降。

（2）取消或减少配筋。因为上述修改造成 A/9 节点原有配筋安装困难，施工单位又擅自取消和减少了一部分构造构筋，也造成局部承压能力下降。

（3）梁主筋缩短。因为预留孔改变，造成梁的主筋没有伸到端头钢板处，影响梁端部的受力性能。

（4）端头预埋钢板无锚筋，致使 A/9 节点端头钢板错位。

综上所述，事故的主要原因是施工单位未经设计同意修改节点构造、减少配筋、钢筋长度不足，致使 A/9 节点截面严重削弱而引起节点破坏。

2. 事故处理简介

（1）A/9 节点的处理。考虑到该节点混凝土截面削弱甚多，构造钢筋又不足，而且端部上面混凝土已压坏，因此将该节点上部已张拉的两束钢丝束放松，剔除顶部疏松、薄弱的混凝土，增加端部构造配筋（X、Y 方向各增加7片垂直钢筋网片）梁上部非预应力钢筋与端头钢板焊接，清洗端部的处理部位表面，充分湿润，涂刷界面剂，补浇比设计强度高一级的细石混凝土。

（2）A/6、D/9 节点处理。节点加强端头钢板（"穿钢靴"），以改善节点端部的受力性能。

第四节 构件裂缝变形事故

一、预应力屋架下弦开裂

预应力屋架下弦裂缝的常见原因有以下两类：

（1）预应力值不足。大多数属施工控制不当造成，设计错误的情况较少见。

（2）施工工艺不当。预应力屋架下弦预留孔道的混凝土壁较薄，施工不当易导致裂缝。

下弦出现裂缝的处理方法，一般都根据裂缝原因采取针对性措施，如补张拉、补足预应力值；又如改进施工工艺，防止预留孔壁裂缝等。

工程实例详见第二节之五。

二、预应力薄腹梁侧弯事故

我国工业厂房大量应用预应力薄腹梁作屋盖主要承重构件，设计一般都用标准图 G414。1991 年该图集作了设计修改，以高强钢丝束代换冷拉钢筋，梁内预留孔道随之扩大，张拉力大幅度提高，加上薄腹梁的侧向刚度较小，因此常见薄腹梁出现较大的侧向弯曲，不仅影响外观质量，而且对结构性能也有影响。

（1）产生过大侧弯的主要原因

1）模板质量。通常薄腹梁都采用卧式制作，地基不良、模板刚度小、模板施工误差等均可造成侧弯。

2）预留孔问题。预留孔偏斜、孔道不对称、孔壁不光滑、孔径过大钢丝不易居中等，也可造成梁侧弯。

3）预应力筋张拉问题。张拉设备不良、仪表误差、操作误差，也可引起建立的预应力不均匀而导致梁侧弯。

4）张拉顺序的影响。先张拉的钢丝所建立的应力，因后张钢丝对梁的压缩变形而减小，最早张拉的钢丝应力损失最大，由此造成的钢丝应力不均匀也可导致薄腹梁产生侧弯。

（2）薄腹梁侧弯分析

首先应对侧弯影响进行分析。《混凝土结构工程施工质量验收规范》（GB 50204—2002）规定，梁类构件允许侧向弯曲为跨度的 1/750，且不大于 20mm。超过这个限值，将会给结构吊装（如下弦支撑安装）造成困难。明显的侧弯也会给人以不安全感，更严重的侧弯将影响结构安全。

薄腹梁侧弯带来的严重后果之一是，使凸面钢丝应力加大而凹面钢丝应力减小。由于薄腹梁的预应力钢丝束布置在梁底两侧，这种应力不均匀将降低构件的抗裂性能和承载能力。通过简单的理论计算可以求出在一定的侧弯变形（f）下，两侧钢丝束的应力差（$\Delta\sigma$），以及应力差与钢丝设计强度（R_R）的比值。表4-4列出了18m预应力薄腹梁按HRB500级冷拉钢筋计算的结果。

18m 薄腹梁侧弯后果分析　　　　　　　表4-4

侧弯曲f（mm）	20	40	60	80	100	120	140
应力差$\Delta\sigma$（MPa）	9.8	19.6	29.4	39.2	48.8	58.6	68.4
$\Delta\sigma/R_g$（%）	1.4	2.8	4.2	5.6	7.0	8.4	9.8

从表中不难看出，当侧弯值$f>70$mm时，$\Delta\sigma/R_g$将超过5%。因此过大的薄腹梁侧弯不仅是简单的尺寸形状误差，而可能对构件的结构性能带来较大的影响。

（3）对过大侧弯事故的处理

以G414图集的18m跨度屋面梁为例：

1）当侧弯不大于60mm时，因应力差不大，不必作专项处理。

2）当侧弯大于100mm时，应力差过大，且给用户造成明显的不安全感，建议报废或另作他用。

3）当侧弯在60~100mm之间时，建议采用体外张拉方法加固，在梁外凸的一侧加配受力钢筋，其数量应能承受两侧受力钢丝束的内力差（$\Delta\sigma A_s$），并留有足够的安全余量。

（4）对未生产的薄腹梁采取防止产生过大侧弯的措施

1）减小孔道直径。

2）加密架立筋间距，确保孔道位置正确。

3）梁两侧钢丝束对称地交错张拉。

4）调高先张钢丝的控制应力，并依次递减后张钢丝的应力。

5）精心施工，保证支模和混凝土浇筑的质量。

采取上述措施后，可将薄腹梁侧弯控制在标准规定的 20mm 以内。

三、现浇混凝土预应力梁裂缝

（1）工程概况

南京市某高层建筑有两层地下室，其梁板结构中含有粘结和无粘结预应力梁 6 根，最长的两根梁全长为 72.9m。梁截面为"T"形，肋宽 1.20m，梁全高 1m（含现浇板厚 300mm）。混凝土强度等级为 C40。地下室梁板采用泵送商品混凝土。浇后 10d 拆梁侧模，14d 拆梁底模，此时预应力筋尚未穿筋张拉。拆底模时，混凝土试块强度为 46.1MPa。拆梁底模支撑的方法是：边拆除钢管支撑，边顶设方木支撑。

拆模时发现楼盖平面位置中部附近有 1 条南北方向的直裂缝，因此全面检查大梁的裂缝情况，2 根最长的梁裂缝有以下特征：

1）2 根梁侧面共有裂缝 28 条。

2）梁两端第 1 跨裂缝很少（仅 1 个侧面有 1 条，梁跨中附近裂缝数量较多，一般每跨有 4~8 条。裂缝大多数从楼板底部延伸至梁底以上 70~100mm 处，个别梁与板的裂缝连通。

3）裂缝中间宽，两端细，基本与梁底垂直。

4）发现裂缝后连续观测 1 周，裂缝数量增加，经过 14 个月后再检查，开裂最严重的中间两跨梁侧面除了 2 条裂缝宽 0.15mm 外，其余均为 0.05~0.10mm。

（2）裂缝原因

1）混凝土收缩受到强大的约束。从梁裂缝特征分析，其位置在梁长的中部附近较多；裂缝数量较多，宽度不大；裂缝方向与梁轴线垂直，其形状是两端细中间粗；裂缝数量随时间增加等，都具有典型的梁收缩裂缝特征。

2）设计构造问题。该梁为现浇框架梁，全长 72.9m，施工时长期暴露在大气中，未设伸缩缝，不符合《混凝土结构设计规范》(GB 50010—2002)的规定。设计虽在 700mm 高梁肋的每侧设置了 2Φ18 构造钢筋，但还是不能防止强大的收缩应力而导致裂缝。出现收缩裂缝后，再张拉预应力筋，裂缝中一部分闭合，一部分依然存在。

3) 施工问题。该梁混凝土的水泥用量为 541kg/m³（这与设计强度高也有关），坍落度 18cm，混凝土收缩较大。施工虽然养护 14d，但是梁侧表面不是覆盖后浇水，对防止早期收缩的效果不明显。该梁为预应力梁，拆底模时混凝土强度虽已达到设计强度的 115%，但因尚未建立预应力，所以是违反《混凝土结构工程施工质量验收规范》(GB 50204—2002) 的规定，这是导致梁板出现连通裂缝原因之一。施工时虽采取边拆钢管支撑边顶方木支撑的措施，但是因为该梁和板的自重达 80kN/m，钢管支撑拆除后，自重及施工荷载在梁内产生较大的应力，可能导致混凝土开裂和梁产生挠度，再顶方木支撑，已无济于事。

4) 其他原因。该梁截面的最小尺寸已超过 1m，混凝土因水泥水化热产生的温度升高，已可形成一定的内外温差，由此产生的温度应力也可促使混凝土开裂或加剧裂缝产生和发展。

(3) 裂缝危害分析

1) 绝大多数裂缝由混凝土收缩受到强大约束而形成，这类裂缝一般不会危及结构安全。

2) 未发现明显的危险裂缝。

3) 通过预应力张拉后，原有梁上的裂缝有的已经闭合，有的已经缩小。

4) 梁上所有裂缝的宽度都不大（≤0.2mm），不存在结构耐久性问题。

应设计单位要求，对梁裂缝较严重的区段作结构检验——荷载试验，其结果简介如下：

1) 挠度。2 跨同时每跨加载 450kN（设计要求，下同），跨中最大挠度为 0.56mm，在跨度较大一跨上加载 750kN，跨中最大挠度为0.88mm（均不含自重挠度）。

2）裂缝。试验全过程中，原裂缝的宽度、长度均无明显变化，也未出现新裂缝。

根据以上分析和试验结果，现场各方均一致同意下述结论："梁虽已出现裂缝，但不影响使用和结构安全，仍满足设计要求。"

根据上述结论，该裂缝的处理意见是：因为这类裂缝既无安全问题，又无耐久性问题，一般都不需要作专门处理，考虑美观可作封闭处理。

（4）几点建议

1）设计方面。对这类长72m的大型梁，建议在一般情况下不必提出过高的抗裂要求，以免影响工程进度和提高工程造价。若对抗裂有特殊要求时，应从设计构造、材料选用和施工工艺等方面采用综合措施。对于梁板类构件的混凝土强度等级不宜过高，防止水泥用量过多，收缩加大，更易产生收缩裂缝。

2）施工方面。首先，混凝土配合比设计时，应力求降低水灰比和水泥用量，以减小收缩。还应注意采用泵送法时，坍落度加大，势必加大混凝土收缩，给结构抗裂带来不利的影响。其次，对大型现浇肋形楼盖，建议挂草袋或包草袋后再浇水养护。第三，预应力梁的底模及支撑，必须在施工预应力后拆除，如需早拆，宜用早拆支撑体系。

3）防止应力叠加。温差应力、收缩应力和荷载引起的应力叠加危害很大，构件截面尺寸较大时，更应注意，以免混凝土开裂或使细裂缝扩展。

四、预应力悬挑踏步板裂缝

1. 工程与事故概况

某市6层砖混结构房屋，楼梯采用预应力悬挑踏步板，其断面尺寸见图4-20。踏步板压入墙体尺寸，底层为37cm，2~6层为24cm，挑出墙外最大尺寸为1800mm，混凝土设计强度为

C40，预应力筋为 φ5 冷拔丝，其计算强度为 $585\text{N}/\text{mm}^2$。踏步板计算活荷载 $2\text{kN}/\text{m}^2$。

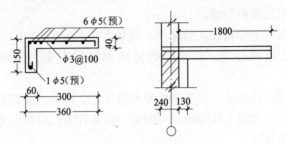

图 4-20　踏步板构造示意图

施工时，踏步板随楼梯墙砌筑逐级安装，悬挑端用木架作支撑，在顶层砖墙全部砌完，拆除木架支撑后，发现所有踏步板悬挑端下沉，板根部沿墙边均有通长裂缝，尤其以 2~6 层较严重，最大裂缝宽度超过 1mm。

2. 原因分析

（1）设计问题：主要是结构选型不当，计算考虑不周，而导致悬挑踏步板固定端处的抗裂性能严重下降。

该踏步板设计时的抗裂安全系数为 1.14，接近原设计规范 1.15 的要求，但是在设计计算时，未考虑预应力筋在其传递长度范围内预应力值变化的影响，参见图 4-21。这类构件施加预应力时的混凝土强度，一般要求≥70% 的设计强度，即 C30 左右，根据设计规范规定，该板的

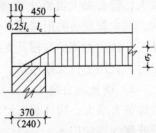

图 4-21　钢筋应力传递示意图

预应力筋传递长度（l_c）可取为 $90d$（d 为预应力钢筋直径），即 $l_c = 4500\text{mm}$，传递长度的起点为距板端 $0.25l_c \approx 110\text{mm}$，考虑这些因素的影响后，踏步板在固定端处（墙边）的预应力值将大幅度下降，对 37cm 厚墙的板下降为：

$$(370 - 110)/450 = 58\%$$

对 24cm 厚墙的板的预应力值下降为原值的：
$$(240-110)/450 = 29\%$$
因此，踏步板的抗裂安全系数随之严重下降，造成板裂缝，这是事故的主要原因。

（2）施工问题：主要问题，一是临时支撑拆除过早，二是踏步板下口支承处砂浆嵌固不实，见图 4-22。

3. 处理措施

为确保安全使用，采用了如图 4-23 所示的加固方案。踏步板中部用槽钢[16b 作斜梁，将板托起，斜梁支承在上、下平台处的槽钢[24b 上，槽钢开口处加焊 6mm 厚的钢板，外包钢丝网，抹水泥砂浆保护。

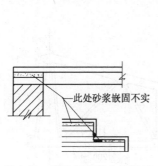

图 4-22 踏步板安装中的缺陷

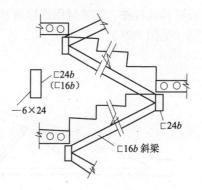

图 4-23 加固方案示意图

第五节　结构或构件毁坏和倒塌

一、屋架下弦撞裂

1. 工程与事故概况

湖南省某厂热处理车间采用 24m 跨预应力混凝土折线形屋架，按原一机部第一设计院所编图集《CG423（三）》YWJ 24-V 制作。结构吊装中，1 榀屋架下弦与吊车履带相撞，造成屋架跨中附近的下弦杆产生多处裂缝,见图4-24。裂缝宽度为0.2～0.1mm,个别裂缝周边连通。经检查,屋架其他部位未发现损坏。

2. 事故处理

从裂缝形状与宽度分析,下弦已局部断裂,因此,如仅对裂缝作表面处理,结构仍可能留有隐患。经研究,决定将裂缝区段的部分混凝土凿除重新浇筑,然后按设计要求,对屋架作荷载试验,确认处理效果。下面简介处理要点。

(1) 安装支承杆。凿除下弦杆裂缝部位的混凝土前,为防止预应力损失,应设置支承杆,以传递下弦杆的预压应力。经计算下弦总张拉力为1088kN,支承杆采用4L 90×10加缀板,焊接成格构式杆件,安装时用螺栓顶紧下弦,并依靠带齿垫板防止滑动,见图4-24。

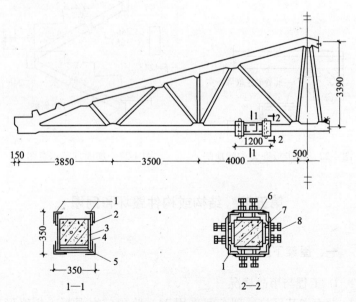

图4-24 屋架局部立面图
1—4∟90×1a;2—木楔块;3—侧模板;4—底板;
5—垫板;6—10mm厚缀板;7—20mm厚钢板;8—4M20顶紧螺栓

（2）凿除裂缝部位的混凝土。先将屋架扶直撑牢，两端支座用枕木垫平。经检查，下弦裂缝段有 300mm 长受损坏需要凿除，在需凿除部分外的两端作刻度标记，以量测凿混凝土前后的下弦杆变形。然后用小锤和凿子由周边向里轻轻凿除受损部位，直至切断整个下弦，此时下弦杆混凝土的预压应力转移到支承杆上，测量凿除混凝土前后两测点的变形为 1.7mm，经计算此数值与支承杆受压后产生的变形相近。

（3）支模板，浇筑混凝土。利用支承杆固定模板，使模板与下弦杆表面贴紧，以保证下弦杆断面尺寸一致，并防止漏浆。然后用水洗刷断口表面，并浇水充分湿润。所浇混凝土的强度比设计值高一级，水灰比控制在 0.45 以下，用小振动棒捣实后，认真养护。3d 后拆模检查，断口处新老混凝土结合良好，无收缩裂缝。

（4）拆除支承杆。待试块强度达到设计强度时，即可拆除支承杆。

3. 事故处理效果检验

为检验上述方法处理后屋架的抗裂性能与承载能力，按设计要求和规范规定进行了荷载试验，试验结果屋架各部位均未发现裂缝，屋架跨中挠度小于允许值，故经处理后的屋架质量满足设计要求。

二、屋架跌断

（1）工程概况

上海市金山石化机修厂某车间 30m 跨预应力屋架结构吊装中不慎跌成 5 段。

（2）处理简介

根据同济大学"新浇混凝土局部置换破损混凝土梁"的试验研究成果，对这类损坏的构件，只要将破损严重的区域凿去，变了形的钢筋重新校正后，再浇筑强度等级高一级的混凝土修复，无论是受弯、受剪承载力都能恢复。该工程所用的处理方法是将断缝处凿成100mm宽的大缺口，用强度高一级的混凝土浇筑补强，仔细养护达到规定的强度后安装，经使用10多年的检查观察，无异常情况发生。

三、拱形屋架倒塌

1. 工程与事故概况

山西省某厂锻压车间总面积为10668m²，分四期建成，第二期扩建工程向北有9个柱距，共长54m，采用钢筋混凝土和预应力混凝土结构，Ⓐ~Ⓑ跨采用21m预应力钢筋混凝土拱形屋架，下弦标高为13.35m，车间平面示意见图4-25。

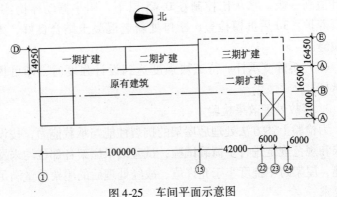

图4-25 车间平面示意图

9月22日，吊装㉒~㉓轴线间的屋面板，当吊装到天窗架上第4块屋面板时，随着一声巨响，㉒轴线上的一榀21m跨预应力拱形屋架坠落，紧接着㉓轴线的屋架、两个天窗架25块屋面板同时塌落，Ⓐ/㉒轴线的钢筋混凝土柱被拉断，造成了多人死亡。

2. 原因分析

事故发生后，经调查分析，此次重大事故的原因主要是施工错误，具体问题有以下三方面：

（1）拱形屋架分两块预制后拼装，见图4-26，经检查，拼装后上弦节点处没有灌缝；

(2) 施工中将原设计为8mm厚的节点连接钢板，改用4.5mm厚的钢板；

(3) 拼装时，屋架中心线不成一直线。

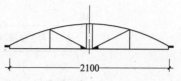

图4-26 21m预应力拱形屋架示意图

由于上述原因，屋架受荷后，上弦中间节点的连接钢板首先破坏，导致屋架等构件倒塌。

3. 处理措施

(1) 对已吊装未倒塌的拱形屋架采取三项补救措施，即屋架上弦中间节点连接钢板的两边，用两块槽钢加强；空隙处用1:2水泥砂浆灌填密实；除屋架原有支撑外，加设中间垂直支撑一道。

(2) 对已倒塌的屋架、天窗架、屋面板和柱进行更换，重新吊装。

四、预应力空心板断塌

(一) 实例一

1. 工程与事故概况

重庆市某宿舍工程为砖混结构，其局部平面如图4-27所示，空心板采用西南地区标准图，1~6号板全为YKB33A_1，板长为3280mm，横断面及配筋情况如图4-28所示，混凝土为C30，主筋保护层10mm。

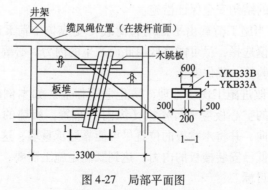

图4-27 局部平面图

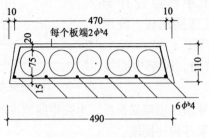

图4-28 空心板断面图

施工时,采用井架拔杆安装空心楼板,在吊装第3层楼板时,因井架拔杆被缆风阻隔,不能将板一次吊装就位,于是将空心板临时堆放在已安装好的楼板上,当重叠堆放最上面一块板后,施工员站到这堆板上,此时搁置跳板的2块空心板突然断裂,接着其他4块板跟着断塌,又将2层的空心板砸断,并直砸到底层素土里,造成一死两伤的严重事故。

2. 原因分析

从现场情况初步判断,主要原因是施工荷载在楼板内所产生的内力超过设计承载力。不论是按当时的设计规范或现行的设计规范进行验算,楼板内的实际弯矩超过设计值,倍多(计算略)。

3. 若干重要的教训与建议

(1)必须严格控制楼面的施工荷载,如施工需要超载,必须有相应的结构安全保证措施。

(2)当施工荷载由平面均布荷载转变成集中荷载时,其作用点要谨慎选择,尽可能降低由此而产生的内力。必要时应进行施工结构验算,确保安全。

(3)改进施工现场管理,防止危险作业。如本例临时堆放在楼面上的空心板应平行楼板(纵向)布置,所垫的木跳板垂直楼板方向,并将木跳板的位置尽可能靠近承重墙,这样布置将大幅度降低已安装楼板的内力,达到既满足施工需要,又确保安全作业的目标。

（二）实例二

1. 工程与事故概况

上海市某宿舍工程，墙为粉煤灰砌块，楼板为预应力空心板。在第 6 层施工时，有一间房间的楼板上堆放了 25 块砌块，造成楼板断塌，一直砸到底层。发生事故的局部平面见图 4-29，楼板断塌前砌块的堆放情况见图 4-30。

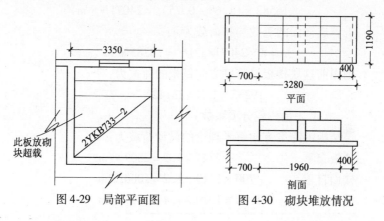

图 4-29 局部平面图   图 4-30 砌块堆放情况

2. 原因分析

倒塌前楼面堆放了 25 块砌块，由于当时为连阴雨天气，砌块湿度很大，每块砌块的自重约为 1.3kN，假定堆砌块范围内（1.96m）为均布荷重 q_1，该板的计算简图见图 4-31。

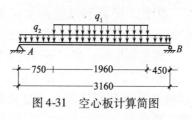

图 4-31 空心板计算简图

$$q_1 = 25 \times 1300/1.96 = 16582 \text{N/m}$$

预应力空心板自重为 7680N，沿跨度方向每米的均布荷重为 q_2。

$$q_2 = 7680/3.28 = 2341 \text{N/m}$$

求支座板力 N_A：

$N_A = (16582 \times 1.96 \times 1.43 + 2341 \times 3.16 \times 1.58)/3.16$

$\quad = 18406 \text{N}$

求切力为零处（即弯矩最大处）至 A 点的距离为 x

$$N_A = q_2 x + q_1(x - 0.75)$$
$$N_A + 0.75 q_1 = (q_2 + q_1)x$$
$$x = \frac{N_A + 0.75 q_1}{q_1 + q_2} = \frac{18406 + 0.75 \times 16582}{16582 + 2341} = 1.63 \text{m}$$
$$M_{max} = 18406 \times 1.63 - \frac{1}{2} \times 2341 \times 1.63^2 - \frac{1}{2} \times$$
$$16582 \times (1.63 - 0.75)^2 = 24071 \text{N} \cdot \text{m}$$

折算成楼面的等效均布荷载为 q：
$$q = 8 \times 24071/3.16^2 = 19285 \text{N/m}$$

倒塌前这块楼板沿跨度方向每米的荷重为：
$$19285 \times 1.2 = 23142 \text{N/m}$$

（上式 1.2 是荷载分项系数）

该楼板沿跨度方向每米理论的设计荷载为：

楼板自重	2341×1.2	$= 2809 \text{N/m}$
楼面自重	$700 \times 1.19 \times 1.2$	$= 1000 \text{N/m}$
设计活荷载	$1500 \times 1.19 \times 1.4$	$= 2499 \text{N/m}$
Σ		$= 6308 \text{N/m}$

因此，楼板倒塌前的实际荷载比理论设计荷载大 $23142/6308 = 3.67$ 倍，这是造成楼板断塌的主要原因。

事故发生后，进一步检查发现，原设计为预应力钢筋混凝土空心板，实际采用预应力陶粒混凝土实心板，这种代用使板的承载能力下降了 17% 左右，这是事故的次要原因。

（三）实例三

1. 工程与事故概况

江西省某地的一幢 5～7 层的旅馆建筑，砖墙承重，预应力空心楼板，事故发生在该建筑 6 层中的一间客房，其局部平面见图 4-32。

3 月 27 日凌晨 3 时 30 分左右，

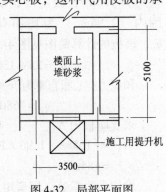

图 4-32 局部平面图

工人为准备6层楼全天抹灰所需的砂浆，提前上班，将搅拌好的砂浆连续不断地提升到6层楼，从窗口倒在该房间楼面上。当天早晨7时40分左右，工人下班用早餐，8时左右该房间楼板断裂倒塌，造成5~2层楼板全部砸断。

2. 原因调查与分析

（1）对该房间四周墙体进行检查，未发现墙体裂缝、倾斜、脱落等现象。

（2）任意选取现场所用的3块预制楼板进行载荷试验，证明其质量符合设计要求。

（3）根据调查与测算，楼板断裂前上面所堆的砂浆高度最高处约1.1m，最低处约0.7m，平均堆放高度约0.9m，此时楼面上的荷载已达$15.30 kN/m^2$，大大超过设计的活荷载，因而造成楼板断裂。

（四）实例四

1. 工程与事故概况

山西省某厂2004年新建4~5层砖混结构宿舍9幢，均采用预应力空心板作楼板和屋面板。工程于2004年5月开工，同年年底完成主体工程，2005年5月竣工，6月厂方进行检查，发现其中12号楼的楼层有多处出现大面积起鼓、酥裂、塌落情况，随后又有4幢楼房相继发现类似问题，至2005年10月，已完全酥裂塌落的有48块空心板，明显存在质量缺陷的有2065块板，占全部空心板2190块的94%。

2. 原因调查与分析

这5幢宿舍所采用的楼板是由乡镇企业的构件预制厂生产的。从酥裂破坏的特征估计，粗骨料含有害物质。从破坏最严重的板上、尚未吊装的板上以及预制厂内取样2000多个，筛选10%，再从中抽出4个样品，后又补取3个大块，作为检验标本。检验时，按粗骨料的不同颜色分类，作化学和岩相分析，化学分析共选取了23个试样，其中白石、青石和亮石的分析结果见表4-5。

粗骨料化学成分（%）　　　　　表4-5

试样号	物理特征	化学成分						
		烧失量	SiO_2	Al_2O_3	Fe_2O_3	CaO	MgO	SO_3	TiO_2
1	白石	21.98	2.00	16.58	0.48	27.50	0.24	30.69	0.24
2	青石	38.06	6.09	1.57	0.41	50.18	0.50	1.17	0.12
3	亮石	17.27	12.05	5.49	0.49	32.17	0.12	31.87	0.24

注：1. 试样为取自己破坏板的混合样；
　　2. 1号试样量大。

通过试验分析，事故的主要原因如下：

（1）有害物质SO_3含量较高。《普通混凝土用砂、石质量标准及检验方法标准》（JGJ 53—2006）中，规定SO_3的含量不宜超1%。试验结果有78.9%的试样SO_3含量超过规定，表4-5中白石和亮石的SO_3含量高达30%以上。

（2）根据岩相分析，混凝土粗骨料中存在有害物质石膏和三水铝石。

由于SO_3、石膏等有害物质与水泥水化物作用而生成硫铝酸钙，发生体积膨胀，造成已硬化混凝土酥裂破坏。

第五章 砌体结构工程

砌体工程至今仍是我国房屋建筑的主要承重结构或围护结构。砌体结构设计中常见的质量问题有：结构计算方案和计算简图错误、构造不当、计算错误等。砌体工程施工中常见的质量问题有：砖、石材或砌块质量低、砌筑砂浆强度不足、砌筑方法不符合要求、砂浆饱满度差、测量放线错误等。由此造成的工程质量事故有：砌体裂缝、墙、柱或整幢房屋错位，建筑物倾斜、房屋倒塌等。有的质量问题当时虽未形成事故，但可能给建筑物留下隐患，更应引起重视。

第一节 砌体裂缝

砌体裂缝比较普遍。裂缝不仅影响建筑物外观，而且有的造成渗漏；有的降低或削弱建筑结构的强度、刚度、稳定性、整体性和耐久性，因此，砌体裂缝常对建筑物的正常使用和安全产生较大影响。由于我国的建筑结构设计或施工规范始终没有对砌体是否允许裂缝等问题有过明确的规定，所以砌体裂缝的分析与处理成为长期困扰着工程技术界的一个难题。本节的内容是以工程实践为基础，结合理论分析，探讨砌体工程是否允许裂缝、砌体裂缝原因、不同砌体裂缝的危害性及其鉴别等问题，在此基础上对砌体裂缝的处理提出一些建议。

一、砌体各类裂缝的特征

砌体中常见裂缝有四类，它们是斜裂缝（正八字、倒八字等）、竖向裂缝、水平缝和不规则裂缝，其中前三类裂缝最常见，原因也较复杂，地基问题、温度应力、结构超载等都可能造成这些裂缝。

（一）因地基不均匀下沉（或上胀）而产生的裂缝的常见形态特征

1. 正八字缝

建筑物中部的下沉值较两端的大，建筑物形成正向弯曲而造成正八字缝。等高的长条形房屋的正八字缝见图 5-1；立面高度差异较大且连为一体的房屋，建筑高度变化处为地基沉降突变部位，使低层建筑靠近高层部分的墙体局部倾斜过大，因而在纵墙上出现裂缝，见图 5-2。

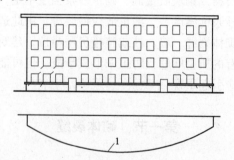

图 5-1　等高建筑物正向弯曲形成八字缝

1—沉降分布曲线

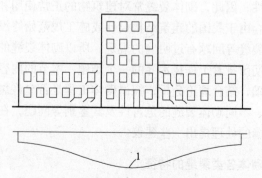

图 5-2　产面高度差异较大的房屋所形成的八字缝

1—沉降分布曲线

2. 倒八字缝

建筑物中部的下沉值较两端的小，形成反向弯曲而造成这类裂缝，见图5-3。

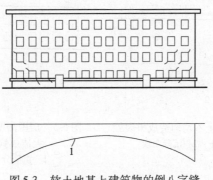

图5-3 软土地基上建筑物的倒八字缝
1—沉降分布曲线

以上两种斜裂缝大多数通过窗口两对角，在紧靠窗口处缝较宽，向两边和上下逐渐缩小；其走向往往是由沉降小的一边向沉降较大的一边逐渐向上发展。这两种斜裂缝大部分出现在纵墙上，分布在墙身相对挠曲较大的断面处，在建筑物下部裂缝较多，上部较少；在等高的长条形建筑中，裂缝一般在两端较多，中部逐渐减少。

3. 斜裂缝

除了上述两种外，常见的有以下几种。

（1）建筑物地基一端软弱，或建筑物一端层高（荷重）较大，造成一端沉降大而出现斜裂缝，见图5-4、图5-5。

（2）相邻建筑物间距较小，后建的高大建筑物造成原有建筑物产生新的不均匀沉降，而出现斜裂缝，其方向为向高大房屋升高，见图5-6。

（3）建筑平面为"L"、"山"、"工"形，在纵横建筑物交接部位的基础密集，地基应力重叠，这些部位的沉降较大，而使建筑物出现斜裂缝，见图5-7。

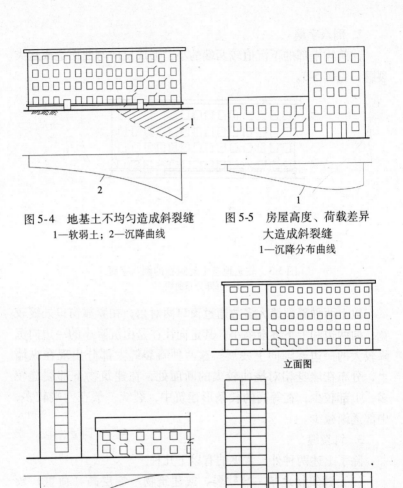

图 5-4 地基土不均匀造成斜裂缝
1—软弱土；2—沉降曲线

图 5-5 房屋高度、荷载差异大造成斜裂缝
1—沉降分布曲线

图 5-6 相邻建筑物的影响造成的斜裂缝
1—沉降分布曲线

图 5-7 L形建筑转角附近的斜裂缝

（4）沉降缝宽度太小。设置有沉降缝的高低不同的建筑物，当发生不均匀沉降时，两部分建筑均向缝一侧倾斜，由于沉降缝宽度太小，或缝内填塞了建筑垃圾，产生了水平挤压力，在较低部分的建筑物上出现斜裂缝，见图5-8。

4. 竖向裂缝

底层大窗台下的竖向裂缝,是因为窗间墙下基础的沉降量大于窗台墙下基础的沉降量,使窗台墙产生反向弯曲变形而开裂,见图 5-9;建筑物顶部的竖向裂缝,往往出现在地基突变处,建筑物的一端沉降量大,使墙顶形成较大的拉应力而开裂,见图 5-10。以上两种竖向裂缝上部宽,向下逐渐减小。

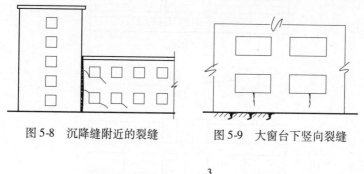

图 5-8　沉降缝附近的裂缝　　图 5-9　大窗台下竖向裂缝

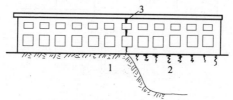

图 5-10　岩土地基突变引起的竖向裂缝
1—基岩;2—软土;3—裂缝

除了上述两种较常见的竖向裂缝外,当地基不均匀下沉时,因建筑变形,有时在纵墙转折处产生水平推力,形成力偶,因而导致横墙与纵墙交接处产生竖向裂缝,见图 5-11。

5. 水平裂缝

水平裂缝有两种。一是窗间墙上的水平裂缝,一般都是在每个窗间墙的上、下两对角处成对出现,沉降大的一边裂缝在下,沉降小的一边裂缝在上。缝宽都是靠窗口处较大,向窗间墙的中部逐渐减小。在地基不均匀变形,或沉降部分的上部被顶住后(沉降缝处理不当时常有这种现象),窗间墙上受到较大的水平剪力，引起反弯曲破坏，是形成这种裂缝的主要原因。另一种水平裂缝发生在地基局部塌陷时，这种裂缝较少见。地基局部塌陷的原因很多，例如湿陷性黄土浸水，地基下有暗井、暗沟、古墓等。在这种条件下，有时会产生局部的水平裂缝。

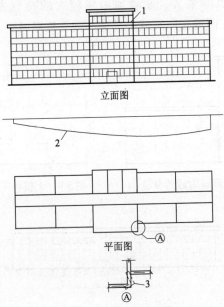

图 5-11　纵墙转折处的竖向裂缝
1—竖向裂缝；2—沉降曲线；
3—纵墙转折、变形产生水平推力，
折角转动示意

（二）因温度变化而造成的裂缝的常见形态特征

1. 斜裂缝

其形态有三种，即正八字形、倒八字形和 X 字形，其中以正八字缝最多见。裂缝一般出现在顶层墙身两端的 1~2 个开间内，有时可能发展至房屋长度的 1/3 左右。这种裂缝多产生在内外纵墙上，横墙上有时也会产生，裂缝一般呈对称形，见图 5-12、图 5-13、图 5-14、图 5-15。房屋两端有窗口时，则裂缝常通过窗口的两对角，缝的数量不一，有时每端仅一条，有时则数条成组出现，有时仅一端有。斜裂缝一般仅顶层有，严重时也可能发展至以下几层。

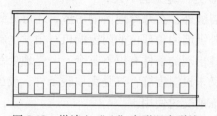 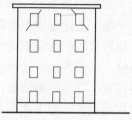

图5-12 纵墙上"八"字形温度裂缝　　图5-13 横墙上"八"字形温度裂缝

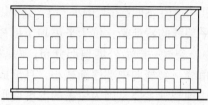

图5-14 纵墙上倒"八"字形温度裂缝

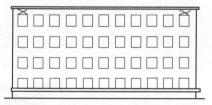

图5-15 "X"字形温度裂缝

上述斜裂缝多数出现在平屋顶的房屋中，其主要原因是屋盖与墙之间存在温度差，钢筋混凝土的线膨胀系数比砖砌体的大一倍。例如南方地区的屋盖在太阳照射下，温度可高达60～70°C，而此时的砖墙温度约30～35°C，屋盖的温度变形比砖墙大，因此在屋盖下的砖墙顶部产生了剪应力，就在砌体中形成主拉应力，当应力超过砌体的抗拉强度时，就产生了正八字裂缝。相反，当屋盖产生较大的收缩时，与之相连接的墙体就可能产生倒八字裂缝。当屋盖热胀冷缩的变形均较大时，在砌体的同一部位可能产生正、倒八字裂缝，两者叠加成 X 形交叉裂缝。由于正（倒）八字缝形成后，另一方向的斜裂缝出现的机率明显减少，故 X 形的温度裂缝一般不多见，缝宽也不大。

除了上述屋顶下的斜裂缝外，在寒冷地区的房屋，还可见到一层窗台墙的收缩裂缝和外纵墙墙角部位的门窗洞口对角发生斜裂缝，见图 5-16。这种裂缝出现的条件有以下三个：一是地处寒冷区域；二是纵墙较长，又未设温度缝；三是无取暖条件，或虽有取暖设备，但未能在上冻前交付使用。

2. 水平裂缝

水平裂缝有三种，一是屋顶下的水平缝；二是外纵墙窗口处的水平缝；三是单层厂房与生活间连接处的水平缝。其中以第一种最多见。

屋顶下水平裂缝的特征是：位于平屋顶下或屋顶圈梁下 2～3 皮砖的灰缝中，裂缝一般沿外墙顶部分布，两端较为严重，有时形成水平包角缝，裂缝向中部逐渐减小，且渐成断续状态，见图 5-17。出现这种裂缝主要是因为屋盖的温度变形大于墙体的变形，屋盖下砖墙产生的水平剪力大于砌体的水平抗剪强度。

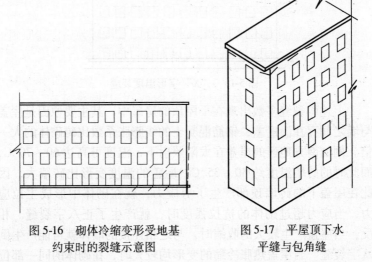

图 5-16 砌体冷缩变形受地基约束时的裂缝示意图

图 5-17 平屋顶下水平缝与包角缝

外纵墙窗台处水平裂缝示意见图5-18。这类裂缝在高大空旷的房屋中较多见，产生的主要原因是平屋顶的温度膨胀变形，它相当于在墙顶作用了一个水平力，墙内因此产生了附加应力，在砌体的窗台处弯曲拉应力最大，当应力超过砌体的抗拉强度时，就会出现裂缝。

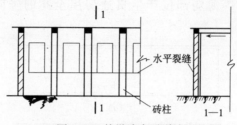

图5-18 外纵墙水平裂缝

单层厂房与生活间连接处的水平缝；当生活间高度低于车间时，在生活间屋顶标高附近的车间山墙上出现水平缝，见图5-19（a）；当生活间高度超过车间屋顶标高时，在车间屋顶标高附近的生活间墙上出现水平裂缝，见图5-19（b）。裂缝的原因是屋盖因温度升高而膨胀，在墙中产生了附加应力。

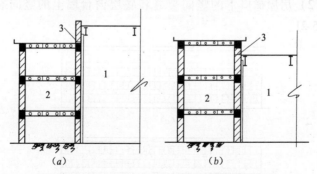

图5-19 单层厂房与生活间连接处墙体水平裂缝
（a）生活间高度低于车间时；（b）生活间高度高于车间时
1—车间；2—生活间；3—水平裂缝

3. 竖向裂缝

竖向裂缝有以下三种：

（1）贯通房屋全高的竖向裂缝。当房屋的楼（屋）盖为现浇钢筋混凝土结构时，由于温度降低引起楼（屋）盖缩短，而楼盖受到墙体的约束，使楼（屋）盖构件受到拉力。如房屋过长，又未设置伸缩缝，则楼（屋）盖上每隔一定距离就会发生贯通全宽的裂缝，这种裂缝往往使墙体在门窗口边或楼梯间等薄弱部位产生贯通房屋全高的竖向裂缝，见图 5-20。

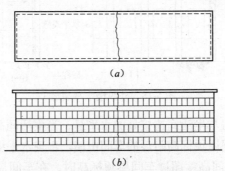

图 5-20 贯通房屋全高的竖向温度裂缝
（a）楼（屋）盖上的裂缝；（b）砖墙裂缝

（2）房屋檐口下的竖向裂缝和底层窗台墙上的竖向裂缝，见图 5-21。

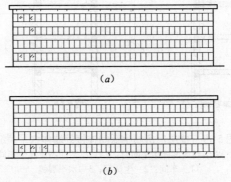

图 5-21 寒冷地区竖向裂缝
（a）檐口下的裂缝；（b）底层窗台墙上的裂缝

这两种裂缝大多数出现在北方寒冷地区，墙体较长又未设伸缩缝，且无采暖条件或施工越冬的建筑物上。裂缝的原因是冬季气温下降后，埋在地下部分的砌体温差变化小，收缩量也小，而外露部分砌体温差变化大，收缩也大，这种不同的收缩，在砌体相互约束下，就产生了剪、拉应力，因而在断面较弱、应力较集中处出现裂缝。

（3）现浇钢筋混凝土梁端处墙面竖向裂缝。当现浇梁长度较长时，常出现这种裂缝，有时也可见呈45°左右的斜裂缝，见图5-22。这种裂缝主要是因为钢筋混凝土与砖墙的温度变形不同，以及混凝土干缩而造成的。

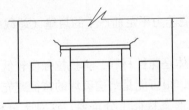

图 5-22 现浇梁端处墙面裂缝

4. 女儿墙裂缝

最常见的情况如图 5-23 所示，其原因是屋盖产生过大的温度变形，使女儿墙根部受到向外的水平推力或向内的水平拉力，造成女儿墙根部与平屋面交接处砌体外凸或女儿墙外倾，导致墙体开裂。有时，屋盖收缩也可使女儿墙偏心受压，从而造成墙顶竖向裂缝，见图5-24。

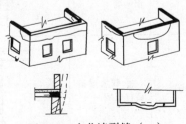

图 5-23 女儿墙裂缝（一）

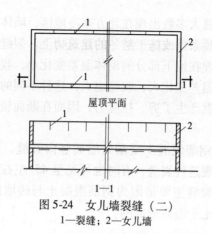

图 5-24 女儿墙裂缝（二）
1—裂缝；2—女儿墙

（三）因承载能力不足而产生的裂缝（超载裂缝）的形态特征

由于砖石砌体是脆性材料，其抗拉强度较低，因承载能力不足而造成的裂缝，很可能是结构破坏的特征或先兆。因此，正确认识这类裂缝的形态特征十分重要，这对于分析与处理砌体裂缝，保证建筑物安全使用，都具有重要意义，常见的因砌体承载能力不足而造成的裂缝形态特征见表 5-1。

砌体承载能力不足的裂缝形态特征　　表 5-1

序号	荷载情况	常见构件	裂缝形态
1	中心受压及小偏心受压	基础、高厚比较大的柱、窗间墙	
2	局部受压	承载大梁的砖柱或墙	

续表

序号	荷载情况	常见构件	裂缝形态
3	轴心受拉或偏心受拉	水池、筒仓等	
4	竖向剪力	砖挑檐等	
5	大偏心受压	墙、柱等	
6	竖向弯矩	砖砌平拱	
7	弯矩与剪力共同作用	砖过梁	

砖石墙、柱承载能力不足，其裂缝的主要特征为：

（1）裂缝方向：轴心受压或小偏心受压的墙、柱上，裂缝方向一般是垂直的；在大偏心受压时，也可能出现水平裂缝；

（2）裂缝位置：常在柱、墙下部1/3位置，上下两端除了局部承压不够而造成裂缝外，一般较少有裂缝；

（3）裂缝宽度与形状：缝宽0.1~3mm不等，裂缝形状中间宽，两端细；

（4）裂缝出现的时间：通常在楼盖（屋盖）支撑拆除后，立即可见，也有少数是在使用荷载突然增加时而开裂。

（四）材料质量或砌筑质量差引起的裂缝特征

1. 灰砂砖砌体裂缝

在四川省等地常用蒸压灰砂砖作砌墙材料，这类墙砌体的裂缝较普遍，与相同条件、相同建筑的黏土砖砌体相比，裂缝较严重。一般黏土砖墙上常见的裂缝在灰砂砖砌体中经常可见，另外，在各层窗台下的墙和较长的大片墙上，也常见砌体裂缝。灰砂砖砌体裂缝的原因，除了前述的各种原因外，就材料特性方面分析，主要有以下两点：一是不少工地使用刚出厂的灰砂砖砌筑，这种砖的体积稳定性差；二是灰砂砖在砌筑前淋雨，含水量过大，砌体的抗剪强度下降。

2. 砂浆体积不稳定

砂浆体积不稳定引起的砌体裂缝的特征为：裂缝普遍，无论在砖墙或砖柱的内外面，上、下部都可见裂缝。

3. 砌筑质量差

砌筑质量差引起砌体裂缝的特征是，集中使用断砖，砖块之间咬合差，砌体普遍通缝、重缝严重，往往产生不规则裂缝；内外墙接槎不良，在连接处出现竖向裂缝。

（五）因建筑构造不当引起砌体裂缝的特征

（1）沉降缝设置不当易出现斜裂缝；沉降缝宽度不够，或缝内被砖块等填塞，也易出现斜裂缝。

（2）伸缩缝设置不当，易出现竖向裂缝，如房屋长度较长，未设伸缩缝，或墙与墙、墙与楼板的伸缩缝不设在同一位置等，均易在砌体中产生竖向裂缝。

（3）紧接着已有建筑扩建时，如处理不当，新旧建筑连接处，新建筑一侧易出现斜裂缝。

（4）圈梁、地圈梁设置不交圈等缺陷，在这些薄弱点易造成竖向或斜向裂缝。

（六）因机械振动或地震造成砌体振动裂缝的形态特征

机械运行造成的振动，公路、铁路运输造成的振动，大风、爆炸引起的振动，以及地震等都可能引起砖墙开裂，这种裂缝通常称之为振动裂缝，其形态特征大多呈不规则状，在砌体的薄弱部位或应力集中的开口处（如门窗角）产生裂缝。多层砖房在强烈地震的影响下，常出现斜裂缝或交叉裂缝，见图 5-25。

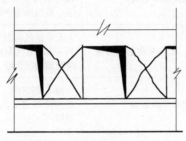

图 5-25　地震裂缝示意图

二、砌体裂缝常见原因及裂缝特点

（一）砌体裂缝常见原因及分类。见表 5-2

砌体裂缝常见原因及分类　　　　表 5-2

类别	序号	原因	举例
温度变形	1	因日照及气温变化，不同材料及不同结构部位的变形不一致，同时又存在较强大的约束，由此产生较高的温度应力	平屋顶砖混结构顶层砖墙因日照和气温变化，以及两种材料的温度膨胀系数不同，造成屋盖与砖墙变形不一致所产生的斜裂缝和水平裂缝
	2	屋面结构温度变形挤压墙体，在墙体内产生较高的剪应力或弯曲拉应力	单层厂房屋盖因日照而产生温度膨胀，挤压厂房端部的生活间墙，而产生接近水平的裂缝
	3	气温或环境温度的温差太大	房屋长度大，又不按规定设伸缩缝造成贯穿房屋全高的竖向裂缝
	4	砖墙温度变形受地基约束产生较高温度应力	北方地区混合结构建筑施工期越冬，且不采暖，砖墙收缩受到地基的约束而造成底层窗台及其以下砌体中产生斜向或竖向裂缝

续表

类别	序号	原因	举例
地基不均匀沉降	5	地基沉降差大	长高比较大的砖混结构房屋中,两端与中部沉降差较大时,在房屋底层、纵墙两端产生的斜裂缝
	6	地基突变,又未采取适当措施	丘陵地区房屋一部分建在岩石上,另一部分在土层或填土上,不均匀沉降导致房屋折断,出现竖向裂缝
	7	地基局部塌陷	位于防空洞、古井上的砌体,因地基局部塌陷而产生水平裂缝、斜裂缝
	8	地基冻胀	北方地区房屋基础埋深不足,地基土又具有冻胀性,导致砌体产生斜裂缝或竖向裂缝
	9	地基浸水	填土地基或湿陷黄土地基局部浸水后产生不均匀沉降而产生斜裂缝
	10	地下水位降低	地下水位较高的软土地基中,因临近工程施工采用人工降低地下水位措施,造成原有房屋地基产生附加沉降而导致砌体开裂
	11	相邻建筑物影响	新建高大建筑物造成邻近的原有建筑物产生附加沉降而裂缝,常见为斜裂缝
结构荷载过大或砌体截面过小	12	抗压强度不足	承载力不足的中心受压砖柱,在柱高 1/3 附近区域出现的竖向裂缝
	13	抗弯强度不足	砖砌平拱抗弯强度不足出现竖向或斜向裂缝
	14	抗剪强度不足	挡土墙抗剪强度不足,在最薄弱截面产生水平裂缝
	15	抗拉强度不足	砖砌水池池壁贮水后产生沿砂浆缝的裂缝(折曲形)
	16	局部承压强度不足	大梁或梁垫下的砌体出现斜向或竖向裂缝

续表

类别	序号	原 因	举 例
设计构造不当	17	砌体中混凝土构件收缩（温度与干缩）	较长的现浇雨篷梁两端墙面产生的斜裂缝
	18	沉降缝设置不当	（1）沉降缝设置位置不当。如不设在沉降差最大处； （2）沉降缝太窄，沉降变形后缝两侧的砌体受挤压而开裂
	19	建筑结构整体性差	砖混结构房屋中，楼梯间砖墙的钢筋混凝土圈梁不交圈而引起墙面出现裂缝
	20	墙内留洞	住宅内外墙交接处留烟囱孔，影响内外墙连续，使用后因温度变化而开裂
	21	不同结构材料混用，又未采取适当措施	钢筋混凝土墙梁挠度较大（但在梁的允许范围内），而引起墙砌体裂缝
	22	新旧建筑连接不当	原有建筑扩建时，基础分离，新旧砖砌成整体，在结合处出现裂缝。
	23	留大窗洞的墙体构造不当	大窗台下墙体出现上宽下窄的竖向裂缝
材料质量差	24	砂浆体积不稳定	水泥安定性不合格，或用含硫量超标准的硫铁矿渣代砂，引起砂浆体积不断膨胀造成砌体开裂
	25	砖体积不稳定	使用出厂不久的灰砂砖砌墙，因砖体积收缩而产生裂缝
施工质量低劣	26	组砌方法不合理；漏放构造钢筋	内外墙连接处直槎，又不按规定放置拉结钢筋，导致内外墙连接处产生通长竖向裂缝
	27	砌体中通缝、重缝多	砌墙时，集中使用断砖，通缝、重缝多而出现不规则裂缝
	28	留洞或留槽不当	在宽度为500mm的窗间墙留脚手洞，导致墙体开裂
其他	29	地震	多层砖混结构宿舍在强烈地震下产生斜向或交叉形裂缝
	30	机械震动	如爆破引起邻近建筑物墙体裂缝

(二) 砌体裂缝的特点

1. 裂缝性质与危害性差异大

表 1 中序号 1~11 的裂缝都由变形过大而产生；12~16 的裂缝属承载力不足；17~23 的裂缝大多数属设计问题；24~28 裂缝基本由施工造成。30 种裂缝中危害性最严重的是承载力不足的几种裂缝，其他 20 几种裂缝的危害性随裂缝特征及其发展变化等因素而变化，但是大多数不危及结构安全。

砌体裂缝的危害性一般分为以下四类。

(1) 影响结构安全

主要是指承载力不足而产生的裂缝，这类裂缝有的尺寸并不大，数量也不多，但结构已接近临界承载力的先兆，很可能导致坍塌事故。此外，对地基变形造成的裂缝，若地基变形长期不稳定，且变形差大，裂缝不断发展也可能影响结构安全。

(2) 降低建筑功能

裂缝导致渗漏和装饰层损坏，有的还给人以不安全感并影响观瞻。

(3) 缩短使用年限

砌体裂缝较严重时，造成耐久性降低。有的裂缝（如温度裂缝）随环境温度变化而不断的扩张和缩小，也会明显降低其耐久性。

(4) 无明显危害，仅影响一般外观

那些宽度和长度不大、数量不多的、较常见的温度裂缝或已基本稳定的沉降裂缝多数属此类型。

2. 裂缝属性分布很不均匀

目前砌体裂缝大多数属表 1 中的前 3 种，其次是地基变形裂缝。有人经分析得出结论：混合结构房屋出现的裂缝有 90% 左右都由温度或地基变形所造成。

3. 杜绝砌体裂缝的困难较大

例如温度与收缩变形引起的裂缝量大面广，即使依靠设计规范上的两条措施，再加上精心施工，也难保证砌体不出现温度、收缩裂缝。

三、砌体裂缝鉴别

表 5-2 有关内容已提供了鉴别裂缝性质的初步资料。由于设计不当和材料或施工质量低劣造成的裂缝比较容易鉴别。因此本文重点介绍最常见的温度裂缝、地基变形裂缝及危害最严重的承载力不足裂缝的鉴别,其方法主要是从裂缝特征、发展变化和理论分析三方面进行比较和鉴别。

1. 根据裂缝现有特征进行鉴别

根据裂缝现有特征的鉴别见表 5-3。

根据裂缝特征鉴别常见裂缝性质　　　　　　　表 5-3

鉴别根据	温度变形造成的裂缝	地基不均匀沉降造成的裂缝	承载力不足造成的裂缝
裂缝位置	多数出现在房屋顶部附近,以两端为最常见;裂缝在纵墙和横墙上都可能出现。在寒冷地区越冬又未采暖的房屋有可能在下部出现冷缩裂缝。位于房屋长度中部附近的竖向裂缝,也可能属此类型	多数出现在房屋下部,少数可发展到 2~3 层;对等高的长条形房屋,裂缝位置大多出现在两端附近;其他形状的房屋,裂缝都在沉降变形剧烈处附近;一般都出现在纵墙上,横墙上较少见。当地基性质突变(如基岩变土)时,也可能在房屋顶部出现裂缝,并向下延伸,严重时可贯穿房屋全高	多数出现在砌体应力较大部位,在多层建筑中,底层较多见。轴心受压柱的裂缝往往在柱下部 1/3 柱高附近,出现在柱上下端的较少。梁或梁垫下砌体的裂缝大多数是局部承压强度不足而造成
裂缝形态特征	最常见的是斜裂缝,形状有一端宽,另一端细和中间宽两端细两种;其次是水平裂缝,多数呈断续状,中间宽两端细,在厂房与生活间连接处的裂缝与屋面形式有关,接近水平状较多,缝长一般连续,缝宽变化不大;第三是竖向裂缝,多因纵向收缩产生,缝宽变化不大	较常见的是斜裂缝通过门窗口,靠洞口处缝较宽;其次是竖裂缝,不论是房屋上部、或窗台下或贯穿房屋全高的裂缝,其形状一般是上宽下细;水平裂缝较少见,有的出现在窗角,靠窗口处缝较宽;有的水平裂缝是地基局部塌陷而造成,缝宽往往较大	受压构件裂缝方向与应力一致,裂缝中间宽两端细;受拉裂缝与应力方向垂直,较常见的是沿灰缝开裂;受弯裂缝在构件的受拉区外边缘较宽,受压区不明显,多数沿灰缝开展;砖砌平拱在弯矩和剪力共同作用下可能产生斜裂缝;受剪裂缝与剪力作用方向一致

续表

鉴别根据	温度变形造成的裂缝	地基不均匀沉降造成的裂缝	承载力不足造成的裂缝
裂缝出现时间	大多数在经过夏季或冬季后形成	大多数出现在房屋建成后不久,也有少数工程在施工期间明显开裂,严重的不能竣工	大多数发生在荷载突然增加时,例如大梁拆除支撑;水池、筒仓启用等

2. 根据裂缝发展变化进行鉴别

根据裂缝发展变化鉴别见表5-4。

根据裂缝发展变化鉴别裂缝　　　　　表5-4

温度裂缝	地基不均匀沉降造成的裂缝	承载力不足造成的裂缝
随气温或环境温度变化,在温度最高或最低时,裂缝宽度、长度最大,数量最多,但不会无限制地扩展恶化	随地基变形和时间增长裂缝加大、增多。一般在地基变形稳定后,裂缝不再变化,极个别的地基产生剪切破坏,裂缝不断发展导致建筑物倒塌	受压构件开始出现断续的细裂缝,随荷载或作用时间的增加,裂缝贯通,宽度加大而导致破坏。其他承载力不足裂缝可随荷载增减而变化

3. 根据建筑特征进行鉴别

根据建筑特征鉴别裂缝见表5-5。

根据建筑特征鉴别裂缝　　　　　表5-5

鉴别根据	温度变形造成的裂缝	地基不均匀沉降造成的裂缝	承载力不足造成的裂缝
建筑物特征和使用条件	屋盖的保温、隔热差,屋盖对砌体的约束大;当地温差大;建筑物过长又无变形缝等因素都可能导致温度裂缝	房屋长而不高,且地基变形量大,易产生沉降裂缝;房屋刚度差;房屋高度或荷载差异大,又不设沉降缝;地基浸水或软土地基中地下水位降低;在房屋周围开挖土方或大量堆载,在已有建筑物附近新建高大建筑物	结构构件受力较大或截面削弱严重的部位;超载或产生附加内力,如受压构件出现附加弯矩等
建筑物的变形	往往与建筑物的横向(长或宽)变形有关,与建筑物的竖向变形(沉降)无关	用精确的测量手段测出沉降曲线,在该曲线曲率较大处出现的裂缝,可能是沉降裂缝	往往与横向或竖向变形无明显关系

4. 根据理论分析鉴别裂缝

（1）温度裂缝

温度裂缝的原因是在温度变化或温差的作用下，同时砌体又受到约束，因而产生温度应力，当温度应力超过砌体强度时就产生裂缝。根据此原理和结构力学方法就可从理论上分析确定裂缝是否由温度原因所造成。下面介绍一种用来计算平屋顶下墙体的主拉应力的近似方法（摘自王铁梦《裂缝控制》）。

考虑到平屋顶下墙体的垂直压应力很小，因而假定砌体中的主拉应力接近剪应力，并用下述近似公式计算

$$\sigma_T \approx \tau_{max} \approx \frac{C_x(\alpha_c t_c - \alpha_b t_b)}{\beta} \text{th}\beta L/2 \qquad (5\text{-}1)$$

式中 σ_T——主拉应力（N/cm²）；

τ_{max}——最大剪应力（N/cm²）；

C_x——水平阻力系数，钢筋混凝土与砖墙相互约束时，取 600~1000N/cm³；

α_c、α_b——分别为混凝土、砖墙的线膨胀系数；

t_c、t_b——分别为混凝土、砖墙的平均温度；

L——房屋长度（cm）；

$\text{th}\beta$——双曲正切函数；

$$\beta = \sqrt{\frac{C_x h_1}{bh E_b}} \qquad (5\text{-}2)$$

h_1——墙厚（cm）；

b——墙体负担顶板的宽度（cm）；

h——屋顶板厚度（cm）；

E_b——砖砌体弹性模量（N/cm²）。

如按公式（5-1）计算的主拉应力超过砌体的抗拉强度，就可能在平屋顶下砌体产生裂缝。

（2）承载力不足造成的裂缝

无论是受压、受弯、受拉、受剪或局部承压构件，均可根据《砌体结构设计规范》（GB 50003—2001）的有关公式与规定，

计算构件的承载力，当外加荷载设计值产生的内力超过规范规定的承载力时，就可能出现承载力不足的裂缝，举一个最简单的轴心受拉构件为例，其承载力应按下式计算：

$$N_t \leq f_t A \tag{5-3}$$

式中　N_t——轴心拉力设计值；
　　　f_t——砌体轴心抗拉强度设计值，按规范规定的数值采用；
　　　A——截面面积。

（3）地基不均匀沉降引起的裂缝

可根据工程实际情况计算地基变形，或用测量方法得到实际地基变形值，然后用结构力学方法计算地基不均匀下沉产生的应力，再对照砌体结构设计规范的有关数据，即可确定裂缝与地基不均匀沉降的关系。

地基变形裂缝的另一种理论分析方法是计算地基变形值或实测变形值，如砌体承重结构基础的局部倾斜超过表 5-6 规定，就可能产生砌体裂缝。

砌体承重结构基础局部倾斜的允许值　　表 5-6

地基土类别	中、低压缩性土	高压缩性土
局部倾斜允许值	0.002	0.003

四、砌体裂缝的处理

（一）关于砌体裂缝处理界限的建议

正确鉴别裂缝的性质，是确定裂缝是否需要处理的基本条件，同时也是选择处理方法和处理时间的基础。

1. 承载力不足造成的裂缝

（1）当确定为承载力不足裂缝时，均应认真分析处理，若无充分依据不准不处理。

（2）根据砌体实际强度和尺寸及内力验算，符合公式（5-4）时，应进行处理；符合公式（5-5）时，必须处理。

$$(R/\gamma_o S) < 0.92 \qquad (5\text{-}4)$$
$$(R/\gamma_o S) < 0.87 \qquad (5\text{-}5)$$

式中　R——砌体承载力（kN）；

　　　γ_o——结构重要性系数，按规范规定取值；

　　　S——结构内力（kN）。

（3）重视受压砌体与应力方向一致的裂缝、梁或梁垫下的斜或竖向裂缝，以及柱身的水平裂缝，因为这些裂缝常是结构垮塌的先兆。

（4）承载力不足裂缝的处理，一般先加固结构或构件，然后修补裂缝，也可两者结合进行。

2. 温度裂缝

温度裂缝一般无结构安全问题，大多数不用专门处理。若裂缝数量多，严重影响外观，或裂缝导致渗漏和影响使用，应作修补性处理。

3. 地基沉降裂缝

（1）地基沉降差不大，且在较短时间内已趋稳定者，一般可不处理。需作修补性处理的条件参见 6.2。

（2）地基沉降严重，且持续发展，可能危及结构安全的裂缝必须处理。一般采用先加固地基基础、后修补裂缝的方法。

4. 下述危险裂缝均应认真分析处理

（1）墙身或窗间墙的交叉裂缝；

（2）造成柱断裂或产生水平错位的裂缝；

（3）墙体失稳的水平裂缝，以及缝长超过层高 1/2、缝宽大于 20mm 的竖向裂缝，或缝长超过层高 1/3 的多条竖向裂缝。

（二）砌体裂缝处理的一般原则

（1）查清裂缝原因，针对不同成因，明确不同的处理目的。如裂缝封闭、地基加固、砌体承载力恢复、结构补强、减少荷载等。

（2）鉴别裂缝性质。重点是区别受力或变形两类性质不同的裂缝，尤其应该注意受力裂缝的严重性和紧迫性，杜绝裂缝急剧扩展而导致倒塌事故发生。

（3）选用合理的处理方法。常用的砌体裂缝处理方法有十几种，选用时注意，既要效果可靠，又要切实可行，还要经济合理。

（4）选择合理的处理时间。一般情况下，受力裂缝应及时处理；地基变形最好在裂缝稳定后处理，其中变形不断发展，可能导致结构毁坏的也应及时处理；温度变形裂缝宜在裂缝最宽时处理。

（5）防止处理后再开裂。按照前述的（1）、(2)、(3)、(4)等项要求处理的裂缝，一般可以避免再开裂。此外，对地基变形、温度收缩等变形裂缝，在处理前，可作一段较长时间的观测，寻找裂缝变化的规律，或确定裂缝是否已经稳定，以此作为确定处理方案的根据。

（6）确保处理工作安全。对处理阶段的结构强度与稳定性进行验算，必要时应采用支护或隔离措施。

（7）加强处理工作的检查验收。必须从准备阶段开始，对材料质量和操作质量进行严格的检查验收。处理完成后，如有必要还可作钻孔取样、荷载试验等检验，以确认处理效果。

（三）砌体裂缝常用的处理方法简介

（1）填缝封闭：常用材料有水泥砂浆、树脂砂浆等。这类硬质填缝材料极限拉伸率很低、如砌体尚未稳定，修补后可能再次开裂。

（2）表面覆盖：对建筑物正常使用无明显影响的裂缝，为了美观的目的，可以采用表面覆盖装饰材料，而不封堵裂缝。

（3）加筋锚固；砖墙两面开裂时，需在两侧每隔 5 皮砖剔凿一道长 1m（裂缝两侧各 0.5m），深 50mm 的砖缝，埋入钢筋 1 根，端部弯直钩并嵌入砖墙竖缝，然后用强度等级为 M10 的水泥砂浆嵌填实。施工时要注意以下三点：①两面不要剔同一条缝，最好隔两皮砖；②必须处理好一面，并等砂浆有一定强度后再施工另一面；③修补前剔开的砖缝要充分浇水湿润，修补后必须浇水养护。

（4）水泥灌浆：有重力灌浆和压力灌浆两种。由于灌浆材料强度都大于砌体强度，因此只要灌浆方法和措施适当，经水泥灌浆修补后的砌体强度都能满足要求。而且具有修补质量可靠，价格较低，材料来源广和施工方便等优点。

（5）钢筋水泥夹板墙：墙面裂缝较多，而且裂缝贯穿墙厚时，常在墙体两面增加钢筋（或型钢）网，并用穿墙"∽"筋拉结固定后，两面涂抹或喷涂水泥砂浆进行加固。

（6）外包加固：常用来加固柱，一般有外包角钢和外包钢筋混凝土两类。

（7）加钢筋混凝土构造柱：常用作加强内外墙联系或提高墙身的承载能力或刚度。

（8）整体加固：当裂缝较宽且墙身变形明显，或内外墙拉结不良好，仅用封堵或灌浆等措施难以取得理想效果，这常用加设钢拉杆，有时还设置封闭交圈的钢筋混凝土或钢腰箍筋进行整体加固。

（9）变换结构类型：当承载能力不足导致砌体裂缝时，常采用这类方法处理。最常见的是柱承重改为加砌一道墙变为墙承重，或用钢筋混凝土代替砌体等。

（10）将裂缝转为伸缩缝：在外墙上出现随环境温度而周期性变化，且较宽的裂缝时，封堵效果往往不佳，有时可将裂缝边缘修直后，作为伸缩缝处理。

（11）其他方法：若因梁下未设混凝土垫块，导致砌体局部承压强度不足而裂缝，可采用后加垫块方法处理。对裂缝较严重的砌体有时还可以采用局部拆除重砌等。

（四）选择裂缝处理方法的建议

1. 11种常用处理方法选择的建议

一般情况下，可根据前述的处理方法特点与适用范围进行选择。当按裂缝性质或处理目的来选择处理方法时，可参考表5-7的建议。

砌体裂缝处理方法选择参考　　　　　表 5-7

选择分类			处理方法										
			填缝封闭	表面覆盖	加筋锚固	水泥灌浆	钢筋网水泥面层	外包加固	加构造柱	整体加固	变换结构类型	改裂缝为伸缩缝	增设梁垫	局部拆除重砌
裂缝性质	荷载	墙				√	√	△	△		√		△	⊙
		柱						√					△	⊙
	变形	墙	√	√	△	△			△			⊙		△
		柱							△					△
处理目的	防渗耐久性		√	√	△	△								△
	提高承载能力					√				√			△	
	外观		√	√	√	△								√

注：√—首选；△—次选；⊙—必要时选。

2. 最常见三类裂缝的处理建议

砌体裂缝中最常见的三类裂缝是温度裂缝、沉降裂缝和荷载裂缝，处理这三种裂缝时，需要注意以下事项。

（1）温度裂缝一般不影响结构安全。经过一段时间观测，待裂缝最宽的时候，采用封闭保护或局部修复方法处理，有的还需要改变建筑热工结构，以防再开裂。

（2）沉降裂缝绝大多数不会严重恶化而危及结构安全。通过沉降观测对那些沉降逐步减小的裂缝，待地基基本稳定后，作局部修复或封闭堵塞处理；如地基变形长期不稳定，可能影响建筑物正常使用时，应先加固地基，再处理裂缝。

（3）荷载裂缝是因承载能力或稳定性不足而危及结构安全的裂缝，应及时采取卸荷或加固补强等方法处理。对那些可能导致结构垮塌的裂缝，还应立即采取应急防护措施，如临时支撑、设置警戒区等，防止出现人员伤亡和避免重大损失。

五、工程实例

（一）地基不均匀沉降造成墙体开裂

1. 软土地基

实例一

某住宅工程 5 层砖混结构，建筑面积为 $1453m^2$，建筑长高比为 2.11，其北立面裂缝见图 5-26；沉降观测点布置与沉降曲线图见图 5-27，相对沉降值见表 5-8。

图 5-26 某住宅墙面裂缝

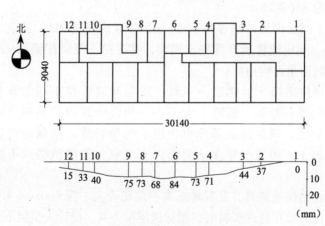

图 5-27 沉降观测点布置与沉降曲线图

相 对 沉 降 值 表　　　　　表 5-8

测　点	1	2	3	4	5	6	7	8	9	10	11	12
相对沉降（mm）	0	37	44	71	73	84	68	73	75	40	33	15

该建筑物大部分座落在水池上，施工时将池内淤泥全部挖除后，先填块石，再填15cm黏土及10cm石屑，然后浇筑10cm厚素混凝土垫层。

住宅粉刷完后，就发现两端窗角有正八字裂缝，北立面的裂缝情况见图5-26。

从图上可以看出房屋两端的沉降变化比较剧烈，建筑物受剪较大，形成正八字裂缝。

至今，此建筑仍在使用。

实例二

某住宅为5层砖混结构，建筑面积为1569m^2，建筑物的长高比为2.34。

建筑物西端2/3部位建在水塘上，东端1/3在塘边，土层为杂填土。

基础板厚30cm，C20混凝土。墙下主筋为ϕ12@70；上层网筋为ϕ10@250。

上部结构的砖墙厚度为24cm，砂浆底层为M5，其余均为M2.5，隔层设置钢筋混凝土圈梁，共三道，圈梁配筋为4ϕ12。楼梯间四角设构造柱。

该住宅第5层建造一半时，发现基础板靠东端1/3左右处横向通长断裂，板缝上大下小，相应位置的砖墙和圈梁也产生裂缝，埋板西端部分也出现了几条裂缝。发现裂缝后就停止施工，停工一年多，裂缝仍有发展，致使该房屋不能交付使用。

经钻探地基时，发现地基有一层稻壳灰，深为0.4~4.4m，但勘探人员在整理资料时，漏标这层稻壳灰，设计人员因不知道有这层稻壳灰，而对地基未作任何处理。结果房屋向西边塘心倾斜，而塘边的土质又较好，东端沉降较少，基础板类似悬臂板沿横向上部断裂。

表5-9为基础板的相对沉降值，图5-28为建筑物基础板的相对沉降曲线。

沉 降 观 测 值 表   表 5-9

测　　点	1	2	3	4	5	6	7	8	9	10
实测沉降（mm）	136	133	109	100	80	69	34	10	8	0

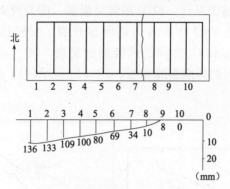

图 5-28　沉降观测点布置与沉降曲线

2. 丘陵地区单层厂房砖墙裂缝

四川省某厂铸铁车间山墙裂缝见图 5-29。

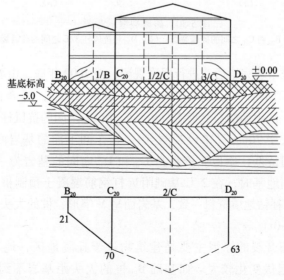

图 5-29　立面、地质剖面与地基变形

该车间基础采用爆扩桩基，厂房柱用 4~5 根桩，抗风柱基用 2 根桩，桩身直径 50cm 大头直径 110cm。桩的大头放在粉质黏土层上，其标高为 -5.0m 单桩承载力按 300kN 设计。2001 年 8 月施工基础，12 月吊装完屋盖，即发现 20 轴线山墙柱基下沉，至 2002 年 3 月山墙明显开裂，裂缝长 5m 多，宽 2~12mm。B_{20} 和 C_{20} 之间的砖墙裂缝见图 5-30（a）。D_{20} 和抗风柱 3/C 之间的砖墙裂缝如图 5-30（b）所示（注：本图所示裂缝为内墙面）。

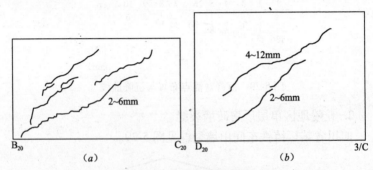

图 5-30 砖墙裂缝示意图
(a) B_{20} 和 C_{20} 之间的砖墙裂缝；(b) D_{20} 和抗风柱 3/C 之间的砖墙裂缝

屋盖吊装完毕后，进行沉降观测，至 2002 年底，山墙 B_{20} 柱基沉降 21mm，C_{20} 沉降 70mm，D_{20} 沉降 63mm，沉降曲线见图 5-29。从山墙的裂缝形态分析，C_{20} 和 D_{20} 之间的抗风柱基的沉降量远大于 70mm（未设观测点）。该车间下面的基岩两面高，山墙中间最低，原地质资料是 C_{20} 和 D_{20} 之间的基岩为一直线，后来加固地基时，在 2/C 基础附近打钢筋混凝土预制桩，打入 17m，与补钻地质资料一致，基岩面呈 V 字形，桩的大头标高一律为 -5.0m。

山墙开裂的原因主要是建筑物位于丘陵地区，地基中基岩面的起伏变化较大。如基础 B_{20} 桩的大头距基岩不到 1m 而 C_{20}、D_{20} 桩的大头距基岩 5m 多。又如该车间山墙长仅 24m，而2/C桩下的基岩面突然下降达5~6m,基础下的压缩层厚度大量增加,从而引起不均匀沉降造成墙面开裂。从图5-29可以看出,山墙柱基的沉降曲线与基岩起伏基本一致。尤其需要指出,地基中的这种变化,原地质资料中没有反映,因而在基础设计和施工中,不能采取相应的措施来防止山墙的开裂。

3. 填土地基

(1) 工程与事故概况

某厂工人休息室是3层楼的砖混结构,基础为块石混凝土,砖墙承重,楼盖及屋盖为现浇钢筋混凝土结构。休息室北面与构筑物邻近,见图5-31。

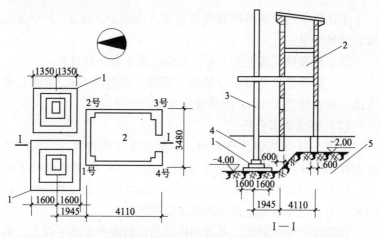

图5-31 休息室平面、剖面示意
1—构筑物基础;2—休息室;3—构筑物柱;4—填土地基;5—天然地基

地基大部分为天然地基,但北面1~2号点部分由于构筑物基坑开挖的原因,造成部分基础下有2m厚的回填土,而且填土土质差,湿度大,又未仔细压实,在施工结束后2个月发现砖墙和基础开裂,见图5-32。

基础和砖墙裂缝的主要特征如下:

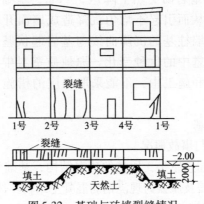

图 5-32 基础与砖墙裂缝情况

①休息室的墙和基础裂缝北面多，南面少，在 2～3 号点区段裂缝最严重；

②基础裂缝宽度上大下小，上部混凝土有松散现象；

③砖墙裂缝从基础面开始向上延伸，高达 3.5m，裂缝上宽下细，最大缝宽 15mm，沿裂缝位置有的砖断裂。

（2）事故原因分析

从图 5-31 可以清楚地看到，休息室靠近构筑物，北面的基础做在回填土上，加上回填土质量又差，因此此部位基础下沉大。位于天然地基上的基础下沉较小，这种沉降差在基础内引起附加应力，这是基础上部开裂的主要原因。

在基础开裂的同时，基础和砖墙的接触面产生水平拉力，引起砖墙裂缝。该建筑物因为有 3 层现浇钢筋混凝土梁板，结构整体性较较好，故裂缝仅出现在底层砖墙上。

从裂缝分布情况分析，东、西、北三面裂缝多，这与地基下沉量不均匀程度严重和下沉量大有关。屋角处（1、2、3 号点）设有承重附墙砖柱，荷重较大，更加剧了沉降量和沉降差，因此屋角附近裂缝严重。

4. 砂石换土地基

实例一

(1) 工程与事故概况

该建筑物为3层砖混结构，平面为L形，平屋顶，现浇钢筋混凝土楼面，全长44m，基础埋深1.0m。地基为软土，基础底面以下用1.6m厚的砂石垫层置换，基底压力为110~130kPa。砂石垫层成片铺设（仅少数部分除外），第一层为中砂层，铺设厚度为20cm，施工时灌水，用木锤夯实；第二层为1:1的碎砖砂层，厚度20cm，先灌水夯实，后用6t压路机碾压，因砂垫层厚度小，压路机在碾压时曾多次陷入软土中，破坏了软土结构；第三层为砂石垫层，每20cm一层，用10t压路机逐层压实。工程竣工后，发现每层楼内外窗间墙的窗顶及窗台陆续出现水平裂缝，其中以第二层最为严重，底层次之，沉降最大点位于拐角部分纵横墙交接处。

(2) 原因分析

由于该建筑物平面为L形，长高比较大，而地基是深厚软弱的土层，采用浅的、等厚的砂石垫层处理方法是不合适的。垫层对减少持力层沉降和加速下卧软土固结起了一定作用，但对于拐角部位纵横墙交接处应力集中与非应力集中部位的差异，经过等厚的砂石垫层扩散，并不能改变在下卧软土内由于附加的应力差异引起的不均匀沉降。另外施工时软土受扰动，结构破坏，加剧了不均匀沉降的发生，导致了墙体裂缝。

该建筑物经过一段时间的沉降观察，沉降趋于稳定，并采用环氧树脂修补了裂缝。

实例二

(1) 工程与事故概况

江苏省某医院病房楼为5层砖混结构，紧靠原有建筑建造。病房楼采用两种不同的基础，靠原有建筑部分为钢筋混凝土板式基础，其余均做砂石人工地基后，上做条形基础。

地基基础和一层砖墙在雨季施工。砌底层墙时，发现地基明显的下沉，最大处为90mm。工程接近竣工时，2层、3层大开间窗过梁和部分砖墙出现裂缝，对应位置的屋面圈梁也出现裂缝。

（2）事故原因

1）砂石垫层质量差。首先是砂石材料质量差，使用级配不良的道碴石，并用石屑代砂；其次是没有对砂石配合比、干密度等进行测定试验；第三是砂石垫层厚度最厚处达6m，采用压路机压实施工，但未按规定分层碾压；第四，未按规范要求检查质量，致使出现的问题没能及时处置。

2）地质情况较复杂，部分地段有暗塘，设计没有采取必要的构造措施来防止出现较大的不均匀沉降。

3）两种不同型式的地基基础混用在土质差又不均匀的地基上，而且砂石垫层厚度差别大（2~6m），加上雨季施工的影响，砂石垫层浸水下沉，在砌一层砖墙（荷载还不大）时，就产生了较大的沉降。

（3）事故处理简介

1）进行沉降和裂缝观测，在半年后沉降已趋稳定。

2）大开间窗过梁下增设钢支柱，减小梁的跨度。

3）裂缝用环氧树脂修补。

经过处理后，裂缝没有发展，也未出现其他质量问题。

5. 黄土地基

实例一

（1）工程与事故概况

山西省某锅炉房地基为湿陷性黄土，建成后，由于基底下地基被水浸湿，整个建筑物沉陷300~400mm，墙身裂缝宽达200mm，严重影响正常使用。

（2）原因分析

1）设计不当。设计时没按黄土规范要求采取必要措施。如锅炉房地基受水浸湿可能性大，设计时应采用地基处理方法部分消除地基的湿陷性，再辅以防水和结构措施。

2）防水做得不好，致使地面水大量渗入地基内，由于浸湿程度不一样，造成不均匀沉陷，导致墙体开裂。

（3）处理措施

采用灰土挤密桩加固，桩径 200mm，桩距 600mm，桩长 5m。在基础每边布置三排桩孔，采用人工拉锤打桩成孔，用三七灰土分层回填并夯实。加固至今，未发现变形。

实例二

（1）工程与事故概况

某变电所为单层砖混结构，钢筋混凝土条形基础。地基土为Ⅱ级自重湿陷性黄土，未完全固结。使用不久，便出现不均匀的沉陷。到加固时，有的墙体裂缝长 4.0m 余，裂缝最宽达 20mm。

（2）原因分析

该建筑场地为Ⅱ级自重湿陷性黄土，未完全固结，而该厂房为乙类建筑物，用水量较大，地沟多，因此地基浸水而湿陷的可能性很大。按照黄土规范要求，设计时应采用以下措施：消除地基的全部或部分湿陷量，或采用基础、桩基础穿透全部湿陷性土层，或采取严格的防水措施和结构措施。但是该工程的地沟及地坪防水处理质量差，造成严重渗漏浸湿地基，由于浸湿程度不一致，结果导致地基不均匀沉陷。

（3）处理措施

2004 年决定用硅化法对地基加固处理，为降低费用和缩短加固时的附加下沉量，加固浆液使用水玻璃加氯化钙的双液法。

为保证浆液较理想的灌注到基础底下，按上下两层设置斜灌注孔。即注液管紧贴着基础底边，分别从距基础底面 0.5m 和 1.5m 的基础中心线处穿过，如图 5-33 所示。

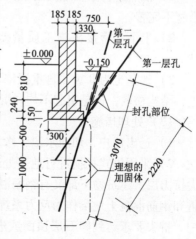

图 5-33 总变电所灌注孔加固体柱状图

加固过程中，经观测，未发现附加沉陷。加固结束后经多次检查，未发现问题，房屋基础沉降稳定，效果良好。

实例三

(1) 工程与事故概况

该厂位于陕西省凤翔县。其4号楼为一幢4层4单元的宿舍，位于山前斜坡地带。这幢楼为混合结构，灰土垫层，砖基础，每层均有钢筋混凝土圈梁，还有高35cm、宽25cm的钢筋混凝土地梁。该楼建于2000年，2004年初因室外上下水管开裂，造成地基湿陷，产生沉陷差达13.4cm，导致二单元拉裂，裂缝自1层直到4层，圈梁全部断裂，砖墙及檐口最大裂缝宽达5.5cm，已形成危房。

事后进行工程地质勘察查明，表层为人工填土；第二层为Ⅱ级非自重湿陷性黄土，厚6.9~7.2m，为洪坡积产物，属新近堆积黄土；第三层为粉砂层，厚0.5~0.7m；第四层为卵石层，未发现地下水。

(2) 原因分析

1) 没有进行工程地质勘察，设计人员心中无数，造成设计措施不完善。

2) 上下水管接头施工质量差，造成接头开裂漏水浸湿地基。

3) 地基土为Ⅱ级非自重湿陷性黄土，属新近堆积洪坡积黄土，结构松散，这是引起不均匀沉陷的内因。

(3) 处理措施

1) 迁出住户，切断水源，修复上下水管道。

2) 采用桩式托换进行地基处理。因地基不深处有较好的桩尖持力层，建筑物下部又有钢筋混凝土地梁，可利用上部结构自重和钢筋混凝土地梁作为反力系统，直接在地梁下将桩压入土层中，桩尖要求达到卵石层顶面或进入砂层至少30~40cm。桩式托换，如图5-34所示。

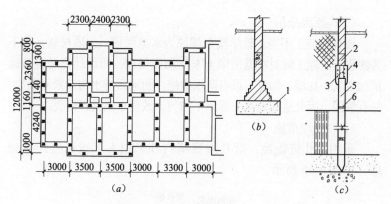

图 5-34 某宿舍楼桩式托换示意图
(a) 托换桩平面布置图；(b) 原基础剖面图；(c) 桩式托换剖面图
1—灰土基础；2—钢筋混凝土地梁；3—支托钢管；
4—桩头外包混凝土；5—钢筋混凝土桩；6—焊接接头

6. 膨胀土地基

实例一

(1) 工程与事故概况

邯郸某地，地形坡度为 1.72°左右，1994 年兴建 54 栋砖木结构平房，1998 年陆续发现开裂，至 2000 年开裂房屋竟达 53 栋。以后拆除重建，基础加深为 0.8~1.5m 增设圈梁和地梁，建成后二三年又开裂。

(2) 原因分析

事后查明，平房开裂主要是由于该平房群处在膨胀土缓坡场地上。膨胀土除因遇水或气候变化形成膨缩不均匀外，主要是由于"土体滑移"或"蠕动"而导致房屋严重破坏。

实例二

(1) 工程与事故概况

该教学楼为 3 层砖混结构，条形基础，位于膨胀土地区。由于地面排水沟渗漏，水渗入地下，浸泡膨胀土，使东端墙脚严重开裂，底层最为显著，裂缝达 1cm 以上，因有封闭牢固圈梁，裂缝向二楼延伸减弱。

（2）原因分析

设计与施工不当。教学楼东端原为水塘回填，土质松软，其下为膨胀土。施工时对水塘回填土未作彻底处理，而设计只是将基础稍加变动，加深、加宽，没有防水措施。而地面排水沟又紧靠墙脚，并有渗漏，因此造成地基土膨缩不均匀，致使东端墙脚开裂。

（3）处理措施

采用挖孔桩托换，沿开裂墙基内外采用人工挖孔桩托换处理，如图 5-35 所示。

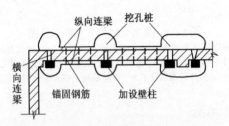

图 5-35 孝感中学教学楼采用挖孔桩托换

7. 地基浸水后不均匀下沉造成墙体开裂

实例一

（1）工程与事故概况

山东省某地一幢 5 层砖混结构住宅，建造在素填土地基上。2001 年初建成后不到一年时间，房屋一端纵墙上出现多道裂缝，见图 5-36。从建筑物外观检查，发现地面护坡与基础错动较大，基础明显下沉，已影响建筑物的安全使用。

（2）事故原因调查与分析

出现裂缝后，立即组织裂缝观测，发现地基不均匀沉降加大，纵墙裂缝不断扩展，怀疑地基基础工程质量，因而挖开基础检查。发现该工程所用的陶土下水管已破碎，生活污水浸入素填土地基，实测地

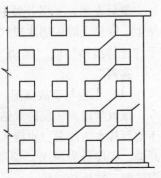

图 5-36 住宅楼局部立面图

基土的含水率达80%以上，由此造成地基承载力明显降低，下沉加大。因为地基浸水不均匀，因而地基下沉也有明显的差异，这是砖墙裂缝的主要原因。

（3）事故处理简介

①修复破碎的陶土排水管

②地基下沉量大的一端，打设灰砂挤密桩加固地基，减少地基下沉量。

③在地基下沉大的一端的两个墙角，增设钢筋混凝土角柱，并与钢筋混凝土圈梁连接。

④每个开间增设$\phi 16mm$拉杆与圈梁连接，增强建筑物的整体性。

（4）事故处理效果

经上述方法处理后使用、观测两年，砖墙裂缝不再发展，地基基础也未出现异常情况，说明处理效果较好。

实例二

（1）工程与事故概况

青海省某厂在20世纪90年代建筑房屋2.8万m^2，因地基湿陷引起建筑物墙体开裂的达90%以上，其中完全拆除的在10%以上，墙体严重开裂的在30%以上，最严重的如食堂、车库未经使用即完全拆除；又如成品库屋脊起伏成波浪形状，最大高度超过30cm，墙身纵横裂缝，砖柱受剪断裂，屋檐翘裂、门窗歪斜，以致不能使用而报废。

（2）原因分析

经调查分析查明，因在厂区上游筑有一个大坝，将排洪沟拦腰截断，另开辟排洪渠，改变了洪沟的自然水位条件，排洪渠底部高程超过大部分建筑物的屋面高程，地下水位迅速上升。如某车间下地下水位上升3.43m，距基础持力层仅1.45m，正好在粉质黏土毛细管上升带范围以内，场地又为第四纪洪坡积湿陷性很强的新近堆积黄土，因此地基湿陷十分严重，从而导致建筑物严重开裂损坏。

8. 人工降低地下水位造成墙体开裂

下面介绍浙江省某高校教学楼因地下水位下降而开裂的工程实例。

(1) 工程与事故概况

该教学楼建于1980年，建筑面积约5000m²，平面为L形，门厅部分为5层，两翼3~4层，混合结构，条形基础。地基土为坡积砾质土，胶结良好，设计采用地基承载力为200kPa。建成后经过16年，使用正常，未出现任何不良情况。1996年由于在该楼附近开挖深井，过量抽取地下水，引起地基不均匀沉降，导致墙体开裂，最大开裂处手掌能进出自如，东侧墙身倾斜，危及大楼安全。

(2) 原因分析

为了了解沉降原因，于1996年8~10月在室内外钻了8个勘探孔。钻探查明，建筑物中部，在5~8m砾质土下埋藏有老池塘软黏土沉积体，软土体底部与石灰岩泉口相通，在平面上呈椭圆形，东西向长轴32m，南北向短轴23m。建造房子后，由于原来有承压水浮托作用，上覆5~8m的砾质土又形成硬壳层，能承担一定外荷，所以该楼能安全使用16年。1976年5月在该楼东北方200m处有一深井，每昼夜抽水约2000m³，另一深井在该楼东南方300m处，每昼夜抽水约1000m³，深井水位从原来高出地表0.2m，下降到距地表25.0m。因深井过量抽水，地下水位急剧下降，土中有效应力增加而引起池塘粘性土沉积体的固结，另外还由于承压水对上覆硬壳层的浮托力的消失，引起池塘沉积区范围内土体的变形。抽水还造成淤泥质黏土流失。由于以上原因，因而导致地基不均匀沉降，造成建筑物开裂。

(3) 处理措施

经各种方案比较，采用旋喷桩加固。该楼为浆砌块石条形基础，抵抗不均匀变形能力较差，而基础下持力层是砾质土，强度很高，压缩性甚小，又有5~8m厚度，有一定的整体性。但是，由于高压缩性的淤泥质黏土的固结变形和承压水浮托作用消失而引起的不均匀沉降，并不因抽水停止而停止，而且在缓慢的发展，因此必须加固淤泥质黏土层。

在旋喷桩施工中，因安装钻机需要，旋喷桩中心至少距离墙面 0.85m，墙体厚 0.4m，而墙基宽仅 1.5m，旋喷桩无法直接支承墙基。本工程的基础底面的附加压力经砾质土扩散，若按扩散角 22° 计算，到砾质土底面应力影响范围约有 10~13m，而墙基内外侧旋喷桩的桩心距仅 2.1m，完全在应力传递范围以内。另外，在旋喷桩布置较密的情况下，砾质土厚度与桩距之比为 2.5~4.0 倍，不可能产生冲切破坏。因此，本工程中砾质土层实际起到桩基承台的作用，旋喷桩顶部要嵌入砾质土硬壳层 1~3m，而不直接支承墙基，可简化施工和降低造价。

旋喷桩桩长按穿过淤泥质黏土进入坚实的凝灰岩风化残积土或石灰岩来设计，控制了砾质土与凝灰岩风化残积土之间高压缩性淤泥质黏土的变形。旋喷桩实际起支承桩的作用，所以在设计计算中，按支承桩估计。

本工程地基经旋喷桩加固处理，效果明显。对原有的墙面裂缝灌浆处理后，二年来未再出现任何裂缝，说明沉降已停止发展。

9. 地基受冻造成墙体开裂

（1）工程与事故概况

某中学实验楼，室外楼梯间的楼面梁和楼梯平台梁的一端由 3 根独立柱支承，另一端支承在实验楼阶梯教室外山墙内，室外楼梯及门斗 3 根独立柱基础属于非采暖基础，而阶梯教室外山墙基础属于采暖建筑基础。由于冻胀不均匀，使阶梯教室外山墙开裂。

（2）原因分析

设计不当，在采暖与非采暖建筑之间应设防冻胀变形缝。该建筑物处于地下水位较高、冻胀性土地区，标准冻深 2m，室外独立柱基础的基底位于冻结线以上。当室外独立柱基周围土体遭受冻结后，就与柱基紧紧冻结在一起，在土的切向冻切力作用下，把柱基嵌往往上抬，因而柱子也往上顶，这就促使与柱子整体浇筑的门斗楼面梁和室外楼梯平台梁的外端被托起，而里端因砌筑在阶梯教室外山墙内，不能动，因此，造成山墙开裂。

（3）处理措施

在门斗墙与阶梯教室外山墙之间设置防冻胀变形缝，如图5-37所示。同时将独立柱基周围的冻胀土挖除，回填炉渣或砂砾等非冻胀性材料，以消除冻切力作用，避免再遭冻害。

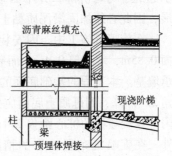

图5-37 墙体防冻胀变形缝构造

（二）承载力不足引起砌体裂缝

砌体承载力不足所引起的裂缝，如不及时处理，很可能造成砌体或建筑物倒塌。这类裂缝实例较少见，不仅是砌体承载力不足的实例少，还因为一旦承载力严重不足，砌体裂缝很快发展为倒塌事故。下面举两个实例说明。

1. 单身宿舍纵墙裂缝

（1）工程及事故概况

某职工宿舍为3层砖混结构，纵墙承重。其平面及剖面示意图见图5-38。

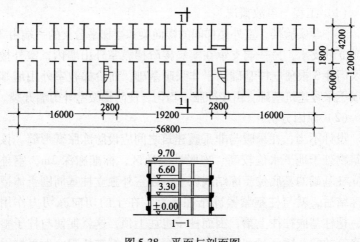

图5-38 平面与剖面图

楼面为预制钢筋混凝土槽形板，支承在现浇钢筋混凝土横梁上。屋盖为双曲扁壳。承重墙厚为一砖，强度等级为MU10。

宿舍工程6月初开工，7月中旬开始砌墙，9月份第一层楼砖墙砌完，10月份接着施工第二层，12月份屋面部分的砖薄壳砌完。

当三楼砖墙未砌完，屋面砖薄壳尚未开始砌筑，横隔墙也未砌筑时，在底层内纵墙（走道墙）上，发现裂缝若干条。裂缝位置见图5-39。裂缝的形状上大下小，始于横梁支座处，并略呈垂直状向下，一直延伸至离地坪面约1m处为止，长达2m多。裂缝宽度最大为1~1.5mm，有两处裂缝略呈"八"字形向下延伸。外纵墙的梁支座下面，同样亦发现一些形状相仿的裂缝，但不甚明显，也没有内纵墙那样普遍和严重。

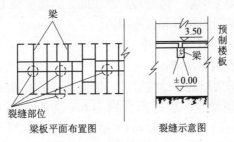

图5-39 裂缝情况示意图

（2）原因分析

本工程设计套用标准图，但是砌筑砂浆原设计为M2.5混合砂浆，实际使用的是石灰砂浆。按照当时的砖石结构设计规范进行验算，施工中砖砌体抗压强度仅达到原设计的50%左右。此外还由于取消了原设计的梁垫（图5-40），因而造成砌体局部承压能力下降了60%左右。此外，砌筑质量低劣，如灰缝过厚，且不均匀，灰浆不饱满，砌体组砌质量差，横平竖直不符合要求等，当砌体负荷后，灰缝产生过大的压缩变形，也促使墙面裂缝。

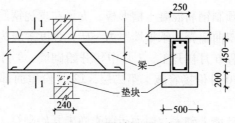

图 5-40 原设计梁垫示意图

(3) 裂缝处理

发现裂缝后,即暂缓施工上层的楼层及屋面。经观察与分析,裂缝不致造成建筑物倒塌,故未采用临时支撑等应急措施。但该裂缝的产生是由于承载能力不足,因此必须加固处理。处理方法是用混凝土扩大原基础,然后紧贴原砖墙增砌扶壁柱,并在柱上现浇混凝土梁垫。经处理后继续施工,房屋交工使用一年后再检查,未见新的裂缝和其他问题。

2. 多层厂房柱裂缝

(1) 工程与事故概况

某厂房为 3 层混合结构建筑,楼盖为预制钢筋混凝土板,支承在两跨现浇梁上,梁跨度分别为 6m 及 7m,梁中间支座为 49cm×49cm 砖柱,柱距为 6m,梁两端搁支在 37cm 厚的砖墙上。所有砖均用 MU10,混合砂浆砌筑,柱用 M10 砂浆,墙用 M2.5 砂浆。基础为 3∶7 灰土垫层,上砌毛石。柱基底面积为 1.4m×1.4m,地基允许承载力为 147.1kPa。

该工程主体结构完工时,底层几根砖柱出现严重的纵向裂缝,最大缝宽 8~10mm,缝长 1500mm 左右,开裂处砌体向外崩裂,说明砖柱已接近破坏。

(2) 原因分析

经检查,结构设计计算有以下错误:

1) 计算砖柱荷载时有遗漏;

2) 没有考虑连续梁中间支座反力加大的影响,对梁传给柱的荷载少算了约 20%;

3）砖柱强度计算时，未考虑安全系数 2.3 的影响；

4）无工程地质勘测资料，地基未经计算。

由于上述错误造成的严重后果是，基底面积和砖柱强度均严重不足。例如：按照地基实际承载能力计算，使用阶段需要基底面积为 $9.74m^2$，而实际只有 $1.96m^2$，仅为需要的 20%，施工阶段按实际荷载情况计算也需要基底面积为 $6.25m^2$，实际面积仅为其 31.4%。又如：砖柱在 ±0.00 处的荷载为 1167kN，砖柱中心受压承载能力为 914kN，强度安全系数 $914/1167 = 0.785$。考虑施工阶段的实际荷载，砖柱承受的荷载为 721kN，强度安全系数仅为 $914/720 = 1.27$。这两种情况的强度安全系数均小于规范规定的 2.3。

除了结构计算错误外，施工质量差，砌体强度不均匀，也是出现质量问题的次要原因。

（3）处理措施

考虑到从基底到砖柱承载能力均严重不足，原结构已无法加固。为此采用了改变房间用途并修改结构方案的处理措施，其要点是：内砖柱改为砖墙承重，新增加纵、横墙及基础，将大开间改为小房间，使楼面荷载由梁直接传递至墙与新增加的基础。

（三）设计构造问题引起砌体裂缝

1. 7 层住宅楼承重横墙裂缝

（1）工程与事故概况

江苏省某市两幢 7 层住宅楼，横墙承重，开间 3.4m，楼屋盖均采用钢筋混凝土多孔板。圈梁及构造柱按抗震 7 度要求设置。阳台采用挑梁加多孔板的构造方案。6 层以下阳台用铝合金窗封闭，7 层阳台正面用铝合金窗封闭，两侧均用 24cm 厚砖墙封闭，形成"马头墙"。阳台、挑檐及马头墙构造见图 5-41。7 层阳台的结构构造示意见图 5-42。马头墙砖砌体与钢筋混凝土构件接合形成组合墙。YTL 9 和 YTL 5 分别为双阳台的中间挑梁。

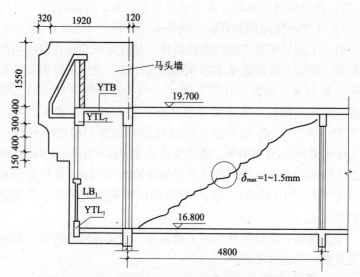

图 5-41 阳台、挑檐、马头墙构造及墙体裂缝示意图

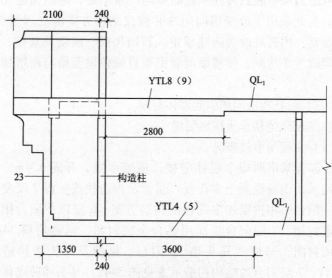

图 5-42 阳台结构构造示意图
注：YTL 9 和 YTL 5 分别为双阳台中间挑梁。

在完成室内外粉饰后，发现阳台的各道承重横墙出现程度不同的斜向裂缝，尤以双阳台中间挑梁所在的横墙开裂最严重，见图5-41。裂缝形状中间宽、两端细，最大宽度1.5mm。同时在屋面板与横墙顶面交接处发现水平裂缝，缝长基本贯通房间的全部进深4.8m，裂缝中部宽、两端细，最大缝宽0.5mm。屋面板的纵向板缝及板在横墙的搁置端出现严重的渗漏。

（2）事故原因分析

从裂缝出现在顶层有阳台的横墙上，说明裂缝与阳台的设置和构造问题有关。此外，屋面板下的水平裂缝与斜裂缝也可能与温度裂缝有关，参见本节的有关内容。下面就阳台设计构造问题进行近似的分析验算，说明裂缝的主要原因，主要验算双阳台的中间挑梁。

①阳台挑梁强度验算。双阳台中间的阳台挑梁YTL5和屋顶挑梁YTL9均存在强度不足的问题（计算略）。但是现场检查并未发现挑梁根部开裂等问题。其原因可能是砌体与混凝土结构形成组合结构，使作用在挑梁上的荷载有不同程度的减少。

②YTL5挑梁抗倾覆验算符合规范要求。

③YTL9挑梁抗倾覆验算。《砌体结构设计规范》（GB 50003—2001）第7.4.6条规定："当挑梁上无砌体时，挑梁埋入砌体长度与挑出长度之比宜大于2"。该工程梁挑出长度为2.1m，埋入砌体长度仅2.8m（不计圈梁的有利影响）。

《砌体结构设计规范》（GB 50003—2001）第7.4.1条规定：砌体中混凝土挑梁的抗倾覆可按下式进行验算：

$$M_r \geqslant M_{ov}$$

式中 M_r——挑梁的抗倾覆力矩设计值；

M_{ov}——挑梁的荷载设计值对计算倾覆点产生的倾覆力矩。

由于挑梁与圈梁的截面高度相差较大，发生倾覆时，两者之间的连接可能已破坏，因此先不考虑圈梁与挑梁连接的有利影响，按此假定验算得出：$M_r = 31.55 \text{kN} \cdot \text{m}$；$M_{ov} = 109.03 \text{kN} \cdot \text{m}$（计算略）。即在无圈梁的条件下，该悬挑结构的倾覆力矩大于抗倾覆力矩,为不稳定结构体系。实际上该悬挑结构并未倒塌,说明圈梁及其上面的压重还是起了抗倾覆的作用。

④近似计算横墙内的主拉应力为 0.095MPa（计算略）。该横墙用强度等级为 M2.5 砂浆砌筑,从《砌体结构设计规范》（GB 50003—2001）中查得抗剪强度设计值为 0.08MPa,因此墙体可能出现斜向剪拉应力裂缝。

⑤多孔板面的水平裂缝以及板缝普遍渗漏的原因,也是由 YTL9 的变形所造成。

综上所述,这两幢住宅顶层双阳台横墙出现对角线斜裂缝的主要原因,是马头墙与挑檐所产生的倾覆力矩大于抗倾覆力矩,此不平衡力矩造成了构造柱及挑梁的位移与变形,最终导致横墙砖砌体的剪拉破坏。

（3）事故处理

考虑到采用加固补强来提高开裂墙体的强度,并不能从根本上解决结构不稳定的隐患问题。该工程经过多方案的比较,最后决定采用设落地钢柱,对顶层阳台进行加固处理。

（4）一点体会

悬挑结构特别是屋顶的悬挑构件的抗倾覆验算十分重要,《砌体结构设计规范》（GB 50003—2001）的有关规定必须认真执行。对有圈梁拉结的悬挑结构,如何正确进行设计计算,有待进一步探讨,希望引起足够的重视,防止类似事故的再次发生。

2. 框架建筑内墙裂缝。

（1）工程与事故概况

四川省某研究所行政楼的右半部长 20.4m,宽 13.96m,开间 3.4m,进深 5.92m,内廊宽 2.12m,共计 6 层,层高分 3.3m 和 3.6m 两种,总高 20.4m。下面两层为钢筋混凝土框架结构,上面 4 层为砖混结构。内外砖墙厚均为 24cm,楼屋盖为预应力空心板。该楼 2002 年施工,2005 年初开始使用后,3 层和 5 层内墙发现裂缝,最大裂缝宽度为 2.5mm。

（2）原因分析

据调查，该楼基础全部座落在黏土夹卵石的原土层上，地基承载力 $R=350\text{kN}/\text{m}^2$。对整幢建筑作了详细检查，在外墙、框架、梁柱上均未发现有裂缝。因此裂缝不是由基础不均匀下沉而造成的。

从裂缝的特征分析，开裂主要是因为梁下挠，墙体受剪受拉而造成。检查中可见该建筑物主次梁都同时为墙梁，它们所受的荷载均很大（包括两层楼的荷载和墙重），承受内墙的主梁，同时还承受次梁传递的荷载，因此内力更大。验算主梁的跨中长期挠度 f 达 1.45cm，相对挠度 $f/L=1.45/680=1/469$。此挠度对梁本身没有影响。而挠度在墙内所引起的剪力与拉力足以造成内墙裂缝（当时实测的挠度还没有达到 1.45cm）。

(3) 处理措施

为外观需要，采用压力灌水玻璃灰浆加固。

3. 单层厂房砖墙裂缝

(1) 工程与事故概况

江苏省某制药厂机电控制房长 42m、宽 15m、高 8.5m，为单跨单层现浇框架结构。框架柱采用独立钢筋混凝土基础承台，承台底标高 -2.30m，支承在 $\phi 450$ 的灌注桩上，桩长 18m，桩端土层为含钙锰结合黏土层。厂房的外纵墙砌在钢筋混凝土地梁上，地梁支承在桩基承台上，而厂房的山墙及纵横内墙基础均采用天然地基上的钢筋混凝土条形基础，基底标高为 -2.30m（与桩基承台底标高一致），持力层土质为黄褐色黏土，厚约 1m，其下为淤泥，厚度 12m 左右。山墙与内横墙下的条形基础与框架柱基础断开，但墙下地圈梁 QL-3、QL-4 用 $4\Phi 12$ 插筋与柱连接，见图 5-43 (a)。位于柱距中间的车间横隔墙基础也为天然地基上的钢筋混凝土带形基础，墙下地圈梁 QL-4 与厂房纵轴线的基础梁 (JL-1) 用 $4\Phi 12$ 插筋连接，见图 5-43 (b)。

该工程竣工后不到半年既发现山墙与厂房内横墙裂缝，并不断扩展，至处理裂缝时最大裂缝宽度达 120mm。山墙的裂缝情况与内横墙相似（图 5-44）。

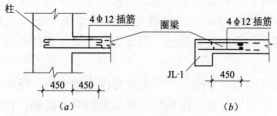

图 5-43 墙下地圈梁与柱或基础梁的连接
（a）QL-3、4 与柱连接；（b）QL-4 与基础梁连接。

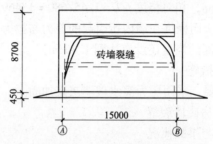

图 5-44 山墙裂缝示意图

（2）情况调查

1）设计、施工概况

该工程由某甲级专业设计院设计，某乙级施工企业承建。桩基础与天然地基上浅基础的施工技术资料与隐蔽工程验收记录齐全，工程质量达到设计要求和相应的施工及验收规范的规定。砌墙用砖的强度等级符合设计要求（MU10）。砌筑砂浆设计采用 M2.5 混合砂浆，试块实际强度满足建筑工程质量检验评定标准的规定。砌体的施工质量指标也符合施工质量验收标准的要求。

2）地圈梁节点检查

经检查地圈梁 QL-3、4 与柱及地梁连接处严重破坏，圈梁的混凝土已破碎，钢筋局部裸露。

3）附近建筑物裂缝调查

与机电控制房临近的有主厂房等建筑，主厂房与该工程平行，两者间距为 5m。主厂房为标准的装配式排架结构，柱杯形基础下为灌注桩，杯基上搁置地梁，厂房围护墙砌在地梁上。经检查，主厂房未发现有明显的墙体裂缝。

（3）裂缝原因分析与性质鉴别

1）初步分析与鉴别

通常砌体裂缝原因分析与性质鉴别，可以从裂缝形态特征、产生时间、发展变化以及荷载与应力等方面着手进行。

①裂缝形态特征

从图5-32可见，宽大的裂缝接近水平方向，水平缝两端的裂缝呈斜向，并很快发展成接近铅垂方向的裂缝，说明裂缝可能是墙下地基严重下沉引起的。

②裂缝出现时间与发展变化

山墙等处发现明显裂缝的时间是在工程竣工后不久，随着时间推移，裂缝发展较快。从山墙基础建造在高压缩性、厚度又大的淤泥质土层上的特点分析，这类地基上的建筑物在施工期间完成的沉降量一般不足总沉降量的20%，随着时间延续，地基下沉量不断加大。该工程砌体裂缝的产生与发展，与地基变形的规律基本相符，因此也可以初步认为主要原因是地基不均匀下沉。

③荷载与应力

宽度较大的裂缝接近水平方向，其位置又在墙顶部附近，说明这种裂缝与砌体结构所受的外加荷载关系不大。从建筑结构和构造分析，框架柱采用桩基础，基础下沉较小，而山墙、内横墙等采用软土地基上的浅基础，基础下沉量大。框架基础与山墙等基础断开，仅以$4\Phi12$拉筋相连，在沉降差如此大的条件下，连接节点破坏，浅基础不断不沉而造成严重裂缝。

综上所述，可以初步认定裂缝是由于地基沉降差过大和构造设计不当造成的。该观点还可以通过下述理论验算得到证实。

2）变形验算

①天然地基上浅基础的变形计算

按《建筑地基基础设计规范》（GB 50007—2002）规定的原则和方法，并采用本工程实际的结构尺寸和土层物理力学指标进行理论计算，山墙等浅基础的沉降量为62mm（计算过程略）。

②框架柱桩基承台下沉量

该工程桩未做静载荷试验。类似工程在设计承载力时的下沉量小于20mm。

3）裂缝原因与性质

上述分析与验算充分说明，山墙严重裂缝的主要原因是两种不同基础的沉降差大，即软土地基上浅基础下沉量明显大于桩基础，使山墙整体下沉而开裂。此外，构造设计不当，新砌墙身沉实变形等是裂缝的次要原因。

需要说明的是，山墙基础总下沉量为62mm，而水平裂缝宽度达120mm，除新砌墙身沉实变形外，地基下沉量计算中还有其他影响因素，如地质勘察报告中土的压缩模量值的误差，计算公式中的柔性地面荷载与土为匀质性的假定，以及应用弹性理论建立计算公式与实际情况有差别等，这些因素均可能影响计算结果。

（4）裂缝处理

1）裂缝危害性估计与处理的必要性

该厂房山墙等已产生宽达120mm的裂缝，严重影响房屋的正常使用。尤应注意的是，整个山墙实际上已成为一片独立墙，危及结构安全，从软土地基变形可持续8~10年甚至更长时间的特性分析，地基将会进一步下沉，故须尽早处理。

2）处理方案选择

①山墙裂缝处理方案

对于这类事故常采用托换法处理，常用的有桩基托换、灌浆托换和基础加固三类方法。考虑到加固基础与扩大基础底面积的方法并不能有效地阻止地基进一步的下沉，而首先被否定。因当地缺乏设备与经验，灌浆托换法也未被采用。最终决定选用适用面广、所需场地小、施工较方便的树根桩托换。与一般的树根桩托换法不同的是，该工程基础板较薄，不能采用桩与基础板直接连接的方法，而是在桩顶设置了托梁，托住墙下的圈梁（图5-45）。桩基托换完成后对墙裂缝作封闭处理。

②内墙裂缝处理方案

厂房内的纵墙和横墙处理时均拆除+2.50m以上的砖墙，改用轻质石膏板墙，用减轻结构自重的方法减少地基变形。

3）桩基托换设计和施工

桩孔直径采用250mm，桩长与原框架基础的桩长一致，即桩底标高为-18.20m，桩主筋为5Φ16，箍筋采用螺旋筋

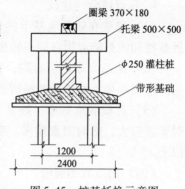

图5-45 桩基托换示意图

ϕ6@250，单桩承载力按《灌注桩设计与施工规程》（JGJ 4—80）的公式计算，并考虑压浆法施工的影响，将计算结果减小，实际采用的单桩承载力为139kN。根据基础上结构自重与基土总重，计算每道山墙的用桩数，并考虑桩布置构造的要求，每道山墙采用14根桩。

托梁尺寸为500mm×500mm，主筋为6Φ16，箍筋ϕ6@200，4肢箍，截面按当时的钢筋混凝土结构设计规范计算确定。

施工时先在桩位处人工挖土，人工凿除桩位处的基础和垫层混凝土。然后用改装的XY—4型钻机钻孔，并用BW 200/40型泥浆泵进行护壁。终孔后每一次清孔，下钢筋笼与压浆管，再进行第二次清孔，待返出的泥浆基本稀释后，用粒径为5~25mm的石子填满钻孔，同时用水泵继续冲洗孔及石子。最后，用压浆泵将掺少量砂的普通硅酸盐水泥浆（水灰比0.4~0.5）压入孔内，直至孔内返出水泥浆为止。桩基托换施工历时23d，共完成28根桩。每个孔的石子填量为0.75~1.30m³，水泥浆灌注量为0.30~0.50m³。施工中对每根桩均有详细的记录，作为质量保证资料。

4）处理效果

经过桩基托换和局部改成轻质隔墙后，经过多年观察检查，

未发现新的裂缝,说明处理效果良好。

4. 几点体会与建议

(1) 建造在软弱地基上的建筑物,无充分根据时,不要将桩基础和浅基础混用在同一幢房屋中。

(2) 地基沉降差明显时,仅靠圈梁内的钢筋把不同的结构构件连接起来,并不能减轻所造成的危害。

(3) 在软弱地基中,地基总沉降量理论计算值与实际值有时差异较大,影响因素较多。有关专家曾提出该差值可达10cm以上。

(四) 温度收缩裂缝

根据国内外大量的调查资料分析,砌体裂缝中的大部分都属于温度收缩裂缝。国内有人调查分析了数十幢新建砖混结构的裂缝,发现其中85%以上的建筑是由温度应力造成的裂缝。关于温度收缩裂缝的形态特征已在前面作了简要的介绍。下面列举几个实例。

1. 教学楼温度收缩裂缝

江苏省某高校的一幢教学楼的平面示意见图5-46。

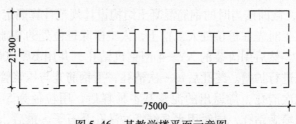

图5-46 某教学楼平面示意图

该楼为砖墙承重,钢筋混凝土楼板,屋盖,平屋面,二毡三油防水。

该建筑在顶层纵、横墙的两端出现了明显的八字裂缝与水平裂缝,女儿墙上也出现斜裂缝与水平裂缝,此外在建筑物中部出现了垂直裂缝。纵墙裂缝示意图5-47。

图 5-47 某教学楼纵墙裂缝示意图

纵横墙上出现八字缝的主要原因：一是屋面板与墙的温度不同，在阳光照射下，屋面板温度可达60℃甚至更高，而相应的砖墙温度仅33~36℃，因此屋顶板受热膨胀变形比砖墙大；二是钢筋混凝土线膨胀系数比砖砌体近似大一倍，因此屋顶板的热膨胀变形较大。由于温度变形的不一致，便在屋盖下的砖墙顶部产生了剪应力，使砖墙内承受了主拉应力而破坏，形成八字裂缝。

下面用王铁梦提出的近似计算方法，分析这种裂缝产生的原因。由于房屋顶部砌体的垂直压应力很小，假定砌体中的主拉应力接近于剪应力，并用下述近似公式计算。

$$\sigma_T \approx \sigma_{max} \approx \frac{C_x(\alpha_c t_c - \alpha_b t_b)}{\beta} \text{th}\beta \frac{L}{2}$$

式中 C_X——水平阻力系数，钢筋混凝土与砖墙相互约束时，取 600~1000N/cm³；

α_c、α_b——分别为混凝土、砖墙的线膨胀系数；

t_c、t_b——分别为混凝土、砖墙的平均温度，本例分别取为55℃和35℃；

L——房屋长度，本例为7500cm；

$\text{th}(x)$——双曲正切函数；

$$\beta \sqrt{\frac{C_X h1}{bhE_b}}$$

其中 h_1——墙厚，本例为24cm；

b——墙体负担顶板的宽度，对于外墙可取檐口边至相邻两墙间距的中心线间的距离，本例取370cm；

h——屋顶板厚度 8cm；

E_b——砖砌体弹性模量，本例 MU10 砖、M2.5 砂浆砌筑，其抗压设计强度 $f = 1.19\text{N/mm}^2$，$E_b = 1300f = 1547\text{N/mm}^2 = 154700\text{N/cm}^2$。

$$\beta \sqrt{\frac{800 \times 24}{370 \times 8 \times 154700}} = 0.0064$$

$$\text{th}\left(\beta \cdot \frac{L}{2}\right) = \text{th}(0.0064 \times 3750) = \text{th}24 \approx 1$$

$$\sigma_T = \frac{800 \times (55 \times 10^{-5} - 35 \times 5 \times 10^{-6})}{0.0064} = 46.9\text{N/cm}^2$$

$$= 0.469\text{N/cm}^2$$

查《砌体结构设计规范》GB 50003—2001，当砂浆强度为 M2.5，沿砌体灰缝截面破坏时，轴心抗拉、抗剪强度设计值分别为 0.09N/mm^2 和 0.08N/mm^2。此例中的温度应力超过规范规定很多，因此难免产生裂缝。

由于上述温度应力计算公式中，仅有 E_b 一项与砌体规范有关，根据《砌体结构设计规范》(GBJ 3—88) 的有关规定计算，与现行规范比较，E_b 值仅相差 0.5% 左右，因此，温度应力计算值的变化也不大。查原规范，砖砌体沿灰缝截面破坏时，轴心抗拉强度 $= 2.5\text{kgf/cm}^2$（0.25N/mm^2），抗剪强度 $= 2.0\text{kgf/cm}^2$（0.2N/mm^2），此例中的温度应力超过破坏强度 88%~135%，因此难免产生裂缝。

纵墙上的竖向裂缝，主要是建筑物长度较大，未设伸缩缝（已超过规范规定），加之该地区冬夏温差较大，由此而产生的温度应力超过砌体强度，因而产生了裂缝。

女儿墙根部附近的水平裂缝，是由于平屋面剧烈的温度变形所造成的。

大门钢筋混凝土雨篷两端的裂缝，是由于雨篷梁的干缩与温度变形所造成的。

2. 仓库外墙裂缝

山西省某地的一个仓库区，内有材料库、机械库等多幢混合结构建筑物，各库均无采暖。

这些仓库工程于1995年10月以后开始砌砖，至1997年底全部砌完，砖砌体都在下一个冬季到来时出现裂缝。

（1）裂缝特征与原因综述

所有裂缝都是在进入冬季之后气温降到0℃以下时出现的。夏季砌的墙裂缝严重；冬天砌的墙裂缝最少，程度也较轻。砌体裂缝的宽度与气温有关，气温较低时，裂缝较宽，反之亦然。这些特征说明裂缝的主要原因是温度变形受到约束而引起的。

（2）材料库的裂缝特征与原因

裂缝大多出现在窗台下，裂缝形状上宽下窄，见图5-48。其原因，一是大窗台下的墙产生反弯曲变形，导致上宽下窄的裂缝；二是窗台下的墙较长，暴露在大气中，温度变形较大，而墙基础埋在地下，温度变形小，当气温下降时，基础约束砖墙的收缩，因而在砖墙上产生了温度应力，导致了砖墙裂缝。

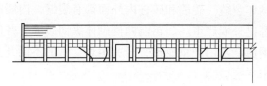

图5-48 某材料库裂缝示意图

（3）机械库裂缝特征与原因

裂缝大多从基础梁接头处开始，有竖缝，也有斜缝，而窗台处基本上无裂缝，见图5-49。其原因是该工程的钢筋混凝土基础梁为装配式构件，接头处连接不牢固，可以自由滑动，由于基础梁基本上暴露在大气中，当气温下降时，梁的收缩比砖墙大，因而产生了如图5-49所示的裂缝。

比较图5-48与图5-49，可见后者比前者的窗宽小，窗下墙高，这可能是机械库窗台处没有裂缝的主要原因。

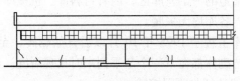

图 5-49 某机械库裂缝示意图

(五) 材料质量及施工问题造成砌体裂缝

1. 某教学楼砌体裂缝

(1) 工程与事故概况

上海市某中学教学楼为 5 层内廊式砖混结构，建筑面积 2044m^2，砖砌体承重，内外墙普通抹灰，楼盖用花篮梁和空心板。工程交工验收时质量良好。但是工程使用半年后，发现砖砌体裂缝，墙面抹灰起壳。继续观察一年后，建筑物裂缝严重，墙面渗水，屋面漏雨，许多门窗不能开关，并且还在继续发展，成为危险房屋而不能使用。于是对该楼进行全面检查，其主要问题是：

①砖砌体裂缝。砖墙和砖柱内外面都有裂缝，内墙的裂缝数量与宽度都比外墙严重。门窗洞两侧砌体纵向裂缝，并向窗洞方向胀裂。钢窗、木门严重变形，开关困难，有的不能开关，窗台下墙面有水平裂缝。

②墙面抹灰裂缝较多，特别是水泥砂浆墙裙大部分都裂缝，而且空鼓严重，裂缝宽约 2~5mm。

③楼地面起壳，楼地面沿墙四周裂缝，特别是卫生间更明显，卫生间与周围房间的地面全部空鼓。

④建筑物上抬，整幢楼膨胀上抬了约 40~50mm，有的圈梁有竖向裂缝，女儿墙大部分开裂，并起拱错位。

(2) 原因分析

经调查，设计、施工和使用中无明显问题。检查建筑材料的质量时，发现该工程的砂浆是采用硫铁矿渣（俗称红砂）代替建筑砂。标准中规定硫铁矿渣中含硫量为 0.6%，而这段时间上海的硫铁矿渣含硫量较高，有的甚至高达4.6%。因此在上海地区，不仅这项工程出了问题，其他许多使用硫铁矿渣的工程，也都出现了类似的质量问题。

裂缝的主要原因，是硫铁矿渣中的三氧化硫和硫酸根与水泥或石灰膏中的钙离子作用，生成硫酸钙和硫铝酸钙，体积发生膨胀。这种有害杂质在砂浆中含量较高，在砂浆硬化后，还不断生成较多的硫铝酸钙，其膨胀力超过砂浆的强度和周围的作用力，致使砌体裂缝、抹灰层起壳。

（3）处理措施

对危及结构安全和影响使用的部位，进行加固或局部处理，主要措施有：

①裂缝较严重的承重砖柱，用钢筋混凝土扶壁柱加固；

②房屋四角裂缝严重，部分拆除后，从基础面开始加钢筋混凝土角柱；

③部分砌体拆除重砌，主要有门窗洞口两侧，大、小便槽和部分女儿墙。

2. 灰砂砖砌体裂缝

（1）工程与事故概况

四川省使用蒸压灰砂砖较多。经调查，单层厂房、多层民用建筑等多幢建筑物普遍出现裂缝。而且，建造在同一地区的相同建筑物，采用灰砂砖砌体的建筑物，其裂缝比采用黏土砖砌体的严重。图5-50和图5-51是两幢有代表性的建筑，都建在中等风化的岩石地基上。

灰砂砖墙体裂缝主要发生在下述部位：

①房屋各层内外墙窗台下的墙面上；

②房屋两端、顶层附近的纵墙和横墙上；

③长度较大的未开门窗的大片墙面上。

上述部位的各种裂缝，以窗台下的墙和顶层附近纵墙两端的裂缝最常见。

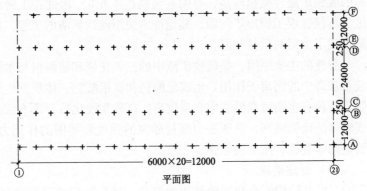

图 5-50 某单层厂房平面、立面和裂缝示意图（一）

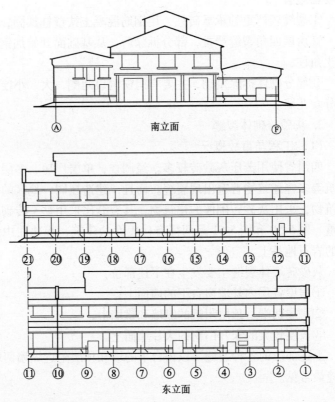

图 5-50 某单层厂房平面、立面和裂缝示意图（二）

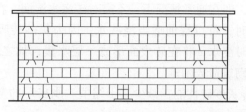

图 5-51 某办公与宿舍楼的立面和裂缝示意图

(2) 原因分析

1) 窗台墙的反弯曲变形造成了大窗台下的竖向裂缝;
2) 房屋两端、顶层附近的裂缝是由温度应力所造成的;
3) 对灰砂砖材料的特性未能很好的掌握,主要是:

①对灰砂砖的含水率控制不当,造成抗剪强度下降。根据重庆市建筑科学研究所的资料,灰砂砖含水率对砌体抗剪强度的影响见表 5-10。

灰砂砖含水率对砌体抗剪强度的影响　　表 5-10

含水率 (%)	砂浆强度 (MPa)	小砌体抗剪强度 (MPa)
3 (烘干)	3.79	0.09
7.24 (自然状态)	3.79	0.14
16.2 (饱和)	3.79	0.12

上述数据表明,灰砂砖含水量过低或过高均将明显影响砌体的抗剪强度,自然状态的砖,其抗剪强度比烘干的砖和水饱和的砖,分别高出 55% 和 17%。在砌筑时也可见到,当砖含水量过高时,新砌砖砌体会发生滑动变形,甚至局部垮塌。

②使用新出厂的灰砂砖砌筑,这种砖自身的体积收缩变形较大,因而引起或加剧砌体的裂缝。

为预防或减轻灰砂砖砌体的裂缝,建议采取以下措施:

1) 灰砂砖砌筑时的含水率宜为 5%~8%。根据四川省第八建筑公司的资料,一般条件下,自然状态的灰砂砖含水率为

5%~7.5%，即在通常情况下，不需对砖浇水湿润。在气温较高的暑期施工时，可以提前适当浇些水。因为灰砂砖吸水速度很慢，如果临时浇水，将在砖表面形成一层水膜，加之砖面光滑，这些都将给砌筑造成困难。

2）改善灰砂砖性能，减少其干缩值。刚出厂的灰砂砖宜放置一个月后再上墙。

3）灰砂砖的两个大面上宜设置凹槽，且应加大砖块厚度。

4）在窗下墙顶层两皮砖位置放置 $\phi 4$ 钢筋网片，两端各伸进墙内50cm。

5）堆放灰砂砖时要防水防潮，以免砌砖时其含水率过大。

3. 施工质量不良而引起的裂缝

施工质量差而造成砖墙裂缝的原因有：砌筑砂浆强度低下；砖组砌方法不合理，重缝、通缝多；脚手眼留设不当；断砖集中使用；内外墙连接用直槎，且砌筑质量差，又不设连接加强钢筋；砖砌平拱中砂浆不饱满等。下面通过实例介绍常见的几种裂缝。

（1）辽宁某地有宿舍及办公楼多幢，内横墙与外纵墙连接处普遍出现通长竖向裂缝。使用一段时间后，裂缝已经稳定，此时对建筑物进行检查，裂缝的原因主要是内外墙不是同时砌筑的，接槎处又未按施工规范的要求砌成踏步接槎，而是砌成马牙槎，而且砌筑质量较差，砂浆饱满度低，又未设加固钢筋。由于裂缝并未明显影响使用，故未作专门处理。

（2）江苏省某单层厂房为装配式钢筋混凝土排架结构，围护墙为砖墙，并有内外抹灰。建筑物交工使用后不久，墙面即出现较严重的裂缝。经检查，裂缝最严重的一处位于排架柱附近的窗间墙上，裂缝不规则，抹灰层表面的裂缝宽度最宽达0.6mm，见图5-52。

经凿去抹灰层检查，可见裂缝部位的砖墙砌筑质量很差，断砖集中使用，组砌方法不当。

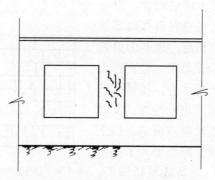

图 5-52 单层厂房外墙裂缝示意图

4. 某厂挡土墙裂缝、倾斜

(1) 工程与事故概况

重庆市某厂内道路挡土墙长 126m, 高 1.5～3.8m, 挡土墙平面布置与剖面见图 5-53。

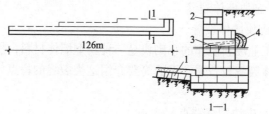

图 5-53 挡土墙平面与剖面图
1—道路；2—条石砌挡土墙；3—泄水孔；4—砂石滤水层

挡土墙为重力式，用规格为 1000mm×300mm×300mm 的毛条石和 M5 水泥砂浆砌筑，挡土墙沉降缝（伸缩缝）间距 15m，为使挡土墙后积水易于排出，挡土墙用毛竹留设泄水孔，间距 2～3m，为防止泄水孔堵塞，孔周围填土时做砂石滤水层。

挡土墙砌完后，正逢雨季，在几场大雨后，挡土墙普遍外倾（向道路方向倾斜），在端部可见挡土墙沿灰缝开裂，缝上部宽、下部窄，至路面标高附近时，裂缝消失。最宽裂缝达 25mm，见图 5-54。

(2) 原因分析

首先验算挡土墙的设计，没有发现问题。其次检查材料和砌筑质量，也未见异常情况。地基为页岩风化层，符合设计要求。检查挡土墙泄水孔处，未见水迹，怀疑孔已堵塞，经开挖墙后填土检查，发现原设计要求的滤水层被取消，挡土墙背后积水严重，因而加大了挡土墙所受的荷载，故造成墙体倾斜、开裂。

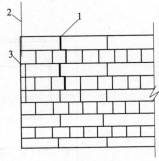

图5-54 挡土墙倾斜裂缝示意图
1—裂缝；2—铅垂线；
3—挡土墙外倾后轮廓线

（3）处理措施

1）开挖墙后填土、重新按设计要求回填并做好滤水层。

2）对3m高以上的挡土墙断面用现浇混凝土加强，具体尺寸由设计单位提出。

（六）砌块墙体裂缝

1. 小砌块墙体裂缝

利用工业废料制作的小砌块是一种新型墙体材料，用小砌块砌筑的墙体裂缝较普遍。下面简要介绍这类裂缝的特点、原因及预防。

（1）小砌块裂缝特点

1）各种类型的房屋都有裂缝，如住宅、办公楼、教学楼、商店等。房屋长度自30m至60m，层数2～5层的不同建筑的墙体均有裂缝。

2）裂缝比同条件的砖混建筑严重。

3）裂缝形状和分布：既有斜缝、水平缝，也有竖向缝；纵墙上裂缝较多，横墙上也有裂缝；房屋顶部附近及底部附近都有裂缝。

4）裂缝出现时间早，而且在任何季节都可能发生裂缝。

5）裂缝严重程度差别大，轻者仅有局部细裂缝，严重的沿房屋全高都有裂缝，有的还渗漏，有的在夜深人静时可闻"啪、啪"的响声。

（2）裂缝的主要原因

主要有两个：温度变形、砌体干缩。

1）温度变形裂缝

参见表 5-2 的有关内容。

2）砌体干缩

据国内外资料介绍，这类砌块的砌体由潮湿至干燥，总收缩量为 0.1～0.3mm/m，相当于 10～30℃ 的湿差变形。砌体干缩变形受到结构或地基基础的约束，在墙体内产生拉应力，可能引起墙体开裂。当环境温度降低时，墙体也会收缩，两种收缩应力的叠加，更易造成砌体裂缝。

（3）预防裂缝的几点建议

1）混凝土平屋盖易产生温度裂缝，采用有檩屋盖或瓦屋盖可避免或减轻裂缝。

2）平屋盖上设保温、隔热层，并及时施工，以减小屋盖与墙体的温度差。

3）确保砌筑质量。因砌块壁薄，水平灰缝接触面小，故应用和易性好的砂浆砌筑。组砌合理，避免通缝，保证搭接长度，提高砌体的整体性。

4）提高小砌块砌体的抗拉、抗剪强度的措施：在顶层墙端部附近的窗台下设置 $2\phi6$ 水平通长钢筋；在窗洞两侧砌块孔洞内设钢筋混凝土芯柱以及利用孔洞设置竖向钢筋，施加竖向预应力等。

2. 硅酸硅砌块框架填充墙裂缝

（1）裂缝特征

主要裂缝及特征有：墙体横向中间部位的垂直裂缝；墙体竖向中间部位的水平裂缝；框架梁上、下口水平裂缝；外窗洞口下边两角处的八字缝；内门窗洞口上边两角处的垂直裂缝；墙交接处裂缝；埋设水、电管线处的裂缝。

（2）裂缝主要原因

1）硅酸钙砌块一般使用工业废料制作，成本低，工艺也较简单，一些不够条件的厂家生产的砌块质量控制差，砌块的抗压、抗剪强度均达不到要求，表面粉饰的附着力也差。

2) 硅酸钙砌块砌体的线膨胀系数为 10×10^{-6}，此黏土砖高1倍，因此对温度变形、温度应力较敏感。

3) 构造缺陷。如砌块竖向连接仅依靠4通肋，因此墙体抵抗水平剪力和温度应力的能力差。

4) 施工质量差。如砌筑砂浆质量控制不良，灰缝厚度过厚且不均匀，任意敲凿砌块，斜塞砖嵌砌不紧，门窗过梁搁置长度不足等。

(3) 预防裂缝的几点建议

1) 严格控制砌块质量。从选择生产厂家、检验产品合格证至进场检查验收都应严格把关。

2) 建议采取以下构造措施：层高大于3.2m时，增加二道或二道以上现浇钢筋混凝土腰带；墙长>4m时，应设构造柱；外墙窗台高度以下用水泥砂浆砌两皮黏土砖，中间设钢筋，若采用钢筋混凝土腰带则更好。

3) 严格按施工及验收规范和操作规程施工。

4) 门窗洞口上过梁尽量采用现浇，若为预制梁，梁端搁置长度应≥240mm。墙体的门框上边挺"冒头"（也称"马头"）位置预留100mm×100mm×70mm的洞，避免砍凿砌块。

5) 按设计要求和施工规范的规定认真埋设拉结钢筋。

6) 墙体有管线预埋时，应采用切割开槽，若有多根管线排列在一起，在砌筑时放拉结筋，并用细石混凝土浇筑密实。

(七) 相邻建筑影响造成砌体裂缝

1. 3层住宅砖墙裂缝

南京市某厂紧靠着原有的宿舍楼，新盖一幢7层的砖混结构宿舍，新宿舍的地基为淤泥，设计采用石灰桩加固地基，桩深6~7m。新宿舍2004年3月开工，同年年底主体结构完成时，发现原有宿舍靠新宿舍一端窗台下砖墙开裂，裂缝最宽1.5mm，上宽下窄，成45°左右倾斜，见图5-55。

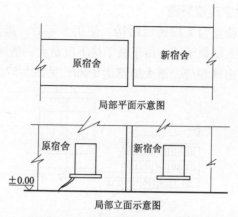

图 5-55 局部平面与立面示意图

据调查,新宿舍地基下沉比较均匀,砖墙未出现裂缝。在原有建筑物的砖墙发现裂缝时,新宿舍地基下沉 70mm 左右。原有建筑采用不埋板式基础,地基变形已经稳定,因新宿舍的修建,引起原有建筑靠近新建筑的一端地基下沉较大,从而造成图 5-43 所示的裂缝。

2. 2 层宿舍砖墙裂缝

图 5-56 中 2 层建筑为原有的砖木结构宿舍,在距离该宿舍一端 3.5m 处,新建了一幢 5 层的宿舍,新楼地基平均下沉量为 252mm,而原有宿舍地基已基本稳定,因此造成 2 层宿舍砖墙裂缝。

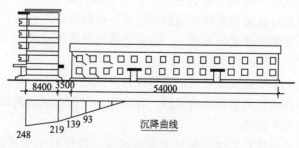

图 5-56 5 层宿舍影响 2 层宿舍

3. 实验室砖墙裂缝

某校实验室为 2 层砖混结构，使用 5 年后，离其一端 8.2m 处新建一幢 5 层教学楼。由于教学楼下沉量大，造成实验室靠近大楼端砖墙出现裂缝，最大缝宽达 9mm，见图 5-57。

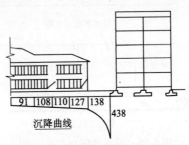

图 5-57　5 层教学楼影响实验室

第二节　砌体结构物理力学性能不良

一、砌体物理力学性能不良的特征与原因

（一）砌体强度不足的特点与原因

砌体强度不足，有的变形，有的开裂，严重的甚至倒塌。有关倒塌事故的处理将在第三节中阐述。对待强度不足事故尤其需要特别重视没有明显外部缺陷的隐患性事故。

造成砌体强度不足的主要原因有：设计截面太小；水、电、暖、卫和设备留洞留槽削弱断面过多；材料质量不合格；施工质量差，如砌筑砂浆强度低下，砂将饱满度严重不足等。

（二）砌体工程稳定性不良的特点与原因

这类事故是指墙或柱的高厚比过大或施工原因，导致结构在施工阶段或使用阶段失稳变形。稳定性不足而造成的倒塌事故将在第四节中阐述。

造成砌体稳定性不足的主要原因有：设计时不验算高厚比，违反了砌体设计规范有关限值的规定；砌筑砂将实际强度达不到设计要求；施工顺序不当，如纵横墙不同时砌筑，导致新砌纵墙失稳；施工工艺不当，如灰砂砖砌筑时浇水，导致砌筑中失稳；挡土墙抗倾覆、抗滑移稳定性不足等。

（三）房屋整体刚度不足事故的主要原因和后果

仓库等空旷建筑，由于设计构造不良，或选用的计算方案欠妥，或门窗洞对墙面削弱过大等原因，而造成房屋使用中刚度不足，出现颤动。

二、砌体结构物理力学性能不良的处理

（一）重要性

这类事故均可能造成建筑结构垮塌和人员伤亡的严重后果。当砌体强度或稳定性明显不足时，往往在施工过程中就发生垮塌，而且发生时常带有突发性，因此对这类事故的分析处理务必要十分谨慎和及时。

（二）常用处理方法

（1）应急措施与临时加固：对那些强度或稳定性不足可能导致倒塌的建筑物，应及时支撑防止事故恶化，如临时加固有危险，则不要冒险作业，应划出安全线，严禁无关人员进入，防止不必要的伤亡。

（2）校正砌体变形：可采用支撑顶压，或用钢丝或钢筋校正砌体变形后，再作加固等方式处理。

（3）封堵孔洞：由墙身留洞过大造成的事故可采用仔细封堵孔洞，恢复墙整体性的处理措施，也可在孔洞处增作钢筋混凝土框加强。

（4）增设壁柱：有明设和暗设两类，壁柱材料可用同类砌体，或用钢筋混凝土或钢结构。

（5）加大砌体截面：用同材料加大砖柱截面，有时也加配钢筋。

（6）外包钢筋混凝土或钢：常用于柱子加固。

（7）改变结构方案：如增加横墙，变弹性方案为刚性方案；

柱承重改为墙承重；山墙增设抗风圈梁（墙不长时）等。

（8）增设卸荷结构：如墙柱增设预应力补强撑杆。

（9）预应力锚杆加固：例如重力式挡土墙用预应力锚杆加固后，提高抗倾覆与抗滑能力。

（10）局部拆除重做：用于柱子强度、刚度严重不足时。

（三）处理方法选择的建议

各种处理方法选择参见表5-11。

砌体强度、刚度、稳定性不足各种处理方法选择　表5-11

事故性质与特性		处理方法								
		校正变形	封堵孔洞	增设壁柱	加大截面	外包加固	改变结构方案	加设卸荷结构	加设预应力锚杆	局部拆换
强度不足	墙柱			△	△	√ △	√	△ △	⊙	△
变形	墙柱	√		√		△			⊙	√
刚度或稳定性不足房屋颤动		√	√				√		⊙	

注：√—首选；△—次选；⊙—适用于挡土墙等

三、工程实例

（一）某四层混合结构综合楼的窗间墙强度不足事故

某市一幢四层混合结构综合楼，底层为商店，层高4.2m，2~4层为小开间办公室共9间，开间宽度为3.3m，层高为3.3m。纵墙的窗间墙宽900mm，厚370mm。

房屋施工到四层时，在板、梁等结构尚未安装前，发现底层南面外纵墙的窗间墙的砖碎裂，并伴有砖皮脱落。每个窗间墙有竖向裂缝3~5道，缝宽1~5mm，裂缝最长达1.7m（窗间墙高2.7m）。

这起事故的主要原因是窗间墙截面过小。事后验算结果表明：实际承载能力仅达到规范规定值的50%左右。而且窗间墙宽度仅为900mm，违反了抗震设计规范关于7度区承重窗间墙宽不宜小于1000mm的规定。

由于窗墙承载力严重不足，必须及时加固处理。该工程采用的加固措施的要点是：在一、二层窗间墙内侧设钢柱，并外包钢筋混凝土加固。钢柱直接顶住楼盖梁，并支撑在加固的基础上。外包钢筋混凝土从基础面起连续做至三层楼面处。

（二）某教学试验楼砌筑砂浆强度不足事故

江苏省某教学试验楼为三层砖混结构，一、二层为教室，三层为试验室。纵、横墙厚均为200mm，用MU10砖和M2.5混合砂浆砌筑。主体工程完成后检查验收时发现，二、三层的砂浆试块强度约为1~1.5MPa，用手轻捻即成粉末状。

造成这次砌筑砂浆强度不足事故的主要原因是使用过期水泥和含泥量高达20%以上的细砂。由于砂浆强度低下，造成砌体抗压强度下降8%左右，沿齿缝抗拉强度下降约40%，留下了严重隐患，必须加固处理。

该工程所用的加固措施是二、三层全部内外墙的两侧均设置双向ϕ6@600钢筋网，两侧网片用ϕ6@300的穿墙"∽"形钢筋拉结，然后压抹15mm厚C15豆石混凝土，再抹5mm厚1：2水泥砂浆，表面装修仍按原设计施工。加固施工要点如下：

（1）基层处理。将墙面灰缝刮去10mm深，用钢丝刷配合高压水清洗，并充分湿润。

（2）材料质量要求。水泥强度等级≥32.5，中砂含泥量<2%，豆石含泥量<1%。

（3）钢筋布设。纵筋上下绕过圈梁，横筋搭接长度不小于60mm，单面焊接。钢筋网片四边的两行全部点焊，中部可间隔焊。穿墙筋要拉紧焊牢。

（4）面层施工。先刷一遍水泥净浆，随即抹压坍落度为20~30mm的豆石混凝土，初凝后抹1：2水泥砂浆层，压平抹光。20h后淋水养护不少于7~10d，务需保持面层湿润。

(三) 某仓库砖墙高厚比过大事故

某仓库长 59.4m、宽 15m，檐口离室外地坪 5m，山墙和纵墙厚均为 24m，附墙壁柱 24cm×37cm（包括墙厚 24cm），纵墙壁柱中心距 3.3m，山墙壁柱中心距 5m，仓库全长中无横墙。砖墙用 MU10 砖、M2.5 砂浆砌筑。

仓库建成后，发现纵墙及山墙的高厚比超过规范规定，稳定性不足，但强度仍能满足要求。

该事故的处理方法是在沿仓库长度方向的 1/3 的两处，增设两道横墙，厚 24cm，高与纵墙一致。增加横墙后，原设计的弹性方案改变为刚性方案，墙的计算高度减小，墙的高厚比满足规范的要求。后加的横墙与纵墙连接处加壁柱 37cm×67cm（包括墙厚），并加配钢筋以加强后加横墙与纵墙的连接。

山墙的附墙壁柱加大为 37cm×58cm（包括墙厚），并加配钢筋。

(四) 某工程整体性差事故

某工程为砖混结构，纵墙高 14m，横墙间距为 4.5m，设计按规范规定按刚性方案进行。由于纵横墙连接破坏，因此纵墙形成高 14m 的独立墙，其高厚比严重超出规范规定，稳定性极差，房屋的整体性差，必须处理。

该事故的处理方案是在纵横墙交接处的墙外侧设通长角钢 L63×6 两根，其标高在楼盖平面下，同时在横墙的两侧各设置一根 $\phi18$ 拉杆，用花篮螺栓拉紧。

(五) 某住宅工程纵横墙连接破坏是如何处理的？

湖北省一幢五层混合结构住宅，层高 3m，基础顶面及二层和四层设有钢筋混凝土圈梁。交工使用不到半年，发现北面的纵墙与部分横墙的连接破坏，导致纵墙成为一片高 2m、长 15m 余的独立墙。

该事故的主要原因是部分纵横墙连接处设置了烟道，墙的连接被削弱，使用后烟道不断受热产生温度变形。其次的原因是部分内横墙未设圈梁，以及二层以上墙体均为空斗墙，施工时先砌纵墙，后砌横墙，纵横墙连接处又未接规定砌成实心墙，而且采用阴槎连接，又未埋设拉结钢筋，组砌方法差，通缝严重，砂浆不饱满，因此纵横墙的连接质量极差。

由于外纵墙形成了较大面积的独立墙，随时都有塌落的危险，而且又面临大街，因此必须采取紧急加固措施，以消除隐患。

该工程采用的处理措施是在纵横墙连接破坏处加设"T"形构造柱，其设计施工要点如下：

（1）拆除纵横墙交接处的部分墙体成马牙槎，增加"T"形钢筋混凝土构造柱，柱内伸出 $\phi6$ 钢筋砌入墙内。

（2）构造柱上、下端锚固在圈梁或地梁上。

（3）施工中应确保混凝土振捣密实，使柱混凝土与砖砌体紧密结合。

第三节 砌体局部倒塌

一、砌体局部倒塌的特征与原因

（一）砌体局部倒塌常见部位

砌体结构局部倒塌最多的是房屋的柱或墙，砖拱结构工程的倒塌也发生过几次，但是目前砖拱使用已较少，这方面的问题不太突出。柱、墙的倒塌中，比较集中在独立墙和窗间墙工程，大多数因承载力不足而倒塌。有些空旷房屋如食堂、仓库等工程的倒塌，往往是因为计算方案错误而造成。成片的砖墙倒塌较少发生。

（二）砌体工程局部倒塌的施工原因

（1）砖和砂浆的实际强度低下，其中砌筑砂浆强度不足尤为突出。

（2）施工工艺错误或施工质量低劣。例如地圈梁轴线错位后处理不当；砌体变形后，错误地用撬棍校正；现浇梁板拆模过早,这部分荷载传递至砌筑不久的砌体上,因砌体强度不足而倒塌;配筋砌体中漏放钢筋;冬季采用冻结法施工,解冻期无适当措施等,均可导致倒塌。

(3) 施工顺序错误。预制楼板因故不能安装,在楼板位置的墙上预留槽后,砌上层的墙,再安装楼板时,上层墙失稳而倒塌。这类事故在楼梯踏步板安装中也发生过。

(4) 乱改设计。例如任意削减砌体截面尺寸,导致承载力不足或高厚比过大而倒塌;又如改预制梁为现浇梁,梁下的墙由原来的非承重墙变为承重墙而倒塌。

(5) 施工期失稳。例如雨季施工时,灰砂砖含水率高,砂浆太稀,砌筑中发生垮塌;毛石墙组砌方法不良,无足够的拉结石,砌筑中垮塌;一些较高的墙顶构件没有安装时,形成一端自由,易在大风等水平荷载作用下倒塌。

二、砌体局部倒塌事故处理

(一) 处理砌体局部倒塌事故应遵循的一般原则

仅因施工错误而造成的局部倒塌事故,一般采用按原设计重建方法处理。但是不少倒塌事故均与设计、施工两方面的原因有关,对这类事故都需要重新设计后,严格按照施工规范的要求重建。

(二) 处理砌体局部倒塌事故的注意事项

(1) 排险拆除工作。局部倒塌事故发生后,对那些虽未倒塌但可能坠落垮塌的结构构件,必须按下述要求进行排险拆除。

1) 拆除工作必须由上往下地进行;

2) 确定适当的拆除部位,并应保证未拆部分结构的安全,必要时应设可靠的支撑;

3) 拆除承重的墙、柱前,必须作结构验算,确保拆除中的安全,必要时应设可靠的支撑。

(2) 鉴定未倒塌部分。对未倒塌部分必须从设计到施工进行全面检查，必要时还应作检测鉴定，以确定其可否利用，怎样利用，是否需要补强加固等。

（3）确定倒塌原因。重建或修复工程，应在原因明确，并采取针对性措施后方可进行，避免处理不彻底，甚至引发意外事故。

（4）选择补强措施。原有建筑部分需要补强时，必须从地基基础开始进行验算，防止出现薄弱截面或节点。补强方法要切实可行，并抓紧实施，以免延误处理时机。

（三）处理砌体局部倒塌事故的常用方法

常用的有以下三种：

（1）拆除重建。原设计没有问题时，一般拆除不符合要求部分后，按原设计重新砌筑和建造。

（2）用钢筋混凝土柱代替砖柱。原设计存在一定问题，或按原设计施工有一定困难或质量难以保证时，常用钢筋混凝土柱或钢柱代替原有砖柱，修复重建。对未倒塌的砖柱，常用外包钢法加固。

（3）改变方案重新设计。原设计的结构方案不合理导致的倒塌事故，需要设计修改结构方案，并重新设计后，方可施工。常见的有：用现浇框架结构代替砖混结构等。

三、工程实例

（一）某食堂厨房倒塌

1. 工程与事故概况

河南省某学校食堂建筑面积为 $1526m^2$，其中餐厅部分为 $1159m^2$，厨房、备餐间为 $367m^2$，其平面见图5-58。

餐厅纵墙厚24cm，山墙厚为37cm，钢筋混凝土柱，柱距6m，柱顶标高为9.5m，屋面结构为24m跨钢筋混凝土屋架，槽形板，厨房备餐间墙为一砖墙；ⓒ轴为4个37cm×49cm砖柱，其上设置一道钢筋混凝土梁。厨房屋面有9m跨薄腹梁、槽形板。备餐间为4m跨空心板，搁置在Ⓑ和ⓒ轴线的钢筋混凝土梁上。

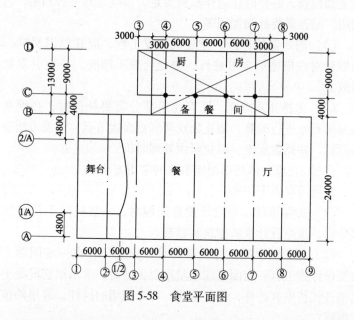

图 5-58 食堂平面图

1982年7月19日上午11时,在刚刚做完备餐间屋面保温层进行内外粉刷之际,食堂的厨房与备餐间部分倒塌。首先是ⓒ轴和⑥轴相交的砖柱倒塌,在该柱倒塌的瞬间,相邻的两柱也倒塌,造成了多人伤亡的重大事故,直接经济损失约4万元。

2. 原因分析

(1) 设计方面:设计人员借了另一单位的食堂图纸,未经计算,就对原图做了较大的改变。即将厨房的 49cm×62cm 砖柱改为 37cm×49cm 砖柱,备餐间 3m 跨改为 4m 跨,并加大了层高。事后对该柱进行验算,根据《砌体结构设计规范》GB 50003—2001 的规定,柱截面小于 $0.35m^2$ 时,其安全系数应提高为 2.69,而实际砖柱的安全系数只有 1.62,远远小于规范要求。这与现场施工人员看见倒塌前砖柱下部砌体剥落的情况是相符的。砖柱在梁下局部受压,规范规定安全系数为 2.3,实际只有1.81，也小于规范要求。砌筑砂浆强度等级未注明。厨房原设计为3间天窗，图纸会审时改为5间，按要求应设两组垂直支撑，但施工图上未注明。施工时因天窗晃动无法施工，设计人员才同意设置一组支撑，但仍不符合标准图要求。另外，ⓒ轴线的钢筋混凝土梁设计也不合理，配筋不足，薄腹梁与圈梁的连接构造不当，设计深度也不够，图纸粗糙马虎。

（2）施工方面：该工程砖柱施工时，违反施工规范规定，采用了先砌四周后填心的错误砌法；下部每隔10皮砖，上部每隔20皮咬缝一次。砂浆强度不明，整个工地只有两组试块，其强度分别为1.7MPa与3.5MPa。据调查人员观察认为，ⓒ⑦轴砖柱所用砂浆强度可达5MPa，其他砖柱所用砂浆强度介于2.5~5MPa之间。东北墙北部墙体倾斜了4cm（规范允许值为0.5cm），只拆除一部分重砌，另一部分用撬杠撬及垫铁片的方法纠正，纠正后仍倾斜2cm；吊装的槽形板，压在山墙上最少的只有3cm（规定不小于8cm），槽形板的焊点只有1点（规范规定不少于3点）。此外，设计图纸未注明烟囱位置，但建设单位靠北墙砌筑了6个75cm厚、100cm宽的爬墙烟囱，大部分压在厨房的墙基上，这样就产生了偏心压力，对厨房的倒塌也有一定影响。

（二）某教学楼部分倒塌

1. 工程与事故概况

北京市某高校一幢教学楼为砖墙承重的5至7层混合结构，钢筋混凝土现浇楼盖，全楼由7段组成，主楼7层，檐高37m，其他均为5层，檐高27m。各段由沉降缝分开，其平面、立面见图5-59。倒塌区有部分地下室，见图5-60，底层为展览室，其余4层皆为图书阅览室。房屋长度为35m，大阅览室长27m，进深14.5m，层高均为5m。其楼层布置及剖面图见图5-61及图5-62。原设计承托大梁的砌垛，在1、2层为MU10砖、M10砂浆加配筋的砌体。在底层施工时，发现砖强度不足、临时更改设计，将砖垛改为加芯混凝土组合柱，即整个窗间墙为一组合柱,见图 5-63。大梁梁垫为整块混凝土,与窗间墙等宽、等厚,并与大梁等高,见图 5-64。该楼完成全部结构工程,吊顶与抹灰后,突然全部倒塌,当场压死 6 人,重伤数人,损失惨重。

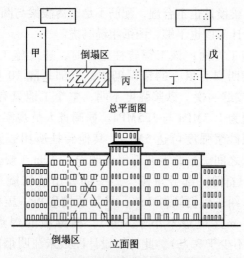

图 5-59 教学楼总平面及立面图

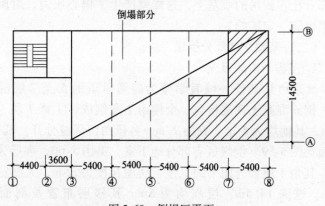

图 5-60 倒塌区平面
注:阴影部分无地下室;其他部分有地下室。

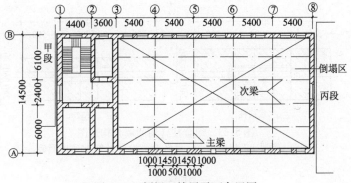

图 5-61 倒塌区楼层平面布置图

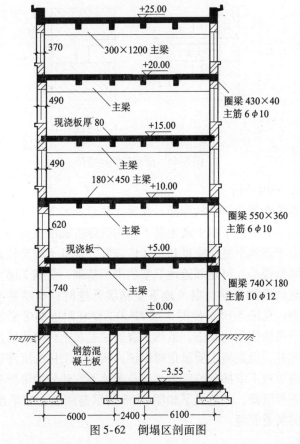

图 5-62 倒塌区剖面图

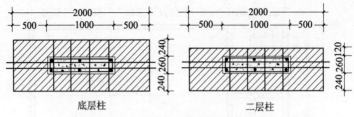

图 5-63 组合柱（窗间墙）构造图
注：混凝土芯纵筋 6φ10，箍筋 φ6@300，拉筋 φ4@10 行砖。

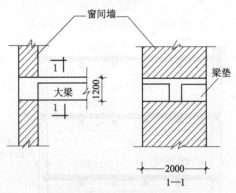

图 5-64 梁端梁垫构造图

2. 原因分析

经请专家分析事故原因，几种主要意见如下：

（1）L形地下室引起地基不均匀沉降造成房屋倒塌

由于该地下室的刚度和整体性较好，地基土质又较好，因此其沉降量很小。可是邻近地下室的带形基础，受到7层主楼压力扩散后的叠加影响，以及地下室基坑开挖时，与墙基有2.45m的高差，见图5-65，使图5-60中Ⓐ⑦壁柱附近的带形基础持力层处于两面临空的状态，虽然采取了三七灰土台阶放坡过渡的办法来弥补，但是施工质量很难保证，所以Ⓐ⑦柱的沉降量必然很大。而有地下室部分的带形基础与无地下室部分的带形基础交接处的差异沉降，就造成了如图5-66所示窗间墙上较早出现了较集中的贯通裂缝。

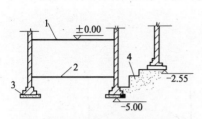
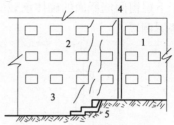

图 5-65 地下室与无地下室基础
1—250mm 钢筋混凝土板；
2—300mm 钢筋混凝土板；
3—钢筋混凝土墙基；4—三七灰土台阶

图 5-66 窗间墙裂缝示意图
1—丙段；2—乙段（倒塌）；
3—地下室墙；4—沉降缝；5—灰土台阶

（2）多阶砖砌体与夹心钢筋混凝土组合柱构造不合理

1）从废墟上看到，夹心柱混凝土严重脱水，质地疏松，且砖块之间的粘结力极差，界面整齐干净，说明夹芯混凝土组合柱的质量和承载能力很差。

2）窗间墙为偏心受压构件，将强度较高的混凝土放在截面中心，而将砌体放在截面四周是不合理的。而且在二楼外包混凝土的砖墙只有 12cm 厚，很难保证砌筑质量，容易产生与混凝土之间"两张皮"的现象，在浇筑混凝土时，还容易"鼓肚子"，对墙体受力很不利，而且混凝土夹在砖墙中间，无法检查施工质量。

（3）选择的结构计算简图存在问题

原设计按图 5-67 所示的计算简图进行内力分析。这时，大梁端节点弯矩为 0，下层窗间墙顶部的弯矩为 $R \cdot l$，上层窗间墙底部的弯矩为 0。但是实际上设计把 1200mm×300mm 的现浇大梁梁端支承在砖墙的全部厚度上，所设的梁垫长度与窗间墙全宽相等（2m），高与大梁齐高（1.2m），并与大梁现浇成整体，见图 5-64。这种节点构造方案使大梁端部在上下窗间墙间不能自由转动，因此显然不是铰接点，而接近于刚接点，亦即大梁端节点弯矩将不是如图 5-67 中所示为 0，下层窗间墙顶部截面上所受的弯矩也不是 $R \cdot l$，而是大于它的一个数值。当这个数值大于下层窗间墙截面的砌体承载能力时，就造成窗间墙的破坏，使房屋倒塌。

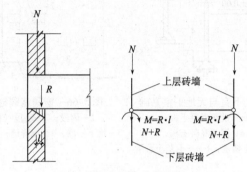

图 5-67　结构计算简图

为了验证这个问题，清华大学曾为此作结构模型试验。结果表明，大梁与窗间墙的连接是接近于刚接点的框架，而与铰接简支梁相差较远。如果将原设计计算简图的内力分析结果与按框架内力分析结果比较，下层窗间墙上端截面的弯矩与按简支梁算得的差 8 倍左右，而两种计算简图的轴力 N 却是大致相等的。因此，用框架结构（即实际情况）计算的弯矩和轴力来验算窗间墙的上、下截面的承载能力，其承载能力严重不足，因此引起房屋的倒塌。

（4）砖墙砌筑质量差

窗间墙上的脚手眼堵塞不严；暖气管道孔洞削弱墙面面积过多；组合柱的夹心混凝土强度低，且未能捣实。根据当时现场检查情况，有一些组合柱倒塌坠地后，混凝土即行散落。

（三）教学楼墙体倒塌

1. 工程与事故概况

甘肃省某厂教学楼工程为 3 层混合结构。2003 年 10 月 26 日，在安装 3 层预制楼板时，发生墙体倒塌，先后砸断了部分 3 层和 2 层的楼板共 18 块，3 层楼面上的 1 名工人被砖墙砸倒并随倒塌物一起坠落而死亡。

2. 原因分析

根据施工单位调查，设计无问题。墙倒塌前的情况如下：

由于2层的⑧和⑨轴线墙被取消，因此，3层的楼板支承在现浇梁上。正常的施工程序，应先浇筑现浇梁，安装楼板后，再砌3层砖墙。由于梁钢筋不全，现浇梁未能及时完成。施工中采取了先砌3层墙，预留12cm×12cm楼板槽，槽内放立砖，待浇筑承重梁后，再嵌装楼板，在嵌装楼板时，先撬掉槽内立砖，边安装楼板、边塞缝的施工方案（此方案是错误的）。在实际操作中，工人以预留槽太小，楼板不好安装为理由，把部分预留槽加大到18cm×12cm，并且也未按边装板、边塞缝的要求施工，在发生事故前的一天，有5块楼板没有塞砌，就下了班。

事故发生的当天下午，因临时决定嵌装楼板，却没有安排瓦工塞砌楼板槽。操作人员发现已安装的5块楼板槽尚未塞砌时，用1块长约1.3m，5cm×10cm的方木填塞，然后继续安装楼板，当工人撬到第9块楼板预留槽的立砖时，⑦轴线上这道长6m、高3.66m、厚37cm的砖墙突然失稳，向撬动一面倒塌。

上述情况说明，事故的原因是违反施工程序，擅自修改施工组织设计的规定，制定并实施了错误的施工方案而造成的。此外，有关领导和质量检查、技术部门工作人员深入基层不够，未能及时发现和纠正错误，也应引以为戒。

（四）石砌挡土墙倒塌

1. 工程与事故概况

山东省某中学体育场有一道石砌挡土墙，长100余米，高8m左右，挡土墙地基为风化岩，墙后5m范围内为回填杂土。

挡土墙建成后不久，发现墙身多处出现竖向裂缝，并有长约30m左右的墙从根部至墙顶全部倒塌。由于倒塌发生在夜间，故无人员伤亡。

2. 倒塌主要原因

（1）擅自减小挡土墙截面尺寸和降低砌筑砂浆的强度等级。

（2）未按设计要求作好墙后和墙身的泄水、排水。其中墙身排水孔绝大多数未贯穿墙厚，排水孔为虚设；墙后填土未按要求做滤水层。挡土墙同时承受土压力和水压力，导致所受荷载明显加大。

（3）墙后填土不符合要求。首先是土质不良，含有淤泥、草根、树皮、生活垃圾等杂物，其次是没有分层夯实。

（4）未按设计要求每20m长留30mm宽的变形缝。

（5）砌筑质量差。组砌方式、可砌高度、砌筑中的拉线操作以及设置挡土墙架控制墙身形状尺寸等方面，均未执行施工及验收规范和操作规程的规定。

3. 事故处理简介

（1）倒塌部分的修复。对已倒塌部分以及因倒塌而损坏的邻近部分，全部拆除并清理干净，然后按原设计要求重新砌筑挡土墙，新砌部分与原有者之间留设30mm宽的变形缝。

（2）未倒塌部分的加固。采用从内侧加固的方案，其要点为：挖除原挡土墙后的填土；在墙内侧新砌加固用毛石挡土墙；用ϕ12钢筋@500（纵横向同间距）将新增砌的墙与原有的挡土墙拉锚；新旧挡土墙之间浇筑C15毛石混凝土；疏通原挡土墙的所有泄水孔，设置排水管，做好滤水层；墙后填土改用碎石（就地取材），并分层夯实。

第六章 钢结构工程

目前我国钢结构工程的数量远比混凝土结构和砌体结构工程少,加之一定规模的钢结构工程,一般都在专业工厂制造,安装企业的资质也较高,工程质量因此较好,质量事故也较少。从现有资料分析,尽管钢结构工程质量事故不多,但造成的损失并不小,尤其是屋盖倒塌等事故往往造成严重的人员伤亡,因此必须十分重视钢结构工程的质量缺陷和质量事故的分析与处理,并从中吸取教训,避免重蹈覆辙。

第一节 概 述

一、钢结构事故概况与常见类型

(一)钢结构事故概况

我国钢结构工程过去用得不多,缺乏完整的统计资料。据不完全的调查分析结果,施工阶段屋盖事故最多;使用阶段吊车梁事故居多,屋架损坏事故也时有发生。这与国外统计资料反映的情况相似。

原苏联曾统计1951~1977年的钢结构工程事故,整体或局部失稳事故占22%~41%;构件破坏事故占25%~49%;连接破坏事故占19%~27%;其他事故占7%~10%。

(二)钢结构事故分类

钢结构工程质量事故可分为两大类:

整体事故——包括结构整体倒塌、错位、变形等;

局部事故——包括构件失稳、连接失效、构件错位、变形以及局部倒塌事故等。

常见的钢结构工程质量事故有以下五类。

(1) 钢结构连接损伤事故
(2) 钢柱损坏及地脚螺栓事故
(3) 吊车梁工程事故
(4) 钢屋盖工程事故
(5) 空间钢网架工程事故

二、钢结构工程质量事故的主要原因

(一) 一般原因

钢结构工程事故原因可以分为四类,即设计、制造、安装和使用。各类的具体原因如下:

1. 设计方面原因

(1) 结构设计方案不合理;
(2) 计算简图不当,结构计算错误;
(3) 结构荷载和实际受力情况估计不足;
(4) 材料选用不妥,包括强度、韧性、疲劳、焊接性能等因素,不能满足工程需要;
(5) 结构节点构造不良;
(6) 未考虑施工特点、要求以及忽视使用阶段的一些特殊条件(高温或低温、冲击、振动、重复荷载等)。

2. 制作方面的原因

(1) 任意修改施工图,不按图纸要求制作;
(2) 制作尺寸偏差过大;
(3) 不遵守施工及验收规范和操作规程的规定;
(4) 制作工艺不良,设备、工具不适用;
(5) 缺少熟练的技术工人和称职的管理人员;
(6) 不按照有关标准规范检查验收。

3. 安装方面的原因

(1) 安装顺序和工艺不当,甚至错误;

（2）吊装、定位、校正方法不正确。
（3）安装连接达不到要求；
（4）临时支撑刚度不足，安装中的稳定性差；
（5）见制作方面的原因之（3）、（4）、（5）、（6）。

4. 使用方面的原因

（1）超载使用，任意开洞而削弱构件截面；
（2）生产条件改变，但对钢结构工程没有进行适当的加固或改造；
（3）生产操作不当，造成构件或结构损坏，又不及时进行修复；
（4）使用不当引发产生过大的地基下沉；
（5）使用条件严劣，又不认真执行结构定期检查维修的规定。

（二）钢结构破坏的常见原因

钢结构质量事故的常见原因有以下几方面。
（1）结构设计方案不合理，杆件设计计算错误，焊缝和螺栓等连接件截面不够，节点构造不当；
（2）钢材质量低劣，或错用钢种、规格、型号；
（3）缺少必要而完善的支撑系统；
（4）制作钢结构时，任意变更构件截面，任意修改节点构造；
（5）结构安装顺序错误；
（6）焊缝质量不符合要求；
（7）柱、梁、屋架支承连接方式错误，因而改变了结构计算图形；
（8）对施工质量不认真检查验收；
（9）超载严重；
（10）地基产生过大的不均匀沉降；
（11）维修不善，锈蚀严重等。

（三）钢网架事故的主要原因

1. 设计方面的原因

(1) 结构型式选择不合理,支撑体系或再分杆体系设计不周,网架尺寸不合理。

(2) 力学模型、计算简图与实际不符。

(3) 计算方法的选择、假设条件、电算程序、近似计算法使用的图表有错误,未能发现。

(4) 杆件截面匹配不合理,忽视杆件初弯曲、初偏心和次应力影响。

(5) 荷载少算或组合不当。

(6) 材料(包括钢材、连接材料)选择不合理。

(7) 设计计算后,不经复核就增设杆件或大面积的代换杆件,导致出现过高内力的杆件。

(8) 设计图纸错误或不完备。

(9) 节点形式及构造错误。

2. 制作方面的原因

(1) 材料验收管理混乱,造成钢材错用。

(2) 杆件下料尺寸不准,特别是压杆超长,拉杆超短。

(3) 不按规范规定对钢管剖口,对接焊缝时不加衬管或不按对接焊缝要求焊接。

(4) 高强螺栓材料有杂质,热处理淬火不透,有微裂缝。

(5) 球体或螺栓的机加工有缺陷,球孔角度偏差过大。

(6) 螺栓未拧紧。

(7) 支座底板及底板连接的钢管或肋板采用氧气切割而不将其端面刨平,组装时不能紧密顶紧,支座受力时产生应力集中或改变了传力路线。

(8) 焊缝质量差,焊缝高度不足。

3. 拼装和吊装方面的原因

(1) 拼装前杆件有初弯曲不调直。

(2) 胎具或拼装平台不合格。

(3) 焊接工艺、焊接顺序错误。

（4）拼装后的偏差、变形不修正，强行安装，造成杆件弯曲或产生次应力。
（5）网架吊装应力不验算，也不采取必要的加固措施。
（6）施工方案错误，分条分块施工时，没有可靠的加固措施，使局部网架成为几何可变体系。
（7）多台起重机抬吊时，各吊点提升或下降不协调；用滑移法施工时，牵引力和牵引速度不同步，使部分杆件弯曲。
（8）支座预埋钢板、锚栓偏差较大，造成网架就位困难，为图省事而强迫就位或预埋板与支座板焊死，从而改变了支承的约束条件。
（9）看错图，导件杆件安装错。
（10）不经计算校核，随意增加杆件或网架支点。

4. 使用方面的原因
（1）使用荷载超过设计荷载。如屋面排水不畅，积灰不及时清扫，屋面上随意堆料等。
（2）使用环境变化（温度、湿度、腐蚀性），使用用途改变。
（3）网架在使用期间接缝处出现缝隙，螺栓受水气浸入而锈蚀。
（4）地基基础不均匀沉降。
（5）地震影响。

三、钢结构质量事故处理

（一）应遵循的一般原则
详见第一章第三节之四的有关内容
（二）常用处理方法
（1）钢结构或构件连接修复、加固。包括焊接、铆接、螺栓连接等质量缺陷或损伤的修复、加固。
（2）纠偏复位。钢结构或构件的变形或错位过大时常用此法处理。
（3）减小内力。当钢结构或钢构件承载力不足时，可用减小内力的方法处理。具体的措施有结构卸荷、改变计算图形等方法。

（4）结构补强。当结构或构件的承载力或刚度等达不到规定要求时，常采用结构补强处理。钢结构补强的方法很多，施工也较简单，如加焊钢板或型钢就可补强结构或构件。

（5）局部割除更换。钢结构局部损坏或有严重质量缺陷又无法修复时，可采用此法，更换部分常用焊接与原有部分连接。

（6）增设支撑。例如屋盖中钢屋架变形过大、或屋架内压杆计算长度过大等均可采用此法处理。

（7）其他。更换不合格材料或构件，修改设计等。

（三）钢结构质量事故处理应注意事项

除了遵循第一章第三节四~（四）的各项规定外，重点注意以下事项。

（1）选择合理的连接方式：钢结构加固补强优先采用电焊连接，在焊接确有困难时，可用高强螺栓或铆钉，不得已的条件下可用精制螺栓，不准使用粗制螺栓作加固连接件。轻钢结构在负荷条件下，不准采用电焊加固。

（2）正确选择焊接工艺：力求减少焊接变形、降低焊接应力。

（3）注意环境温度影响：加固焊接应在0℃以上环境进行。

（4）注意高温对结构安全的影响：负荷条件下，作电焊加固或加热校正变形，应注意被处理构件过热而降低承载能力。

第二节　钢材质量

一、钢材裂缝

1. 工程与事故概况

某车间为五跨单层厂房，全长759m，宽159m，屋盖共用钢屋架118榀，其中40榀屋架下弦角钢为2∟160×14，其肢端普遍存在不同程度的裂缝，见图6-1，裂缝深2～5mm，个别达20mm，缝宽0.1～0.7mm，长0.5～10m不等。

2. 原因分析

经取样检验，该批角钢材质符合Q235F标准，估计裂缝是在钢材生产过程中形成的，由于现场缺乏严格的质量检验制度，管理混乱，而将这批钢材用到工程上。

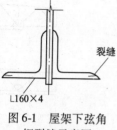

图6-1 屋架下弦角钢裂缝示意图

3. 处理措施

由于角钢裂缝造成截面削弱，强度与耐久性降低，必须采取加固措施处理。

（1）加固原则

加固钢材截面一律按已知裂缝最大深度20mm加倍考虑，并与屋架下弦角钢重心基本重合，不产生偏心受拉，其断面按双肢和对称考虑，钢材焊接时，要求不损害原下弦杆件并要防止结构变形。

（2）加固方法

在下弦两侧沿长度方向各加焊1根规格为L90×56×6的不等边角钢。加固长度为：当端间无裂缝时，仅加固到第二节点延伸至节点板一端，见图6-2（a）；当端节间下弦有裂缝，则按全长加固，见图6-2（b）。加固角钢在屋架下弦节点板及下弦拼接板范围内，均采用连续焊缝焊接，其余部位采用间断焊缝与下弦焊接，若加固角钢与原下弦拼接角钢相碰，则在相碰部分切去14mm，切除部分两端加工成弧形，并另在底部加焊一根L63×6（材质为Q235F）加强。若在屋架下弦节点及拼接板处有裂缝，均在底部加焊一根L63×6角钢，加固角钢本身的拼接在端头适当削坡等强对接，但要求与原下弦角钢拼接错开不少于500mm。所有下弦角钢裂缝部分用砂轮将表面打磨后，用直径3mm焊条电焊封闭，以防锈蚀，焊条用E4303。

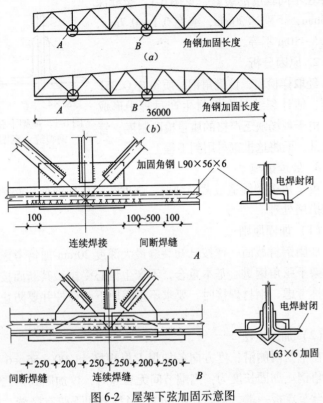

图 6-2 屋架下弦加固示意图

二、钢材夹层事故

1. 工程概况

钢材夹渣或夹层是钢材材质最常见的缺陷之一,这类缺陷大多数在加工构件时不易发现,当气割、焊接等热加工后才显露出来,所以等到发现这类质量问题时,往往已加工成半成品了,处理比较麻烦。

2. 缺陷范围的调查

探明夹层深度的方法可用超声波仪探测,也可在板上钻一小孔,用酸腐蚀后用放大镜观察。处理前应查清夹层范围有多大,方可有针对性的采取适当措施。

3. 常用构件的钢板夹层缺陷的处理

(1) 桁架节点板：对于承受静荷载的桁架，节点板钢材夹层不太严重时，经过处理可以使用。例如当夹层深度小于节点板高度的1/3时，可将夹层表面铲出 V 形坡口，焊合处理；当容许在角钢和节点板上钻孔时，也可用高强螺栓拧合。当夹层深度≥1/3节点板高度时，应作节点板拆换处理。

(2) 实腹式梁、柱翼板夹层处理。当承受静荷载时，分别情况采用下述方法处理：

1) 在1m长度内，夹层总长度（连续或间断的累计）不超过200mm，且夹层深度不超过翼缘板断面高度1/5、同时≤100mm时，可不作处理，继续使用。

2) 当夹层总长度超过200mm，而夹层深度不超过翼缘断面高度1/5，可将夹层表面铲成 V 形坡口予以焊合。

3) 当夹层深度≤1/2翼缘断面高度，可以夹层处钻孔，用高强螺栓拧合，此时尚应验算钻孔后所削弱的截面。

4) 当夹层深度>$\frac{1}{2}$翼缘断面高度，应将有夹层的一段的翼板全部切除，另换新板。

第三节 钢结构连接

一、铆钉、螺栓连接缺陷检查、分析、处理

1. 常见缺陷

(1) 铆钉连接的常见缺陷有：铆钉松动、钉头开裂、铆钉被剪断、漏铆以及个别铆钉连接处贴合不紧密。

(2) 高强螺栓连接的常见缺陷有：螺栓断裂、摩擦型螺栓连接滑移、连接盖板断裂、构件母材裂断。

2. 检查方法

铆钉检查采用目测或敲击，常用方法是两者的结合，所用工具有手锤、塞尺、弦线和10倍以上放大镜。

螺栓质量缺陷检查除了目测和敲击外，尚需用扳手测试，对于高强螺栓要用测力扳手等工具测试。

要正确判断铆钉和螺栓是否松动或断裂，需要有一定的实践经验，故对重要的结构检查，至少换人重复检查1~2次，并作好记录。

3. 分析处理

铆钉松动、开裂、剪断应更换，漏铆应及时补铆。不得采用焊补、加热再铆的方法处理。个别铆钉连接处贴合不紧密，可用耐腐蚀的合成树脂充填缝隙。

高强螺栓断裂者应及时拆换，处理时要严格遵守单个拆换和对重要受力部位按先加固或先卸荷，后拆换的原则进行。

一般高强螺栓连接处出现滑移，而使螺杆受剪，由于高强螺栓抗剪能力较大，连接处出现滑移后仍能继续承载，只要板材和螺栓本身无异常现象，整个连接并无危险。但是对于摩擦型的高强螺栓连接，出现滑移就意味着连接已"破坏"，应进行处理。对承受静荷载结构，如滑移因漏拧或拧力不足所造成，可采用补拧并在盖板周边加焊处理；对承受动荷载的结构，应使连接处于卸荷状态下更换接头板和全部高强螺栓，原母材连接处表面重作接触面的加工处理。

当盖板和母材有破坏时，必须加固或更换，处理必须在卸荷状态下进行。

二、焊接缺陷检查与处理

1. 缺陷种类

常见缺陷种类有：焊缝尺寸不足、裂纹、气孔、夹渣、焊瘤、未焊透、咬边、弧坑等。

2. 检查方法

一般用外观目测检查、尺量，必要时用10倍放大镜检查。

要重点检查焊接裂缝。除了目测检查外，还可用硝酸酒精浸蚀检查，对于重要焊缝，采用红色渗透液着色探伤，或 X、γ 射线探伤，或超声波检查。

3. 分析、处理

（1）焊缝尺寸不足，一般用补焊处理。

（2）焊缝裂纹处理。对检查发现的裂纹应作标识，分析裂纹原因。属使用阶段产生的，要根据原因有针对性地治理；对于焊接过程中产生的裂纹，原则上应刨（铲）掉后重焊。但是对承受静荷载的实腹梁翼缘和腹板处的焊接裂纹，可采用裂纹两端钻止裂孔，并在两板之间加焊短斜板方法处理，斜板长度应大于裂缝长度，见图 6-3。

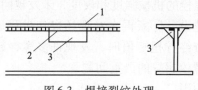

图 6-3　焊接裂纹处理
1—裂纹；2—止裂孔；3—斜板

三、工程实例

（一）某工程高强螺栓超拧事故

我国某航空公司的喷漆机库扩建工程，机库大厅东西长 52m，南北宽 82.5m，东西两面开口，屋顶高 34.9m。机库屋盖为钢结构，由两榀双层桁架组成宽 4m、高 10m 的空间边桁架，与中间焊接空心球网架连接成整体。

平面桁架采用交叉腹杆，上、下弦采用钢板焊成 H 形截面，型钢杆件之间的连接均采用摩擦型大六角头高强螺栓，双角钢组成的支撑杆件连接采用栓加焊形式，共用 10.9 级、M22 高强螺栓 39000 套，螺栓采用 $20M_nTiB$，高强螺栓由上海申光高强度螺栓厂和上海协兴螺栓厂制造。

（1）事故概况

钢桁架于2003年3月下旬开始试拼接，4月上旬进行高强螺栓试拧。在高强螺栓安装前和拼接过程中，建设单位项目工程师曾多次提出终拧扭矩值采用偏大，势必加大螺栓预拉力，对长期使用安全不利，但未引起施工单位的重视，也未对原取扭矩值进行分析、复核和予以纠正。直至5月4日设计单位在建设单位再次提出上述看法后，正式通知施工单位将原采用的扭矩系数0.13改为0.122，原预拉力损失值取设计预拉力的10%降为5%，相应地终拧扭矩值由原采用的629N·m，取625N·m改为560N·m，解决了应控制的终拧扭矩值。

但当采用560N·m终拧扭矩值施工时，M22、$l = 60mm$的高强螺栓终拧时仍然多次出现断裂。为查明原因，首先测试了$l = 60mm$高强螺栓的机械强度和硬度，未发现问题。5月12日设计、施工、建设、厂家再次对现场操作过程进行全面检查，当用复位法检查终拧扭矩值时，发现许多螺栓超过560N·m，暴露出已施工螺栓超拧的严重问题。

(2) 事故原因

1) 施工前未进行电动扳手的标定：

高强螺栓终拧采用日本产 NR-12T$_1$ 型电动扭矩扳手，在发生超拧事故后，对电动扳手进行检查，实测结果证实表盘读数与实际扭矩值不一致，当表盘读数为560N·m时，实际扭矩值为700N·m；表盘读数为380N·m时，扭矩值才是所要控制的560N·m。因此，施工前，扳手未通过标定，施工人员不了解电动扳手的性能，误将扭矩显示器的读数作为实际扭矩值，是造成超拧事故的主要原因，仅此一项的超拧值达25%。

2) 扭矩系数取值偏大：

扭矩系数是准确控制螺栓预拉力的关键。根据现场对高强螺栓的复验，扭矩系数平均值（申光厂0.118，协兴厂0.117）均较出厂质量保证书的扭矩系数（申光厂0.128，协兴厂0.121）平均值小。施工单位忽视了对螺栓扭矩系数的现场实测，采用图纸说明书要求的扭矩系数平均值，即 $K = 0.110 \sim 0.150$，取 $K = 0.130$，作为计算终拧扭矩值的依据，显然取值偏大，导致终拧扭矩值超拧约6%。

3）重复采用预拉力损失值：

钢结构高强螺栓连接的设计、施工及验收规程规定，10.9级、M22高强螺栓的预拉力取190kN。而本工程设计预拉力取200kN，施工单位在计算终拧扭矩值时，按施工规范取设计预拉力的10%作为预拉力损失值，这样，施工预拉力为220kN，大于大六角头高强螺栓施工预拉力210kN的5%。

（3）事故处理

螺母扭紧常引起螺纹部分的拉应力超过弹性极限，当螺母扭紧后放松再紧固并重复1~2次，由于塑性变形的积累，预拉力往往达不到需要的数值，钢结构施工验收规范也明确规定，终拧检查螺栓超拧大于10%终拧扭矩值时，即应更换。本工程螺栓严重超拧，且其受力接近或大于屈服强度，因此，所有超拧的螺栓不再重复使用。具体处理方案如下：

1）凡以前终拧扭矩值采用625N·m、560N·m的高强螺栓，不论受力大小，一律拆除更换。

2）可以采用摩擦型和扭剪型高强螺栓代换，但同一节点上不得混用两种型号的螺栓。

3）对新进场的高强螺栓，在使用或代换前，必须做扭矩系数和标准偏差、紧固轴力以及变异参数的检验，合格后方准使用。

4）所有高强螺栓在完成终拧和终拧检查后，方允许安装中间部分焊接空心球节点网架。

（4）事故教训

摩擦型高强螺栓的紧固扭矩是依靠人工掌握扭矩扳手来进行的，其质量将随管理好坏、操作技巧、机具性能以及现场条件等多种因素而变化。这一事故充分说明，坚持施工程序，遵守操作规程，严格按有关规定和标准进行各项试验、复验和全过程操作质量检查，对保证施工质量至关重要。同时要克服施工中的随意性，加强组织管理，将质量管理渗透到施工中的每个环节、每道工序中，做到全方位、多层次把关，才能确保高强螺栓施工的高质量。

（二）高强螺栓疲劳断裂

（1）工程、事故概况

美国某体育馆建于1994年，承重结构为三个立体钢框架，屋盖钢桁架悬挂在立体框架梁上，每个悬挂节点用4个A490高强螺栓连接。1999年6月4日晚，高强螺栓断裂，屋盖中心部分突然塌落。

（2）事故原因

屋盖倒塌的主要原因是，高强螺栓长期在风载作用下发生疲劳破坏。

悬挂节点按静载条件设计，设计恒载$1.27kN/m^2$，活载$1.22kN/m^2$，每个螺栓设计受荷238.1kN，而每个螺栓的设计承载力为362.5kN，破坏荷载为725.6kN。按照屋盖发生破坏时的荷载，每个螺栓实际受力136~181kN，因此，在静载条件下，高强螺栓不会发生破坏。

在风荷载作用下，屋盖钢桁架与立体框架梁间产生相对移动，使吊管式悬挂节点连接中产生弯矩，从而使高强螺栓承受了反复荷载。而高强螺栓受拉疲劳强度仅为其初始最大承载力的20%，对A490高强螺栓的试验表明，在松、紧五次后，其强度仅为原有承载力的$\frac{1}{3}$。另外，螺栓在安装时没有拧紧，连接件中各钢板没有紧密接触，加剧和加速了螺栓的破坏。

（3）处理方法

体育馆主要承重结构立体框架完好、正常。由于屋顶悬挂设计成吊管连接不适宜，因此，屋顶重新设计，更换所有的吊管连接件。

（4）事故教训

设计人员常忽视将风荷载看成动荷载。这一事故告诫我们，只要使用螺栓作为纯拉构件，并且这些螺栓只承受由风载产生的动荷载，都必须严肃地考虑螺栓可能存在的疲劳。

第四节 钢结构裂缝

一、钢柱裂缝

1. 工程与事故概况

某钢厂均热炉车间内设特重级钳式吊车两台（20/30t）。厂房建成使用10年左右，发现运锭一侧一列柱子的39根柱中，有26根（占67%）柱在吊车肢柱头部位出现严重裂缝，见图6-4。多数裂缝开始于加劲肋下端，然后向下、向左右开展，有的裂缝已延伸到柱的翼缘，甚至使有的翼缘全宽度裂透，有的裂缝延伸至顶板，并使顶板开裂下陷。

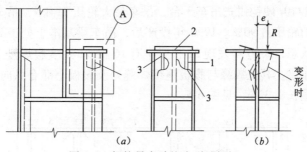

图 6-4　钢柱吊车肢柱头裂缝损坏
（a）吊车肢头裂缝；（b）Ⓐ处放大
1—加劲肋；2—顶板；3—裂缝

2. 原因分析

通过仔细的调查，这批柱的裂缝和损坏又普遍又严重，其主要原因是吊车肢柱头部分设计构造处理不当，作为柱头主要传力部件的加劲肋，设计得太短了，仅有肩梁高的2/5，见图6-4，加上吊车肢柱头腹板较薄（16mm），加劲肋下端又无封头板加强，使加劲肋下端腹板平面外刚度很低；其次是吊车梁轨道偏心约30mm，吊车行走时，随轮压偏心力变化，使加劲肋下端频繁摆动，见图6-4虚线所示。其他原因还有：加劲肋端是截面突变处，又是焊接点火或灭火处，应力集中严重，成为裂缝源；再加上吊车自重大（达3100kN），运行又特别繁重，产生裂缝后不断发展，导致柱头严重损坏。

3. 事故处理

将所有破柱"柱头"（图6-4中"A"部分）全部割除更换，更换时把顶板和垫板加厚，加劲肋加长。经过处理后使用7年左右，经多次检查，没有发现异常。

二、吊车梁裂缝

（一）实例一

1. 工程与事故概况

某钢厂均热炉车间为全钢结构，跨度32m，长180m，车间内设1/10t硬钩钳式吊车3台，吊车最大轮压314kN，吊车自重产生的轮压占90%。1990年投产后，吊车梁基本上处于满负荷工作状态，2006年发现21根梁中有16根5m跨实腹焊接工字截面吊车梁，其上翼缘与腹板连接焊缝处及腹板上部有纵向裂缝，裂缝最长1.32m，见图6-5。

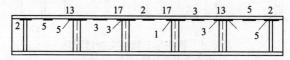

图6-5 吊车梁裂缝示意图
图中所注数字为该部位的裂缝处数。

发现裂缝后即对吊车梁进行全面的调查，结果是沿梁全长的上部普遍都有裂缝，跨中加劲肋处裂缝最多，上翼缘与腹板焊接处的裂缝基本上与梁平行，腹板裂缝与上翼缘相交2°~19°，轨道偏心引起的磨损严重，一侧磨损达20mm。

2. 事故原因

（1）吊车梁疲劳损伤严重。据统计吊车负荷运行次数每小时平均约20次，使用16年循环次数达200万次，上部区域局部荷载则达800万次。

(2) 吊车轨道偏心在梁内产生附加应力。

3. 事故处理

因吊车梁已无法修复，2007年全部更换新梁。

(二) 实例二

1. 工程与事故概况

某厂汽轮机车间为36m和30m并联等高两跨厂房，柱距12m，总长180m，屋架下弦标高19.2m，36m跨有20/100t和20/75t桥式吊车各1台，30m跨有20/75t和10/50t桥式吊车各1台，都采用实腹式吊车梁，其截面见图6-6。

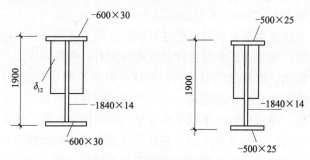

图6-6 吊车梁截面示意图

该车间2000年建成，2001年质量检查时发现吊车梁有许多裂纹，其分布在上、下翼缘最多，腹板处较少，加劲肋上没有裂纹。在上、下翼缘板与腹板、加劲板与梁翼或腹板之间的焊缝及附近均未发现裂纹。图6-7是有代表性的吊车梁裂纹示意图。裂纹都在表面，一般深1~2mm，大于3mm深的裂纹很少，裂纹宽一般均<0.07mm，纹长一般在200~300mm之间，最长的达600mm。

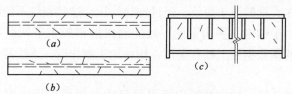

图6-7 吊车梁裂纹示意图
(a) 上翼缘；(b) 下翼缘；(c) 腹板

2. 事故调查与原因分析

因为吊车梁已全部安装完成，并涂上红丹，部分已油漆，给裂纹检查带来困难。但是考虑到裂纹数量多和分布范围广，以及使用后在动荷载作用下可能发展成裂缝，危及结构安全使用，因此把吊车梁全部吊下来，用碱水浸泡洗涤，除去油漆，用放大镜仔细寻找裂纹，再用超声波对完好部位进行抽查。经过3个月的检查，60根吊车梁中只有3根没有裂纹，其中有4根梁裂纹严重，不仅上、下翼缘各有10多条裂纹，而且腹板靠支座第一格还有不少不规则的细裂纹。裂纹深度用风枪披铲，深度计算测，大多数深为1~2mm，少量纹深达3mm。

首先找出可能造成裂纹的各种原因，然后逐项分析，消除无关的原因。通常造成钢材这种裂纹的原因有：钢材材质差、有害杂质含量高；焊接热应力与热影响区；温度影响如热脆或冷脆；构件运输安装过程中被撞击；构件使用中超载，引起过高应力或超疲劳等。而这批构件钢材杂质含量远低于国家标准的规定，环境温度正常，工程尚未使用，裂纹部位远离焊接热影响区，施工中未出事故，因此上述各种因素都不是裂纹的原因。最终怀疑钢材的生产工艺，故全面调查钢材冶炼、轧制和结构加工等各个环节。发现生产钢材时，片面追求速度，铸钢时，刚浇好的钢锭仅冷到400~500℃时就拆模，随后未经检查与清理，即送去升温轧钢，轧制的钢板温度还在300℃以上时，就送去结构加工厂下料制作。当时就发现钢板冷到50℃左右时，已有不少微裂纹，但未作任何分析处理，依然拼装焊接成吊车梁出厂安装。因此这起吊车梁裂纹事故的主要原因，是由于钢锭温差过大，导致钢材表面存在大量的微小裂纹，经过加热轧压，这些裂纹不能闭合消失；又由于钢锭是多边形的，故轧制出的钢板上下两面都有裂纹，有的整张钢板上都有裂纹，构件加工制作时，无法避开这些裂纹。

此外，梁上的加劲板均系另外采购的钢板，检查钢吊车梁时，都未发现有裂纹。

3. 事故处理简介

梁上出现的这些裂纹，使用后可能危及结构安全，如全部报废，又因数量较大（500t），故未采用。考虑到裂纹不是钢材材质不合格，不是钢材内在的质量问题，又不是焊接热应力造成的裂纹，因此确定尽量利用原梁，并作适当处理。处理的原则是先通过设计验算，确认梁上、下翼缘板厚度局部减薄1mm不会影响正常使用。因此，对深度小于1mm的裂纹用小圆头风铲局部铲除，不作补强；对深度>1mm的裂纹，先铲后补强，补强采用韧性好的小直径低氢焊条，将局部铲薄处用焊缝补厚；为确保安全，在有裂纹吊车梁下翼缘，加焊一条长9m、宽200m、厚20mm的加强钢板，见图6-8。

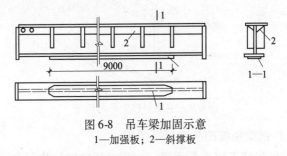

图 6-8 吊车梁加固示意
1—加强板；2—斜撑板

对3根腹板有不规则龟裂的梁，除了翼缘板采用上述原则处理外，还在上翼缘和腹板间增设斜撑板。见图6-8。

第五节 钢结构构件变形或尺寸偏差过大

一、钢构件焊接变形

钢结构加工制作时，焊接变形过大的缺陷经常发生，除了加工工艺上事先采取预防措施外，对出现的过大的焊接变形通常采用氧化焰加热，有的还辅以外力矫正处理。下面介绍两个简单的实例。

（一）实腹工字梁的焊接变形及处理

某工程主梁为 24m 跨焊接钢板梁，制作时因上翼缘预弯量不足，导致焊接后上翼缘钢板弯折；下翼缘因拼装不正确和焊接应力引起下翼缘与腹板相交时不垂直，见图 6-9。

处理方法：用氧化焰线状加热上翼缘外侧，加热线与焊缝部位对应，加热深度为板厚 $\frac{1}{2} \sim \frac{2}{3}$。再用火焰线状加热下翼缘与腹板钝角一侧的焊缝上部的梁腹板，经过数遍线状加热后，变形逐步纠正，见图 6-9。

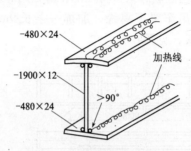

图 6-9 主梁焊接变形与矫正

（二）钢梁腹板凹凸变形及矫正

某钢板焊接工字形截面梁，在焊接横向加劲肋和水平节点板后，梁腹板出现凹凸变形，见图 6-10。

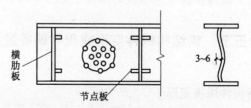

图 6-10 梁腹板凹凸变形与矫正

处理方法：用中性火焰缓慢地点状加热腹板凸面，加热点直径一般 50~80mm，加热深度同腹板厚度，然后对残留的不平处，垫以平锤击打矫正。

二、钢结构安装变形事故

1. 工程与事故概况

某单层厂房跨度 36mm，柱距 6m，钢屋架安装完成后，发现有两榀屋架上弦中点倾斜度分别为 57mm 和 36mm，下弦中点分别弯曲 23mm 和 7mm，倾斜度超过《钢结构工程施工质量验收规范》（GB 50205—2001）中允许偏差≤$h/250$（2800/250 = 11.2mm）且不大于 15mm 的要求。

2. 原因分析

（1）屋架侧向刚度差，在焊接支撑时发生了变形，没有及时检查纠正；

（2）屋架制作时就存在弯曲。

3. 处理措施

（1）减小上弦平面外的支点间距。在无大型屋面板的天窗部位，将原设计的剪刀撑改为米字形支撑，使支点间距由 6m 减小为 3m，提高承载能力。

（2）屋架上弦原设计水平拉杆为 L75×6，改为双角钢 2L90×6，使其可承受压力。

（3）将屋面板各点焊缝加强，以增大屋面刚度，使其能起上弦支撑的作用，处理情况见图 6-11。

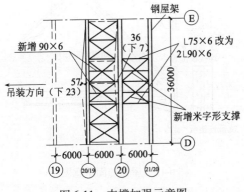

图 6-11 支撑加强示意图

三、钢屋架尺寸偏差过大事故

1. 工程与事故概况

某单层厂房有钢屋架118榀,其中有5榀屋架超长,因柱已最后固定,造成屋架无法安装。经检查超长尺寸一般为20~40mm,最长达80mm。

2. 原因分析

(1) 下弦端头连接板与接头未顶紧,存在5~10mm间隙。

(2) 两半屋架拼接时,长度控制不严,存在较大的正偏差。

(3) 钢柱安装存在向跨内倾斜的竖向偏差(允许偏差为$H/1000 = 18300/1000 = 18.3$mm),有的实际偏差达30mm。

3. 处理措施

屋架超长值≤30mm时,将一端切除20~25mm,重新焊接端头支承板,并将焊缝加厚2mm;超长值>30mm时,两端切除重焊连接板。由于连接板内移,造成下弦及腹杆轴线偏出支承连接板外,使屋架端头杆件内力增大。因此,对端节间的斜腹杆需要加固,在一侧焊楔形角钢或钢板,使轴线交点在屋架端头支承连接板处,见图6-12。

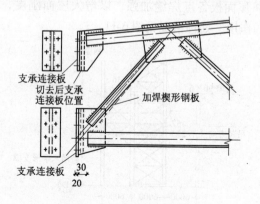

图6-12 屋架加固示意图

第六节 钢结构倒塌

一、单层厂房屋盖倒塌

(一)施工顺序错误造成屋盖局部倒塌

1. 工程与事故概况

原苏联某钢厂冷轧车间局部平面与剖面见图6-13。

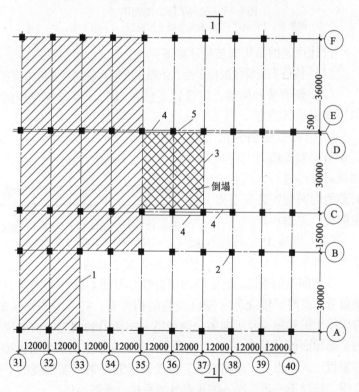

图6-13 车间平面、剖面图(一)
1—钢屋架;2—钢柱;3—钢筋混凝土屋面板;
4—吊车梁;5—支撑

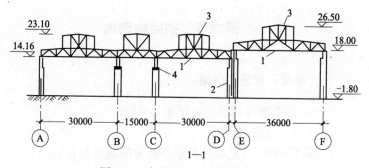

图 6-13 车间平面、剖面图（二）
1—钢屋架；2—钢柱；3—钢筋混凝土屋面板；4—吊车梁；5—支撑

设计规定的结构安装顺序如下：

（1）构件安装阶段的稳定性，依靠永久性和临时性支撑来保证。

（2）新安装的屋架，应设置足够数量的、且布置合理的缆风绳来保证其稳定。

（3）大型屋面板的安装应先从屋架支座向天窗脚方向两侧对称地进行，然后从屋脊对称地向两侧安装天窗架上的屋面板，见图6-14。

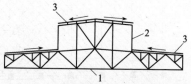

图 6-14 大型屋面板安装顺序示意图
1—屋架；2—天窗架；3—大型屋面板

（4）当屋架上的屋面板全部安装完成并焊接好后，方可安装天窗上的构件。

该车间临倒塌前，已安装的屋盖部分见图6-13中画有阴影线的部分。此时，轴线㉟~㊲已安装的构件有：ⓒ~Ⓓ跨㉟、㊱、㊲轴线上的钢屋架及天窗架，轴线㉟~㊱由Ⓓ轴线至天窗架顶上的全部屋面板（只差一块），轴线㊱~㊲天窗架上全部屋面板和天窗侧板，天窗边上一块屋面板，以及轴线Ⓓ外㉟~㊱轴线的下弦支撑，轴线㉟~㊱、㊱~㊲屋脊外的系杆，见图6-15。

局部倒塌情况：安装完轴线㉟~㊲间ⓒ~Ⓓ跨的天窗架上屋面板后，㊱、㊲轴线上的ⓒ~Ⓓ跨两榀30m钢屋架、天窗架和23块1.5m×12m的大型屋面板突然一起塌落。

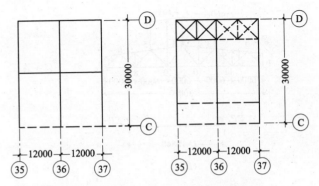

图 6-15 轴线㉟~㊲、ⓒ~Ⓓ跨安装情况
(a) 屋架上弦支撑；(b) 屋架下弦支撑
(图中虚线表示设计规定的支撑杆件；实线表示已安装的支撑杆件)

2. 原因分析

工地施工组织不完善，在基坑未及时回填，Ⓐ~Ⓑ跨内塔式起重机无法安装使用的条件下，仓促吊装ⓒ~Ⓓ跨的屋盖，因此造成无法及时安装天窗架下到ⓒ轴线这区间的屋面板，违反了设计规定的安装顺序。此外，㊱~㊲轴线间屋面板的吊装工作，是先安装天窗架上的屋面板，后安装屋架上的屋面板，违反了安装的顺序。同时，又没有安装必要的临时支撑，致使屋架平面外的上弦杆计算长度明显加大。

屋架倒塌后，施工单位根据屋架的实际荷载和支撑情况，对屋架的上弦平面外稳定问题进行了验算，所用假定和计算简图见图 6-16。在左边屋面板未安装前，1、2、3、4 这段压杆的平面外稳定性验算，只有 1、4 节点为固定支点。上弦截面为 2-L 200×20，屋架平面外的惯性半径为 8.42cm，上弦平面外的计算长度为 1684cm，则上弦的长细比为：

$$\lambda = \frac{1684}{8.42} = 200$$

已超过规范规定的 150；另计算上弦杆的实际应力，其结果超出极限（临界）应力一倍左右。因此上弦杆平面外失稳是事

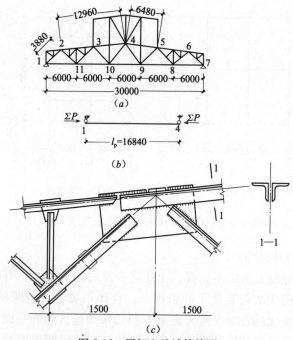

图 6-16 屋架上弦计算简图
(a) 屋架轴线图；(b) 1~4 杆件计算简图；(c) 节点 2

故的主要原因。

3. 处理措施

（1）重新研究确定结构安装的顺序和工艺，以确保施工阶段结构的稳定性；

（2）检查已安装部分的屋架、支撑等构件的质量；

（3）纠正违反设计规定的错误做法；

（4）检查已倒塌的屋架，并作试验检定后，再确定可否利用。

（二）杆件材料用错造成屋盖倒塌

1. 工程与事故概况

某锻压车间系 5 跨 27m、柱距 6m 的全钢结构厂房、钢屋架上放置钢筋混凝土屋面板。在厂房设备已安装完成，但尚未使用前，发生 7 榀屋架与屋面板等倒塌，倒塌面积约 $1200m^2$。事故部位局部平面示意见图 6-17。

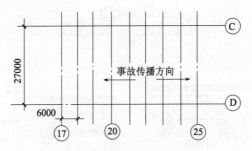

图 6-17 倒塌区局部平面示意图

2. 事故调查与原因分析

事故发生前几分钟曾有金属断裂声,接着㉑到㉓轴线屋架首先倒塌,然后向两边发展,共有 7 榀屋架倒塌。检查倒塌的屋架时发现,有的节点焊接有漏焊或焊缝有气孔,因而怀疑屋架的倒塌是由于支座节点焊接质量不合格,支座处的 1 条焊缝被剪断而造成。但是在进一步的检查中,又发现除了 3 块支座板外,其他焊接焊缝没有完全断裂,而屋架杆件的断裂(包括局部)都出现在母材上,说明屋架的焊接连接是有足够强度和塑性的。对屋面上的各层材料和积雪重量进行实测,其结果与设计荷载相符合,因此证明不是超载原因造成倒塌。检查中还发现,有 3 榀屋架的第二节间受压斜杆弯曲矢高达 100~200mm,同时又发现该压杆是由 2∟75×6 的角钢组成,而原设计中该斜杆应为 2∟90×8。查对施工图可见同一节点的两根斜杆长度相同,均为 2900mm,但因受力性质相反,一根受压,另一根受拉,制作时把两根杆件用错,由压杆失稳破坏导致屋架破坏倒塌,见图 6-18。检查 32 榀屋架中共有 38 根腹杆被改小了。

斜杆用错的后果可用下面简单的验算证明。

该节点压杆的计算内力为 297kN,实际使用 2∟75×6,截面积 $=2\times8.8=17.6\text{cm}^2$,两根角钢组成截面的回转半径 $i=2.31\text{cm}$,则

$$\lambda = \frac{l_0}{i} = \frac{2900\times0.8}{23.1} = 100.4$$

399

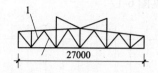
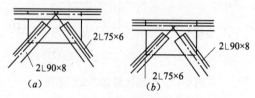

图 6-18 节间斜杆错用示意图
（a）设计图；（b）制造结果

查设计规范表 $\varphi=0.533$。压杆内的实际应力为 σ

$$\sigma=\frac{N}{\varphi A}=\frac{297\times10^3}{0.553\times17.6\times10^2}=305.2\text{N}/\text{mm}^2$$

已超过设计值 $215\text{N}/\text{mm}^2$，超过值已达 42%。

若按原设计截面 $2\text{L}90\times8$ 验算：

$$A=27.88\text{cm}^2；i=2.76\text{cm}$$

$$\lambda=\frac{2900\times0.8}{27.6}=84 \quad \text{查规范表}\ \varphi=0.661\ \text{压杆内的实际应力}\ \sigma$$

$$\sigma=\frac{297\times10^3}{0.661\times27.88\times10^2}=161\text{N}/\text{mm}^2<215\text{N}/\text{mm}^2$$

因此原设计是安全的。

3. 事故处理简介

对已倒塌的屋架要整形恢复，更换压杆。对于没有塌落尚可使用的屋架，对受压腹杆及节点进行补强处理。

（三）乱改设计造成屋架倒塌

1. 工程与事故概况

某机器厂装配焊接车间为两跨 36m，长 198m 的单层厂房，柱轴线间距 6m，但是大多数柱距为 12m，屋架下弦标高为 22.7m，每跨设有 12m 宽的 M 形天窗，屋面板为 $6\text{m}\times1.5\text{m}$ 的大型屋面板。车间平面、剖面示意见图 6-19。

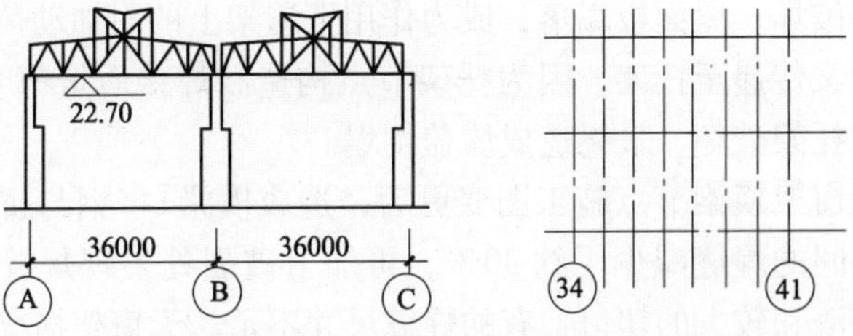

图 6-19 车间平面、剖面示意图

原规定的屋盖安装方向是从⑧轴线向㊶轴线进行。因两台起重机不能同时进场，只有用 1 台起重机安装，安装方向改成相反方向进行。为了保证天窗安装过程中的稳定，沿㊴和㊵轴线装了 4 根临时拉索。事故发生的那天正在进行㊱～㉟轴线上的大型屋面板安装，当天窗上安装最后一块屋面板时，发生屋盖局部倒塌事故，共计倒塌 7 榀屋架、4 榀托架和 47 块屋面板。倒塌物形成两堆，间距 6m，第一堆是轴线㉟～㊲屋架和天窗架，向轴线㊳倾斜；第二堆是轴线㊳～㊶屋架和天窗架，向轴线㊴倾斜。全部大型屋面板已破碎。

2. 事故调查与原因分析

首先检查钢材材质，未发现问题；又检查桁架杆件，无失稳现象；还检查了施工用临时拉索，完好无问题。检查中发现㊳轴线的天窗架横梁相连的节点拉脱，见图 6-20。

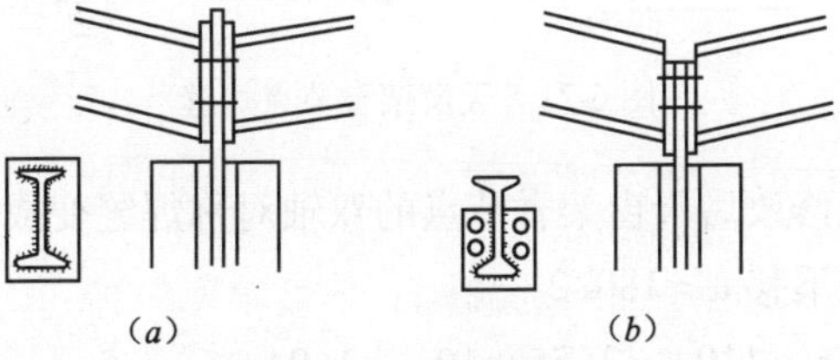

图 6-20 天窗横梁节点

(*a*) 原设计节点；(*b*) 施工图改的节点

横梁节点破坏后，横梁成了悬臂失去平衡，横梁上屋面板沿着下垂的悬臂横梁下滑，由此产生的剪切力使屋面板与天窗架之间焊接破坏，屋面板塌落，成为作用下屋架上的附加动荷载，这个荷载又传递至托架，因为托架节点构造和焊接质量都有问题，而导致托架破坏，最终造成屋盖倒塌。

天窗架横梁节点施工图变更后，造成横梁I字钢与拼接的法兰板之间的焊缝减少了约30%，再加上破裂处发现焊缝中有气孔、夹渣和较大的切口，有的焊缝尺寸不足。天窗架横梁脊节点焊接强度的验算如下。

天窗架上弦（横梁）的计算内力为203.6kN，原设计（见图6-20a）的焊缝厚度为6mm，双轴对称，焊缝总长度约为650mm，其承载力为N^w：

$$N^w = 0.7h_f \cdot l_w \cdot f_t^w = 0.7 \times 6 \times 650 \times 160$$
$$= 436800N > 203.6kN$$

由此可见原设计节点连接是正确的。

施工修改后的节点，一方面焊缝长度减少，另一方面受力产生偏心，因而其承载力显著下降。修改后节点焊缝计算见图6-21。

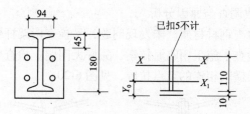

图6-21 天窗架脊节点焊缝

施工图修改后天窗架脊节点的双轴对称焊缝变成单轴对称焊缝，水平轴下移 $a = 180/2 - y_0$。

$$y_0 = \frac{(6 \times 110) \times 2(55+10) + 2(94 \times 6) \times 5}{2(6 \times 110) + 2(94 \times 6)} = 37.4mm$$

$$a = 90 - 37.4 = 52.6mm$$

略去不计翼缘焊缝对本身轴的惯性矩，则焊缝的惯性矩为：

$$I_{fx} = 0.7 \times 2 \times \left(\frac{1}{12} \times 6 \times 110^3 + 94 \times 6 \times 115^2\right) = 11374160 \text{mm}^4$$

焊缝受偏心力203.6kN，弯矩为（上弦倾斜较小，不计倾斜的影响）：

$$203.6 \times 5.26 = 1070 \text{kN} \cdot \text{cm}$$

焊缝承受的最大应力为：

$$= \frac{N}{0.7 \times h_f \times \sum l_w} + \frac{M}{W_f}$$

$$= \frac{203600}{0.7 \times 6 \times 2(110 + 94)}$$

$$+ \frac{1070 \times 10^4 (120 - 37.4)}{11374160}$$

$$= 196.5 \text{N/mm}^2 > f_t^w = 160 \text{N/mm}^2$$

由此可见实际应力已明显超出规定值。

除了天窗脊节点因乱改设计造成节点焊接拉脱外，托架下弦的中间节点也因施工中任意修改而留下严重隐患，见图6-22。

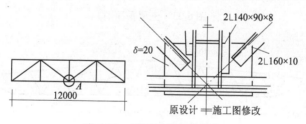

图6-22 托架下弦中间节点

从图6-22中可见，因施工修改造成托架斜杆角钢端部距离加大，与节点板焊缝长度减少了60%，计算承载力从1080kN降低为400kN，再加上实际焊缝尺寸不足等缺陷，连接实际承载力仅300kN多一点。但是验算出事故时的斜杆内力仅约200kN左右，故在静载下托架是不可能破坏的。因此认为屋面板下落的动荷载是造成托架节点破坏的重要原因。

3. 事故处理

基于事故的主要原因是焊接连接的强度不足，因此采用加大焊缝高度重新焊接，保证连接强度。经计算天窗脊节点出事故的焊缝原设计厚6mm，需要加到10mm，方可满足要求。需要注意的是，这种焊接加固需要在结构卸荷的条件下进行，以确保安全。

二、多层厂房屋盖倒塌

1. 工程与事故概况

河北省某车间为3层砖混结构，长62.77m，宽14m，檐口标高15.1m，层高4.7～5.5m，建筑面积2760m²，3层平面示意图6-23。屋盖采用14m跨度的梭形轻钢屋架，见图6-24，上面安装槽形板、屋面保温层、找平层和卷材防水层。

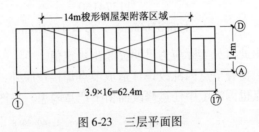

图6-23 三层平面图

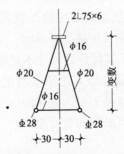

图6-24 原设计轻钢屋架示意图

此工程于2003年5月开工，2004年4月23日屋面做完找平层后，发生了11榀钢层架坠落，屋面坍塌，部分窗间墙随同倒塌，1、2层部分楼板与梁被砸坏，3层南侧窗间墙④~⑤轴线的砖墙垛与混凝土构造柱在窗台处被折断，未坠落的钢屋架也产生了严重变形。由于北面窗间墙比南面的宽30cm，且上部有圈梁，所以北墙未倒塌，⑮~⑰轴墙及东、西山墙未倒塌。钢屋架坠落前，正在2层和屋顶上操作的工人发现险情，立即撤离现场，因而无人员伤亡。

2. 原因分析

经检查1、2层未发现墙体裂缝，基础无明显的不均匀沉降，估计是屋架承载能力不足而倒塌。实测钢屋架的尺寸和用料情况，并作结构验算后，发现了以下两方面的问题。

（1）设计问题。《钢结构设计规范》（GB 50007—2003）规定，屋架受压构件的长细比不大于150。图6-24中屋架主要压杆的长细比都超过了150，如端斜杆已达176，中部斜杆已达275。

（2）施工问题。施工单位擅自修改设计，实际施工的钢屋架尺寸与用料情况见图6-25。

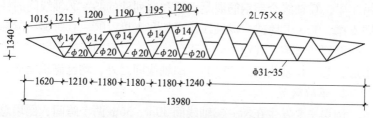

图6-25 实际施工的钢屋架示意图

由于屋架端部腹杆由$\phi25$减小为$\phi20$，使杆件截面积减少36%，杆件内应力超过容许应力一倍以上。此外，施工中还将钢屋架腹杆箍筋$\phi16$改为$\phi14$，最终导致端腹杆失稳，屋架严重变形而倒塌。

三、主厂房倒塌事故

1. 工程概况

原苏联某选矿厂主厂房第三期工程全长 113.5m，共 5 跨，各跨的跨度分别为 15、24、7.5、30 和 36m，见图 6-26。

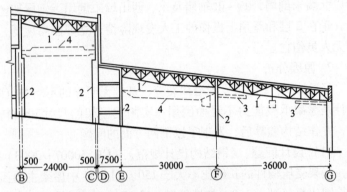

图 6-26 主厂房剖面图
1—钢屋架；2—钢柱；3—梁式吊车；4—桥式吊车

发生事故前，结构安装已完成的部分有：Ⓔ、Ⓕ轴线的柱与吊车梁，Ⓖ轴线全部钢筋混凝土柱和这列柱的㊺~㊻轴线间的柱间支撑，Ⓔ~Ⓕ跨㊳~㊼轴线的屋架和支撑，Ⓕ~Ⓖ跨㊳~㊼轴线的屋架和支撑。其他土建工程已完的有：屋面保温层和油毡防水层，Ⓔ、Ⓖ轴线间砖墙除㊾~㊼轴线间之外，均已砌筑完成。

2. 事故概况

倒塌主要发生在㊳~㊼轴线间 30m、36m 两个跨间，倒塌总面积为 $66 \times 84 = 5544 m^2$。此外在Ⓔ~Ⓕ跨㊹~㊻轴线间倒塌了屋盖和楼盖。该区域内的全部屋架和屋盖构件，轴线Ⓕ的全部钢柱，轴线㊹~㊼间Ⓖ列的两根钢筋混凝土柱均倒塌，部分墙体向建筑物外倒塌；Ⓔ~Ⓕ跨的两根屋盖梁和㊹~㊻轴线间的大梁和楼板，以及此轴线间的砖墙也倒塌，Ⓖ轴线的其余柱和墙倾斜了 30~50cm。

3. 原因分析

原苏联国家建委组织检查了该厂房的全部设计和施工情况，重点检查了屋架的设计，发现的主要问题有：

（1）设计计算简图在Ⓔ、Ⓕ、Ⓖ各柱顶处为铰接，实际上Ⓕ轴线屋架的连接，以及屋架与Ⓔ列柱的连接都为刚性的焊接。

（2）屋架支承板未按技术设计的要求焊接在Ⓕ柱列的柱顶上。

（3）屋面板与屋架上弦杆的连接，没有按规范要求进行三点焊接。

（4）Ⓕ柱列的纵向支撑与柱间的部分横杆没有及时安装。

（5）Ⓕ柱列的柱在尚未浇筑柱脚前，已施工屋面保温层和油毡防水层。

（6）地脚螺栓严重偏位，平均偏差 60~70mm，最大达 100mm。

综上所述，事故主要原因有以下四方面：

（1）设计错误。如屋架支座构造错误，造成铰支座的屋架计算简图变成了超静定体系等；

（2）没有认真按图施工。如屋面板未按规定焊接，屋架支承板没有与Ⓕ轴柱顶焊接等；

（3）施工顺序错误。如支撑没有及时安装，柱未及时进行最后的固定等；

（4）施工质量差。如地脚螺栓严重偏位，构件间的焊接质量差等。

4. 处理措施

（1）设计单位重新审查钢结构的技术设计，并提供倒塌部分的修复设计。

（2）对完工的结构构件，详细检查连接质量，并消除隐患。对已使用的主厂房部分作仔细检查，并作出结论。

四、某展览厅网架屋盖倒塌

（1）工程及事故概况

深圳国际展览中心由展厅、会议中心和一座 16 层的酒店组成。其中展厅面积7200m², 由5个展厅组成（图6-27），其屋面采用螺栓球节点网架结构，由德国的几家公司联合设计，并由 MERO 公司设计、制造网架结构的所有零部件。整个展厅于1989年5月建成，同年6月1日投入使用。

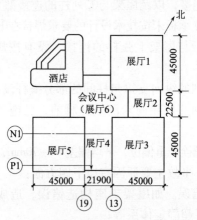

图 6-27 展厅 4 平面位置

1992年9月6~7日，深圳地区受9515号台风影响，普降大暴雨，总降雨量为130.44mm，尤其是7日早晨5~6时，降雨量达60mm/h。上午7时左右4号展厅网架倒塌。经现场调查发现，网架 Ⓝ1 ~ Ⓟ1 轴全部塌落，东边屋面构件大面积散落于地面，其余部分虽仍支承于柱上，但可发现纵向下弦杆及部分腹杆压屈。倒塌现场发现大量的高强螺栓被拉断或折断，大量的套筒因受弯而呈屈服现象。从可观察到的杆件上没有发现杆件拉断及明显的颈缩现象，也未发现杆件与锥头焊缝拉开。Ⓟ1 ~ ⑲轴支座附近斜腹杆被压屈，且该支座的支承柱向东有较大的倾斜。

4号展厅网架平面尺寸为21.9m×27.7m，网架结构形式为正放四角锥螺栓球节点网架，网格为3.75m×3.75m，网架高度为1.8m。网架上铺复合保温板及防水卷材。网架由4柱支承。网架设计时考虑的荷载为：屋盖系统自重 1.25kN/m²，均布活载 1.0kN/m²。另外考虑了风荷载及 ±25℃ 的温度应力。屋面用小立柱以 1.5% 单向找坡。

（2）事故原因

4 号展厅除承担自身屋面雨水外，还要承担会议中心屋面溢流过来的雨水，而 4 号展厅屋面本身并未设置溢流口，且雨水斗泄水能力不够。4 号展厅建成后，曾多次发现积水现象，事故现场二个排水口表面均有堵塞。因此屋面雨水不能及时有效地排除，导致屋面积水，网架超载。

在原设计荷载下，网架结构承载力满足要求，且此时 ⑪轴支座反力大于 ⑰轴支座反力。如果考虑到 1.5% 的找坡及排水天沟的影响，按实际情况以三角形分布荷载及天沟的积水荷载进行结构分析，当屋面最深处积水达 35cm 时，⑰ ~ ⑬轴支座节点和 ⑰ ~ ⑲轴支座节点附近受压腹杆内力接近于压杆压屈的临界荷载，该处支座拉杆的拉力已超过高强螺栓 M27 的允许承载力，⑰轴支座反力大于 ⑪轴支座反力，力的分布与均布荷载相比已发生了变化。当屋面最深处积水达 45cm 时，上述二处支座的 $\phi88 \times 3.6$ 腹杆的压力已超过其压屈的临界荷载，该处的斜腹杆拉力已超过 M27 高强螺栓的极限承载力。因此当屋面有 35 ~ 45cm 积水时，该网架 ⑰轴支座反力远大于按原设计荷载时的反力值，支座附近的腹杆压屈，拉杆的高强螺栓超过其极限承载力被拉断，导致网架倒塌。但此时网架拉杆均仍在弹性范围内，因此高强螺栓的安全度低于杆件的安全度。计算分析得出的结论与现场的情况是吻合的。

（3）经验及教训

1）对于有积水可能的屋面，尤其是点支撑网架，活载（积水荷载）的分布应按实际情况考虑，简单地按均布荷载处理是欠妥的。

2）一定要注意网架上屋面排水系统的设计与维护，这在中国南方暴雨地区尤为重要。本工程的屋面排水设计存在着不合理之处。

3）高强螺栓一定要有足够的安全度。本工程中高强螺栓的低安全度是网架破坏的主要原因之一。

五、某仓库网架屋盖倒塌

（1）工程及事故概况

天津某仓库，平面尺寸为 48m×72m，屋盖采用了正放四角锥螺栓球节点网架，网格与高度均为 3.0m，支承在周边柱距 6m 的柱子上。

网架工程 2004 年 10 月 31 日竣工，11 月 3 日通过阶段验收，于 12 月 4 日突然全部坍塌。塌落时屋面的保温层及 CRC 板已全部施工完毕，找平屋正在施工，屋盖实际荷载估计达 $2.1kN/m^2$。

现场调查发现：除个别杆件外，网架连同 GRC 板全部塌落在地。因支座与柱顶预埋件为焊接，虽然支座已倾斜，但大部分没有坠落，并有部分上弦杆与腹杆与之相连，上弦跨中附近大直径压杆未出现压曲现象，下弦拉杆也未见被拉断。腹杆的损坏较普遍，杆件压曲，杆件与球的连接断裂，此外杆件与球连接部分的破坏随处可见，多数为螺栓弯曲。

（2）事故原因

该网架内力计算采用非规范推荐的简化计算方法，该简化计算方法所适用的支承条件与本工程不符，与精确计算法相比较，两种计算方法所得结果相差很大，个别杆件内力相差高达 200% 以上。按网架倒塌时的实际荷载计算，与支座相连的周圈 4 根腹杆应力达 $-559.6N/mm^2$，超过其实际临界力。这些杆件失稳压屈后，网架中其余杆件之间发生内力重分布，一些杆件内力增加很多，超过其承载力，最终导致网架由南至北全部坠落。

施工安装质量差也是造成网架整体塌落的原因。网架螺栓长度与封板厚度、套筒长度不匹配，导致螺栓可拧入深度不足；加工安装误差大，使螺栓与球出现假拧紧，网架坍塌前，支座上一腹杆松动，而该腹杆此时内力只有 56.0kN，远远小于该杆的高强螺栓的极限承载力，从现场发现了一些螺栓从螺孔中拔出的现象。另外，螺孔间夹角误差超标，使螺栓偏心受力，施工中支座处受拉腹杆断面受损，都使得网架安全储备降低，加速了网架的整体坍塌。

（3）经验教训

应根据网架类型合理地选择简化计算方法，一般应采用规范推荐的简化计算方法，同时设计人应对简化计算方法引起的网架杆件（特别是腹杆）内力误差有正确的、全面的认识。有条件时，应用精确方法计算结果设计网架，简化计算方法仅作初选网架杆件之用。

加强施工质量管理，严格按照规范施工，加强施工质量的监督，及时发现和纠正施工中的质量问题，防患于未然。

（4）事故处理

清除原有倒塌的网架，屋盖结构重新设计、安装、仍采用网架结构。

第七章 特种结构工程

特种结构工程包括烟囱、水池、水塔、深井、沉井、贮罐、贮仓等构筑物工程，这类结构工程常见的质量事故有裂缝、错位、偏差、变形以及倒塌等几类。

第一节 烟　　囱

一、烟囱裂缝

钢筋混凝土烟囱筒壁裂缝比较普遍，例如鞍钢曾调查了130个烟囱，都有程度不同的裂缝。烟囱常见裂缝有竖向和环向两种，以竖向裂缝居多。筒壁外表面的裂缝大多数出现在烟囱的上部。烟囱筒壁的裂缝通常是在混凝土浇筑后的一年内陆续产生，也有少数裂缝是在施工中出现的。裂缝的宽度、深度、长度变化很大。烟囱裂缝主要是由于温度差和混凝土收缩造成的。

（一）80m 烟囱裂缝

1. 工程与事故概况

四川省某厂一座钢筋混凝土烟囱，采用原电力部的通用设计图，其主要尺寸为：烟囱全高 80m，下口外径 9.94m，内径 9.24m；上口外径 6.4m，内径 5.28m；筒壁厚：标高 +5m 以下为 350mm，+5～+30m 为 200mm，+30～+75m 为 180mm，+75～+80m 为囱帽加厚段。

烟囱采用滑模施工，运输混凝土等用随升井架。滑模从 1975 年 6 月 3 日开始至同年 6 月 27 日结束。滑模施工期间有两次预定的停滑，位置在标高 +19.5m 及 +52.5m 处，其目的是清理内外钢模，保证上一段滑模的正常进行，清理时间每次为8~12h。滑模期间曾遇两次雷暴雨而被迫停滑。停滑处均按施工缝要求处理。因此烟囱滑模实用17d。内衬施工共用20d，然后用5d时间拆除滑模平台等施工设施。

混凝土采用矿渣水泥配制，加0.5‰糖密缓凝剂（红糖:生石灰:水=3:2:10拌合均匀，发酵5~7d后使用）。

滑模施工质量情况：烟囱几何尺寸符合设计要求，施工平台控制准确，囱身中心线最大偏差1cm（规范允许11cm），各种材料和混凝土强度等全部符合设计要求，施工质量被评为优良。

该烟囱1978年投产使用后，情况良好。1979年9月偶然发现囱身东、西两侧对称位置有竖向通长裂缝。1980年初组织检查，用经纬仪观测，东面纵向裂缝自标高+77m处往下延伸，全长约40m，宽约1.5mm，间有环向裂缝四处，长60~260mm不等；西面纵向裂缝自标高75m处往下延伸，全长约59m，宽1~2mm左右。裂缝处可见白色、灰白色或黄色析出物，说明裂缝已贯穿囱壁全厚。

2. 原因分析

（1）烟囱内衬在囱壁混凝土完成后开始砌筑，共用20d才完成，此时囱身下口没有封闭，囱身处于负压状态，因而空气流动速度较快（据日本资料介绍，一般情况下，当风速为16m/s时，蒸发速度为无风时的4倍），筒身内侧混凝土水分比外侧蒸发快，造成筒身内侧收缩大，外侧收缩小，当这种附加的收缩应力超过混凝土的抗拉强度时，在囱壁内侧可能产生竖向裂缝。又由于该工程施工时，根据滑模工艺的需要，将竖向钢筋内侧的环向钢筋改到外侧，而造成竖向裂缝更易扩展。

（2）高空风速大，容易引起囱壁外表面干缩裂缝，因此该烟囱的裂缝集中在上部。

（3）内外温差大。该烟囱的烟气温度为180℃，与气温的差值较大，也是引起竖向裂缝的一个原因。

（4）日照影响。裂缝出现在向阳面（南面）与背阴面（北面）交界处附近的东、西两侧，说明在日照影响下，南、北两面温度、收缩变形差，可能在这特定位置处出现裂缝。

（5）养护较差。囱身混凝土从滑模中脱模后，依靠滑模平台上装的喷水管浇水养护，在每天滑升速度 4~5m 的情况下，这种养护方法很难保证囱身表面始终保持湿润状态。此外，该烟囱混凝土中掺有缓凝剂，规范规定浇水养护日期不得少于 14d，但施工中却规定浇水养护 7d（实际有的还不到 7d）。这些因素导致了混凝土收缩（特别是早期收缩）加大。

（6）混凝土施工强度提高后的影响。施工中，将原设计的 200 号（C18）提高为 300 号（C28），按当地配合比分析，单位水泥用量将增加 70~100kg 左右，混凝土收缩将增加（0.4~0.5）$\times 10^{-4}$ 左右。同时又采用矿渣水泥（设计要求用普通水泥）拌制混凝土，这些因素均使混凝土收缩加大，从而导致囱壁裂缝。

3. 处理措施

基于当时的裂缝不会危及烟囱使用和安全，因此决定加强对裂缝变化情况的观测，并请设计单位提出处理意见（初步方案是增设钢箍加固）。

（二）100m 烟囱裂缝

1. 工程概况

武汉市某工程有两座高 100m 的钢筋混凝土烟囱，如图 7-1 所示。烟囱顶部外径为 3.5m，底部为 7.5m，壁厚顶部为 18cm，底部为 35cm，筒壁斜度为 2‰，烟囱各断面的尺寸情况见表7-1。筒壁混凝土设计强度为 C20。烟囱内衬在标高 +0~50m 是一层矿渣棉、一层矽藻土砖及一层耐火砖，在标高 +50~100m 为一层耐火砖及一层矿渣棉。烟囱内所有钢筋原设计为变形钢筋。

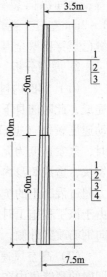

图 7-1 某烟囱构造示意图
1—钢筋混凝土烟囱壁；2—矿渣棉；3—耐火砖；4—矽藻土砖

烟囱筒壁尺寸表　　　　　表7-1

标高(m)	100	90	80	70	60	50	40	30	20	10	0
外径(m)	3.5	3.9	4.3	4.7	5.1	5.5	5.9	6.3	6.7	7.1	7.492
壁厚(cm)	18	18	18	19	20	22	24	26	28	30	35

2. 事故概况与分析

工程施工完成后，检查验收中发现以下3个问题：

（1）筒壁混凝土的实际强度仅达到设计值的70%~80%；

（2）用光圆钢筋代用了设计规定的变形钢筋；

（3）用高炉水渣代用内衬矿渣棉。

这些都将影响烟囱的强度和抗裂性。按照实际情况计算的裂缝宽度已大于规范规定的0.2mm，某些断面的强度也不足。这些都将影响烟囱的安全使用。

3. 处理措施

（1）为满足生产急需，对第一座烟囱再作进一步验算，其假定条件为：考虑混凝土后期强度的增长系数1.25，验算结果：标高50m以下囱身强度已足够，裂缝开展宽度，竖缝为0.288mm，水平缝为0.23mm；在标高50m以上，水平环筋强度不足。根据上述验算结果，决定用金属箍加固，箍与筒壁之间用膨胀水泥填充，如图7-2所示。水平裂缝计算宽度超过规范不多，且加固难度大，故暂不处理。

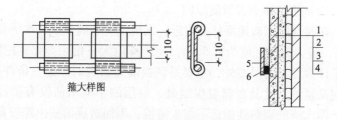

图7-2　烟囱用金属箍加固
1—筒壁；2—高炉水渣；3—矽藻土砖；4—耐火砖；
5—钢板箍（110mm×10mm@2.5m）；6—填膨胀水泥

(2) 对第二座烟囱,要求在内衬凿洞,挖出高炉水渣后,再回填矿渣棉。

4. 处理后的情况

经过上述方法处理的两座烟囱,使用后筒壁仍出现不同程度的裂缝。第二座烟囱底部的裂缝情况见图 7-3。

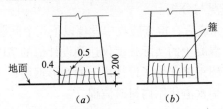

图 7-3 烟囱底部裂缝示意图
(图中 a、b 为烟囱底部前后方向的裂缝示意)

下面进一步分析这些裂缝产生的原因:

(1) 第一座烟囱裂缝原因

1) 烟囱隔热材料仍用高炉水渣,这种材料质量密度达 $985 kg/m^3$,隔热性能较差。

2) 钢板箍与筒壁之间接触不紧密。箍与筒壁之间填塞的是油毛毡而不是膨胀水泥,箍与筒壁共同作用较差,因此在钢板箍还未发挥全部作用前,筒壁已开裂。

3) 在第一层水渣中,隔热材料下沉,使筒壁内出现空隙,当温度局部升高,就导致了筒壁混凝土开裂。

(2) 第二座烟囱裂缝原因

在筒身底部即地坪标高附近,出现垂直裂缝多条及水平裂缝 1 条,最大裂缝宽度为 0.5mm,比计算值大一倍余。究其原因,除了计算理论的误差外,主要是调换隔热材料时,施工条件差,工期又紧迫,尤其在筒壁牛腿处,每层的下部水渣没有彻底掏净,而水渣的隔热性能远不如矿渣棉,因而造成筒壁出现较宽的裂缝。此外,投产时烟囱升温较快,烟囱内外温差较大,以及混凝土质量差,光圆钢筋的使用等都可能加剧裂缝的开展。

烟囱筒壁裂缝处理:

第一座烟囱已经加箍,不再处理。第二座烟囱仍采用钢板箍加固的方法。

二、烟囱倾斜

1. 工程概况

甘肃省某厂砖烟囱全高31.07m,C10毛石混凝土垫层,大放脚基础,埋深4.07m。基底用50mm厚、C10混凝土垫层,地基作1.5m的重锤夯实处理,烟囱总重4732kN,基底接触压力124.5kPa。烟囱建在Ⅲ级自重湿陷性黄土地基上,黄土厚11.67m,主要湿陷厚度7m。

2. 烟囱倾斜情况及原因分析

烟囱加热炉循环水管破裂和淬火用贮水箱损坏,使大量水流入烟道,并渗入烟囱地基,造成地基湿陷,如图7-4所示。

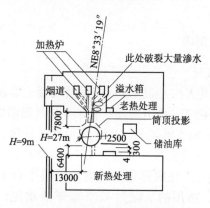

图7-4 砖烟囱倾斜原因示意图

当时观测烟囱倾斜107mm,由于地基湿陷不一,在不均匀应力作用下,烟囱基础差异沉降和倾斜明显增长,数月后烟囱又倾斜了170mm。矫正前烟囱向东北方向偏斜,水平位移达337mm。筒身轴线倾斜角为0°37′17″,整体下沉500mm,筒体在标高3m以下,砌体被严重拉裂和压酥,如图7-5所示。为此,在矫正前,对筒体作了适当的加固。

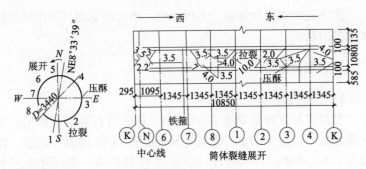

图 7-5 烟囱裂缝示意图

3. 处理方法

采用浸水加压法矫正烟囱倾斜。从 2003 年 5 月 17 日开始浸水,到 6 月 23 日结束,共 36d,浸水 78.6m^3,加荷 510kN。实测筒顶回位 309mm,检查筒身砌体、基础等一切均正常,使烟囱恢复正常。

三、烟囱倒塌

1. 工程概况

江苏省某电厂一座高 120m 的钢筋混凝土烟囱,采用无井架液压滑模方法施工,滑升时间在秋末冬初气温渐低的时候。滑模平台固定在 18 榀支承架上,共设了 30 台千斤顶,按1-2-2的方式循环布置,内外模板高度分别为 1.4 和 1.6m。为控制滑升时的烟囱位置、尺寸,在底部设激光射到滑模平台上进行测偏。11 月 18 日以后,所用的水泥为 42.5 级矿渣水泥,混凝土配合比为:水泥:砂:石 = 1:2.76:5.12,另加 0.5% JN 减水剂,2.5% ~ 5% 水玻璃早强剂,所用材料质量全部合格。11 月 23 日当混凝土浇至标高 67.50m 左右时,在无特殊异常气象条件下,发生了烟囱滑模平台整体高空倾覆坠落事故。

2. 事故经过

滑模倾覆坠落前,混凝土出模强度 >1.5kgf/cm^2(≈0.15N/mm^2),出模的筒壁混凝土有局部脱落,烟囱中心偏差 76.3mm,滑模平台扭转43.9cm，最后达230cm，支承杆倾斜10°54′35″。倾覆坠落时，烟囱壁内侧先塌落，后坍外侧，平台朝北略偏东方向倾翻坠落。坠落后检查可见：模板上下支承杆均有失稳弯折现象，约有4.55m高的囱壁坠落。测定残存口处混凝土强度>8kgf/cm^2（≈0.8N/mm^2）。

3. 原因分析

主要原因是支承杆失稳，滑升速度过快，气温较低，采取的技术措施不当，以及其他构造处理不当等。

(1) 支承杆失稳：主要是模板以下支承杆首先失稳而引起滑膜平台倒塌。

1) 由残存在烟囱筒壁和掉下的支承杆上可以看出，模板下段支承杆有失稳弯曲现象，如图7-6所示。滑升过程中，当整个模板下段支承杆都处于极限状态时，其中1根失稳就可能引起其他支承杆在模板上段或下段失稳。

2) 倾倒前几分钟可见筒壁混凝土脱落，而且越来越严重，最后导致整个平台突然倾倒。在滑升中只要控制出模强度在0.15N/mm^{2}以上，就足以保证混凝土能承受自重而不会脱落。因此只有支承杆失稳后，才可能使筒壁混凝土脱落。

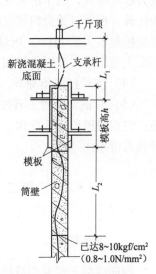

图7-6 支承杆失稳情况

3) 支承杆失稳首先从温度较低的北面开始，因为这些区域的混凝土强度增长缓慢。

4) 平台倾翻前夕都浇满了混凝土，当处于提升状态时，模板下段支承杆的计算长度不断增大，容易造成失稳。

(2) 滑升速度与混凝土强度增长不相适应。虽然滑升时的混凝土出模强度都已达到《液压滑升模板设计与施工规定》要求的 0.5~2.5kgf/cm² (≈0.05~0.25N/mm²)，由于气温较低，模板下混凝土强度增长较慢，因此不能对支承杆起到嵌固约束作用。从倾倒后的烟囱残存口可以看出，混凝土强度要在 7kgf/cm² (0.69N/mm²) 以上方能嵌固支承杆。更应注意的是，在气温较低时滑升，选用早强技术措施要慎重，掺水玻璃后的混凝土有假凝现象，干硬性混凝土初凝前本身有一定强度，这些都易造成对混凝土早期强度的误判。

（3）滑模平台的倾斜和扭转太大。这些对单根支承杆的承载力影响极大，由于滑模受力结构是空间体系，这种影响很难准确计算。根据有关资料建议平台倾斜应控制在 1% 以内，扭转值也应控制不大于 25cm。该烟囱平台扭转 43.9cm，最后达 230cm，都大大超出这些建议的控制值。

（4）支承杆绑条漏焊，严重影响承载力与稳定性。

（5）其他。平台上有过大的不均匀荷载，如 75kg 重的氧气瓶；目前滑模所用千斤顶，向上很易滑出，因此平台倾斜后，千斤顶易滑出而坠落。

第二节 水 池

一、水池裂缝

钢筋混凝土水池的裂缝，在同样条件下，矩形水池比圆形水池裂缝严重。曾经检查四川省多个 500~1000t 的清水池、冷却水池、污水处理池等，都发现了不同程度的裂缝。有的因裂缝太宽，造成漏水严重而无法使用。

造成钢筋混凝土水池裂缝的原因，除了因温度收缩引起的裂缝外，主要是当池内无水时，在底板下面或池壁外侧承受了过大的水或土压力的作用而产生裂缝；施工措施不当而造成裂缝等。

（一）水池池壁裂缝

1. 工程概况

四川省某厂有两个 1000t 圆形清水池。从施工至交工使用，没有发现明显问题。水池完成后 5 年，偶然发现这两个水池壁有很多裂缝，由于池壁表面涂刷沥青，裂缝处又有白色结晶，因此裂缝很明显，见图7-7。

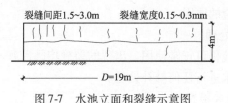

图 7-7　水池立面和裂缝示意图

2. 裂缝特征

（1）水平裂缝。两个水池都在池壁高度中部附近有一条接近水平线的裂缝，把池壁分成上、下两段；

（2）竖向裂缝。池壁上、下两段均有不少竖向裂缝，上半段较多，下半段较少，向阳面较多，背阴面较少。裂缝形状是中间宽、两端细，最大宽度约 0.25～0.3mm；

（3）裂缝表面状况。每条裂缝表面都有渗出物形成的白色结晶，质地较硬，据类似工程化验分析，白色结晶的主要成分是钙、铝等元素——水泥中的主要成分，这是裂缝自愈的一种现象；当剥去结晶物后，显出裂缝，池内的水缓慢地从缝中渗漏出来。

3. 裂缝原因

（1）温度收缩。该水池建在山坡上，在风吹、日晒影响下，混凝土池壁外表面收缩发展较快，产生拉应力，同时，当环境气温骤降时，池壁外表面也形成拉应力，这些温度收缩应力是造成竖向裂缝的重要原因。从裂缝分布情况看，上半段池壁裂缝多，向阳面裂缝多，也说明裂缝与日照、风等的影响有关。

（2）标准图使用不当。该工程所用的标准图规定，这种水池是地下式的（水池全部埋入土内），实际上该水池建在地上。由于这个改变，不仅造成混凝土池壁使用中直接受环境温、湿度变化的影响，而且池壁的受力状态也不同，水池贮水后池壁受拉，这种拉应力与温度收缩应力叠加造成了竖向裂缝。

（3）施工组织管理不善。每个池壁当混凝土浇筑一半左右，工人即休息用餐，由于停歇时间过长，又无其他适当措施，这就导致了池壁混凝土出现水平裂缝。这是两个水池都在中部附近有一道水平裂缝的原因。

4. 裂缝处理

由于水池仍可正常使用，出现的裂缝均已自愈，无明显渗漏现象，因此未进行任何修补处理。

（二）池底板裂缝

四川省某钢筋混凝土消防水池，土建工程完成后，由于地表水渗入底板与垫层间，形成水头压力，在池内无水的情况下发生水池底板严重上鼓，出现了不同程度的龟裂。

对这一事故采用以下处理方法：

（1）在池底适当位置打一通孔，沿池底面设置一根4in镀锌管，接至附近雨水窨井处，使底板下的渗水通过此管排入窨井中，达到消除底板下的水头压力之目的，见图7-8，孔口与管子之间必须用混凝土堵严，管子穿过池壁，与池壁之间的间隙用石棉水泥填塞紧密，再用水泥砂浆分层封严，防止渗漏水。

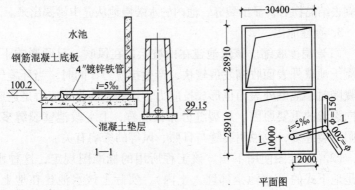

图 7-8 水池平面、剖面图

（2）底板裂缝用防水胶泥修补。

（3）做好水池附近的排水工作，以减少底板水头压力的形成。

二、水池上浮错位

1. 工程概况及事故原因

四川省某厂一个钢筋混凝土圆形搅拌池，内径 15m，池深 4.4m，混凝土浇筑后，未及时拆模进行回填土，暴雨后搅拌池浮起 1.8m，偏离了原设计位置。

2. 处理方法

（1）复位

在池外壁绕 4 根钢丝绳，分别按四个方向拴在锚桩上，然后用手动葫芦稳定搅拌池，开动两台水泵，使水池下沉复位。根据偏位情况，用手动葫芦收紧或放松拴在池壁上的钢丝绳，使水池回复到设计位置，并随时注意观测水池下沉是否均匀，防止水池承受附加应力而裂缝。若下沉不均匀时，可收紧或松动钢丝绳，使水池移动几次，随后再复位下沉。复位后与原设计坐标偏移值为 242mm 和 272mm，池顶倾斜，比原设计分别高出 226～343mm，池底四周用碎石捣实后将水抽干。为防暴雨时再浮起，在池底面距池壁 400mm 处的互成 90°直线上凿 4 个 $\phi 250$ 洞。

（2）固定

为填实池底空隙，在池底面距池壁 400mm 处等距离凿洞 10 个；在离中心为 2m 的周长上，凿洞 4 个，洞径均为 250mm，用水管向一洞灌水，其他洞用压缩空气搅成浑泥浆；然后用污水泵将泥浆从另一洞抽出。在池底变换相对位置，如此反复灌水及抽水，直到抽出的水基本清洁后，在洞内灌 C15 混凝土，并预埋压浆管，对可能不密实的部分，进行水泥压力灌浆。灌浆从池中心逐步向外进行，池外也留一定数量压浆管，先作排气管，最后用它压浆密封。

为防止水池再浮起，在池壁外按图 7-9 所示，增设钢筋混凝土配重。

(3) 找平

池壁以最高处为准,用同强度混凝土找平,并注意新旧混凝土结合部分的处理。

(4) 复位后存在的问题及处理

池底冲洗干净后,发现底板有辐射状及环状裂缝,尤以中部较严重,多数裂缝未见渗漏,局部裂缝及部分灌浆孔洞有少量渗水现象。由于在潮湿状态下,搅拌池的防腐层无法施工,故决定增设钢筋混凝土内套(工艺设计同意池容积减少 90m³)。具体作法是:①将池底、池壁清洗干净后,在较大裂缝处刷一道酮亚胺环氧涂料,再贴一布两涂的环氧玻璃钢;②在底板上铺设二毡三油防水层;③浇筑钢筋混凝土内套,板厚 40cm,壁厚 15cm,高 2.45m;④在内套面层刷酮亚胺环氧涂料一道,再按原设计施工防腐工程。

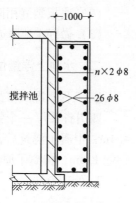

图 7-9 搅拌池配重

(5) 池周地面处理

将搅拌池四周的素土地面进行夯实,铺 3~5cm 厚砂子找平,上浇 10cm 的 C15 混凝土,并按 1% 找坡,坡度排向临近道路的水沟。

因本工程为国外引进项目,设配重方案为工地上法商代表提出的。我方技术人员认为如不设配重,搅拌池复位后,池壁周围立即进行回填土工作,并铺设排水管,降低池周围的水位,也可解决此问题,并可避免池底板裂缝。

三、水池垮塌

1. 工程与事故概况

山西省某地一座清水池贮水量为 3000t,平面为方形,尺寸为 26.5m×26.5m×5m。该水池采用钢筋混凝土整板基础,壁板、柱和顶板均为预制,板缝用 C25 混凝土填实,池壁四角采用「形钢筋混凝土现浇板。池顶预制板安装后，浇筑叠合层的现浇板。在壁板上端有一道 15cm×23cm 的钢筋混凝土圈梁。

水池建成后，于8月25日由施工单位向池内灌水作渗漏试验，8月29日当水位上升至 4.3m 左右时（设计最高水位为 4.8m），水池南壁中部的 13 块预制壁板突然整体倒塌，并冲垮附近 40 多米长的围墙。

根据现场检查，水池南壁共有预制板 16 块，倒塌的是第 2~14 块，东端的第 1、2 块板间的连接处拉断，西端第 14、15 块板间的连接处横向钢筋弯钩几乎被拉直，壁板下部从杯口拔出，局部杯口破坏。在倒塌的预制壁板中，第 2~6 块和第 12~14 块板的顶端没有残留圈梁痕迹，而第 7~11 块板的顶端，却留有高 11~15cm、呈斜拉破坏的圈梁。在北段处，顶板二次叠合层伸入圈梁的钢筋全部被拔出。

2. 原因分析

经有关单位现场调查，倒塌首先从壁板上部节点破坏开始。而上部节点是套用外地图纸，未经验算而作了修改。原设计假定池顶板与池壁连接点为铰接，为承受水平剪力，设置了足够的抗剪钢筋，不仅壁板顶端留出了钢筋，而且把吊钩钢筋也作为抗剪钢筋，因此原设计的配筋，无论在强度上或构造上均能满足要求。但该工程设计单位对原图设计意图不清楚，没有向施工单位提出吊钩钢筋不能切除，应埋入混凝土中的要求，致使施工单位在壁板吊装后，切除了吊钩，从而明显地削弱了壁板顶端的抗剪能力。水池贮水后，由于上部节点薄弱而首先破坏，造成了这次事故。

第三节 贮仓、贮罐

一、贮油罐裂缝

1. 工程概况

辽宁省某地有 4 座 1 万 m³ 圆形地下贮油罐,其直径为 48m,高 6.6m,上部覆土 0.3m。贮罐底板厚 15cm,混凝土强度为 C20,内掺三氯化铁防止渗油。底板下为 8cm 厚 C10 素混凝土垫层。油罐壁用砖砌筑,罐顶为现浇梁板结构,支承在 49 根钢筋混凝土柱上,如图 7-10 所示。

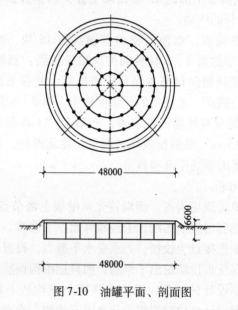

图 7-10 油罐平面、剖面图

混凝土原材料:水泥为 32.5 级普通水泥,粗骨料粒径 2~4cm,2 号罐用的是花岗岩碎石,3 号罐为卵石,细骨料为中砂,木浆废液浓度为 50%,三氯化铁浓度为 40%~50%。

混凝土配合比:2 号罐为水泥:砂:碎石:三氯化铁:木浆液 = 1:2.41:3.68:0.012:0.0015,水灰比 0.48,水泥用量为 330kg/m³;3 号罐配合比为 1:2.01:3.74:0.012:0.0015,其他同 2 号罐。混凝土坍落度 3~5cm。

该工程施工时,底板混凝土的浇筑为连续作业,浇完混凝土后,及时灌水养护。施工时的最高气温为 29℃ 左右。

2. 裂缝情况

底板分别在混凝土浇完后的第 56d 和 58d 出现裂缝，裂缝稳定后的形状如图 7-11 所示。

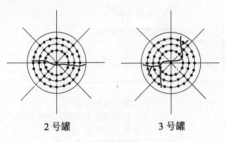

图 7-11 底板裂缝示意图

从图 7-11 中可以看出，裂缝从中间柱边或中间柱下通过，向罐边延伸。初期两座罐都只有一条绕过中间柱下部的直线形裂缝，宽度约 0.5mm，沿径向延伸约 0.5mm，沿径向延伸约 15m 消失，总长约 30m。3 号罐还有一条绕过柱下部向罐边延伸的裂缝，宽约 0.3mm。观测一周后，裂缝渐趋稳定，其端点离罐边 5m 左右，裂缝形状上宽下窄，已贯穿整个底板。

3. 裂缝原因

从裂缝的出现、扩展以及施工条件分析，主要是因温度收缩变形而造成的。

（1）2、3 号油罐施工时气温为 29℃ 左右，底板的最低温度约为 0℃，这样大的温差是造成底板开裂的主要原因。而另两座油罐底板施工时的最低气温已接近 0℃，冬季又采取了保温措施，温差较小，而且温度变化缓慢，所以这两座油罐的底板未出现裂缝。

（2）贮油罐底板是大面积薄板，温度应力出现早，其值也较大，而且比较均匀，因此易形成较宽的贯穿性裂缝。

（3）掺入三氯化铁后，混凝土的收缩值加大。试验证明，掺入 1% 固体三氯化铁后，比标准稠度的硅酸盐水泥砂浆的干缩值增大 67%。

4. 裂缝处理

裂缝稳定后对底板进行了加固、补强，见图7-12。主要是采用膨胀水泥混凝土灌缝和环氧树脂粘贴玻璃丝布。

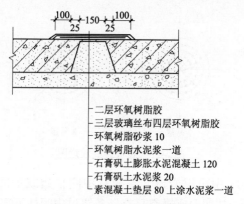

- 二层环氧树脂胶
- 三层玻璃丝布四层环氧树脂胶
- 环氧树脂砂浆10
- 环氧树脂水泥浆一道
- 石膏矾土膨胀水泥混凝土120
- 石膏矾土水泥浆20
- 素混凝土垫层80上涂水泥浆一道

图7-12 底板加固补强构造

（1）石膏矾土膨胀水泥混凝土灌缝施工要点：

1）混凝土配合比：水灰比0.4，水泥用量400kg/m³，配合比为1:1.65:3.08；

2）将裂缝凿出上窄下宽的沟槽，槽宽上面15cm，底面20cm，在裂缝终端凿一个直径为25cm的圆柱形孔，以防裂缝继续开展；

3）用压力水配以钢丝刷认真冲刷洗净，洒水湿润3d；

4）涂石膏矾土膨胀水泥浆一层，抹1:1石膏矾土膨胀水泥浆2cm；

5）待上述灰浆7~8成干时，浇筑石膏矾土膨胀水泥混凝土，捣实后抹平，洒水养护。

（2）粘贴环氧树脂玻璃布施工要点：

1）混凝土表面准备：表面应坚实、平整、干燥、洁净、无油污。

2）环氧树脂补强材料配合比见表7-2。

3）玻璃丝布准备：采用300~450℃烘烤脱蜡，也可用肥皂水煮沸4h后晾干的方法。脱蜡后的玻璃丝布必须保持干燥，不宜折叠。

粘贴方法、质量要求和安全注意事项等，可参照树脂胶泥和玻璃钢防腐工程的施工要求。

环氧树脂补强材料配合比　　　　　表7-2

材料名称	环氧树脂水泥	环氧树脂砂浆	环氧树脂胶
601号环氧树脂	100	100	100
乙二胺	7~8	7~8	7~8
苯二甲酸二丁酯	20~30	20~30	20~30
水泥	100	100	
砂		250	
二甲苯			30~60

二、筒仓裂缝

筒仓工程在工农业生产中使用广泛。钢筋混凝土筒仓裂缝事故时有发生，最常见的裂缝原因是配筋不足，其中有设计错误，也有施工中偷工减料。裂缝的其他原因还有混凝土强度不足、施工工艺不当、施工质量低劣等。下面介绍一座水泥料浆库裂缝的事故分析。

1. 工程概况

江苏省某水泥厂有一座料浆贮存库，共由6个外径为8m的筒仓组成，按2×3方式排列，其平面示意见图7-13。

筒仓结构材料为钢筋混凝土，筒壁厚250mm，混凝土强度等级C25。设计配筋情况如下：由库底环梁以上至7.75m高度范围内，环向钢筋为$2\phi14@150$；

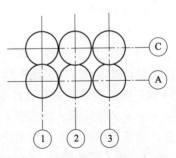

图7-13　水泥料浆库平面示意图

7.75m以上部分筒壁环向钢筋为$2\phi12@150$；竖向钢筋统一

429

为 2ϕ10@300。筒壁配筋示意见图 7-14。

筒壁混凝土采用滑模浇筑，滑模时间从 2002 年 11 月 16 日开始，至 2002 年 11 月 27 日结束，每天滑升的高度为 900～1750mm。每天均制作混凝土抗压强度试块，共 12 组，试块实际强度代表值均超过设计规定的 C25。筒壁实际所配的钢筋均用 HRB335 级钢筋代替 HPB235 级钢筋，且数量不变。钢筋工程有隐蔽工程检验记录两份。

工程完成后，于 2003 年 7 月交付使用。在 2003 年 9 月发现筒仓裂缝并渗漏，仓内料浆流出后堆在地面上有 1m³。筒库 Ⓐ～③号的外壁裂缝示意见图 7-15（图中所示为筒仓立面局部沿圆弧展开）。

2. 事故调查

（1）基本调查

1）设计图纸资料。该工程由某设计院设计。工艺图 1 套共 14 张，图纸目录上盖有设计等级（乙级）和证书编号（苏专设字×××号）章；建筑图 1 套共 11 张。结构施工图 1 套共 18 张，建筑与结构施工图均无设计证书和出图章。

2）施工原始资料。筒身施工单位提供了施工方案 1 份，施工日志一本，隐蔽工程检验记录 2 张，混凝土抗压强度检测报告 6 张，共 12 组试块的强度均超过 C25。上述施工资料均符合设计

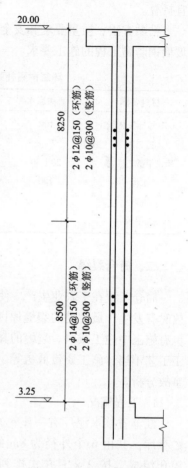

图 7-14 筒壁构造示意图

要求与施工规范的规定。但是施工原始记录中，缺钢筋、水泥、砂、石等原材料质量证明资料，以及钢筋焊接试验报告，而这些资料规范中都规定要求提供的。

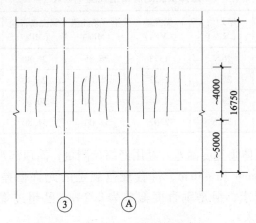

图 7-15　Ⓐ~③号筒库外壁裂缝示意图
注：最长裂缝长约 4m，最宽裂缝宽约 5mm。

3）工程现场情况。Ⓐ~③位置的筒仓靠外侧（参见图 7-15）可见明显竖向裂缝多条，最大缝宽约 5mm 左右，最大缝长约 4m 左右，筒顶及筒底附近未见明显裂缝。筒身混凝土表面平整度差，且有明显的水平接缝痕迹。由于该筒仓已投产使用，料浆已通过裂缝渗漏到地面，形成一个直径约 2m 左右的浆料堆。

（2）补充调查

根据基本调查尚不足以分析事故的确切原因，经建设单位和施工总分包单位一起协商确定，先做以下 4 项补充调查。

1）混凝土实际强度。经江苏省建筑工程质量检测中心用回弹仪测试，筒体混凝土的实际强度均已达到或超过设计要求，见表 7-3。

2）实测筒壁配筋情况。用钢筋位置测定仪等方法，实测得到水平环向钢筋的平均间距≤150mm，满足设计要求。但钢筋实际间距偏差较大，最大间距达 190mm。钢筋直径符合设计要求，且用 HRB335 级钢筋代用原设计的 HPB235 级钢筋。

回弹仪测定混凝土强度一览表　　　　表 7-3

部 位	平均值（MPa）	标准差（MPa）	第一条件值（MPa）	第二条件值（MPa）	推定值（MPa）
2 层筒壁	26.4	1.73	26.85	25.88	25.9
3 层筒壁	25.6	2.22	25.00	26.40	25.0
5 层筒壁	29.3	2.10	29.50	30.60	29.5
6 层筒壁	30.6	2.07	31.00	31.80	31.0

3）筒体垂直度偏差。经用经纬仪测量，筒顶部水平位移值分别为 34mm 和 43mm，符合规范规定的允许偏差值不大于 50mm 的要求，但是垂直度偏差为 2.2‰，已超过规范规定的 0.1% 的要求。

3. 事故原因初步分析

从本工程裂缝特征分析，产生如此严重的竖向裂缝，其原因很可能是筒壁环向抗拉能力不足。影响环向抗拉的主要因素有 3 个，即环向水平钢筋的数量（截面积）、筒壁混凝土厚度和实际强度。从前述事故调查情况分析，施工原始记录资料及事故后的检测结果，都证明施工质量符合设计要求和规范规定，因此怀疑设计存在问题。为此专门请某水泥设计院（甲级）和江苏省建筑工程诊断与处理中心的技术人员分别进行结构验算，结果详见本节之"4"。

此外，滑模施工的烟囱、筒仓类结构工程，也可因滑模承力杆局部失稳而产生竖向裂缝。从该工程的施工方案分析，同时结合裂缝特征综合分析，产生这么宽、长的裂缝，一般与承力杆的因素关系不大。

4. 结构验算结果

（1）某市水泥工业设计研究院土建设计所的验算结果

料浆库外径为 8m，混凝土壁厚 250mm，强度等级 C25。料浆贮放高度为17.5m,料浆密度为1.65t/m³,筒仓内采用压缩空气管充气搅拌料浆,充气压力为0.4~0.8MPa。结构验算时,并非按0.4~0.8MPa的压力容器设计。该水泥采用的方法是先按不考虑充气压力,求出应配钢筋量,然后再将配筋截面加大10%~20%。据该院介绍,这种作法是水泥行业的通常作法。按照前述各项数据及假定进行结构验算,其结果是原设计在筒壁不同高度范围内所配的环向水平钢筋截面积均不足。

(2)江苏省建筑工程诊断与处理中心的验算结果

按照筒仓使用后,混凝土裂缝宽度不超过0.2mm的要求,计算环向水平钢筋截面积,结果是施工图中的配筋量仅达到应配数量的40%左右。

5. 事故原因

从前述调查、验算、分析资料看,该事故可能与配筋不足、原材料质量以及混凝土实际强度低3个因素有关,下面分别对这些问题进行分析,以确定事故的主要原因。

首先是钢筋、水泥等原材料质量问题。经复查,该工程的施工单位包工不包料,因此不提供这类资料。据建设单位介绍,原材料质量没有问题。

其次是用回弹仪检测混凝土实际强度。有的刚达到25MPa,而检测时的龄期已近一年,按一般规律推算,此时的混凝土强度应为28d强度的1.5倍以上,因此认为该工程混凝土的检验强度没有达到设计要求。但是施工提供的交工验收资料中,混凝土强度资料全部符合《混凝土强度检验评定标准》(GBJ 107—87)的规定,而且评定的结果也已达到设计要求。对照《回弹法检测混凝土抗压强度技术规程》(JGJ/T 23—2001)的规定,该工程不应按回弹法评定混凝土强度。

综上所述:该筒仓工程裂缝事故的主要原因是设计配筋严重不足,因此筒壁裂缝较宽,料浆渗漏,无法正常使用。

6. 几点教训与建议

尽管该工程事故比较严重,但是因为基建管理混乱,至今事故得不到妥善处理。为了防止类似事故再发生，建议在今后的筒仓设计、施工中应注意以下几个关键问题。

（1）按国家规定严格审查设计单位资质，杜绝无证设计是防止事故再发生的首要关键。本事故最主要的原因是设计单位无建筑结构设计资格，土建工程施工图无有效出图章。由于无证设计，难免出现乱套用已建工程的图纸。加之又不了解本工程工艺特点对建筑结构产生的影响，最终造成设计所配的主要受力钢筋严重不足。

（2）筒仓应用广泛，虽然形状和外形尺寸一样的筒仓，但因贮料不同，因而对筒壁产生的效应差异甚大，因此结构截面差别也大。该工程出现事故后，设计人员多次宣称，这类筒仓已建成十几个，从未出过问题，唯有这个工程出事故。言下之意是施工问题。进一步调查后才发现，以往这套筒仓图纸用于贮存干料，由于干料间存在内摩擦，使筒壁内力大幅度减小。而本工程为贮存料浆，不仅要考虑贮水结构的水压力，而且还要考虑料浆的密度比水大得多，将使筒壁产生更高的内力。因此，必须杜绝滥套已有工程图纸。对所有套用图纸必须严格审核复查后方准施工。

（3）工业建筑结构设计时，涉及许多工艺参数，结构设计时，务必正确掌握工艺要求对结构的影响，方能保证设计质量。在这方面，该工程设计两个重大错误是：①筒仓内所贮料浆采用压缩空气搅拌，气压达 $0.4\sim0.8$ MPa，这么大的压力必将使筒壁的内力加大，而设计人员根本没有考虑这个因素，因此难免工程失败；②筒仓贮存料浆密度的取值问题，一般水泥设计院取 1.65，该工程却用 1.45。

（4）筒仓滑模施工应严格按照《液压滑动模板施工技术规范》(GBJ 113—87)的有关规定进行。该工程的筒壁外观差，又无实测资料。若按规范表面平整（2m 靠尺检查）不超过 5mm 来检查，很可能判为不合格。而且筒仓全高的垂直度相对偏差达 2.2‰，已超过规范允许偏差 0.1% 的规定。

三、贮仓倒塌

1. 工程与事故概况

某水泥厂的水泥筒仓由两组组成，每组分别有 4 或 6 个筒仓，如图 7-16 所示。筒仓内径为 10m，高 26m，包括仓下底层和仓顶廊道总高为 38m。筒仓设计要求用 C20 混凝土浇筑，壁厚 22cm，采用滑模工艺。

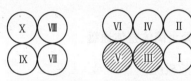

图 7-16 筒仓平面布置示意图
画剖面线为倒塌的筒仓，I～X 为筒仓编号

在一次作业中，从 3 号筒仓往火车车皮内卸水泥时，筒仓距仓底 14m、宽 9m 的区段倒塌。不久与之相邻的 5 号仓卸水泥时完全倒塌，3 号仓的残留部分也同时倒塌。仓顶楼板结构、廊道的墙和顶盖一起坍塌。

2. 原因分析

（1）滑模工艺不良。首先，浇筑混凝土是断续进行的，间断时间经常长达 4～5d，而且浇筑速度很不均匀；其次，滑模滑升时损坏早龄期混凝土，施工中又不及时修补，只作了表面抹灰处理。从现场可见，有的筒壁均为连接很差的混凝土块，用手即可掰开。

（2）石子质量问题。石子粒径太大；筒壁厚 22cm，但最大石子粒径却为 15cm；而且石子不干净，又未进行冲洗。

（3）混凝土质量低下。混凝土强度低，施工后 2～3 年的混凝土强度有多处仍未达设计值，有的强度只有 5～7N/mm^2；从破坏的筒壁上可见钢筋与混凝土粘结很差，可以明显地看到在混凝土筒壁上有钢筋被拔出后留下的沟槽。

（4）混凝土养护差。施工是在当地最热最干旱的季节进行，筒壁混凝土出模后，只浇了 2~3 次水。

（5）筒壁内的水平钢筋用量比设计规定的少 45%~60%。

3. 事故处理

4 个为一组的筒仓采取在内部建造能充分承受水泥压力的新筒仓；6 个为一组的筒仓因损坏严重，应全部拆除重建。

第四节 水 塔

一、水塔混凝土筒体整体通缝

1. 工程与事故概况

某轧钢厂 300m^3 安全水塔选用国家标准图，图号为 S842（四），300m^3/32m 型，其支筒外径为 3.2m。采用滑模施工，标准图规定支筒滑模的支承杆为 12 根直径 25mm 钢筋。

支筒滑模到标高 14.00m 时，由于意外因素，滑动模板内混凝土停留时间过长，再滑升时混凝土不脱模，在标高 12.80m 附近形成一圈高约 30~50mm 的通缝。

2. 事故处理

处理的基本要求是消除整圈通缝，并恢复正常滑模施工。处理要点如下：

（1）验算原支承杆体系确认可承受滑模平台荷载。

（2）处理程序。接高支筒内井架→加固提升架→取内上下环圈→取内模→凿除标高 12.80~14.00m 的混凝土→加固支承杆→安装上下环圈→挂内模→浇筑混凝土→试提升→正常滑升。

（3）支承杆加固。由于标高 12.80~14.00m 的混凝土被凿除，支承杆自由度增大，为保证支承杆受压稳定性，必须进行加固。

（4）水塔筒体内钢筋整理和修复，对变形较大无法修复者，必须重新配筋绑扎。

（5）重新浇筑混凝土的措施。在结合处铺 50mm 厚 1:1 水泥砂浆，浇筑 500mm 高 C30 混凝土，其中掺 10% UEA 微膨胀剂，半干硬性混凝土搅拌时间大于3min。

（6）重新滑模施工。经过试提检查后，提5个行程，校核内模中心及垂直度，合格后，按正常顺序滑升。

（7）混凝土出模后加强修饰，并浇水养护。

（8）施工安全技术措施（略）。

二、水塔倾斜

1. 工程与事故概况

青海省某厂一座水塔容积$50m^3$，水箱、塔架与基础均为钢筋混凝土结构，如图7-17所示。水塔地基为Ⅱ级湿陷性黄土。

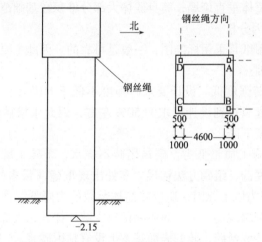

图7-17 水塔立面与钢丝绳平面布置图

水塔建成后第二年2~3月间，水塔整体向南倾斜20.4cm，向东倾斜9.45cm。

据调查，由于C柱附近的给水管漏水，地基浸水后引起湿陷性黄土地基不均匀下沉，导致水塔整体倾斜。

2. 事故处理

根据湿陷性黄土因含水率不同可引起不均匀沉降的情况，决定采用浸水法矫正，然后在浸水的一边用石灰桩加固地基，注水孔用混凝土捣实。

倾斜矫正后，经过多年观测，水塔使用正常。

三、水塔倒塌

1. 工程概况

湖南省某水塔蓄水量为 100m³，压水高度 20m，设计采用国家标准图《S845—四》，钢筋混凝土整板基础，砖砌塔筒，钢筋混凝土水箱。砖筒分为三级：地面以上 4m，筒壁厚 49cm，有一道圈梁；4~8m 筒壁厚 37cm，有一道圈梁；8~18cm 筒壁厚 24cm。水塔建成后，于 2003 年 4 月 12 日试水至满载，在 22h 后，水塔整体垂直垮塌，筒身残体大部分堆积在基础范围内。

2. 原因分析

设计图纸是采用标准图，一般是可靠的。因此主要从施工方面查找原因。

（1）砖强度低。设计要求砖强度不低于 MU7.5，实际砖平均抗压强度只达到设计要求的 50% 左右，因此水塔砖筒体的承载力大幅度下降。

（2）施工质量低劣。砌筑用砖不浇水，干砖上墙；灰缝的砂浆饱满度低；组砌方法错误，多处出现重缝（最多的达 20 多皮砖）。因为以上原因，造成砖筒体承载能力降低，而且整体性很差。从倒塌现场可见，筒体除留有少数块体外，大部分均散成单块的整砖或断砖，砖的表面基本上没有粘附砂浆。

另外，混凝土的施工质量也很差，由于配合比不准，振捣不实，有的圈梁呈松散状，其强度很低，340d 龄期的平均强度仅达到设计强度的 80% 左右。

（3）施工中偷工减料。设计要求水塔水箱侧壁设水平分布筋@180mm，竖筋@185mm，而实际水平筋@226mm，最大为 350mm；竖筋实际@224mm，最大为 310mm。所有的光圆钢筋均无弯钩，破坏后的水箱与圈梁均存在着因钢筋无锚固而被拉出的现象。

第五节 深井、沉井

一、取水泵房深井裂缝

1. 工程概况

四川省某取水深井泵房，内径 13.4m，深 41.22m，为整体式钢筋混凝土结构，设计要求混凝土强度为 C25，抗渗等级为 P8。深井底板厚 2.2m，井壁厚 0.7~1.0m，其中标高 ±0~+10m（假定底板面标高为 ±0，以下同）壁厚为 1.0m，其余为 0.7m，该深井基坑的土质大部为微风化的岩石地基，平、剖面示意见图 7-18。

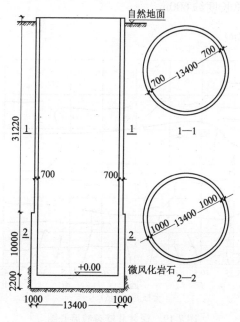

图 7-18 深井平、剖面示意图

施工情况：底板和 0.4m 高一段井壁同时一次浇筑，于 4 月

10~14日完成。井壁采用上承式单面滑模工艺,共用24组(48根)支承杆,通过油压千斤顶支承并提升施工平台及模板。同年4月19日至5月底完成井壁混凝土的浇筑。混凝土用32.5级矿渣水泥配制,加7‰NNO减水剂,配合比由施工单位试验室试配确定,混凝土实际强度与抗渗性能均达到或超过设计要求。采用滑模平台下方设环形带孔水管喷水养护井壁混凝土,为提高养护效果,所有养护水都流入井内,无排水抽水措施,致使井内积水不断增多,浇完井壁时,井内水深约10m,最终井内积水深达18m。

2. 裂缝情况

井壁混凝土浇完,拆除滑模工作平台后,即发现井壁有裂缝。同年8月将井内积水抽干后,实测井壁裂缝情况如图7-19所示。裂缝总长度约600m。

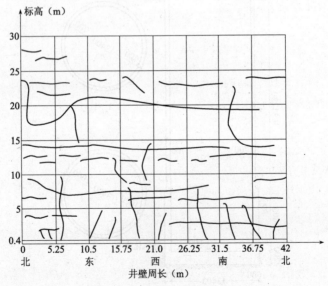

图7-19 深井井壁裂缝展开图

裂缝的主要特征:

（1）井底板和±0~+0.4m的井壁无裂缝；

（2）竖向裂缝：位置均从+0.4m处开始，主要集中在+0.4~+7.0m高这个区段内，较大的裂缝有12条，间距比较均匀；标高7~16m区段也有一些裂缝，16m以上仅有少量裂缝，见图7-19；

（3）横向裂缝：裂缝位置都在提升模板时，新老混凝土的交界面处；

（4）裂缝宽度：用带刻度的放大镜测读，最大的裂缝宽度为0.25mm，井下段的裂缝宽度大多数在0.15~0.25mm之间；

（5）裂缝表面状况：除了下部5条竖缝有渗漏水下滴外，其余裂缝渗水较轻微，仅造成部分井壁潮湿；裂缝表面有白色结晶物，其化学成分主要是水泥水化后产生的CaO、MgO、Al_2O_3等；

（6）裂缝深度：由于裂缝均有不同程度的渗漏，因此推测多数裂缝是贯穿井壁厚的；

（7）井壁渗漏与季节有关。8月前，渗漏造成井壁潮湿，其部位大多在标高+20m以下；8月以后，标高+9m以上的井壁已无水迹；10月中旬以后，标高+9m以下裂缝有局部渗漏，其余均已干燥。

3. 原因分析

据了解同类型的深井工程均有不同程度的裂缝，因此，施工前的图纸会审中已提出此问题。为了避免或减轻裂缝，曾要求建设单位按设计要求供料，施工单位精心施工，同时请设计单位从最坏的估计出发，考虑出现裂缝后的补救措施。

根据本工程的特点分析，裂缝的主要原因有以下几方面。

（1）滑模支承杆的扰动。本工程采用上承式液压滑模工艺施工，48根$\phi25$的支承杆自身刚度很差，又未与环向钢筋焊接，因此其整体刚度也很差。这些支承杆不仅要承受巨大的施工荷载，而且还要承受由于滑模不断提升所产生的振动，以及轴线扭转（最大达58cm），使正在凝结的混凝土受到反复的扰动。在提升初期（标高+0.4m以上附近）支承杆的扰动影响最大，因此从0.4m以上开始出现较多较严重的裂缝。

（2）深井坑壁和引水隧道渗漏。施工前，检查发现西～北偏东范围、标高+35m以下的坑壁基岩渗漏水下滴现象较普遍；引水隧道方位（南面）坑壁基岩渗漏水更严重。在混凝土浇筑期间，虽然采取了一定的堵水、排水措施，但是并未止住坑壁渗漏水，这不仅影响混凝土的水灰比，而且造成新浇混凝土表面积水。

（3）水泥水化热影响。标高+0.4～+10m这段井壁厚1m，这种厚大结构的水泥水化热不易散发，导致混凝土内温度升高，参照类似工程估计，温度可升高20～25℃。因此形成的内外温差可能导致表面裂缝。以后随着热量的散失而降温，混凝土收缩，但坑壁基岩阻止其收缩，因而产生了温度应力，根据其他工程的经验，降温超过15℃时，井壁有可能产生内部裂缝（具体分析见第二章第四节之二）。

（4）深井内积水的影响。由于养护水的积聚，井内积水深达18m，原设计没有考虑这种情况。由于井壁混凝土不可能与坑壁基岩完全密合，因此，井内积水将使井壁产生环向拉力、剪力和弯矩，这些内力作用在正在硬化或强度很低的井壁混凝土上，因而使井壁产生裂缝。

（5）混凝土收缩。本工程采用收缩量较大的矿渣水泥和细砂拌制混凝土，加上基坑壁渗漏水影响，因此井壁混凝土收缩可能比通常的大。由于收缩形成总是表面快、内部慢，在井壁自约束的条件下，形成收缩应力，也是裂缝产生的原因之一。

（6）水泥品种问题。原设计要求用普通硅酸盐水泥，实际用的是矿渣水泥，这一改变不仅收缩加大，而且早期强度低，对混凝土的抗裂也不利。而且矿渣水泥的泌水性较明显，若施工操作不当，容易在新老混凝土交界面产生一个薄弱夹层，这可能就是水平缝都出现在模板提升时新老混凝土交接面处的原因。

（7）施工工艺和管理上的问题。采用滑模工艺分层浇筑时，不注意新老混凝土连接处的捣实；施工过程中遇到下雨，没有采取适当措施；而且施工过程中发生过几次机械故障，形成了施工缝，这些都会引起水平裂缝。

4. 处理措施

经设计、建设、施工单位多次商议，一致认为井壁混凝土裂缝对结构安全无重大影响，只要尽量减少渗水，仍能满足使用要求。因此决定采用外补内灌的方法对裂缝进行修补，对潮湿裂缝灌注丙凝化学液，所用材料和配合比见表7-4；对干燥裂缝灌注环氧树脂浆液，见表7-5；表面修补采用环氧树脂腻子粘贴两层玻璃丝布，环氧树脂腻子配方见表7-5。

丙凝灌浆液配合比　　　　　　　　表7-4

项目	甲 液				乙 液		凝固时间(min)
	丙烯酰胺	二甲基双丙烯酰胺	二甲胺基丙腈	水	过硫酸胺	水	
1	47	2.5	2.0	220	2.0	220	3
2	47	2.5	2.0	220	1.5	220	5

注：1. 配制环境温度为23℃，凝固温度为45℃；
　　2. 甲、乙两液分别配制，分开存放；
　　3. 施工前，应根据实际施工环境进行试配后，确定配合比。

环氧树脂浆液和腻子配合比　　　　　表7-5

用　途	环氧树脂	乙二胺	邻苯二甲酸二丁酯	二甲苯或丙酮	粉料	硬化时间(h)
固定灌浆管、嵌缝	100	10~12	10	—	100~300	24
灌浆浆液	100	8	10	40~60	—	
灌浆浆液	100	8~10	10	40~60	—	12~24
涂面及粘贴玻璃丝布用腻子	100	8~12	10	30~40	50~100	12~24

注：1. 乙二胺和粉料用量，应根据气温及操作条件增减；
　　2. 环氧树脂混合物，不宜在5~10℃以下温度环境中操作；
　　3. 粉料为干水泥或滑石粉。

灌浆施工要点：

（1）表面层清理。用钢丝刷、铲刀清除表层附着物及残渣，并用风吹干净，凹坑用腻子填平；

（2）灌浆管埋设。由浆液压力扩散半径试验确定灌浆管的间距，临时固定灌浆管后，裂缝表面刻槽，用环氧树脂腻子填平，粘贴玻璃丝布条（宽20~25cm）一层封闭；

（3）贮浆罐。灌注丙凝时，应用两种贮浆罐，灌注环氧树脂时，只需1个贮浆罐；

（4）灌注浆液。灌注丙凝化学液时，必须等量、等压注入甲、乙两种浆液；

（5）灌浆压力。一般用0.2~0.5MPa，具体数值通过施工前的试验确定；

（6）输浆管与贮浆罐布置。为了达到等量、等压的目的，并避免浪费浆液，输浆管直径和长均应相等，贮浆罐尽量靠近裂缝位置；

（7）灌浆材料存放。原材料和配制好的浆液均应存放在干燥阴凉处；

（8）劳动保护。两种浆液均对人体有毒害，要求施工区域通风良好，并应按规定做好劳动保护工作。

二、沉井裂缝

1. 工程与事故概况

某厂水泵房平面尺寸为39.45m×39.8m，总高16.2m，壁厚1.7m，如图7-20所示。施工时沿高度分3节浇筑，第1节高4m，2、3节分别为6和6.2m。在1、2节混凝土浇完后，抽出底部道木时，沉井突然下沉了72cm，使井壁产生了严重裂缝，北壁裂缝示意见图7-21。

沉井因突然下沉，在下沉中地基应力产生了剧烈的重分布，使中部地梁及隔墙承受了较大的反压力，边侧承受了较小的反压力，井

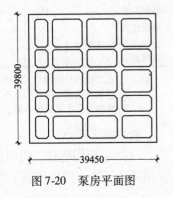

图7-20 泵房平面图

壁因承受了负弯矩而裂缝。

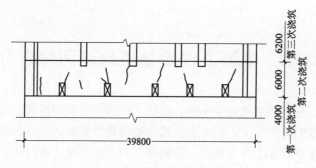

图 7-21 北壁裂缝示意图

2. 事故处理

施工单位采用了一系列调整下沉的措施，以控制差异沉降，使裂缝状况不致进一步恶化和扩展。经调整后，沉降差明显减小。由于下沉较平稳，裂缝轻微，经过一段时间后，地基应力达到新的平衡，部分裂缝闭合。因此仅对裂缝进行了化学灌浆后，即交付使用。

第八章 建筑工程质量事故原因综合分析

工程质量事故连年不断，造成了许多不应有的损失。为了预防事故的再次发生，同时也为排除事故提供依据，很有必要来探讨质量事故发生与发展的一些规律。对大量的事故进行调查与分析中发现，虽然事故类型各不相同，但是发生事故的原因有不少相同或相似之处，对这些引发事故的原因，必须有足够的认识。本章就是对造成各类质量事故的原因进行综合分析，以便引起工程技术人员的重视。

第一节 事故原因概论

一、事故原因要素与原因分类

（一）事故原因要素

事故的发生往往是由多种因素构成的，其中最基本的因素有4种：人、物、自然环境和社会条件。

人的最基本问题之一是人与人之间的差异。例如知识、技能、经验、行为特点，以及生物节律所造成的反复无常的表现等等。

物的因素更为复杂和繁多。例如建筑材料与制品、机构设备、建筑物和结构构件、工具仪器等，存在着千差万别。

事故的发生总与某种自然环境、施工条件、各级管理机构状况，以及各种社会因素紧密有关。例如大风、大雪等恶劣气候，施工队伍的素质，管理工作的水平等。

由于工程建设往往涉及到设计、施工、建设、使用、监督、管理等许多单位或部门，因此在分析质量事故时，必须对以上因素，以及它们之间的关系进行具体的分析探讨，找出构成事故的每一个具体原因。

（二）直接原因与间接原因

构成事故的原因一般都有直接的与间接的两类。

直接原因主要有人的不安全行为和物的不安全状态。例如设计人员不遵照国家规范设计、操作工人违反规程作业等，都属于人的不安全行为。又如结构吊装中，柱、屋架等构件缺少必要的临时固定措施等，属于物的不安全状态。

间接原因是指事故发生场所以外的社会环境因素，如施工管理混乱，质量检查监督工作失责，规章制度缺乏等等。事故的间接原因将导致直接原因的发生。

（三）事故原点和事故源点

1. 事故原点

事故原点是事故发生的初始点，如房屋倒塌发生在某根柱的某个部位等。事故原点在质量事故分析中具有关键作用，它是一系列事故原因最后汇集起来形成事故的爆发点，同时它又是事故后果产生的起始点。如某柱某部位有严重缺陷而导致该柱破坏，由此又引起一系列与之有联系的结构构件的倒塌。

事故原点的状况往往可反映出事故的直接原因，因此在事故分析中，寻找与分析事故原点非常重要。找出事故原点后，就可围绕它对现场上各种现象进行分析，把事故发生、发展的顺序逐步揭示出来，最后绘成事故链图，进一步分析事故的直接原因和间接原因。

2. 事故源点

绝大多数的工程质量事故都是由多方面原因造成的，第一个事故原因都有其起源事件，这些起源事件称为事故源点。例如单层厂房柱倒排，原因有：柱无足够的临时固定措施，保证柱稳定的构件未能及时安装与固定，突然出现大风等。在这些原因中各有起源事件，如柱临时固定问题的起源事件，可能是施工设计没有明确规定支撑和缆风绳的设置要求；配套构件未能及时安装问题的起源事件，可能是构件制作、供应不及时，也可能是安装焊工或焊机不足等。

查找事故原点可以分析出事故的直接原因，而通过事故的直接原因又可找出事故的源点，这是工程质量事故原因分析的主要方法之一。

二、事故链及其分析

工程质量事故、特别是重大事故，原因往往是多方面的，由单纯一种原因造成的事故很少。如果我们把各种原因与结果连起来，就形成一个链条，通常称之为事故链。由于原因与结果、原因与原因之间逻辑关系不同，则形成的事故链也不同。事故链主要有以下几种形式。

（一）多因致果集中型

各自独立的几个原因，共同导致事故发生称为"集中型"，如图8-1所示。

（二）因果连锁型

某一因素促成下一要素的发生，这些因果连锁发生而造成事故，称为"连锁型"，如图8-2所示。

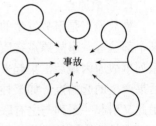

图 8-1　多因致果集中型

图 8-2　因果连锁型

（三）复合型

从质量事故的调查中发现，单纯的集中型或单纯的连锁型均较少，常见的往往是某些因果连锁，又有一些原因集中，最终导致事故的发生，称为"复合型"如图8-3所示。

在事故的调查与分析中都涉及到人（设计者、操作者等）

和物（建筑物、材料、机具等），开始接触到的大多数是直接原因，如果不深入分析和进一步调查，就很难发现间接的和更深层的原因，不能找出事故发生的本质原因，就难以避免同类事故的再次发生。因此对一些重大的质量事故，应采用逻辑推理法，通过事故链的分析，追寻事故的本质原因，图8-4表示用这种方法分析分支事件的逻辑关系，全面查明事故原因的基本思路，图中仅表示追查到三层或四层原因，实际上有时还可追到更多层。

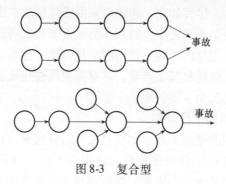

图8-3 复合型

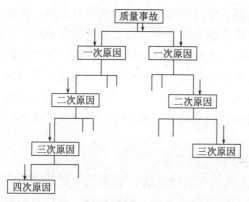

图8-4 逻辑推理法查明事故原因

三、质量事故主要原因概述

造成质量事故的主要原因有违反基本建设顺序、勘察设计存在问题、材料或制品质量差、施工与管理上的问题以及使用不当等五类，下面就这五类问题作简要介绍。一些突出的专业问题特别是一些施工问题将分节专门阐述。

（一）违反基本建设程序

基本建设程序是我国社会主义建设实践经验的总结，它正确地反映了客观存在的自然规律和经济规律，是基本建设工作必须遵循的先后次序，因此，国家有关部委再三强调要认真贯彻执行基本建设程序。尽管如此，建国以来由于违反基本建设程序而造成的质量事故仍不断发生，特别是县、乡镇和农房建设中，目前尚无必要的、完整的法规，使问题更加突出，这类质量事故的原因十分简单，但后果都很严重。本章简要阐述违反基建程序而直接造成事故的几个主要问题。

1. 建设前期工作问题

建设前期的某些工作，如项目的可行性研究，建设地点的选择等，如果这些工作做得不好，或根本不做，因而造成质量事故，其损失都是十分严重的。如因建设地点选择不当，造成建筑物开裂、位移、垮塌等事故，各地均有此实例。例如湖南省某县选择某湖岸边建造五间仓库，由于地基情况不明，在施工中全部倒塌；四年后又在此湖水面处修建办公楼，又大部坍塌，并造成了严重的人身伤亡事故。四川省某厂一次滑坡造成两幢家属宿舍和一间民房倒塌。江西省某厂房建于风化千枚岩山坡下，因滑坡造成基础滑移，挡土墙开裂和前倾，预制梁焊缝被拉断脱开等严重事故。

2. 违法承接工程任务

《中华人民共和国建筑法》的第二章建筑许可中规定："从事建筑活动的建筑施工企业、勘察单位、设计单位和工程监理单位，按照其资质条件，经资质审查合格，取得相应等级的资质证书后，方可在其资质等级许可的范围内从事建筑活动。"我国早就颁发的《建筑工程质量暂行规定》和《建设工程质量管理办法》中都有类似的规定。由于违反这些规定造成的工程质量事故实例不胜枚举，许多重大质量事故都是因此而造成的。根据建设部的资料介绍，1985年以来全国各地发生的倒塌事故中，从设计方面分析，有80%以上的工程是无设计、或无证设计、或越级设计；从施工方面分析，这些倒塌工程的施工单位大多数是农村建筑队或自营建筑队伍，由于技术素质差，管理水平低等，这些单位根本无力承担工程施工任务，因而导致了建筑物倒塌。

3. 违反设计顺序

设计单位的质量责任和设计顺序历来有较明确的规定，其主要内容有："所有工程必须严格按照国家标准、规范进行设计"，"必须符合国家和地区的有关法规、技术标准"；"所有设计图纸都要经审核人员签字，否则不得出图；""设计文件、图纸须经各级技术负责人审定签字后，方得交付施工"等等。从大量的事故调查中可见，不少工程图纸有的无设计人，有的无审校人，有的无批准人，这类图纸交付施工后，因设计考虑不周造成的质量事故屡见不鲜。此外，设计前不作调查与勘测，盲目估计荷载或承载能力进行结构设计，造成的事故也连年不断，损失惨重。

4. 违反施工顺序

从大量事故分析中发现，因施工顺序错误造成的事故，不仅次数多，频率高，而且后果大多很严重。这类事故与结构理论在施工中的应用关系十分密切，常见的问题诸如：地下工程未全部完成，即开始上部工程的施工；下部结构未达到强度与稳定的要求，即施工上部结构；结构安装与砌墙的先后顺序颠倒；现浇结构尚不能维持其稳定时，就拆除模板；保温、隔热工程施工时间太迟；地下水池完成后，不及时回填土；相邻近的工程施工先后顺序不当等。

5. 未经验收即使用

《建筑法》规定："建筑工程竣工经验收合格后，方可交付使用；未经验收或者验收不合格的，不得交付使用。"早在《建筑法》颁布实施前，我国历来已有许多规定，例如"所有工程都必须严格按照国家规范、标准施工和验收，一律不准降低标准。"有些工程因不符合此规定而不能验收。但是使用单位往往不清楚工程质量上存在的重大问题，未经验收即使用，因此造成的房屋倒塌等严重事故也时有发生。

（二）勘察设计问题

建设部有关资料曾透露，我国几百起倒塌事故中，无设计和无证设计约占80%以上。从大量重大事故分析中可以看出，设计方面存在的最突出问题有：无证设计、越级设计、私人设计、不勘察就设计以及严重违反设计规范等，有关这方面的内容将在第二节详述。

（三）建筑材料及制品质量问题

在建材市场中，不合格材料长期占有不小的份额，这是质量事故连年不断的重要原因。这方面最常见的问题有：结构材料的物理力学性能不良、化学成分不合格、水泥强度不足、安定性不合格、钢筋强度低、塑性差、防水、保温、隔热、装饰等材料质量差、混凝土和砂浆强度等级达不到要求以及制品质量低劣、结构构件不合格等等。

（四）施工方面问题

主要包括三方面问题：一是施工结构理论失误；二是施工工艺不良；三是施工管理失控。有关内容将在第三、四、五节中详述。

（五）使用不当、科研问题及其他

主要内容将在第六节中阐述。

第二节 勘察设计问题

一、工程地质勘测问题

（1）不认真进行地质勘察，盲目估计地基承载力，造成建筑物产生过大的不均匀沉降，导致了结构裂缝或倒塌，甚至发生地基破坏而引起建筑物的倒塌。这类实例很多，下面仅举一简单实例，说明问题的严重性。四川省某县水泥厂，因设计未作地质勘测，仅凭经验作结构计算，施工中又粗制滥造，在一次大雨中5个原料筒仓全部倒塌，砸坏3个车间，29台设备，直接经济损失56万余元。

（2）勘测报告不详细、不准确，甚至错误。例如江苏省一幢5层宿舍，地质勘测时，发现有一层稻壳灰，厚为0.4~4.4m，但在地质报告中却没有反映此情况，致使建筑物还未建成，就发生了从5层到基础的通长断裂裂缝。又如北京市一幢5层宿舍，地质报告中未反映地基局部有深达数米的压缩性较高的回填土层，致使建筑物产生了较大的不均匀沉降，墙体严重开裂，不得不重新加固地基。

（3）勘测精度不足。有的地质勘测的钻孔间距太大，不能准确反映地基的实际情况，因而导致建筑物的质量事故。这种情况在丘陵地区发生较多。例如四川省某单层厂房位于丘陵地区，地基中的基岩面起伏变化较大，勘测时钻孔间距较大，地质报告上没有准确反映这些具体数据，厂房建成后，因基础下可压缩的土层厚度变化较大，造成基础不均匀沉降，使砖墙产生严重裂缝。有的地质勘测的钻孔深度不够，仅根据地基表面或基础下不太深的范围内地基情况进行基础设计，没有查清地基深处是否有软弱层、墓穴、孔洞，因而造成基础产生严重的不均匀沉降，导致建筑物变形或裂缝。

二、设计方案不当

（1）礼堂等空旷建筑物的结构方案不正确。这类建筑物的跨度较大，层高较高，没有间隔墙或间隔墙相距甚远，形成了很大的空间，又缺少抵抗水平力的建筑结构措施，就会在一定的外力作用下（如基础不均匀下沉、大风雪、薄弱构件首先破坏时产生的冲击力等）发生倒塌。近年来，乡镇所建的礼堂倒塌基本属于这类情况。

（2）底层为大开间、楼层为小开间的多层房屋结构方案不当。这类建筑物底层的砖柱、墙与钢筋混凝土大梁的荷载很大，若不采用框架结构，而设计考虑不周，很易造成严重的事故。例如湖南省某厂5层综合楼，在瞬间突然全部倒塌，就是一个典型的实例。

（3）屋架支撑不完善。屋架（尤其是钢屋架）的特点之一是侧向刚度和整体刚度差。为保证屋盖结构可靠地工作，应设置必要的支撑体系，否则就易发生屋架整体失稳而倒塌。例如山东省某厂，由于设计的支撑系统不完善，在施工屋面时，11榀屋架中倒塌了6榀；湖南省某县影剧院的屋盖，因未设必要的支撑，导致上弦压杆的实际应力超过容许值的3.9倍，而屋盖的整体性又很差，造成了19m跨度的钢屋架倒塌。

（4）组合屋架问题。钢筋混凝土组合屋架节点较难处理，施工质量如无保证，建议不要采用。原苏联在1956年作了大量的调查研究后，就停止使用这种屋架。我国在1956年以后大量使用组合屋架，曾发生过不少事故，主要是节点构造处理不当，节点首先破坏，导致屋架倒塌。例如50年代杭州市某车间就是这样倒塌的，山西、辽宁、新疆、河南等地也发生过类似事故。进入80年代后，这类事故依然存在，例如河南省某厂用跨度为15m的组合屋架，由于屋架未设纵向传力杆件，造成1080m² 厂房全部倒塌。

（5）悬挑结构稳定性严重不足，造成整体倾覆坠落。阳台、雨篷、挑檐、天沟、遮阳板等悬挑结构，必须有足够的平衡重和可靠的连接构造，方能保证结构的稳定性。如果设计抗倾覆能力不足，就会造成悬挑结构倒塌。例如江苏省某餐厅一个长16m，宽11.8m的雨篷，因设计抗倾覆安全系数不够，施工时又提前拆模，造成了倒塌；又如某单层厂房天沟挑檐局部倒塌，主要是由于设计时不验算结构的稳定性，挑檐既无足够的抗倾覆所需的平衡重，又未将天沟挑檐与屋架等构件可靠地连接。倒塌后验算，抗倾覆安全系数仅为0.48。

(6) 砖拱结构设计方案错误。例如河南省某县乒乓球练习房砖拱屋盖突然倒塌，主要是因为砖拱结构选型不当，砖拱的水平分力承力构件不足，拱顶砌体强度不足，且施工质量低劣。又如山西省某粮库突然倒塌，主要原因是结构体系不够稳定，砖拱砌体构造违反设计规范的有关规定，加上设计上的其他原因和施工粗制滥造而造成的。

三、计算假定与计算简图问题

(1) 静力计算方案问题。砖石结构设计规范根据楼（屋）盖类别和房屋横墙间距的不同情况，将静力计算方案分为刚性、刚弹性和弹性三类，其计算原则与方法是不同的。但不少工程横墙间距较大，已超出了刚性方案规定的情况，而仍按刚性方案设计，致使墙（柱）的承载能力严重不足，导致了房屋倒塌。

(2) 结构设计计算简图与受力情况不符。例如在砖混结构中，大梁支承在窗间墙上，梁墙连接节点一般可按铰接进行内力计算。但是当梁较大时，梁垫做成与窗间墙同宽、同厚，与梁等高，而且梁垫与梁一起现浇成整体，这种梁与墙的连接可能接近刚性节点，但仍按铰接设计，因此产生了较大的弯矩，其与轴向荷载共同作用下，则会使砖墙因承载能力严重不足而倒塌。这是北京某高校教学楼局部倒塌的主要原因之一。

(3) 设计计算假定和施工实际情况不符。例如上海市某车间为5层升板结构，设计时将5层的柱分成两段验算其强度和稳定性，第一段为下3层，下端作固定端，上端为弹性铰支承；第二段为4、5层，下端（即4层楼面处）为固定，上端为铰支承。而实际施工中，各层楼板仅搁置在承重销上，并未做柱帽，也无其他连接措施与临时支撑。因此施工中柱的实际受力情况，是1根下端固定、长细比很大的悬臂柱，这两种情况的计算差别甚大，最终因群柱失稳而倒塌。

(4) 埋入地下的连系梁设计假定错误。例如某多层框架采用深基础，基础顶面至地面（埋入土内）的柱长达13m余，为满足柱细长比的要求，采用了设两道钢筋混凝土连系梁的方案，因梁埋入土内，设计假定梁不承受外荷载，只按构造确定断面与配筋。实际因填土的沉实，造成连系梁上作用了较大的土方荷载，结果连系梁断裂，梁柱连接处出现塑性铰，地下柱梁构成了危形结构，造成底层框架柱严重裂缝与倾斜，不得不加固处理。

（5）管道支架设计假定与实际不符。例如某厂装配式钢筋混凝土管道支架，共长4560m，主要问题有两个，一是设计为半铰接管架的柱脚，又未采取适当的构造措施，管架使用后，支柱出现倾斜，致使柱脚混凝土破坏和梁柱节点拉裂；二是只计算纵向水平力，不考虑横向位移传来的水平力，从而导致管架破坏。

四、构造不合理

（1）建筑构造不合理。例如沉降缝、伸缩缝设置不当，新旧建筑连接构造不良，圈梁和地梁设置不当等，都可能造成砖墙裂缝。又如单层厂房中生活间与车间连接处，平屋顶建筑的顶层墙砌体中，都可能因建筑构造不当，受温度变形或地基不均匀下沉的影响，使砖墙裂缝。再如基础埋深不足，基底下土层或灰土层受冻膨胀，而造成砖墙裂缝等。

（2）钢筋混凝土梁构造不当。例如梁的高跨比太小，箍筋间距太大，纵向受拉钢筋在受拉区截断，梁断面较高时两侧面不设纵向构造钢筋，梁下部或梁截面高度处有集中荷载时，不设附加钢筋（吊筋、箍筋）等，均易导致梁裂缝。

（3）墙体连接构造不当。建筑物的转角和内外墙连接处、不同材料砌体的连接构造等，如处理不当，容易导致砖墙开裂，甚至倒塌。例如江西省某高校一幢砖混结构房屋，底层为车库，2~4层为学生宿舍，横墙与作围护墙用的毛石挡土墙之间未设置拉接钢筋，底层未设圈梁，致使底层墙体周边没有拉接不能形成整体，而是成为几个独立的砌体，同时墙梁垫块下的砖砌体局部承压能力不足，底层窗间窗的承载能力不足，加上施工上的某些缺陷，于砌完 4 层墙后，整体倒塌。

（4）墙梁构造问题。砖墙如砌在钢筋混凝土梁上，梁在正常挠度下（例如相对挠度 f/L 小于 1/400 时）是没有问题的，但是这一挠度在墙内引起的剪力与拉力，足以导致墙身裂缝。例如四川省某办公楼就因为这个原因造成内墙裂缝，最大缝宽达 2.5mm，验算墙裂缝时梁的实际挠度小于 1/400。

五、设计计算错误

（1）不计算或不作认真计算。有些结构构件产生的质量问题，是因为某些持证设计单位，包括某些甲级设计单位的设计人员，不认真进行构件设计计算而造成的。例如内蒙古自治区某 5 层住宅，因桩基无完整计算，只是粗略估计，施工到 5 层平口时，西端半个单元突然倒塌，造成整个工程报废，经济损失 39 万元。倒塌后验算预制桩的单桩，实际负荷超过单桩承载力一倍多。又如湖北省某校教学楼，在 5 层主体结构已经完成，于 1985 年发生外走廊等局部倒塌。经检查外走廊砖柱未作设计计算，倒塌后验算结果表明：砖柱截面选用过小，承载能力严重不足。

（2）荷载计算错误。例如有的设计漏算结构自重，有的屋面荷重不考虑找坡层的不同厚度，少算了荷载；采用钢筋混凝土挑檐时，未计算对砖墙产生的弯矩；砖混结构采用木屋盖，当屋架跨度较大时，对屋架受荷后，下弦拉伸，屋架下垂对外墙产生的水平推力考虑不周。上述这些计算错误，将使砖墙、柱出现裂缝、倾斜，甚至破坏倒塌。

（3）内力计算错误。这类错误都发生在超静定结构的计算中。例如某砖混结构建筑物中，两跨连续梁传给墙或柱的荷重，未考虑梁的连续性，中间支座处的荷载因此少算了 25%；某框架工程局部倒塌的主要原因是施工质量低劣，但设计时内力计算错误也是重要的原因；诸如把连续梁当作简支梁计算支座反力，造成部分框架内力计算值偏小；内力计算不按规范规定，进行最不利的荷载组合等。

（4）结构构件安全度不足。例如陕西省某 4 层混合结构房屋，主体结构完成后，进行装饰工程时，于大雨中倒塌。事后设计单位对原施工图进行验算，发现底层多处砌体承载能力不足；江西省某公司营业房为 3 层混合结构，在浇完屋面混凝土后，突然全部倒塌。经检查与验算，主要承重结构设计截面偏小，设计图上又未注明砖及砂浆的强度要求，实际所用砖及砂浆强度较低，加上砌筑质量差等原因，造成房屋倒塌。

（5）构件刚度不足。这类事故多发生在钢结构工程中。例如河北省某 3 层砖混结构厂房，屋盖采用钢屋架，当屋面找平层施工完成时，发生 11 榀钢屋架坠落、屋面坍塌，并带动部分窗间墙一起倒塌，部分楼盖的梁板被砸坏。经检查，屋架主要压杆的细长比超过钢结构设计规范的规定，从倒塌现场可清楚地看见屋架压杆失稳破坏的情况。

第三节　施工顺序错误

从大量事故分析中发现，因施工顺序错误造成的事故，不仅次数多、频率高，而且后果大多很严重。这方面的事故实例在土方与地基基础工程、砌体工程、混凝土结构工程、钢结构工程、以及特种结构工程的施工或安装中都曾发生过，下面用 7 个事故实例的分析来说明此问题，并提出防止类似事故再次发生的建议。

一、砌筑工程中施工顺序错误造成的事故分析

砌体与其他结构构件施工的先后顺序，若安排不当可造成严重事故，现以 4 个简单实例分析说明。

1. 单层厂房先砌墙后吊装屋盖造成柱与墙外倾

湖北省某装配式单层厂房，围护砖墙厚 37cm，高 10m 多。上部结构施工顺序为先吊装柱，然后砌筑围护墙，最后吊装屋

盖，在安装屋架时发现边排柱普遍外向倾斜，一般柱顶向外位移40~60mm，最大达120mm。其原因是：这类厂房的承重结构是钢筋混凝土排架，柱顶的变位受到屋盖的约束，但在屋盖吊装前，柱为悬臂构件，此时砌墙基础承受偏心荷载后，产生不均匀沉降，而柱顶为自由端，因此造成柱顶外移、柱与墙外倾。

2. 先砌砖墙后做墙柱造成墙体倒塌

某单层厂房，跨度15m，在山墙柱施工前砌砖墙，砌到8.8m左右高时，被8级大风刮倒。其原因是违反了先施工山墙柱后砌墙的施工顺序，使砖墙高厚比严重超过规范规定而失稳倒塌。下面用《砌体结构设计规范》(GB 50003—2002)的有关条文验算证明。

当山墙柱完成后再砌墙，其高厚比 $\beta_1 = H_0/h$（H_0 为计算高度，本例 $H_0 = 0.6S = 3\text{m}$；h 为墙厚，取24cm），算得 $\beta_1 = 12.5$。规范规定的允许高厚比为 $[\beta] \cdot \mu_1 \cdot \mu_2$（用M2.5砂浆砌筑的墙 $[\beta] = 22$；μ_1 为非承重墙允许高厚比修正系数，本例为1.2；μ_2 为有门窗洞口墙允许高厚比修正系数，本例山墙无门窗洞口，$\mu_2 = 1.0$）。因此，$[\beta] \cdot \mu_1 \cdot \mu_2 = 26.4$。

实际的高厚比 $\beta_1 < [\beta] \cdot \mu_1 \cdot \mu_2$，符合规范要求，即按先施工山墙柱后砌墙，山墙不可能因失稳而倒塌。

若山墙柱未完成时砌墙，高度比为 β_2，墙上端自由，根据规范规定：$H_0 = 2H = 17.6\text{m}$，$\beta_2 = H_0/24 = 73.3$，允许高厚比仍为 $[\beta] \cdot \mu_1 \cdot \mu_2$（新砌砌体，按M0.4降低10%，即 $16 \times 0.9 = 14.4$；因墙上端自由，允许提高30%，即 $[\beta] = 18.72$；μ_1、μ_2 分别为1.2与1.0）。因此，允许高厚比为 $1.2 \times 18.72 = 22.46$，即 $\beta_2 > [\beta] \cdot \mu_1 \cdot \mu_2$。

由于山墙实际的高度比严重超出规定，因此其稳定性差，在风力作用下发生倒塌。

如果柱未完成，但考虑山墙与车间纵墙连接，其高厚比可为 β_3。因为 $S = 15\text{m}$，$H = 8.8\text{m}$，$2H > S > H$。又因为山墙上端自由，实际上是三边支承墙。根据《砌体结构设计规范》(GB 50003—2002)

背景材料中的建议，可按 $S>2H$ 的情况考虑，即 $H_0=H=8.8m$。所以，$\beta_1=880/24=36.7>$ 允许高厚比（22.46），即施工阶段的稳定性也不能保证。

综上所述，该工程在山墙柱完成后砌砖，墙稳定性不会有问题，而在柱未完成时砌墙，很可能导致墙体失稳而倒塌。

3. 砖混结构中，在楼板等构件施工前，先砌上层墙而造成倒塌

例如甘肃省某教学楼第三层预制楼板，一端搁置在现浇梁上，另一端支承在37cm厚砖墙上，在现浇梁尚未完成，预制板无法安装的情况下，先砌筑三层的砖墙，预留楼板槽（槽内放立砖），结果在安装楼板时，一道长6m、高3.66m、厚37cm的砖墙突然失稳倒塌。又如黑龙江省某工程第五层的施工中，现浇楼板浇筑前，先砌筑五层砖墙，在墙根部预留槽，槽内放立斗砖。当绑扎现浇板钢筋，打掉立斗砖时，造成长4.6m、高2.9m、厚37m的一道砖墙倒塌。上述这类事故在其他地区也曾多次发生。

这种施工顺序和采用的措施，虽可维持砌筑阶段的墙身稳定，但安装楼板和拆除立斗砖时，墙身稳定性很差，加上新砌筑墙的砂浆强度很低，在拆除立斗砖的附加力作用下，或施工中出现不大的水平荷载都可能造成墙体失稳倒塌。

二、钢筋混凝土工程中施工顺序错误造成的事故分析

1. 雨篷因施工顺序错误而倒塌

雨篷的混凝土浇筑完成后，由于上部建筑施工和拆除雨篷模板支撑的施工顺序安排不当，往往造成雨篷失稳而整体倾覆，这类实例在江苏、浙江等地多次发生过。例如：某仓库在屋盖施工前拆除雨篷模板支撑，造成雨篷连同新砌砖墙一起倒塌。

这类事故的原因主要是悬挑结构上的结构自重所形成的抗倾覆力矩，小于悬挑结构自重及施工荷载产生的倾覆力矩。

2. 花篮梁施工顺序的不当造成混凝土裂缝

江苏省某仓库为现浇框架建筑，框架梁为花篮梁，梁板施工顺序是先浇筑花篮梁的下半部分（55cm 高），养护一定时间后，安装 40cm 高的槽形楼板（板跨度 6m），再浇筑梁的上半部分（40cm 高）。楼板安装完后发现梁与柱连接处普遍开裂，共有裂缝 25 条，最大裂缝宽度达 0.6mm。梁的实际高度只有设计截面高的 58%，且负弯矩钢筋还未安装时，该梁在支承附近断面的抗剪和抗弯强度都不足以抵抗结构自重产生的内力，因而产生严重裂缝。这类事故以后在上海等地又再次发生。

三、屋盖施工顺序错误造成钢屋架倒塌

某单层厂房钢屋架跨度为 30m，屋面使用钢筋混凝土 T 形屋面板。设计规定的大型屋面板安装顺序为先从屋架两端向天窗脚方向两侧对称地安装，然后从屋脊对称地向两侧安装天窗架上的屋面板。而实际屋面板安装违反设计规定的顺序，屋架上的屋面板不能有效地支撑屋架上弦，使得中间 1 榀屋架上弦杆平面外计算长度加大为 16840mm，比原设计计算长度 6480mm 大 2.6 倍，上弦细长比加大为 1/189，超出规范规定值（不大于 1/150），造成屋架因上弦压杆平面外失稳而倒塌。

四、小结与建议

前述事故实例分析说明坚持正确施工顺序的重要性，以及施工中应用结构理论的必要性。现提出以下建议：

1. 严格按设计规定的顺序施工

通常设计对施工顺序均无明确规定，一旦设计图纸或说明书规定了施工顺序，则必须严格执行。如施工确有困难，需改变规定顺序，须征得设计部门同意。

2. 分清不同阶段的受力特点和计算简图

施工中各阶段受力情况、计算简图与设计假定有很大差别，因此须根据不同施工阶段的结构条件计算内力，以便采取适当措施。

3. 认真进行施工强度验算

由于有些建筑材料的强度随时间逐渐增长,施工荷载的数量、性质与设计荷载有很大差别,以及施工断面有可能出现临时削弱等,故在决定采用非正常施工顺序前,应认真作施工强度验算。

4. 重视施工阶段的稳定性验算

对悬挑结构及钢结构施工稳定和压杆稳定,均应进行稳定性验算。若永久性支撑构件不能及时安装和固定,应采取临时措施。

第四节 施工结构理论问题

建筑工程质量,特别是主体结构的质量,往往取决于结构理论在施工中的正确运用,这不仅已被许多优质工程的成功经验所证实,而且也是从大量事故损失中总结出来的一条重要教训。不少重大事故原因都与施工结构问题出现严重失误有关。越来越多的施工同行日益重视研究施工结构理论以及施工失误的产生与发展规律,这对确保工程质量、杜绝重大事故的再次发生,具有十分重要的意义。下面就施工中常见的几类结构问题作简要的分析探讨。

一、施工荷载问题

1. 设计荷载与施工荷载

我国国家标准《建筑结构荷载规范》(GB 50009—2001)规定了建筑结构的设计荷载值;如一般民用建筑(宿舍、教室、会议室等)的楼面活荷载标准值为 $2.0kN/m^2$;工业与民用建筑的屋面活荷载标准值为 $0.5\sim2.0kN/m^2$。关于楼面或屋面的施工荷载迄今仍无明确的规定。由于相当数量的施工技术人员并不清楚设计规范的这些规定,因此,施工荷载严重失控。有些比较熟悉的施工人员,只知道脚手架的允许荷载约为 $2.7kN/m^2$,往往造成错觉,认为脚手架都可以承受那么大的荷载,而且在许多情况下,脚手架又支承在楼板上,因此模糊地认为楼板的允许荷载不会小于 $2.7kN/m^2$,而对施工荷载的控制很不重视。由于上述两方面原因,施工超载经常出现,由此造成的事故不胜枚举。仅据不完全统计,近几年来在上海、四川、江苏、江西、广东、河南等地都重复发生过这类事故。更应注意的是这类事故不仅出现在地方性的小施工单位中,而且在一些较先进地区的一、二级施工企业中也时有发生。

2. 施工荷载作用形式及效应

(1) 施工荷载往往集中分布在中央的局部面积上。例如:在楼面上砌砖,由于操作需要通常将材料集中堆放在房间中央部分的面积上,这将使构件内的荷载效应加大。举一个简单例子说明,如材料均匀堆放在楼面上,简支楼板中的最大弯矩为 $ql^2/8$;如果同样数量的材料堆放在跨中 1/2 区域内,则弯矩加大为 $3ql^2/16$;如果两个方向都集中在中间 1/2 的范围内,则弯矩加大为 $3ql^2/8$(见图 8-5),即为均匀堆放在全部楼面上所引起弯矩的 3 倍。某住宅工程就是因为把 25 块砌块集中堆放在中间的一块楼板的中央,而造成楼板断裂垮塌。

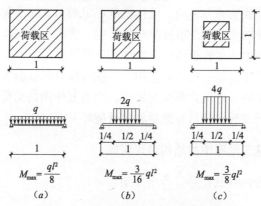

图 8-5 荷载分布情况对弯矩的影响
(a)—均匀分布;(b)—集中在中间 1/2 内;
(c)—两个方向都集中在 1/2 内

（2）施工荷载往往都是集中荷载，在总荷载相同的情况下，集中荷载产生的弯矩一般比均布荷载大得多。例如堆放构件或材料时，经常要在其下面设置垫木，这将均匀荷载变为集中荷载。如果垫木放在一块楼板上，问题更加严重，施工中若不注意，这种集中荷载可能出现在跨中，必然会造成严重超载而发生事故。重庆市某高校宿舍因在楼面上堆放五块空心板，垫木又放在一块板的跨中，结果造成预应力空心板突然断塌。

又如：在用里脚手架砌砖时，脚手架传到楼板的荷载通常为集中荷载，若无适当的分布荷载措施时，通常在1、3、6号板上布置3榀工具式脚手架，上面满铺跳板后砌砖。在计算3号板内力时，考虑跳板的连续作用和脚手架支柱传递给楼板的集中荷载等因素后，施工荷载引起的弯矩为设计活荷载弯矩的3倍以上。重庆市某宿舍工程因此原因造成非预应力空心板挠度过大和严重裂缝事故。

3. 施工荷载的主要特点与影响

除了上述的荷载特点外，施工荷载往往是动力荷载和重复作用的，这些荷载可能出现在结构的任意位置，多数在跨中附近。对于施工荷载的动力影响，设计规范规定乘1.5的系数，荷载效应因此明显加大。至于重复荷载的影响，曾有报道在冷拔丝的预应力空心板中，尽管板内应力始终低于设计强度，但也会发生破坏，其主要原因是：在荷载作用下，使冷拔丝与混凝土之间产生一些微小裂缝，造成内部应力集中，而重复作用的动荷载促使这些裂缝不断发展，最后导致材料疲劳破坏。

二、施工顺序中的结构理论问题

这部分内容已在第三节中介绍。

三、施工强度问题

水泥及有些胶凝材料配制的浆液、胶泥、砂浆及混凝土，其强度均随时间而增长，不同施工时期这类材料强度下面称为施工强度,若在建筑结构施工中忽视材料施工强度变化的特性,很可能导致质量事故的发生。

(一)混凝土施工强度问题

混凝土设计强度等级的重要性是众所周知的。"结构混凝土的强度等级必须符合设计要求"。这是《混凝土结构工程施工质量验收规范》(GB 50204—2002,下称"新规范")规定的强制性条文,必须严格执行;但对混凝土施工强度,至今还有不少人认识模糊。混凝土强度随龄期发展等因素而改变,尽管有的工程混凝土交工试件的强度达到设计和有关规范的规定,但因忽视了不同时间、不同施工阶段的混凝土施工强度,未能满足一定的要求,仍难免出现工程质量缺陷或工程事故。这是混凝土结构工程质量问题不断产生的重要原因之一。特别是现行施工质量验收规范中,不少施工技术要求的内容并未收编为规范条文,而其中有些内容(如混凝土施工强度要求等)是保证施工质量必不可少的。因此,正确认识混凝土施工强度的有关规定更显重要。

1. 继续施工时混凝土必须的强度

在新浇混凝土面上继续施工时,混凝土应有足够的强度,以防止施工的各种作用对新浇混凝土造成伤害。这类施工强度的要求包括两方面内容,一是施工规范中的有关规定;二是防止施工荷载超载而造成事故所必须注意的一些问题。

(1)新浇混凝土的最低强度应达到 $1.2N/mm^2$ 方可继续作业。我国历次颁布的施工规范中均有类似的规定。例如新规范第7.4.7条规定,在已浇筑的混凝土强度达到 $1.2N/mm^2$ 以前,不得在其上踩踏或安装模板及支架。其目的是保护新浇混凝土表面及内部结构不受破坏。

(2)混凝土施工缝处理及重新浇筑混凝土时,已浇筑混凝土的最低强度为 $1.2N/mm^2$。新规范虽未明确写明此项规定,但在7.4.5条中已规定,施工缝的处理应按施工技术方案执行,而确定此施工技术方案时必然离不开我国历年颁发的施工及验收规范的有关规定。例如GB 50204—92第4.4.19条规定,在施工缝处继续浇筑混凝土时,已浇筑的混凝土的抗压强度不应小于$1.2N/mm^2$。此项施工强度规定的必要性,一是处理施工缝应清除已浇混凝土表面的水泥薄膜、松动石子和软弱层,规定$1.2N/mm^2$的最低强度可以保证正常施工情况下,已浇混凝土在处理时不受损伤;二是为防止新浇混凝土时的强烈振捣影响已浇混凝土的质量。

(3) 混凝土构件采用平卧、重叠法预制时,浇筑上层构件必须满足的施工条件之一是,下层构件的混凝土强度应达到$5N/mm^2$。同样值得注意的是新规范并无此条规定。这是因为新规范是验收规范,坚持"强化验收"的原则,而对有些施工技术措施并未作详尽的规定。$5N/mm^2$混凝土施工强度的规定,是一些建筑科研单位试验结果和生产单位实践经验总结的成果,这是重叠生产构件保证构件质量必须遵循的一项规定。

(4) 结构承受施工荷载必须的混凝土施工强度涉及多种因素。继续施工必然带来施工荷载,新浇筑的混凝土结构构件内,因施工荷载而产生的内力和变形,往往不是$1.2N/mm^2$强度的混凝土所能承受的,由此而造成的混凝土结构裂缝、甚至结构毁坏的工程实例屡见不鲜。因为施工荷载及其作用效应涉及施工技术方案等多种因素,所以施工规范并无这方面的具体规定。但是,施工中必须十分重视,防止在混凝土强度较低的情况下,因施工荷载作用出现结构损害。

2. 混凝土拆模强度

(1) 侧模拆除时的混凝土强度要求

新规范规定,侧模拆除时的混凝土强度应能保证其表面及棱角不受损伤。

(2) 底模及其支架拆除时的混凝土强度要求

新规范规定,按同条件养护试件的强度达到设计强度等级的50%~100%(不同构件有区别,详见 GB 50204—2002 第4.3.1条)时方可拆除底模及支架。其目的是为防止拆模过早、混凝土强度还较低时,结构受荷而产生裂缝,影响混凝土强度增长以及影响混凝土使用寿命。值得注意的是，有的工程为了加快模板的周转，在混凝土实际强度尚未达到规范要求时，就先拆除模板及支撑，然后再加部分顶撑，这种作法是不可靠的。因在加顶撑前，混凝土结构构件已产生挠度甚至开裂，后加的顶撑不可能消除已出现的挠度和裂缝。

（3）预应力构件拆模的规定

新规范规定，对后张法预应力混凝土结构构件，底模及支架不应在结构构件建立预应力前拆除。也就是说，即使混凝土强度已达到设计值，但尚未建立预应力时不能拆模。这是因为预应力筋是构件的主筋，主筋尚未起作用时就拆模，很可能造成严重的质量问题。

3. 施加预应力时的混凝土强度要求

新规范规定，预应力筋张拉或放张时，混凝土强度应符合设计要求；当设计无具体要求时，不应低于设计的混凝土立方体抗压强度标准值的 75%。此项规定不仅是为防止施加预应力时，混凝土被压碎或开裂，而且可以减少混凝土收缩和徐变带来的预应力损失，保证预应力构件的质量。

此外对先张法预应力构件，若混凝土强度不足时就放张（施加预应力），因为混凝土与钢筋的粘结力低下可能造成预应力筋滑移，或造成构件端部沿预应力筋方向出现混凝土裂缝，从而影响构件质量。

4. 结构构件运输安装时的混凝土强度要求

（1）构件运输安装时混凝土强度要求

为防止出现过大的变形、裂缝等质量缺陷，混凝土构件运输安装中，混凝土实际强度不应低于设计要求；当设计无具体要求时，不应小于设计的混凝土强度标准值的 75%。新规范中虽无此项规定，但以往所有的施工及验收规范中均有此类规定，这对保证混凝土结构工程质量十分重要，不可忽视。

（2）装配或结构接头和拼缝的混凝土强度要求

结构接头和拼缝的混凝土强度较低时，结构尚未形成完整的设计要求的受力体系，其承载性能较差，不但不能承受设计荷载，而且连承载上一层构件的自重都可能有问题。为此，规范规定，承受内力的接头和拼缝，当其混凝土强度未达到设计要求时，不得吊装上一层结构构件；当设计无具体要求时，应在混凝土强度不小于 $10N/mm^2$ 或具有足够的支承时方可吊装上一层构件。

5. 结构承受荷载的混凝土强度要求

（1）结构承受设计荷载的混凝土强度要求

不论是现浇还是装配式结构，只有在构件以及结构接头和拼缝的混凝土强度全部达到设计强度时，方可承受 100% 的设计荷载。

（2）结构承受施工荷载的混凝土强度要求

除本文前述内容外，要特别注意现浇梁板在拆模后承受施工荷载的混凝土强度要求。例如美国一幢 26 层现浇混凝土结构住宅楼，在浇筑完 24 层楼盖后，因过早拆除 23 和 22 层楼盖下的部分支撑，造成整体垮塌。我国江西省安义县的一幢 7 层混合结构商品楼，在浇筑 7 层楼面混凝土时发生整体倒塌，其主要原因是拆模过早的楼盖承受不了施工荷载，加上其他分项工程施工质量低劣而造成的。所以，拆除梁板下的支撑前，须认真验算混凝土强度，保证施工结构安全。

6. 混凝土允许受冰冻的强度

新浇混凝土早期受冻后，对混凝土强度、钢筋粘结力及抗渗、抗冻性能等均有十分明显的不利影响。新浇混凝土经正常养护达到一定强度后再受冰冻，开冻后的后期强度损失在 5% 以内时，通常将此强度值称为混凝土的受冻临界强度。许多国家对混凝土受冻临界强度均有不同的规定，一般为 $3.5 \sim 7.0N/mm^2$。我国的施工及验收规范对此也有明确的规定，例如 GB 50204—92 中规定混凝土受冻前的抗压强度不得低于下列规定：硅酸盐水泥配制的混凝土，为设计的混凝土强度标准值的 30%；矿渣硅酸盐水泥配制的混凝土，为设计的混凝土强度标准值的 40%，但不大于 C10 的混凝土，不得小于 $5N/mm^2$。新规范虽无此规定，但在北方地区的混凝土冬期施工中，仍应注意执行这类规定。

7. 滑模施工时的混凝土出模强度

当采用液压滑动模板施工时，控制混凝土的出模强度十分重要。滑升速度过快，会造成混凝土出模后出现坍塌、裂缝、变形；滑升速度过慢，混凝土与模板粘结力增大，会导致滑升困难，严重时会将混凝土拉裂。现行国家标准《液压滑动模板施工技术规范》(GBJ 113—87) 规定，混凝土出模强度宜控制在 $0.2 \sim 0.4N/mm^2$。实践证明，在正常气温下施工，按此要求控制是可行的和有效的；但在秋末冬初气温较低时须谨慎施工，因为我国曾发生两次烟囱滑模施工的倒塌事故。分析两次事故，总结出与混凝土出模强度直接有关的经验教训主要有以下三点：一是应防止气温较低条件下混凝土出现假凝现象造成混凝土早期强度的错判；二是应注意掺加早强剂时混凝土出现假凝现象的影响；三是施工气温较低时，出模后的混凝土强度增长缓慢，不能对滑模支承杆起到有效的嵌固约束作用。上述三个因素均可导致支承杆失稳而引发滑模平台、支架等倒塌。

(二) 砌体施工强度问题

砌体强度取决于砖与砂浆强度，施工中若不根据砂浆的实际强度采取适当措施，很可能造成事故。例如新砌筑的砂浆强度很低，不能承受全部设计荷载，否则易导致砌体开裂或倒塌；又如冬季施工采用冻结法，到春天解冻时，砂浆强度很低，若不注意也易发生事故。

(三) 其他施工强度问题

在防水工程、装饰工程、防腐蚀工程等项目的施工中，也有各类施工强度问题。例如防水工程中基层没有足够强度不可铺设防水层；又如抹灰工程或地面工程中底灰层未达到一定强度，不可进行上一层施工；再如水磨石面层未达一定强度不可开磨，否则易破坏面层，但是水磨石层养护过久，强度过高再磨也不可，不仅耗工、耗电过多，而且还会影响美观；再如防腐蚀工程各层之间也常有施工强度的要求,若不遵守有关规定,可能导致防腐蚀工程失败。

四、施工稳定问题

施工阶段的稳定问题除由施工顺序错误而造成外,常见的施工稳定问题还有以下几类:

1. 结构吊装中临时固定不可靠。例如柱或屋架吊装后,未设置牢固的支撑或缆风绳,在大风或施工外力作用下倒塌,这类实例先后在各地发生过数十次。

2. 砌体工程在施工中失稳倒塌。例如空旷房屋的砖墙与各种房屋的山墙,在墙顶未与屋盖构件等连接、房屋尚未形成整体时,有些墙或柱是处于悬臂或单独受力状态,当施工中未采取可靠的防风、防倾覆的措施时,就会造成失稳倒塌。典型的实例是江苏省某仓库山墙砌完后,未及时施工屋盖,因刮大风而造成山墙倒塌。

3. 模板及支架失稳倒塌。这类临时结构的失稳问题常见的有两种:一是个别支撑等受压杆件失稳;二是模板体系整体失稳,其中以后者居多。例如江苏省某多层厂房在浇筑二层楼面混凝土时,发生模板整体倒塌。

4. 其他施工失稳倒塌。其一是升板结构施工中,群柱失稳倒塌;其二是液压滑模施工中,支承杆失稳而引起结构倒塌。例如:江苏省和天津市的两座烟囱,在秋末冬初季节采用液压滑模法施工,由于气温较低,滑升速度过快,又无适当的技术措施,新浇混凝土出模后垮塌,导致支承杆失稳,造成两座烟囱在施工中先后倒塌。

五、施工阶段的受力性质变化与附加应力问题

1. 装配式构件施工中的内力变化

柱、预制桩等构件设计按轴心受压或偏心受压计算,而在堆放、运输、安装或打桩等施工过程中,这类构件的受力性质经常

变为受弯或压弯，或拉弯。构件的支点或吊点确定不当，容易造成构件产生过宽的裂缝，甚至断裂。梁板类受弯构件施工时的支点或吊点位置，常与使用阶段有很大差别，突出的例子是悬臂梁，施工中常把支点或吊点设在两端，而造成梁长的中间部分产生过宽裂缝，有的甚至断裂。屋架往往平卧生产，扶直起吊与使用阶段的受力情况有很大区别，稍有疏忽，也易导致屋架开裂或破坏。

2. 装配式结构施工中的内力变化

装配式结构只有在有关构件与支撑全部安装就位并固定后，才达到设计计算简图的要求，在结构安装的各个阶段，构件的受力情况是变化的，对这类问题认识不清，措施不当都易导致事故发生。以单层厂房柱为例，柱吊装就位并临时固定后，柱可按两端铰接考虑；柱与基础浇筑成整体后，形成一端固定，一端自由（或铰支）构件；只有在屋盖等构件安装完后，才达到设计计算时的排架要求。在整个施工阶段中，若不注意这些变化、采取相应措施，就容易造成倒塌或变形事故。这类问题在其他装配式结构（如装配式框架）中也同样存在。

3. 水池施工中的受力性质变化

以常见的地下式水池为例，当池外侧填土或池内贮水情况不同时，其内力的性质与方向变化很大，这在柱顶结构未完成时，尤为明显。若遇暴雨，基坑积水，水池将受到很大的上浮力，易造成错位偏差事故。然后的排水下沉，若无适当措施，又会在池壁或池底中产生附加应力，而导致水池裂缝。

4. 装配式结构的焊接应力问题

装配式构件的连接钢板或钢筋常采用焊接，连接件附近混凝土裂缝比较常见。更严重的是由于焊接高温至冷却引起的热胀冷缩，有时会造成结构或构件的开裂。例如四川省某装配式框架的梁柱接头处，用 5 $\phi22$ 钢筋采用坡口焊接，焊完后检查发现每根梁都产生沿截面的环状裂缝。其原因是每根梁的连接一次焊成，热量集中，温度过高，与气温温差较大，当钢筋冷却时，在梁内产生较大的温度应力而将梁拉裂。

5. 沉井下沉中的附加应力

从钢筋混凝土沉井的施工中，常可看到抽枕木后的一段时间，沉井多数为不均匀下沉，有的是突然下沉，因而产生巨大的非对称性土压力，使沉井扭转或产生附加内力（弯矩、剪力等），由此导致沉井裂缝的实例也不罕见。

综上所述，施工过程存在许多结构理论问题，本文所涉及的仅是一小部分，工程实践中这类问题还很多。如果施工技术人员都能随时应用施工结构理论来分析和解剖施工工艺，不断地改进工艺，这对确保工程质量和防止重大事故的发生都有重要作用。

六、施工临时结构可靠性问题

1. 模板工程

模板及支架不按照施工规范的要求进行设计与施工，而酿成事故的实例很多。这主要有两方面的问题：首先是模板构造不合理，模板构件的强度、刚度不足，往往造成混凝土裂缝，或部分破坏；其次是模板的支承构件的强度、刚度不足，或整体稳定性差，往往造成模板工程倒塌。这类事故在全国各地发生过多起。

2. 脚手架工程

脚手架垮塌，多数造成人员伤亡，不少脚手架倒塌后，砸坏或拉垮部分建筑物。因此，应引起特别的重视。脚手架事故大多数是因稳定性不足，特别是整体稳定性差而造成的。

3. 井架等简易提升机械倒塌

倒塌的主要原因是有的机械设计计算不过关，或稳定性差，或零配件质量有问题。例如井架倒塌的常见原因是缆风绳失效；井架拔杆断塌，主要是拔杆底座的连接销质量差，或拔杆顶上拉紧的钢丝绳断裂或松脱等造成的。

第五节　施工技术管理问题

一、不按图施工

1. 无图施工

有的工程无设计图纸，有的是私人设计或无证单位设计的错误图纸，由此造成的事故均较严重。这类事故大多发生在县以下的施工企业中，或发生建设单位自营的工程中。

2. 图纸不会审就施工

图纸中常常发现建筑图与结构图有矛盾，土建图与水电、设备图有矛盾，基础图与实际地质情况不符，设计要求与施工条件有矛盾等，通过图纸会审就可以发现问题并解决矛盾。但有些单位不进行图纸会审工作，就匆忙施工，往往酿成质量事故。

3. 不熟悉图纸，仓促施工

因此而造成的事故多出现在测量放线中，有的把工程的方向搞错，有的把位置搞错，在工业建筑中这类事故的后果往往十分严重。例如陕西省某化工车间为多层框架，放线时把南北方向颠倒了，在 2 层楼盖支模时，才发现错误，不得不返工处理，造成了较大的损失；又如四川省某化纤厂，车间的运输廊道放线错误，造成车间之间工艺流程发生了问题。

4. 不了解设计意图，盲目施工

例如重庆市某厂区挡土墙，墙后土方回填时，没有按照设计要求做好滤水层和泄水孔，结果在地下水压力和土压力共同作用下，挡土墙出现严重裂缝和倾斜，不得不返工，并作局部加固。又如在装配式结构中，有的构件吊环的设计，不仅是考虑满足施工的需要，还考虑承受一定的使用荷载，因此要求把吊环埋入接头混凝土中。但因施工时不了解设计意图，随意将吊环切除而酿成了事故。

5. 未经设计同意，擅自修改设计

本书中的不少事故实例都与此原因有关。如任意修改柱与基础的连接方式，以及梁与柱连接节点构造，由于改变了原设计的铰接或刚接方案而造成了事故。又如随意用光圆钢筋代替变形钢筋，而造成钢筋混凝土结构产生较宽的裂缝等。

二、不遵守施工规范的规定

这方面的问题很多，较常见的问题有以下几方面。

1. 违反材料使用的有关规定

施工规范规定材料必须有质量证明文件，有的还需在进场后复验，对可疑材料，应检验合格后，方可使用等，施工不遵守这些规定，而把不合格的材料用到工程上，其中水泥、钢材、砂石、砖等材料使用方面存在的问题较多。

2. 不按规定校验计量器具

例如磅秤、电子秤不定期校验，造成配料不准；弹簧测力计不检验，造成钢筋冷拉应力失控；千斤顶油泵油压表等不按规定检验，造成预应力值发生较大误差等。

3. 违反地基及基础工程施工规范规定

例如砂和砂石地基用料不当、级配不良、密实度达不到要求。灰土或石灰挤密桩施工中，填料不符合要求，没有随时做好各项施工记录，夯填质量不随机抽样检查，而是在挤密桩完成后，仅取桩顶部分试样检验等。

4. 违反砖石工程施工及验收规范的规定

例如砌筑砂浆配合比不是通过试验确定，而是随意套用；不按规定制作和养护砂浆试块，因此砌筑砂浆强度无法控制；在宽度小于1m的窗间墙上或大梁下留设脚手眼；砖砌体转角处和交接处不同时砌筑，又不留斜槎；不按规定随时检查并校正砌体的平整度、垂直度、灰缝厚度及砂浆饱满度等。

5. 违反混凝土施工规范的规定

这方面的问题更多，最常见的有任意套用配合比，混凝土的制备、浇筑、成型、养护工艺不当，不按规定预留试块，试块不按规定进行标准养护，现浇结构中不按规定位置和方法留置施工缝等。

6. 不按规范规定进行检查验收

例如地基不验收就施工基础；地基基础不办理隐蔽工程验收，就施工上部结构；桩基不验收，就施工承台；前一分部或分项工程未经验收，即进行后续工程施工等。

三、施工方案和技术措施不当

1. 施工方案考虑不周

例如大体积混凝土浇筑方案不当，造成蜂窝孔洞；浇筑强度考虑不周，造成不容许的施工缝；温度控制和管理方案不完善，造成温度裂缝。又如装配式建筑施工时，构件场地及制作方法考虑不周，导致构件运输、堆放中产生裂缝；吊装机具和方法选择不当，造成构件断裂；已吊装构件的临时固定措施不力，造成倒塌等。

2. 技术组织措施不当

例如现浇框架结构中，柱与梁之间没有必要的技术间歇时间而导致裂缝；有些需要连续浇筑的结构，在中午或晚上停歇时，没有必要的技术组织措施，造成不容许的裂缝。装配式结构安装时，焊接设备、焊工数量不足，导致构件连接固定不能及时完成。砖混结构施工中，预制楼板安装后，没有留出足够的时间，用来进行楼板灌缝和抄平放线等。

3. 缺少可行的季节性施工措施

例如雨季施工时，对截水、排水措施考虑不周，边坡坡度太陡均易造成事故；基坑开挖后，长期暴露，无保护措施。冬季施工时，没有适当的防冻、早强或保温措施；冻结法砌砖，在春季解冻时，没有采取必要的措施等。

4. 不认真贯彻执行施工组织设计

不少质量事故是因为违反了施工组织设计的规定而造成的。例如随意改变结构吊装顺序，无根据地加快工程进度，不按照规定的时间拆模，不按规定的位置预制大型构件等。

四、施工操作质量失控

施工操作质量表面上看是生产工人的问题，实质上更深层次的分析，出现低劣的操作质量的关键是施工技术管理不当，而造成施工操作质量失控。突出的问题有以下五方面：一是任务安排不当；二是技术交底不清；三是技术指导不到位、不及时；四是质量检查验收马虎；五是不重视工人技术培训等。

操作质量低劣导致质量事故发生的情况很普遍，下面简单介绍与结构工程有关的一些常见问题。

（一）土方与地基基础工程

（1）回填土与换土地基。最常见的操作质量问题是填料不良和夯实较差，由此造成回填部分明显下沉而造成事故。例如基坑（槽）填土沉陷，造成室外散水和室内地坪空鼓下沉，建筑物基础积水，影响地基承载力和稳定性。在换土地基中，因此而造成地基明显的不均匀沉降，上部结构开裂和变形，不得不加固地基的工程实例也不少。

（2）锤击桩。最常见的是入土深度和最后贯入度未达到设计要求，由此造成单桩承载力明显下降。

（3）灌注桩。最常见的是孔深不足，清孔不认真，桩身缩颈，倾斜过大，桩身夹泥等，这些都影响桩的承载力与变形。

（二）砌筑质量低劣

施工中最常见的问题有黏土砖不浇水，砂浆配合比不当，搅拌不匀，使用已凝结的砂浆，砂浆饱满度差，组砌方法不良，通缝重缝多，断砖集中使用，墙身横不平、竖不直，砌体接槎不良，不按规定设置拉接钢筋等。这些操作质量问题多数均影响承载能力与整体性，有的还能引起墙身裂缝。

（三）钢筋加工和安装

（1）加工与运输方法不当。例如用冷拉方法调直钢筋，不控制冷拉率，有的甚至出现反复冷拉，造成钢筋塑性明显下降；

钢筋弯曲成型时，弯心直径过小，造成弯钩附近裂纹；搬运和装卸中任意摔打、撞击，造成钢筋裂纹或脆断等。

（2）错配或漏配钢筋。钢筋的品种、规格、尺寸、形状、数量、位置偏差或错误的实例不胜枚举，由此造成的结构开裂或倒塌事故时有发生。

（3）钢筋连接质量问题。接头长度、焊缝尺寸、焊接质量、接头位置等问题，均影响钢筋接长后的性能，或构件的可靠度。

（四）混凝土操作质量低劣

（1）制备。滥用污水拌制混凝土，配料不计量，任意加水，搅拌不均匀等都影响混凝土的强度与其他性能，这类问题在工地上屡禁不止，危害甚大。

（2）浇筑成型。已离析的混凝土不进行二次搅拌，混凝土停放时间太久，甚至用已初凝的混凝土浇筑，浇筑时自由落高太大而离析，不认真振动捣实等操作问题，造成孔洞、柱墙"烂根"、构件中出现"米花糖"区段等严重问题，有的因此导致建筑物倒塌。

（3）养护不当。新浇混凝土的温、湿度不符合要求，造成强度低下，混凝土开裂；大体积混凝土不按温度控制要求养护，冬期施工混凝土无适当养护措施等，都可能造成质量事故。

（五）钢构件制作不良

制作工艺不良造成尺寸误差太大，构件变形；屋架等铰接的各杆件轴线不相交于一点；焊缝尺寸和质量不符合要求等。其中由焊接质量问题造成的倒塌事故尤为突出，近年来在浙江、黑龙江、内蒙古、安徽、四川、湖北、广西等地都发生过这类问题。

（六）结构安装质量低劣

（1）任意绑扎。构件的吊点位置与绑扎方法不符合要求，造成构件裂缝和断裂。

（2）吊装不稳。构件起吊中，无足够拉紧的稳定措施，造成构件被撞坏，或撞塌已吊结构。

（3）放线、就位、校正不认真，造成构件产生较大的错位偏差。

（4）连接构造不符合图纸要求。这方面的问题较多，诸如构件的支承长度不足，连接构造随便用焊接代替螺栓连接，不顾刚接与铰接的不同要求，任意改变节点构造，焊接质量差等。

（5）大型屋面板固定不符合要求。这类问题较普遍，有的很严重，较突出的是板的三角没有焊接固定，使屋盖的稳定失去保证，有的工程因此而倒塌。

五、技术管理制度不完善

（1）不建立各级技术责任制。技术工作没有实行统一领导和分级管理，因此不能做到事事有人管，人人有专责，导致技术工作上出现漏洞，而发生事故。

（2）主要技术工作无明确的管理制度。例如图纸会审、技术核定、材料试验、混凝土与砂浆试块的取样和管理、技术培训以及施工技术资料的收集与整理等方面的工作，均无明确的规定，这些或易导致事故的发生，或使工程质量的检查验收发生困难，而留下隐患。

（3）技术交底问题。交底不认真，又不作书面记录，或交底不清。例如对设计和施工比较复杂、或有特殊要求的部位不认真交底，在采用新结构、新材料、新技术和新工艺时，不进行必要的技术交底，都容易造成事故。

六、施工技术人员问题

（1）数量不足。目前乡、镇施工单位的技术人员数量严重不足，同时他们的工作往往更换频繁，这些都可能造成技术工作出现漏洞。

（2）技术业务素质不高。不少施工员无学历、无职称、无岗位证书，不知道应该做哪些主要技术工作，更不知道应该怎样做好这些工作，其中多数对基本的结构理论知识一无所知，不熟悉施工验收规范和操作规程，因而导致了一些不该发生的事故。

（3）使用不当。在生产第一线的施工技术人员主要精力大多花在材料、劳动力、生活福利等方面的工作上，很少有时间研究解决施工技术问题，也较少到工地上进行具体检查指导。

七、其他问题

（1）施工任务转包问题。有的施工单位不顾国家规定，擅自将工程任务转包给无力承担的单位或个人，转包后不检查指导，以致工程质量问题层出不穷，有的还酿成倒塌事故。近年来在江苏、安徽等地都发生过任务转包不当而造成建筑物倒塌的问题。

（2）土建与各专业施工单位不协调。例如预制的长桩太长，造成运输、吊运和打桩出现了困难，甚至造成断桩；由于场地平整、土方回填等工作完成不好，使构件吊装困难，因此而造成构件吊坏事故；水电、设备安装人员在已完成的土建工程上凿洞、开槽，严重削弱了构件截面而造成事故等。

（3）不认真查处质量事故。施工中发现了明显的质量缺陷，不认真检查，不调查分析，无根据地盲目处理，有的甚至掩盖施工缺陷，给工程留下了隐患，有的甚至发展成倒塌事故。例如现浇钢筋混凝土结构表面发现了蜂窝麻面后，不检查分析，就用水泥砂浆涂抹处理；砖墙、柱出现承载能力不足的裂缝，也用水泥勾缝等方法掩盖；挑阳台板根部裂缝，阳台扶手与墙连接处出现裂缝，这些都是阳台可能倒塌的危险信号，但有的施工单位采用涂抹、勾缝等方法掩饰，最后发生了倒塌和人员伤亡事故等。

（4）不总结经验教训，不开展质量教育。出了事故后，不按照"三不放过"（事故原因不清不放过，事故责任者和群众没有受到教育不放过，没有防范措施不放过）的原则总结经验教训，对职工进行质量教育，而是事过境迁，无案可查，使类似事故重复发生。

第六节　使用不当及其他

一、使用不当

（一）任意加层

对下层结构没有进行验算，就盲目在原有建筑物上加层，由此造成的房屋倒塌事故不断发生。近年来在安徽、河南、四川、黑龙江、辽宁、湖南等地发生这类事故多起。

（二）荷载加大

使用荷载或设备加大，使结构及构件内产生过高的应力而造成事故。例如安装了原设计未考虑的额外设备；用动力荷载较大的设备代替原设备；设备振动太大，对结构产生有害的影响等。

（三）积灰过厚

水泥厂等粉尘较大的厂房、仓库，常因屋面积聚大量灰尘，未及时清除，使屋面荷载因此加大，造成屋盖局部损坏或坍塌。

（四）维修改造不当

有的使用单位任意在建筑结构上增凿各种孔洞、沟槽，削弱了结构断面而造成事故；有的工程因屋面漏雨，新增加防水层和保护层，屋面自重明显加大，而造成屋盖结构严重开裂。

（五）高温、腐蚀环境影响

（1）高温。有的钢筋混凝土构件长期在高温环境下工作，发生烤酥裂缝现象，构件承载能力下降；有的工程失火后，混凝土强度明显下降，有的火烧后，损坏深度达 30cm。

（2）碳化。钢筋混凝土结构表面长期遭受空气中的二氧化碳作用，使表层混凝土中的氢氧化钙变成碳酸钙而失去碱性，即为碳化。当碳化深度超过保护层厚度，破坏了在碱性条件下生成的钢筋保护膜后，钢筋开始锈蚀，铁锈体积增大，破坏了混凝土覆盖层，沿钢筋长度方向产生裂缝，水与空气侵入裂缝后，更加速了钢筋的锈蚀。在许多旧的建筑物，特别是露天结构中，这类破坏现象较普遍。

二、科研方面存在的问题

（一）采用不成熟的科研成果

例如门式刚架使用初期，由于对转角处的应力状况不清楚，因而配筋不当，使刚架转角处普遍出现裂缝；由于对横梁铰接点的实际受力状态考虑不周和铰接点短悬臂受力钢筋锚固长度不够等原因，造成横梁铰接点附近裂缝；对刚架受拉区未进行抗裂验算，刚架使用后，普遍开裂，事后进行验算，门式刚架实际的抗裂安全系数在 $0.4 \sim 0.6$ 之间。

（二）对材性研究不够

我国前几年使用了不少进口钢筋，由于对这些钢材的材性研究不够，发生了一些事故；在原苏联由于对金属脆性破坏研究不够，曾发生过钢结构廊道倒塌的事故；对金属疲劳性能研究不够，使钢吊梁破坏等。

（三）对结构内力分析研究不够

这方面的问题较多，如砖混结构中，当大梁支承在窗间墙上，在何种条件下不能按铰接计算，这个问题研究不够，曾发生过因此使房屋倒塌的事故；对作用在筒仓壁上的力分析研究不够，在原苏联发生了水泥筒仓倒塌；对薄壳的工作状况研究不够，加上焊接质量不合格，使贮油罐破坏等。

三、其他

（一）地面荷载过大

我国曾有报道，因地面荷载过大而造成单层厂房柱严重裂缝，吊车卡轨，构件变形后影响使用等问题。原苏联某料库因地面堆载过大，设计又未考虑其影响，致使这幢 42m 跨三铰拱结构的建筑物，在地基失稳后倒塌。

（二）异常环境条件

（1）大风。建筑物在施工过程中，因遇大风而倒塌的实例较多，仅近几年来在江苏、辽宁、山西、江西、湖南等地多次发生过。

（2）大雪。建筑物在大雪后屋盖倒塌的实例，近几年在湖北、黑龙江等地都发生过。

（3）气候异常干燥。在这种条件下，混凝土早期收缩加大，如施工中无适当措施，因而产生严重裂缝的实例也不少，较严重的如日本某办公楼12cm厚现浇楼板，发生不规则贯穿性的干缩裂缝，缝宽0.05~0.15mm。

（4）地震。由此造成的房屋开裂和倒塌也较常见，仅几次大地震造成的建筑物破坏就十分严重。

参考资料

1 王赫. 建筑工程质量事故分析与防治. 南京：江苏科学技术出版社，1990
2 董吉士等. 房屋维修加固手册. 北京：中国建筑工业出版社，1988
3 王赫主编. 建筑工程事故处理手册（第二版）. 北京：中国建筑工业出版社，1998
4 王赫主编. 混合结构建筑施工与组织管理. 北京：中国建筑工业出版社，1996
5 王赫主编. 桩基础工程施工与组织管理. 北京：中国建筑工业出版社，1997
6 中国建筑业联合会质量委员会选编. 建筑工程倒塌实例分析. 北京：中国建筑工业出版社，1988
7 孙瑞虎主编. 房屋建筑修缮工程. 北京：中国铁道出版社，1989
8 中国土木工程学会，中国建筑学会编. 结构物裂缝问题学术会议论文选集（第1、2册）. 北京：中国建筑工业出版社，1965
9 王寿华，黄荣源，穆金虎. 建筑工程质量症害分析及处理. 北京：中国建筑工业出版社，1986
10 彭圣浩主编. 建筑工程质量通病防治手册（第三版）. 北京：中国建筑工业出版社，2002
11 ［苏］А·Н·什基涅夫著. 建筑工程事故及其发生原因与预防方法. 田宜耕译. 北京：中国建筑工业出版社，1983
12 ［苏］Н·М·欧努甫利也夫著. 工业房屋钢筋混凝土结构简易补强法. 胡丕显等译. 北京：中国建筑工业出版社，1972
13 ［苏］И·А·菲兹杰利著. 混凝土和砖石结构的缺陷及其消除法. 戴自周译. 北京：中国工业出版社，1965
14 ［日］混凝土工程协会. 混凝土裂缝调查及修补规程. 牛清山译. 冶金工业部建筑研究总院技术情报室，1981

15 陈佩璋主编. 重大事故现场勘查. 北京：科学出版社，1990
16 武汉冶金建设公司技术与管理编缉委员会. 武钢建设经验工程事故处理，1962
17 John P. Cook P. E Composite Construction Methodos. Copyright © 1977 by John Wiley & Sons, Inc.
18 Chu-Kia Wang Charles G. Salmon Reinforced Concrete Design. Harper & Row, Publishers, Inc. 1979
19 王铁梦. 建筑物的裂缝控制. 冶金工业部建筑科学研究总院. 1985
20 乔双旺，王爱兰. 建筑工程事故140例. 太原：山西科学教育出版社，1988
21 王赫主编. 建筑工程质量事故百问. 北京：中国建筑工业出版社，2000
22 王赫主编. 多层框架结构建筑施工与组织管理. 北京：中国建筑工业出版社，2002
23 张永岐. 水塔支筒滑模混凝土筒体通缝的处理措施. 建筑技术，2001，4
24 杨辰等. 北京东环广场工程边坡支护与隔水帷幕部位土体加固施工. 建筑技术，2002，2
25 王赫等. 现浇混凝土预应力梁裂缝分析与防治. 施工技术，1998，10
26 王赫等. 关于混凝土裂缝处理界限的探讨与建议. 建筑技术，2000，1
27 王赫等. 深基坑支护体系变形渗漏的监控与抢险. 建筑技术，2001，4
28 曾钦林. 施工中荷载引起裂缝的处理. 施工技术，1985，3
29 全国建筑物鉴定与加固标准技术委员会. 建筑物鉴定与加固论文集一、二. 1995，10
30 肖亚明等. 小砌块建筑墙体裂缝的探讨. 建筑技术，1990，7
31 于志清等. 重力式挡土墙修复加固实例. 建筑施工，1993，4
32 邱玉深. 油罐混凝土底板的温度裂缝和加固方法. 建筑技术，1984，2
33 王赫. 关于施工结构理论中的若干问题. 建筑施工，1992，3
34 王赫. 钢筋混凝土裂缝原因、特征与鉴别. 建筑施工，1992，5
35 王赫. 关于混凝土裂缝处理的若干问题. 建筑施工，1992，6
36 袁海泉等. 15m悬臂梁无粘结预应力钢绞线固定端绞线滑动事故处理. 建筑施工，1993，2
37 王赫. 大体积钢筋混凝土裂缝分析与防治. 建筑技术，1985，8、9
38 王赫. 关于大体积混凝土温度控制若干问题. 施工技术，1997，10

39 谢征勋. 钢筋混凝土柱身裂缝事故. 工业建筑. 1987, 9
40 张岐宣. 钢筋混凝土整体式肋形板的实例与分析. 郑州工学院学报, 1980, 2
41 李行宜. 粗钢筋电弧点焊脆断. 工业建筑, 1988, 10
42 建筑工程部第一工程局编. 单层工业厂房新结构资料汇编. 1969
43 李瑜等. 小直径灌注桩施工质量事故实录. 建筑技术, 1990, 6
44 四川省第一建筑机械化施工公司. 电站主厂房框架结构的吊装. 建筑施工技术, 1979, 2
45 四川省建筑工程局建筑技术情报中心站. 建筑结构质量调查报告. 1973
46 王赫. 单层厂房砖墙裂缝的鉴定与处理实例. 建筑技术, 1997, 12
47 侯文旺. 框架柱错配钢筋事故的处理. 建筑技术, 1987, 5
48 姜子良. 钢筋混凝土框架倾斜的补强加固. 建筑技术, 1987, 5
49 邓学才. 镇江德辉广场工程基坑堵漏抢险. 建筑技术, 1997, 9
50 王胜天等. 无锡吉祥大厦深基坑抢险及流砂控制技术. 施工技术, 1996, 9
51 吴红兵等. 错位基础的推移复位. 宝钢工程技术, 1982, 1
52 胡贵祥. 应用钢筋混凝土构造柱处理房屋墙体裂缝, 施工技术, 1984, 1
53 张志军等. 重叠预制屋架制作中的裂缝处理. 建筑技术, 1990, 7
54 王赫. 建筑施工顺序错误造成的事故分析. 建筑技术, 1992, 11
55 王赫. 屋面梁混凝土强度不足事故分析与处理. 建筑技术, 1995, 8
56 王赫. 利用地下室结构处理桩基事故. 施工技术, 1996, 9
57 肖毅卿. 现浇钢筋混凝土框架柱偏移的处理. 建筑技术, 1987, 5
58 简直. 钢筋混凝土屋架质量问题处理经验. 工业建筑, 1984, 5
59 平涌潮. 某钻孔灌注桩工程质量事故分析. 施工技术, 1988, 1
60 刘谋焜. 24m跨预应力屋架裂缝处理. 建筑技术, 1990, 7
61 崔玮. 乌海大厦深基坑护坡桩倾覆事故原因及处理. 建筑技术, 1997, 9
62 P. W. Keene. Crack Control. Construction on Southern Africa, April, 1978
63 王赫等. 混凝土地下室墙裂缝渗漏的分析与处理方法. 建筑技术, 2001, 6
64 杨放等. 深基坑支护桩断裂事故的原因及处理. 建筑技术, 2002, 7

65 王赫等. 结构计算简图变化引发事故的分析与预防. 建筑技术, 2003, 4

66 王赫等. 石子岩性不良造成混凝土事故的分析与防治. 建筑技术, 2003, 4

67 王赫等. 关于混凝土施工强度的若干问题. 建筑技术, 2004, 1